मृदा विज्ञान के मूलभूत सिद्धान्त

(संशोधित संस्करण)

अन्य प्रकाशित पुस्तकें

Title	Author
A Manual on Conservation of Soil and Water	*USDA*
Agriculture and Fertilizers	*O.C. Bockman*
Agrochemicals in Plant Disease Management	*N.G. Ravichandran*
Agrotechnology for Dryland Farming 2nd Revised Ed	*A.M. Dhopte*
Allelopathy in Soil Sickness	*S.S. Narwal*
Biofumigation and Solarization for Management of Soil-Borne Plant Pathogens	*P.P. Reddy*
Crop Management 2nd Ed	*U.S. Walia*
Crop Production in Salt Affected Soils	*I.C. Gupta*
Drainage Engineering: Principles and Practices	*S.K. Gupta*
Farming System and Sustainable Agriculture	*U.S. Walia*
Fundamentals of Agriculture 2nd Ed. (Vol. 1-2) (Set)	*R.L. Arya*
Fundamentals of Soil Science	*R.L. Arya*
Fundamentals of Soil Science	*A. Rathinasamy*
Glimpse on General Agriculture	*P. Laxman Rao*
Handbook of Saline & Alkali Soils Diagnosis Reclamation & Management	*S.K. Gupta*
Indira's Objective Agriculture	*R.L. Arya*
Manual on Fundamentals of Agronomy	*L.K. Jain*
Nanotechnology	*J.C. Tarafdar*
Principles in the Quantitative Analysis of Water Fertilizers Plants & Soils	*U.S.S. Ramulu*
Rainwater Management Theory and Practice	*M.L. Jat*
Salt Affected Soils : Reclamation and Management	*S.K. Gupta*
Soil and Plant Analysis	*C.S. Piper*
Soil Chemical Analysis	*M.L. Jackson*
Soil Conservation Technical Handbook	*D.H. Hicks*
Sustainable Development of Dryland Agriculture in India	*R.P. Singh*
Sustainable Dryland Farming	*A.M. Dhopte*
The Soil-Plant System in Relation to Inorganic Nutrition	*M. Fried*
Tillage and Crop Production 2nd Ed	*N.R. Das*
सस्य विज्ञान के सिद्वान्त (Principles of Agronomy)	*आर.एल. आर्या*

मृदा विज्ञान के मूलभूत सिद्धान्त

(संशोधित संस्करण)

लेखक

डॉ. हनुमान प्रसाद पेरवा
सहायक प्राध्यापक
मृदा विज्ञान एवं कृषि रसायन विभाग
कृषि विश्वविद्यालय,
जोधपुर

डॉ. अमिताव रक्षित
सहायक प्राध्यापक
मृदा विज्ञान एवं कृषि रसायन विभाग
काशी हिन्दू विश्वविद्यालय,
बनारस

साईन्टिफिक
पब्लिशर्स

प्रकाशक

साईन्टिफिक पब्लिशर्स (इंडिया)

5–ए न्यू पाली रोड़,
पो.बॉ. नं. 91
जोधपुर – 342 001 भारत
E-mail: info@scientificpub.com
Website: http://www.scientificpub.com

Print 2021

ISBN: 978–93–89184–18–1 (HB)
978-93-89184-19-8 (E-Book

भारत में मुद्रित

प्रोफेसर पंजाब सिंह
अध्यक्ष, एन ए ए एस
कुलाधिपति,
रानी लक्ष्मीबाई केन्द्रीय कृषि विश्वविद्यालय,
झाँसी

प्राक्कथन

मृदा प्राकृतिक संसाधनों में सबसे महत्त्वपूर्ण है। सभी प्राणी प्रत्यक्ष एवं परोक्ष रूप से मृदा पर आधारित होते हैं। किसी भी राष्ट्र का आर्थिक विकास किसी न किसी रूप में मिट्टी पर आधारित है। इस प्रकार किसी राष्ट्र की मृदा उसकी सबसे मूल्यवान धरोहर होती है। मुझे लिखते हुये बहुत खुशी हो रही है कि डॉ. हनुमान प्रसाद परेवा एवं डॉ. अमिताव रक्षित के द्वारा ''मृदा विज्ञान के मूलभूत सिद्धांत'' पर यह व्यापक पुस्तक तैयार की गई है। इस पुस्तक में मृदा रसायन विज्ञान, भौतिकी और जीव विज्ञान के सिद्धांतों का उपयोग किया गया है। लेखकों ने मृदा अवधारणा, मृदा परिच्छेदिका, चट्टान एवं खनिज, मृदा निर्माण प्रक्रम एवं प्रभावित करने वाले कारक, मृदा के भौतिक गुण, आयन विनिमय, मृदा अभिक्रिया, मृदा वायु एवं वातन, भूमि क्षमता वर्गीकरण, मृदा वर्गीकरण, भारत की मृदायें, मृदा जल, सिंचाई जल की गुणवत्ता, अम्लीय मृदायें, मृदा जीव, मृदा प्रदूषण एवं जैव उर्वरक आदि के बारे में विस्तृत में जानकारी एवं नवीनतम विचारों के साथ–साथ आवश्यकतानुसार चित्रों को भी समायोजित किया गया है। मुझे पूर्ण विश्वास है कि यह पुस्तक प्राकृतिक संसाधन ''मृदा'' के तर्कसंगत और प्रभावी उपयोग एवं मृदा के अन्य महत्वपूर्ण तथ्यों को हिन्दी माध्यम द्वारा विद्यार्थियों, अध्यापको एवं कृषि से जुड़े लोगों के लिए उपयोगी होगी। इस पुस्तक के संपादक मण्डल डॉ. हनुमान प्रसाद परेवा एवं डॉ. अमिताव रक्षित को राष्ट्रभाषा में ऐसी बहुमूल्य पुस्तक तैयार करने एवं प्रकाशित करने के लिए मैं हार्दिक बधाई देता हूँ और इसके प्रथम अंक की सफलता की कामना करता हूँ।

प्रोफेसर पंजाब सिंह

लेखक परिचय

डॉ. हनुमान प्रसाद परेवा ने मृदा विज्ञान एवं कृषि रसायन विभाग, कृषि विज्ञान संस्थान, काशी हिन्दू विश्वविद्यालय, वाराणसी से कृषि स्नातकोत्तर एवं पीएच.डी. की उपाधि प्राप्त की है। ये पिछले 8 वर्षों से कृषि विश्वविद्यालय, जोधपुर (राजस्थान) में सहायक प्राध्यापक के पद पर शिक्षण एवं अनुसंधान का कार्य कर रहे हैं। डॉ. परेवा पूर्व में रबर बोर्ड (वाणिज्य एवं उद्योग मंत्रालय, भारत सरकार) में क्षेत्र अधिकारी एवं केन्द्रीय कृषि विश्वविद्यालय, इम्फाल, मणिपुर में छात्र कल्याण अधिकारी के रूप में भी काम कर चुके हैं। इन्होनें कई सम्मेलनों एवं गोष्ठियों में भाग लेकर मृदा विज्ञान के विभिन्न विषयों पर शोध पत्र पढ़े हैं। कृषि महाविद्यालय में इनके शिक्षण एवं छात्र कल्याण में किये गये उत्कृष्ठ कार्य एवं मृदा विज्ञान प्रयोगशाला के विकास करने हेतु कुलपति, कृषि विश्वविद्यालय, जोधपुर द्वारा आपको कई बार सम्मानित किया गया है तथा हाल ही में कुलपति, कृषि विश्वविद्यालय, जोधपुर द्वारा आपके अनुशासित रहते हुए विश्वविद्यालय के विकास में सराहनीय कार्य करने हेतु दिनांक जनवरी 26, 2019 एवं 26, 2021 को विश्वविद्यालय स्तर पर भी सम्मानित किया गया है। इनकी पूर्व में सह–लेखक के रूप में लिखित पुस्तक ''मेनुअल ऑन फण्डामेंटल्स ऑफ एग्रोनामी'' को राष्ट्रीय स्तर पर प्रसिद्धी मिली है। डॉ. परेवा, आकाशवाणी, नागौर एवं माउण्ट आबू तथा अन्नदाता, टेलीविजन पर कृषि आधारित कार्यक्रमों मे वार्तालाप कर चुके हैं।

डॉ. अमिताव रक्षित काशी हिंदू विश्वविद्यालय, वाराणसी के कृषि विज्ञान संस्थान में मृदा विज्ञान और कृषि रसायन विभाग में संकाय सदस्य है। आपने आईआईटी, खड़गपुर से पीएच.डी. की उपाधि प्राप्त की है। डॉ रक्षित पहले कृषि विभाग, पश्चिम बंगाल सरकार के अनुसंधान विस्तार और कार्यान्वयन में काम कर चुके हैं। आप आईसीएआर के "भागीदारी अनुसंधान" और "लैब टू लैंड" कार्यक्रमों में शामिल रह चुके हैं। आप पाँच अनुसंधान परियोजनाओं के प्रभारी के रूप मे देखरेख कर चुके है एवं वर्तमान में इंटरनेशनल जर्नल ऑफ एग्रीकल्चर एन्वायरमेंट एंड बायोटेक्नोलॉजी (NAAS 4.69) के मुख्य संपादक हैं। आप को साल 2008–09 के लिए बायोवेसन, लियोन, फ्रांस द्वारा बायोवेसन नेक्सट फेलो से सम्मानित किया गया था। आप 2011–12 से ब्रिटिश इकोलॉजिकल सोसायटी, लंदन के समीक्षा महाविद्यालय सदस्य के रूप में सेवारत हैं। इन्हें बीएचयू, वाराणसी द्वारा 2012 और 2014 में स्नातक और परास्नातक स्तर पर सर्वश्रेष्ठ शिक्षक पुरस्कार से सम्मानित किया गया। आप एफएओ, रोम और खाद्य सुरक्षा आयोग के पारिस्थितिक तंत्र प्रबंधन के ग्लोबल फोरम के सदस्य हैं। आपने बारह पुस्तके लिखी हैं जो विभिन्न प्रकाशकों क्रमशः स्प्रिंगर, सीआरसी, सीबीएस, एटीएनआर, आईसीएफएआई, कल्याणी, जैन पब्लिशर्स, आईबीडीसी और डीपीएस के द्वारा प्रकाशित हुई हैं जिन्हें राष्ट्रीय एवं अन्तर्राष्ट्रीय स्तर पर प्रसिद्धी मिली है। आप अपने शोध कार्यों को प्रस्तुत करने के संबंध में कई देशों – नॉर्वे, फिनलैंड, डेनमार्क, फ्रांस, ऑस्ट्रिया, रूस, थाईलैंड, मिस्र एवं तुर्की का दौरा कर चुके हैं। इनके अनुसंधान क्षेत्रों में पोषक तत्व उपयोग दक्षता, सिमुलेशन मॉडलिंग, जैविक खेती, एकीकृत पोषक प्रबंधन और बायोरेमेडिएशन शामिल हैं।

प्रस्तावना

मृदा विज्ञान कृषि की एक महत्त्वपूर्ण शाखा है जो विभिन्न क्षेत्रों जैसे मृदा भौतिकी, मृदा रसायन शास्त्र, मृदा उर्वरता और पौध पोषण, मृदा सर्वेक्षण, उत्पत्ति और वर्गीकरण, खनिज, आदि के अध्ययन से सम्बन्धित है। इसलिए, यह आवश्यक है कि निरंतर कृषि उत्पादन के लिए इस मूल्यवान प्राकृतिक संसाधन को सही ढंग से समझा और संरक्षित किया जाए। किसी भी राष्ट्र का कृषि उत्पादन मुख्य रूप से "मृदा" जैसे महत्वपूर्ण प्राकृतिक संसाधनों पर निर्भर करता है। सतत् कृषि उत्पादन के लिए मृदा उत्पादकता के रखरखाव और सुधार में मृदा विज्ञान के ज्ञान की आवश्यकता होती है। इसलिए, मृदा विज्ञान की शिक्षा किसी भी देश के कृषि विकास के लिए सबसे महत्त्वपूर्ण कारकों में से एक है, क्योंकि मृदा हर तरह की खेती में शामिल है। इस पुस्तक को लिखने का मुख्य उद्देश्य मृदा विज्ञान के बुनियादी ज्ञान एवं सिद्धांतों को सरल भाषा में प्रदर्शित करना है ताकि पाठक सभी अध्यायों को सुगमता से समझ सके।

इस पुस्तक में सभी अध्यायों, मृदा की अवधारणा, मृदा परिच्छेदिका, चट्टान एवं खनिज, मृदा निर्माण प्रक्रम एवं प्रभावित करने वाले कारक, मृदा के भौतिक गुण, आयन विनिमय, मृदा अभिक्रिया, मृदा वायु एवं वातन, भूमि क्षमता वर्गीकरण, मृदा वर्गीकरण, भारत की मृदायें, मृदा जल, सिंचाई जल की गुणवत्ता, अम्लीय मृदायें, मृदा जीव, मृदा प्रदूषण एवं जैव उर्वरक के बारे में विस्तृत में जानकारी एवं नवीनतम विचारों के साथ–साथ आवश्यकतानुसार चित्रों को भी समायोजित किया गया है। यह पाठ्यपुस्तक विद्यार्थियों के लिए बेहद उपयोगी साबित होगी क्योंकि इसे भारत के विभिन्न कृषि विश्वविद्यालयों के पाठ्यक्रम (पंचम अधिष्ठाता समिति द्वारा निर्देशित नवीन पाठ्यक्रमानुसार) के अनुसार विकसित किया गया है।

हमें पूर्ण विश्वास है कि यह पुस्तक विद्यार्थियों, अध्यापको, किसानों एवं कृषि से जुड़े लोगों के लिए बहुत लाभकारी, उपयोगी एवं सार्थक सिद्ध होगी। पुस्तक लेखन में सहायक पुस्तकों, पत्रिकाओं के लेखकों एवं प्रकाशकों के प्रति लेखक अपना हार्दिक आभार प्रदर्शित करते हैं। पुस्तक में किसी भी प्रकार के सुधार के लिये सभी पाठकों के सुझाव एवं समालोचना का हार्दिक स्वागत है।

हनुमान प्रसाद परेवा
अमिताव रक्षित

अनुक्रमणिका

अध्याय – 1

मृदा परिकल्पना
(CONCEPT OF SOIL)

मृदा का अभिप्राय (Meaning of soil)

मृदा शब्द की उत्पत्ति लेटिन भाषा के शब्द "सोलम" (Solum) से हुआ है जिसका अर्थ फर्श/भूमि (Floor/ground) है। सामान्यतः मृदा भूमि की ऊपरी सतह मानी जाती है। आज विश्व में जनसंख्या तेजी से बढ़ रही है साथ ही कृषि योग्य भूमि का लगातार दोहन, सड़क एवं इमारतों का निर्माण, कई पोषक तत्वों की मृदा में कमी एवं कार्बनिक खाद का कम उपयोग आदि कृषि उत्पादन को सीमित कर रहे हैं। वर्तमान में भूमि परीक्षण प्रयोगशालाओं से आ रहे परिणामों से ज्ञात होता है कि निरन्तर असन्तुलित रासायनिक उर्वरकों के प्रयोग से भूमि में जीवांश पदार्थ की मात्रा लगातार घटने के साथ–साथ भूमि में खारेपन की मात्रा भी बढ़ती जा रही है तथा भूमि एवं जल की गुणवत्ता पर बुरा असर पड़ रहा है। जिसके कारण मृदा स्वास्थ्य में लगातार ह्रास हो रहा है। अतः तेजी से बढ़ती हुई जनसंख्या एवं भावी पीढ़ियों के लिये खाद्य सुरक्षा करने के लिए हमें प्रति इकाई क्षेत्रफल में अधिक उत्पादन लेना होगा। इसके लिए सर्वप्रथम मृदा का अध्ययन विस्तृत में करने की आवश्यकता है। मृदा एक त्रिविमीय (Three dimensional) प्राकृतिक पिंड है जो कार्बनिक एवं अकार्बनिक पदार्थों के मिश्रण से बनी होती है तथा पौधों की वृद्धि के लिए आवश्यक पोषक तत्व प्रदान करती है।

मृदा विज्ञान का जनक वि.वि. डोकुचेव (V.V. Dokuchaev, 1900) को कहा जाता है। मृदा एक स्वतन्त्र एवं गतिक पिण्ड है जिसका गुण इस पर कार्य करने वाली शक्तियों के अनुसार होता है। मृदा विज्ञान का अध्ययन दो रुपों में किया जाता है।

1. **पेडोलॉजी (Pedology)** – पेडोलॉजी ग्रीक भाषा के दो शब्दों, पेडॉन (Pedon) = soil or earth अर्थात् मृदा या पृथ्वी और लोगस (Logos) अर्थात् विज्ञान से मिलकर बना है। मृदा विज्ञान की वह शाखा जिसके अन्तर्गत मृदाओं का सर्वेक्षण, उत्पत्ति एवं वर्गीकरण का अध्ययन भूमि उपयोग योजना के दृष्टिकोण से किया जाता है।

   A branch of soil science that deals with the survey, genesis and classification of soils for land use planning.

2. **मृदाशास्त्र (Edaphology)** – मृदाशास्त्र ग्रीक भाषा के दो शब्दों से मिलकर बना है – Edaphos = का अर्थ soil or ground as foot hold to plants एवं logos का अर्थ

knowledge है अर्थात् पौधों को सहारा देने वाले फर्श या मृदा का अध्ययन। "मृदा विज्ञान की वह शाखा जिसमें मृदा का अध्ययन उच्च पादप समुदाय के दृष्टिकोण से किया जाता है"।

It is a branch of soil science which deals with the study of soil from the stand point of higher plants.

मृदा की परिभाषा (Definition of Soil)

मृदा की परिभाषा विभिन्न वैज्ञानिकों ने विभिन्न तरह से दी हैः–

1. मृदा पोषक तत्वों की बिन है, जो पौधों की वृद्धि के लिए आवश्यक सभी पोषक तत्वों की आपूर्ति करती है। – **(वहित्नेय, 1892)**

   Soil is a nutrient bin which supplies all the nutrients required for plant growth – **(Whitney, 1892)**

2. मृदा खनिज और कार्बनिक घटकों से बना एक प्राकृतिक पिंड है जो एक निश्चित उत्पत्ति एवं अपनी खुद की एक अलग प्रकृति रखती है। – **(डोकुचेव, 1900)**

   Soil is a natural body composed of mineral and organic constituents, having a definite genesis and a distinct nature of its own — **(Dokuchaev, 1900)**

3. मृदा एक प्राकृतिक पिंड है जो प्राकृतिक पदार्थों पर प्राकृतिक बलों के प्रभाव से विकसित हुई हैं। सामान्यतः यह भिन्न गहराइयों के खनिज एवं कार्बनिक अवयवों के संस्तरों के अनुसार पृथक किये जाते हैं। जो अपने से नीचे पैतृक पदार्थों से आकृति, भौतिक गुणों और बनावट, रासायनिक गुणों एवं संगठन तथा जैविक लक्षणों में भिन्न होती हैं – **(जोफे एवं मारबट, 1936)**

   Soil is a natural body developed by natural forces acting on a natural material. It is usually differentiated into horizons from mineral and organic constituent of variable depth, which differ from parent material below in morphology, physical properties and constituent, chemical properties and composition and biological characteristics – **(Joffe & Marbut, 1936)**

4. मृदा एक प्रकृति से उत्पन्न पिंड है जो जलवायु और जीवों के संयुक्त प्रभाव से पैतृक पदार्थ पर समय की अवधि के साथ बनी है। – **(जेनी, 1941)**

   Soil is a naturally occurring body that has been formed due to combined influence of climate and living organisms acting on parent material as conditioned by relief over a period of time – **(Jenny, 1941)**

5. मृदा पृथ्वी के अपक्षयित चट्टान एवं कार्बनिक पदार्थ के ऊपरी आवरण का एक मिश्रण है। – **(रुफ्फिन और सिमोन्सोन, 1968)**

   Soil is a mixture of Earth's uppermost mantle of weathered rock and organic matter — **(Ruffin and Simonson, 1968)**

6. मृदा पृथ्वी के तत्काल सतह पर असंपिडित खनिज पदार्थ है जो पौधों की वृद्धि के लिए एक प्राकृतिक माध्यम के रूप में कार्य करता है।

Soil is the unconsolidated mineral matter on the immediate surface of the earth that serves as a natural medium for the growth of plants.

7. मृदा खनिज एवं कार्बनिक पदार्थों और जीवित रूपों से निर्मित पृथ्वी की सतह पर एक गतिशील प्राकृतिक रूप है जिसमें पौधे उगते हैं – **(बकमेन और ब्रैडी, 1969)**

Soil is a dynamic natural body on the surface of the earth in which plants grow, composed of mineral and organic materials and living forms — **(Buckman and Brady, 1969)**

8. (1) भूमि की ऊपरी सतह पर असंगठित खनिज पदार्थ जो पादप वृद्धि के लिये एक प्राकृतिक माध्यम का कार्य करते हैं।

(2) भूमि की ऊपरी सतह पर असंगठित खनिज पदार्थ जो पैतृक पदार्थ की उत्पत्ति सम्बन्धी वायुमण्ड़लीय कारकों, जलवायु (नमी एवं ताप प्रभाव), दीर्घ एवं सूक्ष्म जीवों तथा भूतल, सभी के एक समय तक कार्य करने पर एक उत्पाद उत्पन्न होता है, वह मृदा है जो जिस पदार्थ से उत्पन्न होती है, उससे कई भौतिक, रासायनिक, जैविक, आकृतिक गुणों एवं विशेषताओं मे भिन्न होती है। – **(अमेरिकन मृदा विज्ञान संघ, 1970)**

(1) The unconsolidated mineral material on the immediate surface of the earth that serves as a natural medium for the growth of land plants.

(2) Soil is the unconsolidated mineral matter on the surface of the earth that has been subjected to and influenced by genetic and environmental factors of parent material, climate (including moisture and temperature effects), macro and microorganisms and topography, all affecting over a period of time and producing a product, that is "soil" that differs from the material from which it is derived in many, physical, chemical, biological and morphological properties and characteristics — **(Soil Science Society of America, 1970)**

मृदा विज्ञान की शाखाएँ (Branches of Soil Science)

विज्ञान की वह शाखा जिसके अर्न्तगत मृदा के विषय का अध्ययन किया जाता है मृदा विज्ञान (Soil Science) कहलाती है या विज्ञान की वह शाखा जिसके अन्तर्गत मृदा निर्माण, वर्गीकरण, मृदा के भौतिक, रासायनिक एवं जैविक गुणों के साथ–साथ उर्वरकता का अध्ययन किया जाता है। मृदा विज्ञान की विभिन्न शाखाओं को चित्र 1.1 में दर्शाया गया है जिनका संक्षेप में विवरण नीचे दिया गया है –

1. **पेडोलॉजी (Pedology)** – मृदा विज्ञान की वह शाखा जिसके अन्तर्गत मृदा का सर्वेक्षण, उत्पत्ति एवं वर्गीकरण भूमि उपयोग योजना के दृष्टिकोण से किया जाता है।

2. **मृदाशास्त्र (Edaphology)** – मृदा विज्ञान की वह शाखा जिसमें मृदा का अध्ययन उच्च पादप समुदाय के दृष्टिकोण से किया जाता है।

3. **मृदा भौतिकी/यांत्रिकी (Soil Physics or mechanics)** – इसके अन्तर्गत मृदा के विभिन्न भौतिक नियमो, भौतिक अथवा यांत्रिक गुणों का अध्ययन किया जाता है।

4. **मृदा सूक्ष्मजीव विज्ञान (Soil Microbiology)** – मृदा विज्ञान की वह शाखा जिसके अन्तर्गत सूक्ष्म जीवों एवं उनकी अभिक्रियाओं का मृदा, पौध पोषण और फसलोत्पादन के सन्दर्भ में अध्ययन करना, मृदा सूक्ष्मजीव विज्ञान कहलाता है।

5. **मृदा जीव रसायन (Soil Biochemistry)** – मृदा विज्ञान की वह शाखा जिसके अन्तर्गत कार्बनिक पदार्थ के गठन, अपघटन तथा मृदा में कार्बन, नाइट्रोजन, फॉस्फोरस, सल्फर आदि की जैव रासायनिक प्रतिक्रियाओं का अध्ययन किया जाता है।

6. **मृदा भूगोल (Soil Geography)** – इसके अन्तर्गत मृदा का क्षेत्रीय वितरण तथा उसके सर्वेक्षण का अध्ययन किया जाता है।

7. **मृदा आकारिकी (Soil Morphology)** – इसके अन्तर्गत मृदा के भौतिक संगठन एवं मृदा प्रोफाइल का अध्ययन किया जाता है।

8. **मृदा रसायन (Soil Chemistry)** – मृदा विज्ञान की वह शाखा जिसके अन्तर्गत रासायनिक घटको, रासायनिक गुणों और फसल आवश्यकताओं के संबंध में मृदा की रासायनिक अभिक्रियाओं का अध्ययन किया जाता है, मृदा रसायन कहलाता है।

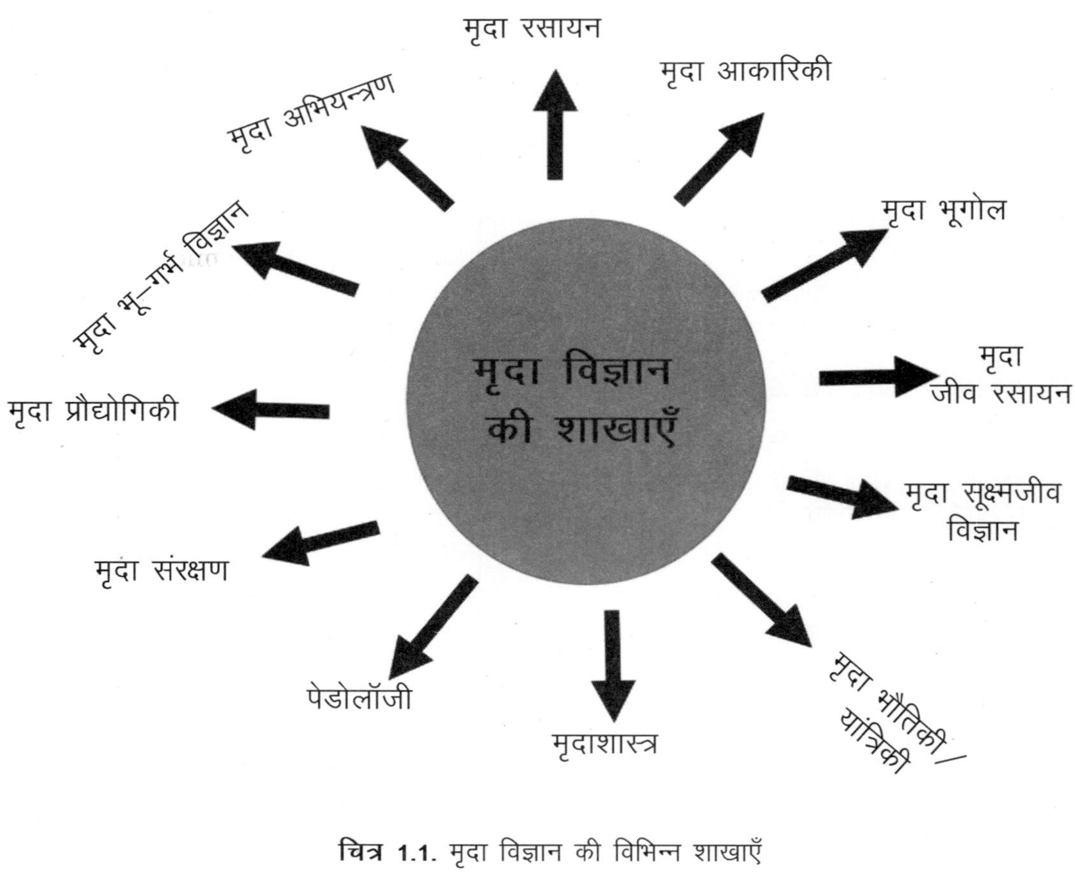

चित्र 1.1. मृदा विज्ञान की विभिन्न शाखाएँ

9. **मृदा अभियन्त्रण (Soil Engineering)** – इसके अन्तर्गत मृदा पर सभी प्रकार के बलों के प्रभावों एवं समस्याओं से सम्बन्धित अभियन्त्रण का अध्ययन किया जाता है।

10. **मृदा भू–गर्भ विज्ञान (Soil Geology)** – इसके अन्तर्गत भू–पटल की उत्पत्ति, मृदा निर्माण, विस्तार एवं वितरण इत्यादि के दृष्टिकोण से मृदा के बाह्य एवं आन्तरिक गुणों का अध्ययन किया जाता है।

11. **मृदा प्रौद्योगिकी (Soil Technology)** – इसके अन्तर्गत मृदा प्रबंधन (भू–परिष्करण, सिंचाई, मृदा एवं जल संरक्षण) के सम्बन्ध में क्रिया–कलापों का अध्ययन किया जाता है।

12. **मृदा संरक्षण (Soil Conservation)** – मृदा संरक्षण से अभिप्राय मृदा के भौतिक अपघटन तथा मृदा संरचना में आने वाले किसी भी प्रतिकुल परिवर्तन को रोकने से हैं।

मृदा अवयव (Soil Components)

मृदा मे तीन प्रावस्थाएँ (Phases) ठोस, द्रव एवं गैस पाई जाती है। मृदा आयतन का लगभग 50% भाग ठोस पदार्थों से घिरा होता है जो की खनिज एवं कार्बनिक पदार्थों से निर्मित होता है तथा शेष 50% आयतन में द्रव एवं गैस उपस्थित होती है। इस प्रकार मृदा के चार अवयव (1) खनिज पदार्थ (2) कार्बनिक पदार्थ (3) मृदा वायु एवं (4) मृदा जल होते हैं। मृदा में इनका अनुपात परस्पर घटता–बढ़ता रहता है। जब वर्षा होती है तो मृदा के रिक्त स्थान (रन्ध्रावकाश) जल से भर जाते है तथा वायु का अंश कम हो जाता है। मृदा से जल के अतःस्रवण तथा वाष्पीकरण द्वारा ह्रास होने से वायु का अंश बढ़ जाता है।

मृदा का आयतन संगठन (Volume Composition of Soil)

शुष्क मृदा में आयतन के अनुसार 45% खनिज पदार्थ, 5% कार्बनिक पदार्थ, 25% मृदा वायु एवं 25% मृदा जल होता है। इनकी मात्रा कम या अधिक भी हो सकती है। जैसे पीट मृदा में 5 प्रतिशत से कम तथा बलुई मृदा में 95 प्रतिशत खनिज होता है। मृदा को आयतन एवं भार के आधार पर नीचे दर्शाया गया है।

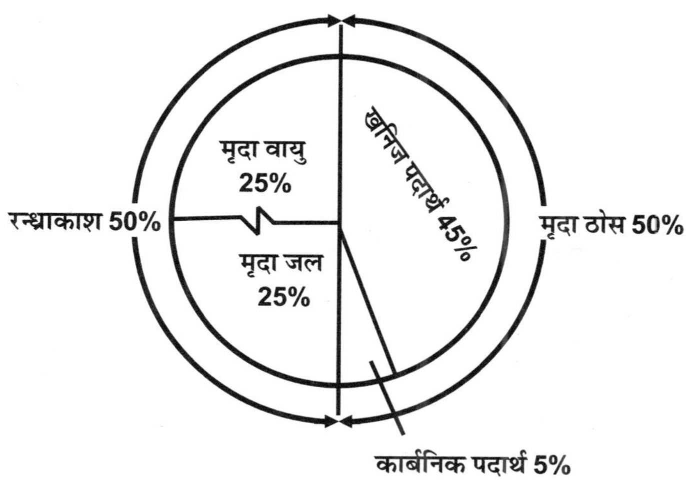

चित्र 1.2. मृदा का प्रतिशत संगठन (आयतनात्मक)

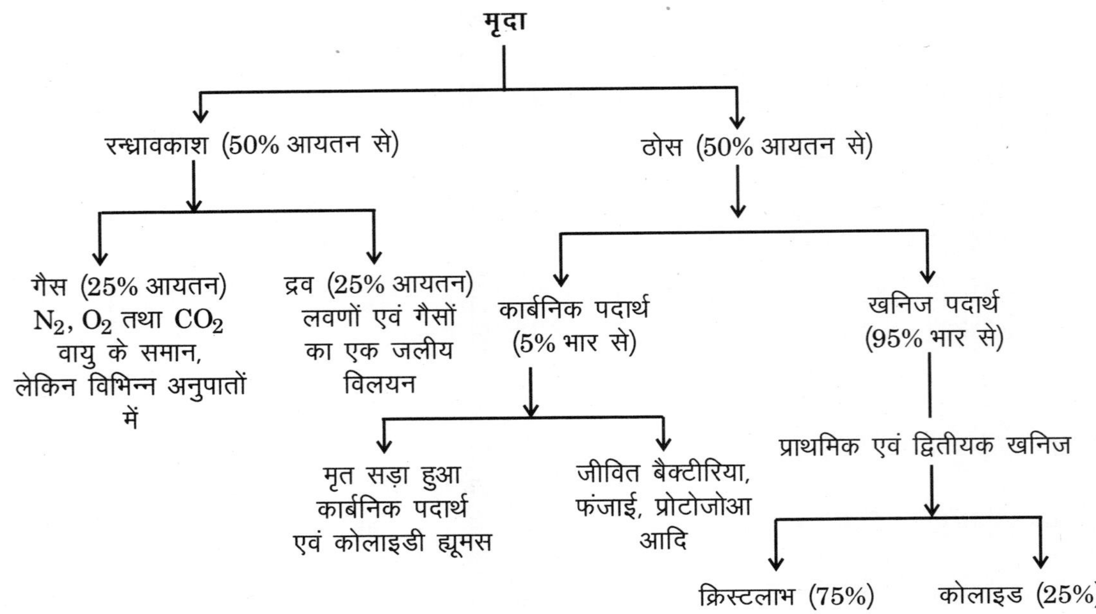

खनिज पदार्थ (Mineral Matter)

शुष्क पृष्ठ मृदा में खनिज पदार्थ का अंश सबसे अधिक (45 प्रतिशत आयतन) होता है। खनिज पदार्थ का परिमाण तथा संगठन परिवर्तनीय है। इसमें सामान्यतः चट्टानों के टुकड़े तथा विभिन्न प्रकार के खनिज होते हैं। खेत में मृदा का गुण एवं व्यवहार मुख्यतः खनिज पदार्थ की प्रकृति एवं मात्रा पर निर्भर करता है। मृदा के बड़े आकार के कणों में अधिक मात्रा में पाये जाने वाले प्राथमिक खनिज माइका (mica), क्वार्ट्ज (quartz) एवं फेल्सपार (feldspar) है जबकि महीन कणों में द्वितीयक खनिजों (सर्पेंटाइन, क्ले खनिज) की प्रधानता होती है।

कार्बनिक पदार्थ (Organic Matter)

यह पौधों एवं जन्तुओं के अवशेष, मृत या जीवित शरीर के आंशिक अथवा पूर्णरूपेण विघटित होने के पश्चात् बने हुए अवयव और संश्लेषित अवयवों का मिश्रण है। मृदा में उपस्थित कार्बनिक पदार्थ के दो संघटक होते हैं। पादप एवं जन्तु अवशेष के आंशिक विघटित तथा ह्यूमस (काला अथवा बादामी रंग)। कार्बनिक पदार्थ मृदा रंग, भौतिक गुण, सुलभ पोषक तत्त्वों की आपूर्ति तथा अधिशोषण क्षमता को प्रभावित करता है। अधिकांश भारतीय मृदाओं में कार्बनिक पदार्थ की मात्रा अत्यन्त कम है। कार्बनिक पदार्थ की मात्रा के आधार पर मृदाओं को तीन भागों क्रमशः कम (<0.50%), मध्यम (0.50% – <0.75%) एवं उच्च (>0.75%) में वर्गीकृत किया जाता है। मृदा की उत्तम भौतिक दशा बनाए रखने में कार्बनिक पदार्थो की महत्वपूर्ण भूमिका होती है जिसके द्वारा मृदा की जल धारण क्षमता तथा वातन नियंत्रित होती है। कार्बनिक पदार्थ मृदा सूक्ष्मजीवों के लिए ऊर्जा का प्रमुख स्रोत है। कार्बनिक पदार्थ पोषक तत्वों के संग्रहण का कार्य करते है साथ ही मृदा संरचना को भुरभुरी एवं दानेदार बनाते हैं। पीट मृदा में कार्बनिक पदार्थ की मात्रा सबसे अधिक होती है।

मृदा वायु (Soil Air)

मृदा रन्ध्रावकाश में उपलब्ध वायु को मृदा वायु कहते हैं। मृदा वायु में नाइट्रोजन, ऑक्सीजन, कार्बन डाइऑक्साइड आदि गैस उपस्थित होती है। मृदा में नमी की मात्रा, पौध जड़ों में श्वसन, सूक्ष्मजीवों की गतिविधियों और कार्बनिक पदार्थों के सड़ने–गलने से उत्पन्न कार्बन डाइऑक्साइड के कारण मृदा वायु में इसकी मात्रा में वृद्धि हो जाती है तथा ऑक्सीजन की मात्रा घट जाती है। अतः मृदा वायु संगठन हमेशा वायुमंडलीय वायु से भिन्न होता है। मृदा में होने वाली सभी जैविक अभिक्रियाओं के लिए ऑक्सीजन अनिवार्य है। मृदा वायु में अन्य गैसें जैसे – आर्गन, क्रिप्टोन, नियोन, जियोन इत्यादि भी सूक्ष्म मात्रा में पायी जाती है। मृदा एवं वायुमंडलीय वायु में विभिन्न गैसों का संगठन तालिका 1.1 में दिया गया है।

तलिका 1.1: मृदा एवं वायुमंडलीय वायु का संगठन

गैसें	मृदा वायु (%)	वायुमंडलीय वायु (%)
नाइट्रोजन	79.2	78.03
ऑक्सीजन	20.0	20.97
कार्बन डाइऑक्साइड	0.3 से 0.5	0.03
अन्य गैसें	सूक्ष्म मात्रा	–

मृदा जल (Soil Water)

मृदा–पादप वृद्धि सम्बन्ध में मृदा जल का महत्त्वपूर्ण योगदान है। मृदा जल की मात्रा विभिन्न प्रकार की मृदाओं में अलग–अलग होती है। मृदा में जल विभिन्न बलों (आसंजन एवं ससंजन) द्वारा धारित रहता है या जल की उपलब्धता रन्ध्रावकाश पर आधारित होती है। मृदा जल पौधों को पोषक तत्व आपूर्ति करने में माध्यम के रूप में महत्वपूर्ण योगदान निभाता है। मृदा जल कार्बनिक पदार्थो के विच्छेदन एवं सभी भौतिक, रासायनिक तथा जैविक प्रक्रियाओं को प्रोत्साहित करता हैं। यह पोषक तत्वों के विलायक तथा वाहक के रूप में भी कार्य करता हैं एवं मृदा जीवों के लिए उपयुक्त पर्यावरण प्रदान करता है। मृदा जल स्वयं भी पोषक तत्व का कार्य करता है।

पृष्ठ मृदा एवं अवमृदा में अन्तर (Difference between surface soil and sub-surface soil)

पृष्ठ मृदा – मृदा की ऊपरी परत जिसमें कार्बनिक पदार्थ एवं मृदा जीव होते है, जो पौधों की वृद्धि के लिए उपयुक्त होती है। सामान्यतः यह हल की गहराई के बराबर (0–15 से. मी.) होती है। अवमृदा – हल की गहराई (15 से.मी.) से नीचे की सघन मृदा (Compact soil) जो जुताई संचालन (Tillage operation) के द्वारा जोती नही जाती, अवमृदा कहलाती है। पृष्ठ मृदा एवं अवमृदा में तुलनात्मक विवरण तालिका 1.2 में दिया गया है।

पृष्ठ मृदा एवं अवमृदा में अन्तर

पृष्ठ मृदा (Surface soil)	अवमृदा (Sub-surface soil)
इसकी गहराई 0–15 से.मी. होती है।	इसकी गहराई 15 से.मी. से नीचे होती है।
यह पूर्ण रूप से अपक्षयित होती है।	यह आंशिक रूप से अपक्षयित होती है।
पृष्ठ मृदा में महीन कणों (जैसे– सिलिकेट क्ले) की प्रचुरता होती है।	इसमें क्वार्ट्ज एवं खनिजों के बड़े कणों (Coarse fragments) की प्रचुरता होती है।
इसकी धनायन विनिमय क्षमता अधिक होती है।	इसकी धनायन विनिमय क्षमता कम होती है।
पृष्ठ मृदा की भौतिक दशा (Physical condition) अच्छी होती है।	अवमृदा की भौतिक दशा खराब होती है।
पृष्ठ मृदा में कोई कठोर पटल (Hard pan) नही होती है।	अवमृदा में कभी–कभी कठोर पटल पाई जाती है।
पृष्ठ मृदा सरंध्र (Porous) एवं भुरभुरी (Friable) होती है।	यह मृदा अधिक भारी/स्थुल (Massive) एवं ठोस/सघन (Compact) होती है।
इस मृदा का रंग गहरा भुरा (Dark brown) होता है।	इस मृदा का रंग हल्का एवं कभी–कभी हल्का पीला (Light yellow) होता है।
इसकी उर्वरता अधिक होती है।	इसकी उर्वरता कम होती है।
इसमें अधिकांश आवश्यक पादप पोषक तत्व पाये जाते हैं।	इसमें बहुत कम आवश्यक पादप पोषक तत्व पाये जाते हैं।
इस मृदा में सुक्ष्मजीवों की संख्या एवं सक्रियता काफी अधिक होती है।	इसमें सुक्ष्मजीवों की संख्या एवं सक्रियता बहुत कम होती है।
कार्बनिक पदार्थों की मात्रा अधिक होती है।	कार्बनिक पदार्थों की मात्रा कम होती है।
पृष्ठ मृदा में वायु संचार (Aeration) अच्छा होता है।	अवमृदा में वायु संचार बहुत सीमित होता है।

प्रश्न कोष

वस्तुनिष्ठ प्रश्न

1. मृदा शब्द की उत्पत्ति किस भाषा से हुई है?
   (A) अंग्रेजी (B) ग्रीक
   (C) लेटिन (D) फ्रैंच

2. मृदा विज्ञान की वह शाखा जिसमें मृदा का अध्ययन उच्च पादप समुदाय के दृष्टिकोण से किया जाता है, ... कहलाता है?
   (A) पेडोलॉजी (B) इडेफोलॉजी
   (C) मृदा विज्ञान (D) मृदा रसायन

3. मृदा विज्ञान का जनक किसको कहा जाता है?
   (A) जेनी (B) बकमेन और ब्रैडी
   (C) जोफे एवं मार्बुट (D) वि.वि. डोकुचेव

4. मृदा विज्ञान की वह शाखा जिसके अन्तर्गत मृदाओं का सर्वेक्षण, उत्पत्ति एवं वर्गीकरण का अध्ययन भूमि उपयोग योजना के दृष्टिकोण से किया जाता है उसे कहते है?

   (A) पेडोलॉजी (B) इडेफोलॉजी

   (C) मृदा विज्ञान (D) मृदा रसायन

5. मृदा के मुख्य अवयव है?

   (A) दो (B) तीन

   (C) चार (D) पाँच

6. मृदा में कार्बनिक प्दार्थ का प्रतिशत होता है?

   (A) 45% (B) 5%

   (C) 25% (D) 10%

7. परिभाषा ''मृदा पृथ्वी के अपक्षयित चट्टान एवं कार्बनिक पदार्थ के ऊपरी आवरण का एक मिश्रण है'' किसने दी?

   (A) वि. वि. डोकुचौव

   (B) रुफ्फिन और सिमोन्सोन

   (C) जेनी

   (D) जोफे एवं मार्बुट

रिक्त स्थानों की पूर्ति कीजिए

1. मृदा शब्द की उत्पत्ति लेटिन भाषा के शब्द ....से हुई है।
2. पृष्ठ मृदा की गहराई.. होती है।
3. मृदा विज्ञान का अध्ययन .... रुपों में किया जाता है।
4. मृदा मे तीन प्रावस्थायें ठोस, द्रव एवं ....पाई जती है।
5. मृदा आयतन का लगभग ....भाग ठोस पदार्थों से घिरा होता है।

सत्य या असत्य कथन पर (√) का निशान लगाये

1. मृदा वायु में वायुमण्डल की अपेक्षा कार्बन डाइऑक्साइड की मात्रा कम होती है। (सत्य/असत्य)
2. मृदा को शुद्ध रूप से एक प्राकृतिक पिण्ड माना जाता है। (सत्य/असत्य)
3. मृदा वायु में ऑक्सीजन वायुमण्डल की अपेक्षा कम पायी जाती है। (सत्य/असत्य)
4. मृदा शब्द की उत्पत्ति ग्रीक भाषा से हुई है। (सत्य/असत्य)
5. हिलगार्ड को मृदा विज्ञान का जनक कहा जाता है। (सत्य/असत्य)
6. मृदा के विभिन्न भौतिक नियमो अथवा यांत्रिक गुणों का अध्ययन मृदा प्रौद्योगिकी कहलाता है। (सत्य/असत्य)
7. मृदा विज्ञान का जनक वि.वि. डोकुचेव को कहा जाता है। (सत्य/असत्य)

लघु एवं विस्तृत उत्तरीय प्रश्न

1. जोफे एवं मारबट के अनुसार मृदा की परिभाषा लिखिए।
2. मृदा विज्ञान की शाखाओं को संक्षिप्त में लिखिए।

3. मृदा के अवयवों पर संक्षिप्त में टिप्पणी लिखिए।
4. पृष्ठ मृदा एवं अवमृदा में अन्तर लिखिए।
5. पेडोलॉजी एवं मृदाशास्त्र में अन्तर लिखिए।

उत्तरमाला

वस्तुनिष्ठ प्रश्न	1. (C)	2. (B)	3. (D)	4. (A)	5. (C)
	6. (B)	7. (B)			
रिक्त स्थानों की पूर्ति	1. सोलम	2. 0–15 से.मी.	3. दो	4. गैस	5. 50%
सत्य या असत्य	1. असत्य	2. सत्य	3. सत्य	4. असत्य	5. असत्य
	6. असत्य	7. सत्य			

■■■■

अध्याय – 2

मृदा परिच्छेदिका (SOIL PROFILE)

मृदा परिच्छेदिका (Soil Profile)

मृदा में पायी जाने वाली समानांतर सतहें जब एक निश्चित गहराई (पैतृक पदार्थ) तक खोदी जाती है तो ये सतहें मिलकर जो इकाई बनाती हैं, मृदा परिच्छेदिका कहलाती है। दुसरे शब्दों में मृदा परिच्छेदिका/प्रोफाइल को इस प्रकार परिभाषित कर सकते हैं, मृदा को सतह से पैतृक पदार्थ तक खड़ा/उर्ध्वाधर (Vertical) काटने पर बहुत से संस्तर (Horizon) दिखाई देते है, इन संस्तरों की इकाई को मृदा परिच्छेदिका कहते हैं या ''प्रत्येक मृदा के संस्तरों की खड़ी कटान को मृदा परिच्छेदिका कहते हैं।''

मृदा परिच्छेदिका में परिवर्तन (Changes to the Soil Profile)

मृदा की उम्र के साथ–साथ क्षैतिज परतें (Horizontal horizons) विकसित एवं परिवर्तित होती रहती हैं। इन परिवर्तनों के कारणों को चार प्रक्रियाओं (संचयन, ह्रास, स्थानान्तरण एवं परिवर्तन) के रूप में वर्गीकृत किया गया है। मृदा में विभिन्न गहराई पर प्रत्येक प्रक्रिया अलग–अलग होती है।

1. संचयन (Addition) – मृदा में कार्बनिक (पत्तियाँ) और खनिज पदार्थो (घूल के कण) का जुड़ना।
2. ह्रास (Loss) – यह प्रक्रिया तब होती है जब सतह से निक्षालन या अपरदन की वजह से मृदा से सामग्री (कार्बनिक और खनिज पदार्थ) का ह्रास हो जाता है।
3. स्थानान्तरण (Translocation) – इस प्रक्रिया में मृदा के भीतर कार्बनिक और खनिज पदार्थों का स्थान परिवर्तन (movement) शामिल है। मृदा में कार्बनिक और खनिज पदार्थों का स्थानान्तरण लीचिंग या वाष्पीकृत जल के कारण ऊपर की ओर हो सकता है।
4. परिवर्तन (Transformation) – इस प्रक्रिया में, मृदा में कार्बनिक और खनिज पदार्थ परिवर्तित हो जाते हैं। उदाहरण – कार्बनिक पदार्थों का सड़ना, कार्बनिक पदार्थों का ह्यूमस में परिवर्तन, खनिज पदार्थो का छोटे कणों में अपेक्षित होना और रासायनिक प्रतिक्रियाएं।

मृदा संस्तर (Soil Horizon)

"मृदा पार्श्व दृश्य में उपस्थित विभिन्न परते जो एक दूसरे से स्पष्टतया गुणों एवं लक्षणों में भिन्न होती है संस्तर कहलाती है"।

A layer of soil approximately parallel to the soil surface differing in properties and characteristics from adjacent layer below or above it.

प्रमुख संस्तर (Master Horizon)

मृदा प्रोफाइल के 5 प्रमुख संस्तर (Master Horizon) माने गये हैं जिन्हें अंग्रेजी के बड़े अक्षरों O, A, E, B एवं C से दर्शाया जाता है। इन संस्तरों को फिर उपसंस्तरों (sub-horizons) में बाँटते हैं। मृदा प्रोफाइल के A, E एवं B संस्तरों को सोलम कहते हैं।

कार्बनिक संस्तर (Organic Horizon)

कार्बनिक संस्तर, मृदा प्रोफाइल/परिच्छेदिका की ऊपरी सतह होती है। इसे "O" संस्तर भी कहते हैं। यह खनिज मृदा की ऊपरी सतह पर मृत पौधों एवं जन्तुओं के अवशेषों के परिणामस्वरूप बनती है। यह संस्तर वनीय क्षेत्र की मृदाओं में पाया जाता है तथा प्रायः ग्रासलैण्ड/घासस्थल (grassland) क्षेत्र में नही पाया जाता है। इसमे तीन विशिष्ट उपसंस्तर होते हैं –

Oi – कार्बनिक उपसंस्तर जिसमें पादप एवं जन्तु अवशेष मूल अवस्था मे होते हैं एवं बहुत कम विच्छेदित/विघटित (slightly decomposed) होते हैं अर्थात् इन्हें नंगी आँखों से पहचाना जा सकता है।

Oe – इस कार्बनिक उपसंस्तर में अवशेष पदार्थ मध्यम रूप से विच्छेदित/विघटित (moderately decomposed) होते हैं।

Oa – इस कार्बनिक उपसंस्तर में अवशेष पदार्थ पूर्ण रूप से विच्छेदित/विघटित (highly decomposed) होते हैं जिसे पहचाना नहीं जा सकता है। इसका रंग काला या बादामी होता है।

A संस्तर (A Horizon)

इसे खनिज संस्तर भी कहते हैं जो पृष्ठ मृदा पर या कार्बनिक संस्तर के नीचे बनती है। जिस मृदा मे कार्बनिक संस्तर अनुपस्थित होता है, वहाँ A – संस्तर सबसे ऊपर का संस्तर होता है। इनमे आंशिक रूप से विच्छेदित कार्बनिक पदार्थ खनिजों के साथ मिश्रण के रूप में पाये जाते हैं। इसे बायोमेन्टल संस्तर रूप में भी जाना जाता है क्योंकि इस परत में केंचुआ, कवक और बैक्टीरिया आदि निवास करते हैं। यह संस्तर पौधों की जड़ों के विकास, सूक्ष्म तथा अन्य जीवों के लिए सबसे अच्छा वातावरण प्रदान करता है। कार्बनिक पदार्थो की उपस्थिति के कारण इस संस्तर का रंग निम्न संस्तरो की अपेक्षा अधिक गहरा होता है।

E संस्तर (E Horizon)

यह संस्तर खनिज संस्तर के नीचे पाया जाता है। इसे एलुविटेड संस्तर (eluviated horizon) भी कहते हैं। इस संस्तर में सिलिकेट क्ले और सेस्क्वी ऑक्साइड (आयरन एवं एल्यूमिनियम ऑक्साइड) का निक्षालन (leaching) होता है, परिणामस्वरूप इस संस्तर में प्रतिरोधी खनिज जैसे क्वार्ट्ज की सान्द्रता अधिक होती है। 'E' संस्तर का रंग 'A' संस्तर की तुलना में प्रायः हल्का होता है। यह संस्तर आमतौर पर रेतीले जंगल की मृदा में होता है।

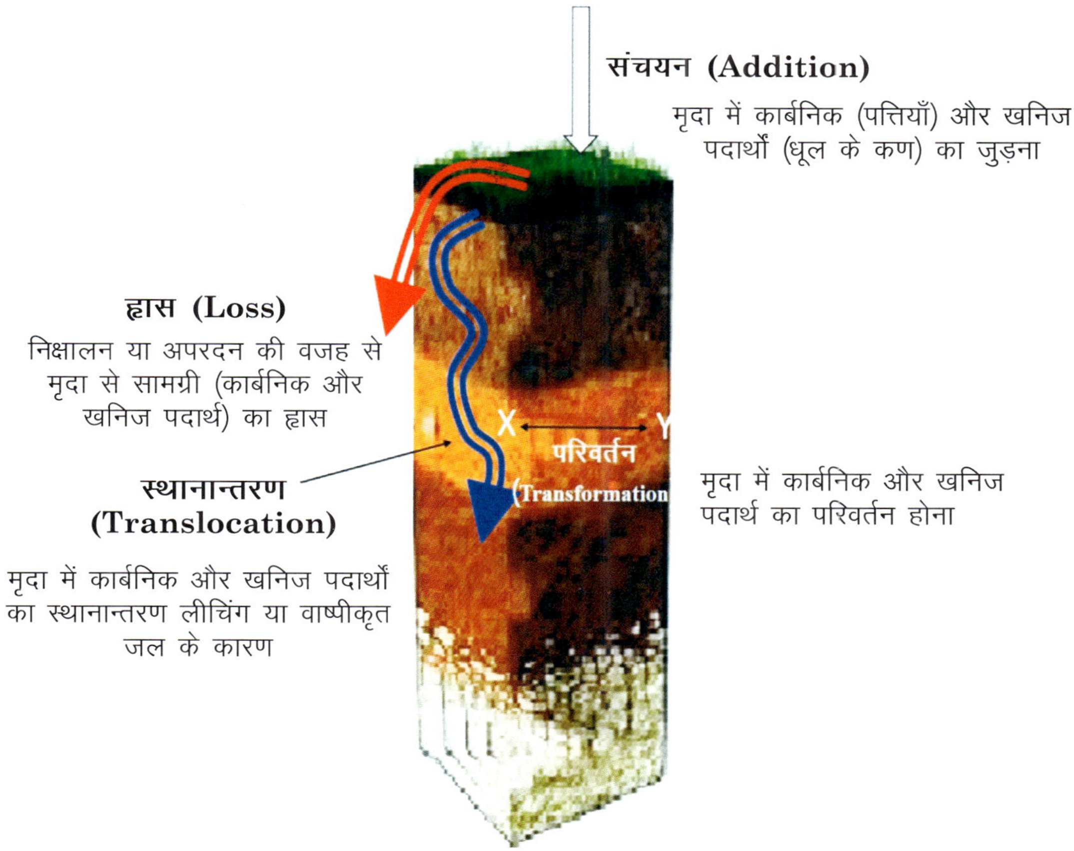

चित्र 2.1: मृदा परिच्छेदिका में परिवर्तन

EB संस्तर (EB Horizon)

अधिकांश मृदाओं मे यह संस्तर नही पाया जाता है। यह संस्तर E एवं B के बीच उपस्थित एक अर्न्तवर्ती (Transitional) संस्तर होता है जिसके गुण B संस्तर की अपेक्षा E संस्तर से अधिक मिलते हैं।

BE संस्तर (BE Horizon)

यह E एवं B के बीच उपस्थित एक अर्न्तवर्ती (Transitional) संस्तर है, जो अधिकांश मृदाओं में अनुपस्थित होता है। इस संस्तर के गुण E संस्तर की अपेक्षा B संस्तर से अधिक मिलते हैं।

B संस्तर (B Horizon)

इसे Illuvial संस्तर/निक्षेपण संस्तर भी कहते हैं। आर्द्र क्षेत्रों (humid regions) में ऊपरी संस्तर से निक्षालित (wash out) पदार्थों जैसे सिलिकेट क्ले और सेस्कवी ऑक्साइड (आयरन एवं एल्यूमिनियम

ऑक्साइड) का संचयन इस संस्तर में होता है। शुष्क एवं अर्द्ध शुष्क क्षेत्रों में कैल्शियम कार्बोनेट ($CaCO_3$), कैल्शियम सल्फेट ($CaSO_4$) तथा अन्य लवणों (other salts) का इसी संस्तर में संचयन होता है। इस संस्तर में ब्लोकी (blocky) या प्रिज्मीय संरचना (prismatic structure) पायी जाती है। इस संस्तर को कभी–कभी अवमृदा भी कहते हैं।

C संस्तर (C Horizon)

यह संस्तर सोलम (A तथा B संस्तर) के नीचे स्थित होता है। यह संस्तर मूल पदार्थ (parent material), जिससे सोलम का विकास होता है, के समान या भिन्न हो सकता हैं। इस संस्तर में मुख्य जैविक क्रियायें (biological activities) नहीं होती है। इस संस्तर में O, A, E या B संस्तर की विशेषताऐं (properties) नही पायी जाती है तथा मृदा निर्माण प्रक्रियाओं (soil forming processes) से यह संस्तर बहुत कम प्रभावित होता है। इस संस्तर को अधःस्तर (substratum) भी कहा जाता है।

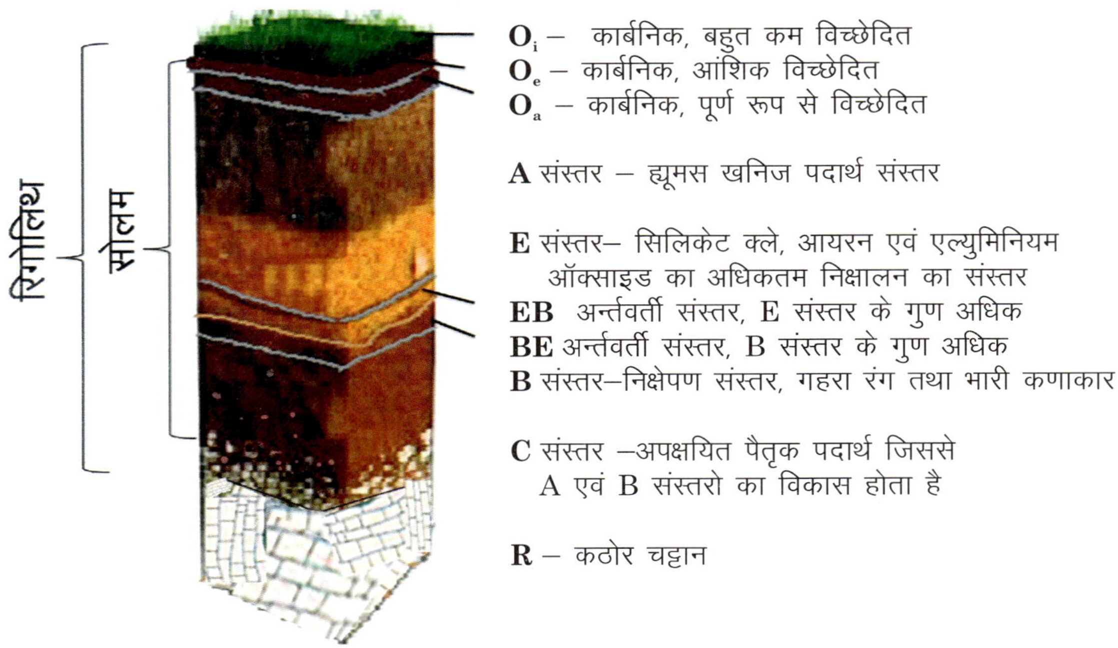

चित्र 2.2: सभी मुख्य संस्तरों वाली एक काल्पनिक मृदा परिच्छेदिका

कठोर चट्टान (Bed Rock)

'सी' संस्तर के नीचे संगठित एवं दृष्टीभूत चट्टाने पाई जाती है, जो कठोर चट्टाने कहलाती है। इनका बहुत कम अपक्षय (weathering) होता है। कठोर चट्टानों के ऊपर जो भी असंगठित एवं अदृष्टीभूत कार्बनिक तथा अकार्बनिक पदार्थ पाये जाते हैं एक साथ संयुक्त रूप से रिगोलिथ (Regolith) कहलाते हैं।

अधीन अन्तर (Subordinate Distinctions)

मुख्य संस्तरों में विशिष्ट संचय (specific accumulation) एवं विशेष गुण दोष को प्रदर्शित करने के लिये मुख्य संस्तर के साथ अंग्रेजी के छोटे अक्षर (प्रत्यय चिन्ह) का उपयोग करते हैं। इन अधीन संस्तरो की सूची और उनके अर्थ तालिका 2.1 में दिया गया हैं।

तालिका 2.1. मुख्य संस्तर के साथ लिखे जाने वाले अंग्रेजी के छोटे अक्षर एवं उनका अर्थ

अक्षर	अर्थ
a	पूर्ण रूप से विघटित कार्बनिक पदार्थ
b	दबे हुए (buried) मृदा संस्तर
c	कंकड़ (concretions) या छोटी कणिक गांठ (nodules)
d	गहन दृढ़ न किया हुआ (unconsolidated) पदार्थ
e	मध्यम रूप से विघटित कार्बनिक पदार्थ
f	जमी हुई (frozen) मृदायें
g	तीव्र ग्लाइकीकरण (gleying)/सख्त रंग बिरंगा
h	कार्बनिक पदार्थ का संचयन
i	आंशिक रूप से विघटित कार्बनिक पदार्थ
k	कार्बोनेट का संचयन
m	सीमेन्टीकरण
n	सोडियम का संचयन
o	आयरन एवं एल्यूमिनियम ऑक्साइडस् का संचयन
p	जुताई या अन्य विघ्न
q	सिलिका का संचयन
r	अपक्षय (weathered) या मुलायम आधार वाली चट्टानें (soft bed rock)
s	कार्बनिक पदार्थ, आयरन एवं एल्यूमिनियम ऑक्साइड का अवक्षेपित संचयन
t	सिलिकेट क्ले का संचयन
v	प्लिनथाइट (अधिक लोहा, लाल पदार्थ)
w	विशेष रंग या संरचना
x	फ्रेगीपान (सख्त परत)
y	जिप्सम का संचयन
z	घुलनशील लवणों का संचयन

मृदा परिच्छेदिका का अध्ययन

1. **रंग (Colour)** – मृदा प्रोफाइल के संस्तरों में विभिन्न रंग दिखाई देते हैं। प्रायः ऊपरी संस्तरों का रंग निम्न संस्तरों की अपेक्षा अधिक गहरा होता है। मृदा प्रोफाइल में विभिन्न संस्तरों के रंग में विभिन्नता प्राथमिक रूप से खनिज तत्त्वों, कार्बनिक पदार्थों एवं उनके सड़ने–गलने से प्राप्त ह्यूमस, लवणों एवं जीवांश पदार्थों की उपस्थिति के कारण होता है।
2. **मृदा कणाकार (Soil texture)** – मृदा कणाकार के विषय में सामान्य ज्ञान तो हाथ से छूकर किया जाता है, परन्तु वास्तविक अनुपात ज्ञात करने के लिये यान्त्रिक विश्लेषण करते हैं। निक्षालन संस्तर में कणाकार हल्का और निक्षेपण संस्तर से भारी होता है। किसी विशेष जलवायु के कटिबन्ध में मिलने वाले समान मूल पदार्थों से निर्मित मृदाओं का कणाकार गुण समान होता है।
3. **मृदा संगठन (Soil constitution)** – मृदा निर्माणकारी कारकों द्वारा मूल पदार्थ में धीरे–धीरे परिवर्तन होता रहता है जिसके परिणामस्वरूप मृदा प्रोफाइल एक निश्चित संगठन प्राप्त कर लेती है। मृदा प्रोफाइल के संगठन के अन्तर्गत अग्रलिखित गुण सम्मिलित किए जाते हैं– सघनता (Compactness), सीमेन्टीकरण (Cementation), सरन्ध्रता (Porosity), गाढ़ापन (Consistency), सुघट्यता (Plasticity) एवं चिपचिपापन (Stickiness)।
4. **मृदा संरचना (Soil structure)** – मृदा संरचना द्वारा मृदा कणों के विशेष कण समूहों में विन्यास अथवा सजावट ज्ञात होता है। मृदा संरचना द्वारा मृदा की संरन्ध्रता पर विशेष प्रभाव पड़ता है जिससे अनेक मृदा के गुणों का नियन्त्रण होता है। संरचना के आधार पर मृदा को चार समूहों में विभाजित किया जाता है – प्लेटी संरचना, प्रिज्मेटिक संरचना, ब्लोकी संरचना एवं दानेदार संरचना।
5. **प्रोफाइल का शरीर संगठन (Habitus of profile)** – मृदा प्रोफाइल के प्रत्येक संस्तरों के सामान्य रूप का विवरण किया जाता है।
6. **मृदा प्रोफाइल की गहराई (Depth of soil profile)** – किसी मृदा प्रोफाइल की गहराई शैल रचना, कणाकार, समय, मूल पदार्थों की अवस्था, उनके खनिज सम्बन्धी गुण आदि पर निर्भर करती है। कठोर चट्टानों से प्रायः कम गहरी मृदा बनती है। जिन मृदाओं में मूल पदार्थ की रचना रेतीली होती है, उनमें मृदा प्रोफाइल काफी गहरे पाये जाते हैं, किन्तु मरुस्थली तथा अर्द्ध मरुस्थली स्थानों में प्रोफाइल उथले होते हैं। अधिक वर्षा वाले स्थानों में मृदा प्रोफाइल की गहराई अधिक होती है।
7. **कंकरीकरण तथा बाह्य अन्तर्भेदन (Concretions and foreign intrusions)** – मृदा प्रोफाइल के अध्ययन के अन्तर्गत विभिन्न संस्तरों में संचित होने वाले अनेक पदार्थों का भी अध्ययन अति अवाश्यक है। उपरोक्त वर्णितः तथ्यों के अतिरिक्त मृदा प्रोफाइल के अध्ययन में कंकर पदार्थ, मृदा पपड़ी, अवसाद, रेखा वर्ण (Steaks) तथा मृदा में संग्रहित होने वाले अन्य प्रकार के पदार्थों को सावधानीपूर्वक निरीक्षण कर लेना चाहिये।

मृदा परिच्छेदिका का महत्व

1. यह मृदा वर्गीकरण की एक जरूरी आवश्यकता है।
2. मृदा प्रोफाइल सभी मृदा निर्माण करने वाली प्रक्रियाओं का एक ऐतिहासिक रिकॉर्ड है।

3. मृदा प्रोफाइल और इसकी विशेषताओं का अध्ययन कृषि भूमि का मूल्य निर्धारण करने में मदद करता है।
4. मृदा प्रोफाइल के अध्ययन से लवणता, क्षारीयता, जलाक्रांति (waterlogging), मृदा में कठोर पैन की उपस्थिति आदि समस्याओं का निदान करने में मदद होती है साथ ही मृदा के उपयोग और प्रबंधन पर इनके प्रभावों की व्याख्या करने में मदद करता है।
5. यह कृषि के लिए उपयुक्त सर्वोत्तम मिट्टी निर्धारित करने में मदद करता है।

प्रश्न कोष

वस्तुनिष्ठ प्रश्न

1. A संस्तर को किस ओर संस्तर के नाम से भी जाना जाता है?
   (A) निक्षेपण संस्तर
   (B) निक्षालन संस्तर
   (C) बायोमेन्टल संस्तर
   (D) कोई नही
2. मृदा प्रोफाइल के A, E एवं B संस्तरों को मिलाकर कहते हैं?
   (A) संस्तर (B) उपसंस्तर
   (C) सोलम (D) पेडान
3. किस संस्तर में ब्लोकी (blocky) या प्रिज्मीय संरचना (prismatic structure) पायी जाती है?
   (A) A संस्तर (B) C संस्तर
   (C) O संस्तर (D) B संस्तर
4. मृदा प्रोफाइल में कितने संस्तर होते है?
   (A) 3 (B) 4
   (C) 2 (D) 5
5. किस मृदा संस्तर में अधिकतम जैविक क्रियाएँ होती है?
   (A) A संस्तर (B) C संस्तर
   (C) E संस्तर (D) B संस्तर

रिक्त स्थानों की पूर्ति कीजिए

1. ए एवं बी संस्तर के संयोजन को ....कहा जाता है।
2. किस संस्तर में मुख्य जैविक क्रियायें .... नहीं होती है।
3. कार्बनिक संस्तर के उपसंस्तर ....होते हैं।
4. मृदा पार्श्व दृश्य में उपस्थित विभिन्न परते जो एक दूसरे से स्पष्ट गुणों एवं लक्षणों में भिन्न होती है ....कहलाती है।
5. जिप्सम के संचयन को मुख्य संस्तरों में ....से अंकित करते हैं।

सत्य या असत्य कथन पर (√) का निशान लगाये

1. मृदा प्रोफाइल का ऊर्ध्वाधर भाग खेत से निकाल कर अध्ययन के लिए रखने को मृदा मोनोलिथ (Soil monolith) कहते हैं। (सत्य / असत्य)

2. कैल्शियम कार्बोनेट ($CaCO_3$) एवं कैल्शियम सल्फेट ($CaSO_4$) का B संस्तर में संचयन होता है। (सत्य / असत्य)
3. अध्ययन की सुविधा हेतु पाँच प्रमुख संस्तर स्वीकृत किये गये हैं जिन्हे अंग्रेजी के बडे अक्षरों O, A, E, B एवं C से निर्देशित करते हैं। (सत्य / असत्य)
4. C संस्तर को पैतृक पदार्थ भी कहते हैं। (सत्य / असत्य)
5. B संस्तर को संचयन संस्तर भी कहते हैं। (सत्य / असत्य)
6. शुष्क एवं अर्द्ध शुष्क क्षेत्रों की मृदाओं के B संस्तर में ज्यादातर ब्लोकी या प्रिज्मीय संरचाना पायी जाती है। (सत्य / असत्य)

लघु एवं विस्तृत उत्तरीय प्रश्न

1. अन्तर्वर्ती संस्तर की परिभाषा लिखिए।
2. अधीन अन्तर को संक्षेप में लिखिए।
3. एक परिकल्पनात्मक नामांकित मृदा परिच्छेदिका का चित्र बनाये एवं मूल संस्तरों के गुणधर्मों का संक्षेप में वर्णन कीजिए।
4. मृदा परिच्छेदिका को परिभाषित करें। मृदा परिच्छेदिका का चित्र बनाये एवं सभी प्रमुख संस्तरों का विस्तृत में वर्णन करते हुए इसके महत्व के बारे में लिखिए।

उत्तरमाला

वस्तुनिष्ठ प्रश्न	1. (C)	2. (C)	3. (D)	4. (D)	5. (A)
रिक्त स्थानों की पूर्ति	1. सोलम	2. C संस्तर	3. तीन	4. संस्तर	5. y
सत्य या असत्य	1. सत्य 6. सत्य	2. सत्य	3. सत्य	4. सत्य	5. सत्य

■■■■

अध्याय – 3

भूमि, चट्टानें एवं खनिज
(EARTH, ROCKS AND MINERALS)

भूमि (Earth)

भूमि नौ ग्रहों (planets) में से एक (प्लूटो को छोड़कर) सौर मण्ड़ल में सूर्य की परिक्रमा करती है।

पृथ्वी की उत्पत्ति के बारे में सिद्धांत (Theories about Origin of Earth)

भूमि की उत्पत्ति के बारे में नीहारिका परिकल्पना एवं ग्रह की परिकल्पना (Planetesimal hypothesis) स्पष्ट व्याख्या करती है। नीहारिका परिकल्पना (Nebular hypothesis) कान्ट एवं लाप्लास (Kant and Laplace) ने 1755 में दिया था। इस परिकल्पना को विभिन्न ग्रहों की उत्पत्ति की व्याख्या करने के लिए व्यापक रूप से (widely) स्वीकार किया गया है तथा यह परिकल्पना सबसे बाहरी (outermost) से भीतरी ग्रह की उत्पत्ति को एक अनुक्रमिक में प्रस्तुत करती है। इस परिकल्पना के अनुसार एक समय, सम्पूर्ण सौर मण्डल एक बहुत गर्म गैसीय या नीहारिका के रूप में बड़े पैमाने पर अस्तित्व में था। वह बहुत ही गर्म एवं चमकीला था तथा लगातार गतिशील था। समय के साथ, गैसीय द्रव्यमान (नीहारिका) ठण्डा होना प्रारम्भ हुआ। ठण्डे होने पर वाष्पों या गर्म गैसो की बाहरी सतहें संघनित (condense) हुई तथा छल्लों (rings) के रूप में बाहर फेंक दी गई। इस प्रकार विभिन्न समयों पर कई छल्ले बाहर फेंके गएँ। ये छल्लें सम्मिलित रूप से एक भूमण्डल एवं अन्य ग्रहो का निर्माण किये तथा नीहारिका के चारो ओर घुमने लगे। इस परिकल्पना के अनुसार, मंगल ग्रह पृथ्वी की तुलना में पहले विकसित हुआ। इस नीहारिका का मध्य भाग जो अभी भी उताप से चमकने वाला (incandescent) तथा संघनित नही (not condense) हुआ है, वह सूर्य कहलाया। धीरे–धीरे पृथ्वी गैसीय अवस्था से तरल एवं ठोस में बनी तथा अन्त में हजारों सालों के बाद पृथ्वी के वर्तमान रूप का निर्माण हुआ।

ग्रहाणु परिकल्पना (Planetesimal hypothesis)

संयुक्त राज्य अमेरिका में टी.सी. चैम्बरलिन और एफ.आर. मोल्टन (1905) ने ग्रहाणु सम्बन्धी परिकल्पना प्रस्तुत की जिसके अनुसार ब्रह्मांड में जब एक अन्य भ्रमणशील बड़ा सितारा सूर्य के करीब आ गया तब भ्रमणशील बड़े सितारे के गुरुत्वाकर्षण खिंचाव के कारण सूर्य के तल से सिगार के आकार में कुछ पदार्थ अलग हो गया तथा धीरे धीरे संघनित होकर ग्रहों के रूप में परिवर्तित हो गया एवं सूर्य के चारों ओर कक्षाओं में चक्कर लगाने लगा।

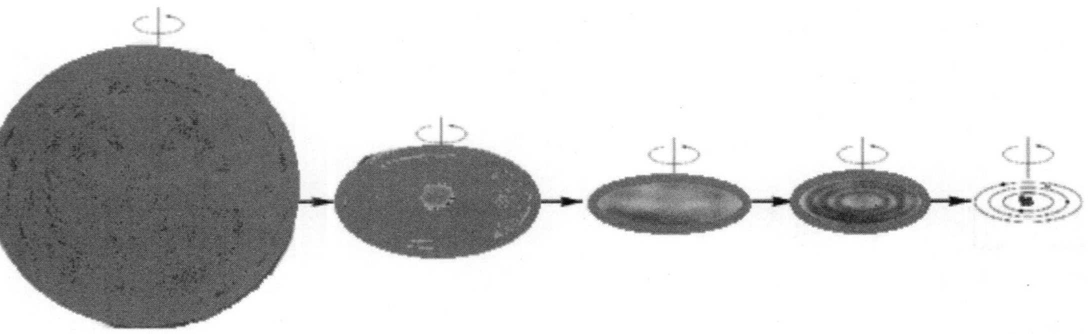

पृथ्वी के प्रमुख मण्डल (Major Division of Earth Sphere)

भौगोलिक दृष्टि से भूमि ठोस, तरल और गैस पदार्थो से बनी है। ठोस क्षेत्र स्थलमण्डल, पानी से घिरा क्षेत्र जलमण्डल एवं पृथ्वी की सतह पर गैसीय आवृत वातावरण कहलाता है।

स्थलमण्डल (Lithosphere) – स्थलमण्डल तीनों मण्डलों में सबसे भारी होता है। यह गैसीय एवं जलीय आवरणों में आन्तरिक ठोस पिण्ड होता है। सम्पूर्ण पृथ्वी के लगभग ¼ भाग पर भूमि है। अधिकांश भूमि उत्तरी गोलार्द्ध में स्थित है। स्थलमण्डल के दो भाग होते हैं: (i) ऊपरी या बाहरी ठोस सतह (ii) आन्तरिक गर्म और पिघला हुआ पदार्थ। स्थलमण्डल का घनत्व 5.5 ग्राम/घन से.मी. होता है। ऊपरी पपड़ी का घनत्व 2.5 से 3.0 ग्राम/घन से.मी. होता है, जबकी आन्तरिक कोर का घनत्व कहीं ज्यादा (9.0–12 ग्राम/घन से.मी.) होता है। स्थलमण्डल की ऊपरी ठोस परत जिसे भू–पपड़ी कहते है की मोटाई लगभग 5–56 किमी अनुमानित की गई है। भूमि का तापमान प्रत्येक 64 फीट की गहराई पर 1°F (Fahrenheit) की दर से बढ़ जाता है।

जलमण्डल (Hydrosphere) – यह स्थलमण्डल को घेरे हुये पानी की परत होती है। यह समुद्र और महासागरों के रूप में मौजूद होता है। पृथ्वी की सतह का लगभग 70 प्रतिशत भाग पानी से आच्छादित है। समुद्र जल में लवणों का विलय होने के कारण विशिष्ट गुरुत्व (specific gravity), स्थलीय पानी की तुलना में ज्यादा होता है। समुद्र जल का औसत घनत्व 1.026 ग्राम/घन से.मी. होता है। समुद्र के जल में लवणों की औसत मात्रा 3.5 प्रतिशत होती है।

वायुमण्डल (Atmosphere) – स्थलमण्डल एवं जलमण्डल के चारों ओर गैसीय आवरण, वायुमण्डल कहलाता है। यह स्थलमण्डल एवं जलमण्डल के ऊपर 322 किलोमीटर तक पाया जाता है। इसमें बादलो या कोहरे का बनना एवं धूल के कण शामिल हैं। यह भूमि का केवल 0.03 प्रतिशत (भार की दृष्टि से) भाग होता है। इसमें नाइट्रोजन 78.03%, ऑक्सीजन 20.97%, कार्बन डाइ–ऑक्साइड 0.03% एवं आर्गन 0.93% होती है। इसके अतिरिक्त निष्क्रिय गैंसे (Inert gases) हीलियम, नियोन, क्रीप्टोन (crypton) और जैनोन आदि भी पाई जाती है।

आन्तरिक पृथ्वी (Interior of Earth)

पृथ्वी गर्म चट्टानों एवं धातुओं का घेरा है। पृथ्वी के आन्तरिक भाग को भुकम्प लहर के रिकोर्ड के आधार पर तीन भागों में बाँटा गया है। यह तीन सकेन्द्रीय छल्लों (Concentric Rings) अर्थात् भू–पपड़ी, आच्छादन और कोर से बनी होती हैं। पृथ्वी की आन्तरिक संरचना को चित्र 3.1 में दर्शाया

गया है। पृथ्वी की आन्तरिक संरचना के तीन सकेन्द्रीय छल्लों (Concentric Rings) क्रमशः भू–पपड़ी (Crust), आच्छादन (Mantle) और कोर (Core) का संक्षिप्त में वर्णन नीचे दिया गया है:–

1. **भू–पपड़ी (Crust)** – भू–पपड़ी की मोटाई महासागरों में 5–11 किलोमीटर और महाद्वीपों में 35–56 किलोमीटर होती है। यह पृथ्वी की सतह पर 5–56 किलोमीटर तक होती है। भू–पपड़ी में चट्टानों का घनत्व 2.6 से 3.0 ग्राम/घन से.मी. होता है। भू–पपड़ी को सियाल और सिमा नामक दो उप–क्षेत्रों में विभाजित किया गया है। सियाल विभिन्न चट्टानों का एक विषम मिश्रण है। सियाल में लगभग 65–75% सिलिका होता है एवं एल्यूमिनियम सिलिकेट खनिज भी इसका संघटक है। सिमा एक समरूप प्लास्टिक या अर्द्ध–प्लास्टिक सकेन्द्रीय परत है जो एक ठोस की तरह व्यवहार करता है। यह मैग्नीशियम सिलिकेट खनिजों से मिलकर बनी होती है।

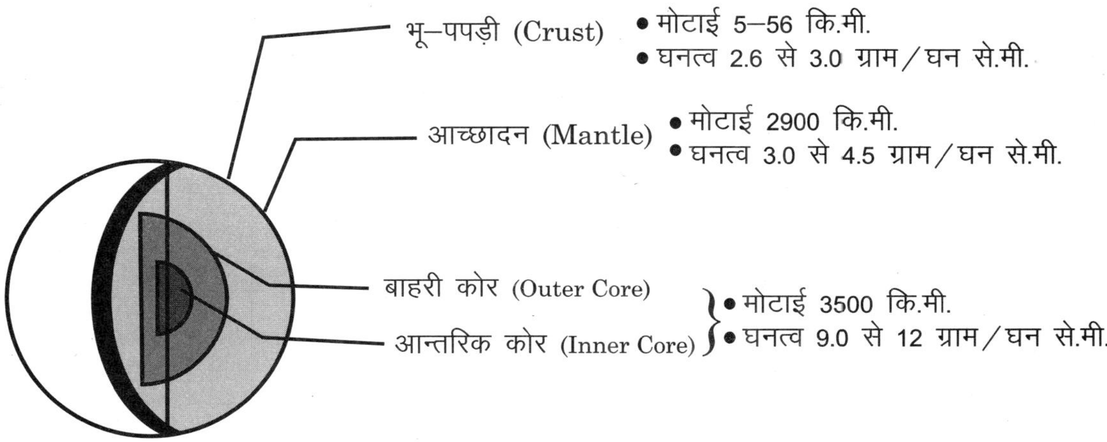

चित्र 3.1: पृथ्वी की आन्तरिक संरचना (भू–पपड़ी, आच्छादन एवं कोर)

2. **आच्छादन (Mantle)** – भू–पपड़ी के नीचे स्थूल एवं अर्द्ध ठोस चट्टानों की मोटी परत आच्छादन या मेंटल कहलाती है। इसकी मोटाई 2900 किलोमीटर तक होती है। मेंटल में चट्टानों का घनत्व 3.0 से 4.5 ग्राम/घन से.मी. जो मिश्रित धातुओं और सिलिकेट से बनी होती है। मेंटल के ऊपरी भाग का तापमान 870°C, गहराई के साथ तापमान धीरे–धीरे बढ़ता रहता है एवं मेंटल के अन्तिम भाग का तापमान 4400°C होता है।

3. **कोर (Core)** – कोर पृथ्वी का सबसे भीतरी भाग होता है। इसकी मोटाई 3500 किलोमीटर होती है तथा यह धातु (निकेल एवं लोहा) से बनी होती है जिसका औसत घनत्व 9.0 से 12.0 ग्राम/घन से.मी. होता है। कोर का तापमान 2200°C से लगभग 5000°C तक होता है। गेंद के आकार का आन्तरिक कोर पृथ्वी का केन्द्र बनाती है।

भू–पपड़ी का संगठन (Composition of Earth Crust)

भू–पपड़ी (Earth crust) मुख्य रूप से खनिजों से बनी है। यह खनिज पदार्थ विभिन्न तत्वों के मिश्रित रूप से एक साथ बने हैं। भू–पपड़ी में 106 तत्वों में से 8 तत्व (16 किमी तक) प्रचूर मात्रा मे पाये जाते है, जो भू–पपड़ी के भार का 99 प्रतिशत का गठन करते हैं। भू–पपड़ी में निष्क्रिय गैसों के अतिरिक्त

लगभग सभी तत्व पाये जाते हैं। भू–पपड़ी में अधात्विक (Non-metaliic) तत्व ऑक्सीजन एवं सिलिकॉन बहुत प्रचुरता में पाये जाते हैं, जो भू–पपड़ी के कुल संगठन का लगभग ¾ भाग होते हैं तथा अन्य 6 तत्व धातु (metal) होते हैं। भू–पपड़ी का संगठन (composition) तालिका 3.1 में दिया गया है।

तालिका 3.1: भू–पपड़ी का औसत संगठन (Average composition of the earth crust)

	तत्व (Elements)		**प्रतिशतता (%)**	
अधात्विक – (Non-metaliic) तत्व	ऑक्सीजन	(O^{2-})	46.60	74.32% i.e., कुल संगठन का 3/4th
	सिलिकॉन	(Si^{4+})	27.72	
धात्विक – (Metaliic) तत्व	एल्यूमिनियम	(Al^{3+})	8.13	25.68% i.e., कुल संगठन का 1/4th
	आयरन	(Fe^{2+})	5.00	
	कैल्शियम	(Ca^{2+})	3.63	
	सोडियम	(Na^{+})	2.83	
	पोटेशियम	(K^{+})	2.59	
	मैग्नीशियम	(Mg^{2+})	2.09	
	अन्य		1.41	

भू–पपड़ी में चट्टानों की आपेक्षित प्रचुरता (Relative abundance of rocks in earths crust) : भू–पपड़ी के ऊपरी 5 किलोमीटर की चट्टानों का संगठन निचे तालिका 3.2 में दिया गया है।

तालिका 3.2: भू–पपड़ी में चट्टानों की आपेक्षित प्रचुरता

आग्नेय चट्टानें (Igneous rocks)	**प्रतिशत (%)**	
ग्रेनाइट (Granite)	15%	18%
बेसाल्ट (Basalt)	3%	
अवसादी चट्टानें (Sedimentary rocks)		
शैल (Shales)	52%	74%
बालू पत्थर (Sandstones)	15%	
चूना पत्थर (Limestones)	7%	
अन्य (Others)	8%	8%
कुल (Total)	100%	

चट्टानें (ROCKS)

चट्टान दो या दो से अधिक खनिजों का मिश्रण होता हैं। चट्टानें ठोस भू–पपड़ी का आवश्यक भाग बनाती हैं। चट्टानें पिघले हुये पदार्थों (मेग्मा) से बनी होती है। पेट्रोलोजी शब्द की उत्पत्ति ग्रीक (Greek) भाषा के शब्द petra अर्थात् चट्टान एवं logos, 'विज्ञान' से हुई है। कुछ चट्टानें कठोर एवं सघन होती है जैसे ग्रेनाइट और बेसाल्ट, जबकि अन्य ढीले समुच्चय (loose aggregate) जैसे कोंगलोमेरट एवं बालू पत्थर (Sandstone)। प्रत्येक चट्टानों की निश्चित विशेषतायें होती है जैसे संरचना, रंग, आपेक्षिक घनत्व, टूटना (cleavage or fracture) और खनिज संगठन जो इनको पहचानने में मदद करती है।

- Petrology – चट्टानों के अध्ययन को शैल–विज्ञान (Petrology) कहते हैं।
- Petrogenesis – चट्टानों की उत्पत्ति के अध्ययन को पेट्रोजेनेसिस कहते हैं।
- Petrography – चट्टानों के चित्रण/वर्णन के अध्ययन को पेट्रोग्राफी कहते हैं।

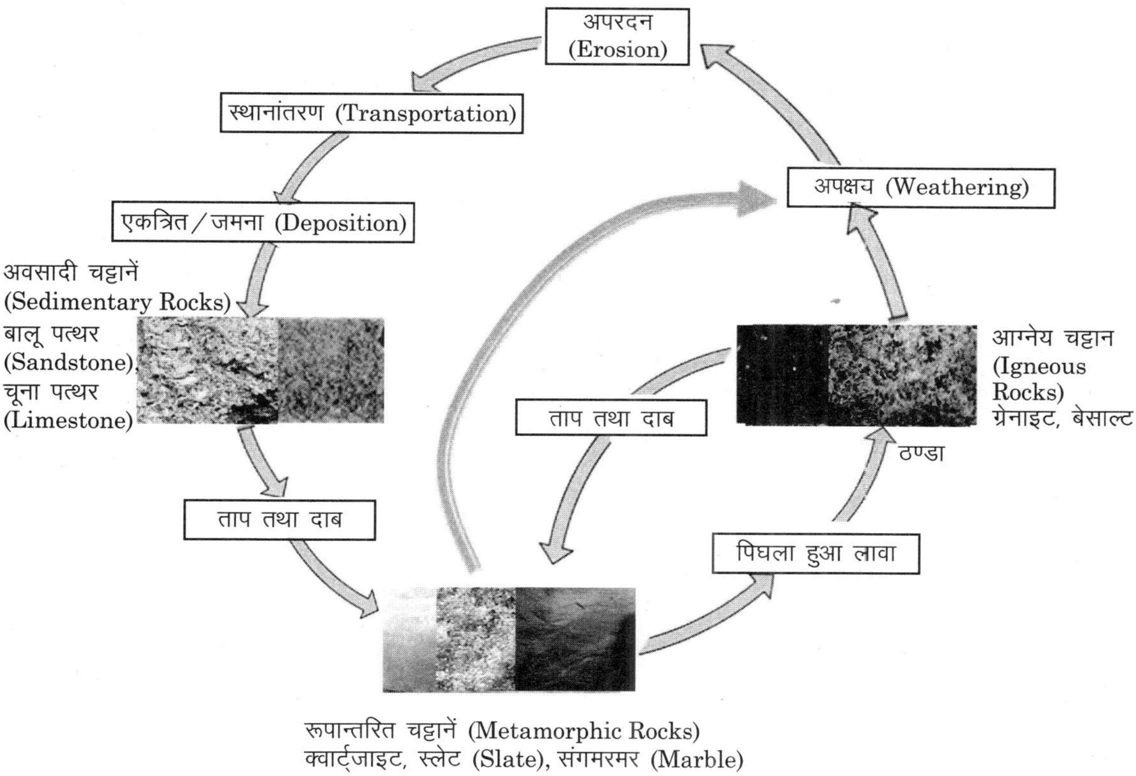

चित्र 3.2: चट्टानों का निर्माण

चट्टानों का निर्माण (Formation of rocks)

पृथ्वी की सतह पर या उसके नीचे पिघले हुये मैग्मा के ठंडे एवं संपिण्डन के द्वारा आग्नेय चट्टानों का निर्माण होता है (चित्र 3.2)। मैग्मा, पृथ्वी की गहराई से उत्पन्न सिलिकेट्स के जटिल गर्म विलयन जिसमें जल वाष्प और गैसों का मिश्रण होता है तथा तापमान 700-1400°C होता है। पूर्व–विद्यमान

चट्टानें (आग्नेय चट्टानें) विघटन (disintegration) और अपघटन (decomposition) के द्वारा टूट जाती है जो प्राकृतिक कारकों जैसे हवा, पानी और बर्फ आदि के द्वारा अपने स्थान पर या आस–पास में संकलित होती है या निचले क्षेत्रों (low lying areas) में एकीकरण तथा सीमेंटेशन के द्वारा द्वितीयक चट्टानों का निर्माण होता है। प्राथमिक और द्वितीयक चट्टानों पर उच्च तापमान तथा दबाव के कारण पूर्व–विद्यमान चट्टानें (आग्नेय एवं अवसादी चट्टानें) आंशिक रूप से या पूरी तरह से पुनर्निर्मित या रूपान्तरित चट्टानों नामक नई चट्टानों में परिवर्तित हो जाती हैं।

चट्टानों का वर्गीकरण (Classification of rocks) – चट्टानों की उत्पत्ति एवं संरचना के आधार पर तीन वर्गो में विभाजित किया गया है – आग्नेय चट्टानें (Igneous rocks), अवसादी चट्टानें (Sedimentary rocks) एवं रूपान्तरित चट्टानें (Metamorphic rocks)।

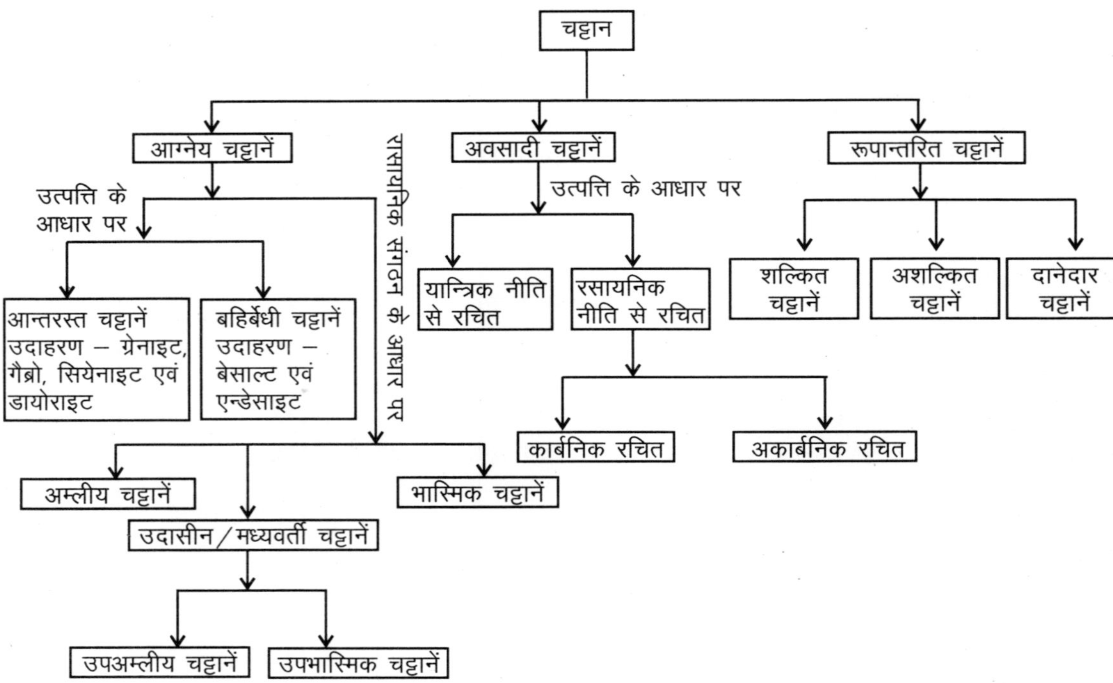

1. **आग्नेय चट्टानें (Igneous rocks)** – आग्नेय शब्द लैटिन भाषा के 'इग्निस' (ignis) से लिया गया है, जिसका सामान्य अर्थ आग (fire) होता है। पिघले हुये लावा का भू–पृष्ठ एवं भू–पृष्ठ के निचे ठंडे तथा जमने से बनी चट्टानों को आग्नेय चट्टानें कहते हैं। पृथ्वी की उत्पत्ति के पश्चात सर्वप्रथम इन चट्टानों का ही निर्माण हुआ था इसलिए इन्हें प्राथमिक चट्टानें भी कहते हैं। ये परत रहित होती है इसलिए इन्हें स्तरहीन चट्टानें भी कहते हैं। ये कठोर, स्थूल, सघन एवं जीवाश्म रहित होती है। सम्पूर्ण भू–पपडी का लगभग 95 प्रतिशत भाग इन्ही चट्टानों से बना है एवं ये अन्य सभी चट्टानों की उत्पत्ति का पैतृक स्त्रोत मानी जाती है।

आग्नेय चट्टानों का वर्गीकरण – आग्नेय चट्टानों को उनकी उत्पत्ति एवं रासायनिक संगठन के आधार पर दो वर्गों में विभाजित किया गया है। कणों के आधार पर भी आग्नेय–चट्टानों को वर्गीकृत किया गया है।

उत्पत्ति के आधार पर आग्नेय चट्टानों को दो उपवर्गों में विभाजित किया गया है।

(i) **आन्तरस्त चट्टानें (Intrusive/plutonic rocks)** – ज्वालामुखी उदगार के समय भूगर्भ से निकलने वाला पिघला हुआ लावा (molten magma) जब भू–पपड़ी के अन्दर ठंडा होकर जम जाता है तो उन चट्टानों को आन्तरस्त चट्टानें कहते हैं। यहाँ लावा धीरे–धीरे ठंडा होता है तथा क्रिस्टलीय रूप धारण करने में काफी समय लेता है। उदाहरण – ग्रेनाइट, गैब्रो (gabbro), सियेनाइट (syenite) एवं डायोराइट (diorite) आदि।

(ii) **बहिर्वेधी चट्टानें (Extrusive/volcanic rocks)** – ज्वालामुखी उद्‌गार के समय भूगर्भ से निकला पिघला हुआ लावा (molten magma) जब पृथ्वी की सतह के ऊपर ठंडा होकर जम जाता है तो उन चट्टानों को बहिर्वेधी चट्टानें कहते हैं। उदाहरण – बेसाल्ट एवं एन्डेसाइट (andesite) आदि।

बहिर्वेधी चट्टानें (Extrusive/volcanic rocks)
(लावा का पृथ्वी की सतह के ऊपर ठंडा होकर जमना)

आन्तरस्त चट्टानें (Intrusive/plutonic rocks)
(लावा का पृथ्वी की सतह के अन्दर ठंडा होना)

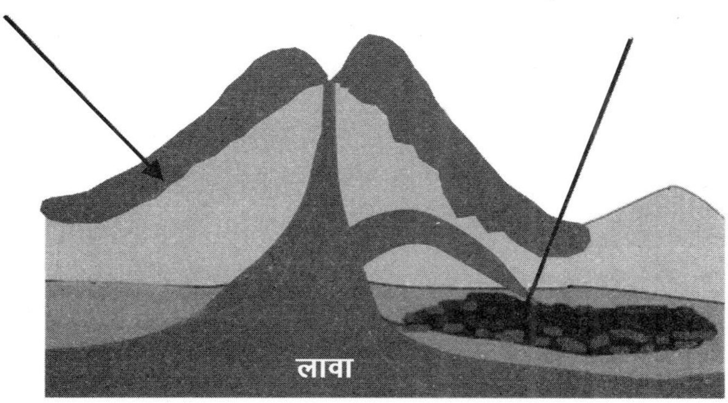

चित्र 3.3. आन्तरस्त एवं बहिर्वेधी चट्टानें

आन्तरस्त चट्टानों एवं बहिर्वेधी चट्टानों में अन्तर

क्र.सं.	आन्तरस्त चट्टानें (Intrusive/plutonic rocks)	बहिर्वेधी चट्टानें (Extrusive/volcanic rocks)
1.	भू–पपड़ी के अन्दर बनती है।	पृथ्वी की सतह के ऊपर बनती है।
2.	लावा धीरे–धीरे ठंडा होता है।	लावा शीघ्र ठंडा होता है।
3.	ये चट्टानें कठोर एवं स्थूल (massive) संरचना रखती है।	ये चट्टानें काँचीय या गैर–रवेदार (glassy) संरचना रखती है।
4.	इन चट्टानों के कणों को नग्न आँखों से देख सकते हैं।	इन चट्टानों के कणों को केवल सूक्ष्मदर्शी द्वारा देख सकते हैं।
5.	उदाहरण – ग्रेनाइट (granite), गैब्रो (gabbro), सियेनाइट (syenite) एवं डायोराइट (diorite)	उदाहरण – बेसाल्ट (basalt) एवं एन्डेसाइट (andesite)

रासायनिक संगठन के आधार पर आग्नेय चट्टानों का वर्गीकरण : सिलिका (silica) की मात्रा के अनुसार आग्नेय चट्टानों को तीन भागों में विभाजित किया गया है – (i) अम्लीय चट्टानें (ii) उदासीन/मध्यवर्ती चट्टानें (iii) भास्मिक चट्टानें।

(i) अम्लीय चट्टानें (Acid rocks): ऐसी चट्टानें जिनमें सिलिका की मात्रा 67–75 प्रतिशत होती है, वे अम्लीय चट्टानें कहलाती है। उदाहरण – ग्रेनाइट (granite), रायोलाइट (rhyolite), ऑब्सीडियन (obsidian) एवं पिचस्टोन (pitchstone) आदि।

(ii) उदासीन/मध्यवर्ती चट्टानें (Neutral/Intermediate rocks): ऐसी चट्टानें जिनमें सिलिका की मात्रा 55–65 प्रतिशत होती है, वे मध्यवर्ती चट्टानें कहलाती है। इन्हें दो उपवर्गो में विभाजित किया गया है।

(अ) उप–अम्लीय चट्टानें (sub-acid rocks): इनमें सिलिका की मात्रा 60–65 प्रतिशत होती है। उदाहरण– सियेनाइट (syenite) एवं ट्रेचाइट (trachyte)।

(ब) उप–भास्मिक चट्टानें (sub-basic rocks): इनमें सिलिका की मात्रा 55–60 प्रतिशत होती है। उदाहरण– डायोराइट एवं एन्डेसाइट (andesite)।

(iii) भास्मिक चट्टानें (Basic rocks) : ऐसी चट्टानें जिनमें सिलिका की मात्रा 45–55 प्रतिशत होती है, वे भास्मिक चट्टानें कहलाती है। उदाहरण– गैब्रो (gabbro), बेसाल्ट एव डाइबेस आदि।

कणों के आधार पर वर्गीकरण – आग्नेय चट्टानों में कणों की बनावट एवं आकार, उत्पत्ति, उसके ठण्डा होने का स्थान, गति एवं तरल लावा के साथ जल एवं गैस की मात्रा के संयोग पर आधारित है। कणों की बनावट के आधार पर इनका उपविभाजन निम्न प्रकार से किया जाता है।

i. **बहुत बड़े कणों वाली चट्टानें (Pegmatic igneous rocks)** – ये बड़े कणों वाली आग्नेय चट्टानें होती है जिनका आकार सामान्यतः 2.5 सेमी. होता है। पिग्मैटाइट शब्द की उत्पत्ति ग्रीक भाषा के pegnymi से हुई है जिसका अर्थ एक साथ बांधना है। इसमें ग्रेनाइट समूह की चट्टानों को सम्मिलित किया गया है जिनमें फेल्सपार एवं क्वार्टज् अधिक मात्रा में होते हैं। इस प्रकार इन्हें पिग्मैटिक ग्रेनाइट, डायोराइट एवं साइनाइट नामकरण दिया जाता है।

ii. **बड़े कणों वाली चट्टानें (Phaneritic igneous rocks)** – इनके कणों को नग्न आँखों से या बिना सूक्ष्मदर्शी यन्त्र की सहायता से देखा जा सकता है। इनके कण एक इन्च तक लम्बे होते हैं। इनमें ग्रेनाइट एवं डायोराइट प्रमुख हैं।

iii. **बारीक कणों वाली चट्टानें (Aphanitic igneous rocks)** – इन चट्टानों के कणों को बिना सूक्ष्मदर्शी की सहायता के नहीं देखा जा सकता हैं। बारीक कणों वाली चट्टानों के उदाहरण – बेसाल्ट, डाइक, सिल तथा स्टाक इत्यादि हैं।

iv. **मिश्रित कणों वाली चट्टानें (Porphyritic igneous rocks)** – जब किसी चट्टान में बड़े कण वाली एवं अत्यन्त छोटे कण या ग्लासी चट्टानें मिश्रित अवस्था में पायी जाती हैं तो उसे मिश्रित कण वाली चट्टान कहते हैं।

v. **टुकड़ों वाली चट्टानें (Fragmental igneous rocks)** – इसमें चट्टानों के बड़े–बड़े टुकड़े होते हैं। बेसिया, ज्वालामुखी राख तथा धूल इत्यादि इसी श्रेणी में आते हैं।

2. **अवसादी चट्टानें (Sedimentary rocks):** इसकी उत्पत्ति लैटिन भाषा के शब्द 'sedimentum' से हुई है, जिसका अर्थ तलछट (Settling) होता है। पूर्व अस्तित्व (pre–existing) या मूल चट्टानों के अपक्षय से प्राप्त अवसाद (sediment) एक स्थान से दुसरे स्थान पर जाकर जमा होने से बनी चट्टानें, अवसादी चट्टानें कहलाती है। इन चट्टानों के निर्माण में प्रकृति के कारकों (वायु, पानी एवं बर्फ आदि) का मुख्य योगदान होता है। जब अवसाद (sediment) एक स्थल से बहकर तालाबों, झीलों एवं समुद्रों के निचले भागों में कठोर परत के ऊपर परत के रूप में जमा होते रहते हैं, तो इन्हे परतदार चट्टानें (stratified rocks) भी कहते हैं। जल मूल चट्टानों के अवसाद (sediment) को एक स्थान से दुसरे स्थान पर ले जाकर जमा करता है, इसलिए इन्हे जलीय चट्टानें (aqueous rocks) भी कहते हैं। इन चट्टानों में वनस्पति एवं जीव–जन्तुओं के जीवाश्म बडी मात्रा में पाये जाते हैं। अवसादी चट्टानों के मुख्य उदाहरण – बालू पत्थर (sandstone), चूना पत्थर (limestone), स्लेटी पत्थर (shale), कांगलोमेरेट (conglomerate), पीट, लिग्नाइट एवं कोयला, हेलाइट (halite/rock salt), जिप्सम (gypsum) तथा डोलामाइट आदि है।

अवसादी चट्टानों का वर्गीकरण – उत्पत्ति के आधार पर अवसादी चट्टानों को दो भागों में विभाजित किया गया है:–

(i) **यान्त्रिक नीति से रचित (Mechanically formed):** ये पूर्व–अस्तित्व (pre-existing) या मूल चट्टानों के अपक्षय से बने टुकड़ो/कणो (fragments) को एक स्थान से दुसरे स्थान पर ले जाकर जमने एवं कठोर होने से बनती है। ये चट्टानें कणाकार एवं संरचना में भिन्न होती है। उदाहरण – स्लेटी पत्थर (shale), बालू पत्थर (sandstone) एवं कांगलोमेरेट (conglomerate)।

(ii) **रासायनिक नीति से रचित (Chemically formed):** इन्हे दो उपवर्गो में विभाजित किया गया है–

(अ) **कार्बनिक रचित (Organically or biochemically formed):** ये चट्टानें जन्तु एवं वनस्पति के अवशेषो का आंशिक अपघटन तथा अवसाद के रूप में संचयन होने से बनती है। उदाहरण – पीट, लिग्नाइट एवं कोयला आदि।

(ब) **अकार्बनिक रचित (Inorganically formed):** ये चट्टानें जल में घुले पदार्थो के वाष्पीकरण या जमने (precipitation) से बनती है। वाष्पीकरण तथा जमने एवं उर्णन (flocculation) के द्वारा क्रमशः – हेलाइट (halite), जिप्सम (gypsum), एनहाइड्राइट, चूना पत्थर (limestone) तथा डोलामाइट (dolomite) चट्टानें बनती है।

3. **रूपान्तरित चट्टानें (Metamorphic rocks):** आग्नेय एवं अवसादी चट्टानों के मूल रूप में परिवर्तन (metamorphosis) होने से जो चट्टानें बनती है, रूपान्तरित या कायान्तरित चट्टानें कहलाती है या पृथ्वी के आन्तरिक ताप एवं दाब या दोनो के संयुक्त प्रभाव से आग्नेय एवं अवसादी चट्टानों के मूल रूप में भौतिक एवं रासायनिक परिवर्तन हो जाने से बनने वाली चट्टानों को रूपान्तरित चट्टानें कहते हैं। जल, ताप, दाब या उच्च ताप एवं दाब के संयुक्त प्रभाव के परिणामस्वरूप मूल चट्टानों का संगठन (Texture), आकार (Size), आकृति (Shape), संरचना (Structure) आदि में से एक या एक से अधिक गुण इस प्रकार परिवर्तित हो जाते हैं कि मूल चट्टानों के समस्त रूप, गुण एवं लक्षण बदल जाते हैं। अर्थात्

मूल चट्टानों की संरचना एवं रासायनिक संगठनो में परिवर्तन हो जाता है। मूल चट्टानों से बनी रूपान्तरित चट्टानों के उदाहरण तालिका 3.3 में दिया गया है। मूल चट्टानों का रूपान्तरण निम्नलिखित प्रमुख कारकों द्वारा होता है –

- **जल द्वारा रूपान्तरण (Hydro metamorphism)** – मूल चट्टानों का जल द्वारा कायान्तरण होने के प्रक्रम को हाइड्रो–मेटामॉरफिज्म कहते हैं। उदाहरणार्थ – फेल्सपार का माइका व पोटैशियम सिलिकेट में कायान्तरण।
- **ताप द्वारा रूपान्तरण (Thermo metamorphism)** – मुल चट्टानों का उच्च ताप के प्रभाव से हुए कायान्तरण को थर्मो–मेटामॉरफिज्म (Thermo-metamorphism) कहते हैं। अत्यधिक उच्च ताप के प्रभाव से बालू पत्थर (Sand stone) क्वार्ट्जाइट (Quartzite) में और चूना पत्थर (Lime Stone) संगमरमर (Marble) में परिवर्तित हो जाते हैं।
- **दाब द्वारा रूपान्तरण (Dynamo metamorphism)** – आग्नेय एवं अवसादी चट्टानों पर उच्च दाब के प्रभाव से जो परिवर्तन होता है उस प्रक्रम को डाइनेमो–मेटामॉरफिज्म कहते हैं। उदाहरणार्थ माइका से शिष्ट (schist) एवं ग्रेनाइट से नीस।
- **ताप एवं दाब द्वारा रूपान्तरण (Dynamo-thermal metamorphism)** – आग्नेय एवं अवसादी चट्टानों पर उच्च ताप एवं दाब के संयुक्त प्रभाव के कारण परिवर्तन, डाइनेमो–थर्मल मेटामॉरफिज्म (dynamo-thermal metamorphism) कहलाता हैं। इससे कई मणिभीय (crystalline) नीस, शिष्ट (schist) एवं संगमरमर (Marble) का निर्माण होता है।

तालिका 3.3: मूल चट्टानों से बनी रूपान्तरित चट्टानों के उदाहरण

क्र.सं.	मूल चट्टान (Original rock)	रूपान्तरित चट्टान (Metamorphic rock)
1.	कांगलोमेरेट (Conglomerate)	नीस (Gneiss)
2.	बालू पत्थर (Sandstone)	क्वार्ट्जाइट (Quartzite)
3.	स्लेटी पत्थर (Shale)	स्लेट (Slate)
4.	चूना पत्थर (Limestone)	संगमरमर (Marble)
5.	अशुद्ध डोलोमाइट (Dolomite impure)	डोलोमाइट संगमरमर (Dolomite marble)
6.	ग्रेनाइट (Granite) एवं सियेनाइट (Syenite)	नीस (Gneiss)
7.	गैब्रो (Gabbro)	नीस (Gneiss)
8.	कोयला (Coal)	ग्रेफाइट (Graphite)
9.	अभ्रक (Mica)	शिष्ट (Schist)
10.	लोहा अयस्क (Iron ore)	हेमाटाइट शिष्ट (Haematite schist)

कुछ प्रमुख चट्टानें

आग्नेय चट्टानें (Igneous rocks)			

ग्रेनाइट (Granite)	बेसाल्ट (Basalt)	डायोराइट (Diorite)	ऑब्सीडियन (Obsidian)

प्युमिस (Pumice)	एन्डेसाइट (Andesite)	स्कोरिया (Scoria)	रायोलाइट (Rhyolite)
अवसादी चट्टानें (Sedimentary rocks)			

बालू पत्थर (Sandstone)	चूना पत्थर (Limestone)	स्लेटी पत्थर (Shale)	कांगलोमेरेट (Conglomerate)
रूपान्तरित चट्टानें (Metamorphic rocks)			

ग्रेफाइट (Graphite)	क्वार्ट्जाइट (Quartzite)	स्लेट (Slate)	संगमरमर (Marble)

शिष्ट (Schist)	नीस (Gneiss)	फाइलाइट (Phyllite)	एन्थ्रेकाइट (Anthracite)

कुछ प्रमुख खनिज पदार्थ

क्वार्टज् (Quartz)	आर्थोक्लेज (Orthoclase)	ओलीवाइन (Olivine)	बायोटाइट (Biotite)
			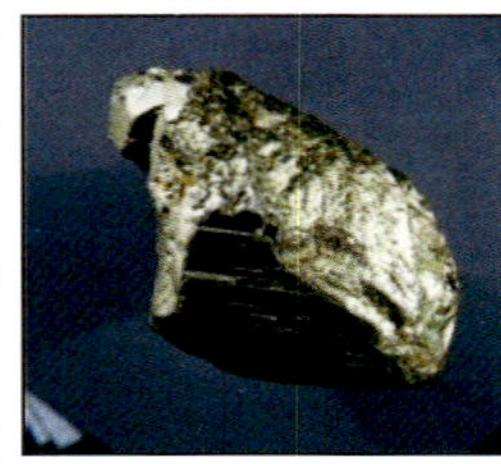
बोक्साइट (Bauxite)	प्लेजियोक्लेस (Plagioclase)	पाइराइट (Pyrite "Fool's Gold")	

डोलोमाइट (Dolomite)	टाल्क (Talc)	केल्साइट (Calcite)	हेलाइट (Halite)

मस्कोवाइट (Muscovite)	हार्नब्लेड (Hormblende)	गिब्बसाइट (Gibbsite)	जिप्सम (Gypsum)

रूपान्तरित चट्टानों का वर्गीकरण (Classification of metamorphic rocks) – चट्टानों के कणाकार (texture) एवं संरचना (structure) के आधार पर रूपान्तरित चट्टानों को तीन वर्गो में विभाजित किया गया है:–

(i) शल्कित चट्टानें (Foliated rocks) – इनकी लेटीन भाषा के शब्द "Foliatus" से उत्पत्ति हुई है जिसका अर्थ पत्तीदार (leafy) होता है। इनमें प्लेटनुमा खनिज होते हैं जो समान्तर (parallel) रूप से व्यवस्थित होते हैं। उदाहरण – नीस (Gneiss), शिष्ट (schist), स्लेट (slate) एवं फाइलाइट (phyllite) आदि।

(ii) अशल्कित चट्टानें (Nonfoliated rocks) – इन चट्टानों में क्वार्ट्ज एवं फेल्सपार होते है जो दाब के द्वारा पत्रण (foliation) के रूप में नही दिखती है तथा इनकी स्थूल (massive) संरचना होती है। उदाहरण – एन्थ्रेकाइट (Anthracite), अभ्रक शिष्ट (Talc-schist) एवं एम्फिबोलाइट (Amphibolite) आदि।

(iii) दानेदार चट्टानें (Granular rocks) – इन चट्टानों के अवयवी खनिज प्रायः समान विमाओं (equidimensional) वाले होते हैं। उदाहरण – क्वार्ट्जाइट तथा संगमरमर आदि।

अवसादी एवं रूपान्तरित चट्टानों में अन्तर

क्र.स.	अवसादी चट्टान	रूपान्तरित/कायान्तरित चट्टान
1.	अवसाद तथा तलछट के विभिन्न परतों के रूप में एकत्रण से बनी चट्टानें अवसादी चट्टानें कहलाती हैं।	अवसादी चट्टानों या आग्नेय चट्टानों में दाब व ताप के कारण हुए रूपान्तरण से बनी चट्टानें कायान्तरित चट्टानें कहलाती है।
2.	अवसादी चट्टानें धरातल के ऊपर होती है।	रूपान्तरित चट्टानें धरातल के नीचे गहराई में होती है।
3.	अवसादी चट्टाने परतों के रूप में होती है।	रूपान्तरित चट्टानें ठोस अवस्था में होती हैं।
4.	चट्टानें कोमल होती है।	यह चट्टानें कठोर होती हैं।
5.	अवसादी चट्टानों का निर्माण वायु, जल एवं हिम अपरदन द्वारा लाई गई तलछटों द्वारा होता है।	रूपान्तरित चट्टानों का निर्माण ऊष्मा, अधिक दाब, ताप तथा रासायनिक क्रियाओं द्वारा होता है।
6.	उदाहरणः शैल (Shales), बालू पत्थर (Sandstones), चूना पत्थर (Limestones), कांगलोमेरेट (Conglomerate)	उदाहरणः नीस (Gneiss), क्वार्ट्जाइट (Quartzite), स्लेट (Slate), संगमरमर (Marble), ग्रेफाइट (Graphite)

तालिका 3.4. कुछ मुख्य चट्टानों के भौतिक गुण

चट्टान (Rock)	**चट्टानों के प्रकार (Types of rocks)**	**दानों का आकार एवं कणाकार (Grain size and texture)**	**आपेक्षिक घनत्व (Specific gravity)**	**रंग (Colour)**	**चमक (Lustre)**
बेसाल्ट (Basalt)	आग्नेय चट्टान	महीन दानेदार एवं सूक्ष्म मणिभीय (crystalline) कणाकार	2.8-3.0	भूरे रंग से काला	काँच के समान (Vitreous)
ग्रेनाइट (Granite)	आग्नेय चट्टान	मोटे दानेदार एवं बड़े कणों वाली चट्टान	2.6-2.7	हल्का रंग (गुलाबी एवं सफेद का मिश्रण)	–

चट्टान (Rock)	चट्टानों के प्रकार (Types of rocks)	दानों का आकार एवं कणाकार (Grain size and texture)	आपेक्षिक घनत्व (Specific gravity)	रंग (Colour)	चमक (Lustre)
रायोलाइट (Rhyolite)	आग्नेय चट्टान	महीन दानेदार एवं महीन कणों वाली चट्टान	2.6-2.7	गुलाबी या भूरा रंग	मिट्टी के समान (Earthy)
प्युमिस (Pumice)	आग्नेय चट्टान	महीन दानेदार एवं वेसिक्युलर कणाकार	2.86	पिला रंग	मिट्टी के समान (Earthy)
डायोराइट (Diorite)	आग्नेय चट्टान	मध्यम दानेदार एवं बड़े कणों वाली चट्टान	2.8-3.0	हरा काला	चमकदार
गैब्रो (Gabbro)	आग्नेय चट्टान	मोटे दानेदार एवं बड़े कणों वाली चट्टान	2.8-2.9	गहरे भूरे से काला	–
एन्डेसाइट (Andesite)	आग्नेय चट्टान	महीन दानेदार एवं बड़े कणों वाली चट्टान	2.5-2.8	हल्के से गहरा हरा	काँच के समान (Vitreous)
बालू पत्थर (Sand-stone)	अवसादी चट्टान	रूक्ष से महीन दानेदार एवं खुरदरा, दानेदार कणाकार	2.2-2.8	भूरा, पीला, लाल, घूसर, गुलाबी	धुँधला (Dull)
चूना पत्थर (Limestone)	अवसादी चट्टान	महीन दानेदार	2.3-2.7	नील धूसर से भूरा	धुँधला (Dull) से मोती के रंग का
कोयला (Coal)	अवसादी चट्टान	महीन से मध्यम आकार के दानेदार	1.1-1.4	काला, भूरा, धूसर	धुँधला (Dull) से काँच के समान (Vitreous)
कांगलोमेरेट (Conglo-merate)	अवसादी चट्टान	मोटे कण	1.7-2.3	हल्का भूरा से पीला	धुँधला (Dull)
स्लेटी पत्थर (Shale)	अवसादी चट्टान	महीन दानेदार	2.4-2.8	लाल, भूरा, हरा, काला	धुँधला (Dull)
नीस (Gneiss)	रूपान्तरित चट्टान	मध्यम से रूक्ष आकार के दाने	2.6-2.9	भूरा या गुलाबी	धुँधला (Dull)
संगमरमर (Marble)	रूपान्तरित चट्टान	मध्यम से रूक्ष आकार के दाने	2.4-2.7	काला, भूरा, धूसर, गुलाबी	धुँधला (Dull) से माती के समान
शिष्ट (Schist)	रूपान्तरित चट्टान	मध्यम से रूक्ष आकार के दाने	2.5-2.9	रंगहीन, सफेद	उपकाँच से धुँधला (Dull)
स्लेट (Slate)	रूपान्तरित चट्टान	बहुत महीन आकार के दाने	2.7-2.8	काला, भूरा,	धुँधला (Dull)

खनिज (MINERALS)

प्रकृति में पाये जाने वाले समांग अकार्बनिक पदार्थ, जिनका एक निश्चित रासायनिक संगठन एवं आकृति या रूप होता है खनिज कहलाते हैं। उदाहरण – लोह, अभ्रक, कोयला, बॉक्साइट एवं जस्ता इत्यादि। खनिज पदार्थ अनेक प्रकार के होते हैं। सम्भवतया 2000 खनिज पदार्थ मृदा एवं चट्टानों का निर्माण करते हैं।

खनिज पदार्थों के सामान्य गुण (General properties of minerals) – खनिज पदार्थों के निम्नलिखित सामान्य गुण होते है –

1. **अवस्था (State)** – सभी खनिज पदार्थ ठोस अवस्था में उपलब्ध होते हैं। अधिकांश खनिज पदार्थ मणिभीय (crystalline) होते हैं और कुछ अमणिभीय भी होते हैं। विभिन्न प्रकार के खनिजों का आकार एवं स्वरूप भिन्न–भिन्न होता है।
2. **रंग (Colour)** – खनिज पदार्थ अनेक रंगों के होते हैं जो इनमें उपस्थित विभिन्न अवयवी पदार्थों पर आधारित है। इनमें कुछ खनिज पदार्थ रंगहीन होते हैं तथा कुछ काले एवं सफेद होते हैं। खनिजों का रंग लाल, भूरा, हरा, पीला तथा नीला इत्यादि होता है।
3. **आपेक्षिक घनत्व (Specific gravity)** – खनिजों का आपेक्षिक घनत्व भिन्न–भिन्न होता है। यह जल की अपेक्षा हल्के, भारी एवं स्थूल होते हैं। खनिज जिनका आपेक्षिक घनत्व 2.85 से कम होता है उन्हें हल्के खनिज कहते हैं तथा जिनका आपेक्षिक घनत्व 2.85 से अधिक होता है, भारी खनिज कहलाते हैं।
4. **चमक (Lustre)** – खनिज पदार्थों में धात्विक एवं अधात्विक चमक पायी जाती है। धात्विक चमक वाले खनिजों के उदाहरणों में सोना, कॉपर एवं ग्रेफाइट प्रमुख हैं तथा अधात्विक चमक वाले खनिजों में काँच, मोती एवं हीरा प्रमुख हैं।
5. **पारदर्शकता (Transparent)** – विभिन्न प्रकार के खनिजों की पारदर्शकता भिन्न–भिन्न होती है।
6. **कठोरता (Hardness)** – ऐसे खनिज जिनको सरलतापूर्वक नाखून अथवा किसी यन्त्र से खुरचा नहीं जा सकता उन्हें कठोर, जबकि कुछ खनिजों को यन्त्रों एवं नाखून से सरलतापूर्वक खुरचा जा सकता है, उन्हें कोमल खनिज कहते हैं। खनिजों में हीरे की कठोरता सर्वाधिक एवं टाल्क की कठोरता सबसे कम होती है। कुछ खनिजों की कठोरता घटते क्रम में इस प्रकार है – हीरा > कोरंडम > टोपाज > क्वार्टज > फेल्सपार > एपेटाइट > फ्लूओस्पार > केल्साइट > जिप्सम > टाल्क।
7. **संरचना (Structure)** – खनिज पदार्थ की संरचना परिवर्तनशील होती है। यह क्रिस्टलीय एवं अक्रिस्टलीय दोनों प्रकार के होते हैं। क्रिस्टलीय खनिजों के निम्न क्रिस्टल रूप होते हैं। ये चतुष्कोणीय, घनाकार, ट्राइमेट्रिक, मोनोक्लीनिक, ट्राईक्लीनिक एवं षट्भुजाकार होते हैं।

तालिका 3.5. क्रिस्टलीय खनिजों का आकार एवं उनकी विशेषताएँ

प्रकार (Type)	**विशेषताएँ (Characteristics)**	**उदाहरण (Example)**
चतुष्कोणीय (Diametric/ tetragonal)	अक्ष एक दूसरे पर लम्बवत् जिनमें दों अक्षों की लम्बाई समान तथा तीसरे की लम्बाई भिन्न होती है।	जिरकॉन (Zircon)
घनाकार (cubical/ isometric/monometric)	तीन अक्ष समान लम्बाई एवं एक दूसरे को लम्बवत् काटते हैं।	ग्लेना (Galena), हेलाइट (Halite)
ट्राइमेट्रिक (Trimetric/ orthorhombic)	तीन अक्ष एक दूसरे को लम्बवत् काटते है पर तीनों की लम्बाई भिन्न होती है।	सल्फर (Sulphur), ओलीवाइन (Olivine)
मोनोक्लीनिक (Monoclinic)	सभी तीनों अक्षों की लम्बाई असमान एवं एक दूसरे से लम्बवत् न होकर तिरछे होते हैं।	हार्नब्लैड (Hornblende), आर्थोक्लेस (Orthoclase), जिप्सम, माइका
ट्राईक्लीनिक (Triclinic)	सभी तीनों अक्षों की लम्बाई असमान एवं तिरछे	प्लेजियोक्लेस
षट्भुजाकार (Hexagonal)	तीन अक्षों की लम्बाई समान एवं एक दूसरे के साथ 120° का कोण बनाते हैं। चौथा इन पर लम्बवत् होता है तथा लम्बाई तीन अक्षों से भिन्न होती है।	क्वार्टज, केल्साइट

खनिजों का वर्गीकरण (Classification of minerals) – खनिजों को उनकी मात्रा, उत्पत्ति, आपेक्षिक घनत्व एवं रासायनिक संगठन के आधार पर वर्गीकृत किया जाता है।

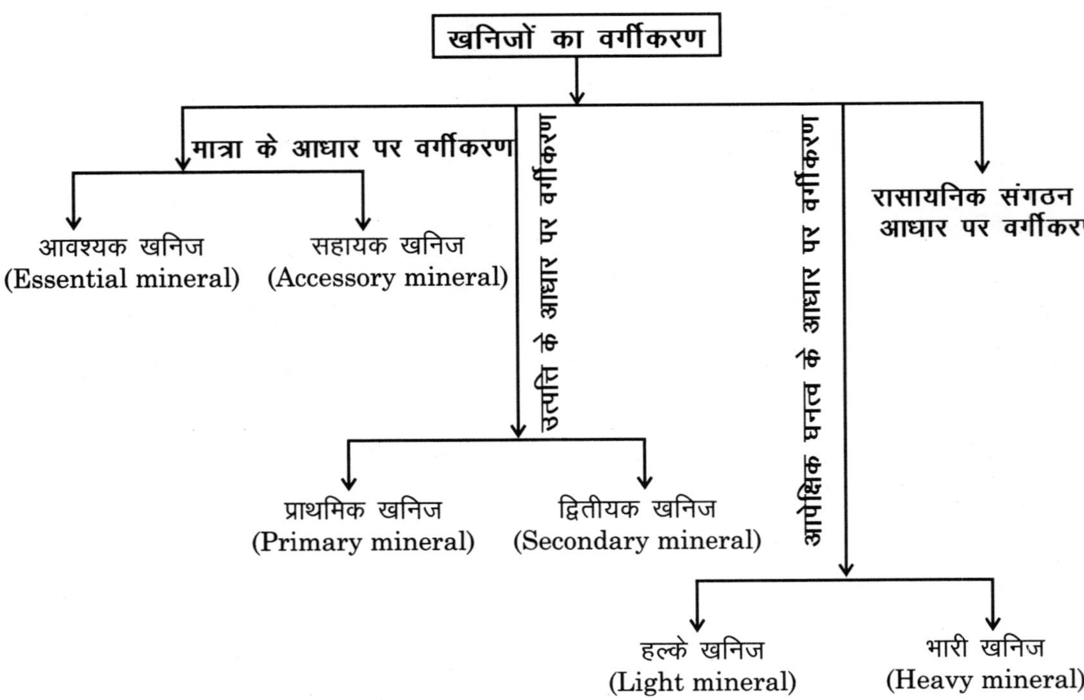

1. **मात्रा के आधार पर वर्गीकरण (Classification based on quantity)**: इस आधार पर खनिजों को दो उपवर्गों में विभाजित किया गया है –

   (i) **आवश्यक खनिज (Essential mineral)**: ये खनिज चट्टानों के मुख्य भाग होते हैं। ये 95–98 प्रतिशत तक पाये जाते हैं। उदाहरण – कैल्साइट, सिलिकेट खनिज।

   (ii) **सहायक खनिज (Accessory mineral)**: ये खनिज चट्टानों में सहायक/ गौण रूप में पाये जाते है तथा 2–5 प्रतिशत तक होते हैं। उदाहरण – एपेटाइट (apatite), पाइराइट (pyrite) एवं मैग्नेटाइट (magnetite) आदि।

तालिका 3.6: सहायक खनिज एवं उनके रासायनिक सूत्र (Accessory mineral and their chemical formula)

क्र.स.	**नाम**	**अंग्रेजी**	**सूत्र**
1.	मैग्नेटाइट	(Magnetite)	Fe_3O_4
2.	पाइराइट	(Pyrite)	FeS_2
3.	बरयेट्स	(Barytes)	$BaSO_4$
4.	गार्नेट	(Garnet)	(Ca Fe Mg Al) SiO_4
5.	जिरकोन	(Zircon)	$Zr(SiO_4)$
6.	ज्योलाइट	(Zeolite)	Ca Na K silicates
7.	सर्पेंटाइन	(Serpentine)	$Mg_6(Si_4 O_{10})(OH)_8$
8.	रूटाइल	(Rutile)	TiO_2
9.	इल्मेनाइट	(Ilmenite)	$FeTiO_3$

2. **उत्पत्ति के आधार पर वर्गीकरण (Classification based on mode of origin)** – इस आधार पर खनिजों को दो उपवर्गों में विभाजित किया गया है –

   (i) **प्राथमिक खनिज (Primary mineral)**: पिघले हुये लावा (molten magma) के ठोस (क्रिस्टलीयकरण) होने से बने खनिज प्राथमिक खनिज कहलाते हैं। ये खनिज चट्टानों के मौलिक अवयव होते हैं। उदाहरण– माइका (micas), क्वार्ट्ज (quartz) एवं हॉर्नब्लेड (hornblende) आदि।

तालिका 3.7: मृदा में पाये जाने वाले मुख्य प्राथमिक खनिज

क्र.स.	**नाम**	**अंग्रेजी**	**सूत्र**
1.	क्वार्ट्ज्	(Quartz)	SiO_2
2.	आर्थोक्लेज	(Orthoclase)	$KAlSi_3O_8$
3.	एल्बाइट	(Albite)	$NaAlSi_3O_8$

क्र.स.	नाम	अंग्रेजी	सूत्र
4.	माइक्रोक्लाइन	(Microcline)	$KAlSi_3O_8$
5.	ओलीवाइन	(Olivine)	$(Mg\ Fe)_2SiO_4$
6.	प्लेजियोक्लेस	(Plagioclase)	$Ca\ Na\ Al\ Si_3O_8$
7.	बायोटाइट	(Biotite)	$KAl(Mg, Fe)_3Si_3O_{10}(OH)_2$
8.	हार्नब्लेड	(Hormblende)	$Ca_2Al_2Mg_2Fe_3Si_6O_{22}(OH)_2$
9.	एनार्थाइट	(Anorthite)	$CaAl_2Si_2O_8$
10.	औगाइट	(Augite)	$Ca_2(Al,Fe)_4(Mg\ Fe)_4\ Si_6O_{24}$
11.	मस्कोवाइट	(Muscovite)	$KAl_3Si_3O_{10}(OH)_2$

(ii) द्वितीयक खनिज (Secondary mineral) – मूल प्राथमिक खनिजों के अपघटन या परिवर्तन से बने खनिज द्वितीयक खनिज कहलाते हैं। उदाहरण सर्पेंटाइन (serpentine), क्ले खनिज (clay minerals) आदि।

तालिका 3.8. मृदा में पाये जाने वाले मुख्य द्वितीयक खनिज

क्र.स.	नाम	अंग्रेजी	रासायनिक सूत्र
1.	ज्योथाइट	(Geothite)	$FeOOH$
2.	केल्साइट	(Calcite)	$CaCO_3$
3.	डोलोमाइट	(Dolomite)	$CaMg(CO_3)_2$
4.	जिप्सम	(Gypsum)	$CaSO_4.2H_2O$
5.	एपेटाइट	(Apatite)	$[Ca_3(PO_4)_2]_3\ Ca(Cl,F)_2$
6.	लिमोनाइट	(Limonite)	$2Fe_2O_3.3H_2O$
7.	हेमाटाइट	(Hematite)	Fe_2O_3
8.	गिब्बसाइट	(Gibbsite)	$Al_2O_3.3H_2O$
9.	केओलिनाइट	(Kaolinite)	$Si_4Al_4O_{10}(OH)_8$
10.	मॉन्टमोरिलोनाइट	(Montmorillonite)	$Si_8Al_4O_{20}(OH)_4$
11.	क्लोराइट	(Chlorite)	Mg, Al silicates
12.	इलाइट	(Illite)	$Si_4Al_2O_{10}(OH)_2K$

3. **आपेक्षिक घनत्व के आधार पर वर्गीकरण (Classification based on specific gravity)** – आपेक्षिक घनत्व के आधार पर खनिजों को दो उपवर्गों में विभाजित किया गया है –

   (i) **हल्के खनिज (Light mineral)** – ऐसे खनिज जिनका आपेक्षिक घनत्व 2.85 से कम होता है, हल्के खनिज कहलाते हैं। उदाहरण – क्वार्ट्ज (2.6), फेल्सपार (2.65) एवं मस्कोवाइट (2.50–2.75) आदि।

   (ii) **भारी खनिज (Heavy mineral)** – ऐसे खनिज जिनका आपेक्षिक घनत्व 2.85 से अधिक होता है, भारी खनिज कहलाते हैं। उदाहरण – हॉर्नब्लेड, एम्फिबोल्स (2.9–3.8), ऑलीवाइन (3.5), औगाइट (3.1–3.6), लिमोनाइट (3.8), पाइराइट (5.0) एवं हेमाटाइट (5.3) आदि।

4. **रासायनिक संगठन के आधार पर वर्गीकरण (Classification based on chemical composition)** : रासायनिक संगठन के आधार पर खनिजों को निम्नलिखित भागों में विभाजित किया गया है –

क्र.सं.	तत्व अथवा समूह का नाम	अंग्रेजी	उदाहरण	रासायनिक सूत्र
1.	उद्भव तत्व	Native element	ग्रेफाइट, सल्फर, गोल्ड एवं कॉपर	–
2.	ऑक्साइड एवं हाइड्रोक्साइड	Oxides and hydroxides	क्वार्ट्ज	SiO_2
			हेमाटाइट	Fe_2O_3
			रूटाइल	TiO_2
			मैग्नेटाइट	Fe_3O_4
3.	सल्फेट्स	Sulphates	जिप्सम	$CaSO_4.2H_2O$
4.	सल्फाइड्स	Sulphides	पाइराइट	FeS_2
5.	कार्बोनेट्स	Carbonates	कैल्साइट	$CaCO_3$
			डोलोमाइट	$Ca.Mg\ (CO_3)_2$
6.	हैलाइड्स	Halides	रॉक साल्ट	NaCl
7.	सिलिकेट्स	Silicates	केओलिनाइट	$Si_4Al_4O_{10}(OH)_8$
			मॉन्टमोरिलोनाइट	$Si_8Al_4O_{20}(OH)_4$
			इलाइट	$Si_4Al_2O_{10}(OH)_2K$
8.	फॉस्फेट्स	Phosphates	एपेटाइट	$Ca_3(PO_4)_3$

तालिका 3.9: कुछ मुख्य खनिजों के भौतिक गुण

खनिज (Mineral)	**रासायनिक सूत्र (Chemical formula)**	**रंग (Colour)**	**चमक (Lustre)**	**कठोरता (Hardness) Mhos scale**	**टूटना (Cleavage)**	**आपेक्षिक घनत्व (Specific gravity)**	**उपस्थिति (Occurrence)**	**अपक्षीण क्षमता (Weathered ability)**
ऑलिवाइन (Olivine)	$(Mg,Fe)_2SiO_4$	पीलेपन के साथ हरा (Olive green)	काँच के समान (Vitreous)	6.5—7.0	आसानी से	3.3—4.4	आग्नेय भास्मिक चट्टान	बहुत अधिक
बायोटाइट (Biotite)	$K(Fe,Mg)_2 (Al,Fe) (AlSi_3O_{10})OH$	काले से गहरा हरा	मोती के समान (Pearly)	2.0—2.5	बड़ी एवं पतली परत	2.8—3.2	आग्नेय एवं रूपान्तरित चट्टान	बहुत अधिक
एम्फिबोल (Amphibole)		हरा—काला	काँच के समान (Vitreous)	5.0—6.0	दो दिशाओं में	3.0—3.4	आग्नेय एवं रूपान्तरित चट्टान	बहुत अधिक
पाइरोक्सिन (Pyroxene)		गहरा हरा	काँच के समान (Vitreous)	5.0—6.0	दो दिशाओं में	3.2—3.3	भास्मिक आग्नेय एवं रूपान्तरित चट्टान	बहुत अधिक
मस्कोवाइट (Muscovite)	$KAl_2 (AlSi_3O10) (OH)$	सफेद, रंगहीन	मोती के समान (Pearly)	2.0—2.5	बड़ी एवं पतली परत	2.7—3.0	अम्लिक आग्नेय, अवसादी एवं रूपान्तरित चट्टान	कम
आर्थोक्लेज (Orthoclase)	$KAlSi_3O_8$	गुलाबी	मोती / काँच के समान	6.0—6.5	—	2.56	अम्लिक आग्नेय एवं रूपान्तरित चट्टान	कम
क्वार्ट्ज (Quartz)	SiO_2	रंगहीन से भूरा	काँच के समान	7.0	—	2.56	आग्नेय, अवसादी एवं रूपान्तरित चट्टान	बहुत कम

प्रश्न कोष

वस्तुनिष्ठ प्रश्न

1. चट्टानों की उत्पत्ति के अध्ययन को कहते हैं?
(A) पेट्रोलोजी (B) पेट्रोग्रफी
(C) पेट्रोजेनेसिस
(D) इनमें से कोई भी नही

2. भू–पर्पटी में ऐल्युमिनियम का प्रतिशत कितना है?
(A) 27.72 (B) 8.13
(C) 16.20 (D) 46.60

3. आन्तरस्त चट्टान का उदाहरण है?
(A) बेसाल्ट (B) डोलेराइट
(C) ग्रेनाइट (D) रायोलाइट

4. रूपान्तरित चट्टान का उदाहरण है?
(A) बेसाल्ट (B) संगमरमर
(C) ग्रेनाइट (D) गेब्रो

5. निम्न में से कौन सी रूपान्तरित चट्टान का उदाहरण है?
(A) शिष्ट (B) अभ्रक
(C) चूना पत्थर (D) स्लेटी पत्थर

6. निम्न में से सबसे कम स्थिर खनिज है?
(A) फेल्डसपार (B) ओलिवाइन
(C) क्वार्ट्ज (D) मास्कोवाइट

7. पृथ्वी की पर्पटी में सिलिकोन का प्रतिशत होता है?
(A) 46.60 (B) 15.8
(C) 27.72 (D) 8.13

8. भारी खनिज का आपेक्षित घनत्व होता है?
(A) < 2.0 (B) < 2.85
(C) > 2.85 (D) > 2.0

9. निम्न में से कौनसी आग्नेय चट्टान का उदाहरण है?
(A) संगमरमर (B) चूना पत्थर
(C) बेसाल्ट (D) स्लेटी पत्थर

10. सियाल निम्न में से किसका भाग है?
(A) भू–पपड़ी (B) आच्छादन
(C) कोर (D) ये सभी

रिक्त स्थानों की पूर्ति कीजिए

1. पाइराईट का रासायनिक सूत्र .... है।
2. डोलोमाइट का रासायनिक सूत्र ....है।
3. SiO_2 रासायनिक सूत्र है .... ।
4. हेमाटाइट का रासायनिक सूत्र .... है।
5. आग्नेय चट्टानों में ग्रेनाइट का ....प्रतिशत है।
6. सियाल में सिलिका का ....प्रतिशत होता है।
7. सिमा ....सिलिकेट खनिज से मिलकर बना है।
8. .... चट्टानों को परत रहित या स्तरहीन चट्टानें कहते हैं।
9. खनिजों में ....की कठोरता सर्वाधिक होती है।

10. रूटाइल का रासायनिक सूत्र ....है।

सत्य या असत्य कथन पर (√) का निशान लगाये

1. कोर पृथ्वी का सबसे भीतरी भाग होता है। (सत्य/असत्य)
2. एन्डेसाइट आन्तरस्त चट्टान का उदाहरण है। (सत्य/असत्य)
3. ऐसे खनिज जिनका आपेक्षिक घनत्व 2.85 से कम होता है, हल्के खनिज कहलाते हैं। (सत्य/असत्य)
4. ऐसी चट्टानें जिनमें सिलिका की मात्रा 67–75 प्रतिशत होती है, वे अम्लिय चट्टानें कहलाती है। (सत्य/असत्य)
5. चट्टानों की उत्पत्ति एवं संरचना के आधार पर तीन वर्गों में विभाजित किया गया है। (सत्य/असत्य)

लघु एवं विस्तृत उत्तरीय प्रश्न

1. आन्तरस्त एवं बाह्यस्थ चट्टानों में अंतर लिखिए।
2. खनिज को परिभाषित करे एवं खनिजों का वर्गीकरण लिखिए।
3. उत्पत्ति के आधार पर आग्नेय चट्टानों को वर्गीकृत करें।
4. चट्टानों के निर्माण के बारे में लिखिए।
5. चट्टान की परिभाषा लिखे एवं इसके वर्गीकरण को विस्तृत में लिखिए।
6. कुछ मुख्य चट्टानों के भौतिक गुणों को तालिका रूप में लिखिए।
7. खनिज को परिभाषित कर इसके सामान्य गुणों को लिखिए।
8. कम से कम पाँच खनिजों के भौतिक गुणों को संक्षिप्त में लिखिए।

उत्तरमाला

वस्तुनिष्ठ प्रश्न	1. (C)	2. (B)	3. (C)	4. (B)	5. (A)
	6. (B)	7. (C)	8. (C)	9. (C)	10. (A)
रिक्त स्थानों की पूर्ति	1. FeS_2	2. $CaCO_3.MgCO_3$	3. क्वार्ट्ज	4. Fe_2O_3	5. 15%
	6. 65-75%	7. मैग्नीशियम	8. आग्नेय	9. हीरा	10. TiO_2
सत्य या असत्य	1. सत्य	2. असत्य	3. सत्य	4. सत्य	5. सत्य

■■■■

अध्याय – 4

चट्टानों और खनिजों का अपक्षय (WEATHERING OF ROCKS AND MINERALS)

मृदायें विभिन्न प्रकार की चट्टानों एवं खनिजों के प्रत्यक्ष या अप्रत्यक्ष रूप से अपक्षय होने से विकसित हुई हैं। चट्टानें वायुमण्डल कें कारकों द्वारा विघटित होकर पैतृक पदार्थ (Parent material) बनाती है अर्थात् पैतृक पदार्थ अपक्षय का अन्तिम पदार्थ होता है। वह पदार्थ जो असंगठित (Unconsolidated) और जैव–रासायनिक रूप से अपक्षित हो, जिससे मृदा विकसीत हुई है पैतृक पदार्थ कहलाता हैं।

अपक्षय (Weathering) – चट्टानों एवं खनिजों का भौतिक, रासायनिक तथा जैविक कारकों के द्वारा टूटना अपक्षय कहलाता हैं। यह चट्टानों एवं खनिजों के अपघटन (Disintegration) एवं विघटन (Decomposition) की प्रक्रिया है।

अपक्षय के प्रकार (Types of weathering) – चट्टानों एवं खनिजों का तीन प्रकार से अपक्षय होता है (1) भौतिक या यान्त्रिक (2) रासायनिक एवं (3) जैविक अपक्षय। तीनो अपक्षय के माध्यम (agency) तालिका 4.1 में दिया गया हैं।

तालिका 4.1: अपक्षय को प्रभावित करने वाले कारक

भौतिक या यान्त्रिक अपक्षय (अपघटन)	रासायनिक अपक्षय (विघटन)	जैविक अपक्षय (अपघटन एवं विघटन)
चट्टानों की भौतिक दशा	विलयन	मनुष्य एवं जन्तुओं के द्वारा
ताप	जल विश्लेषण	सूक्ष्मजीव
जल	जलयोजन	उच्च पौधो का प्रभाव
हवा	कार्बोनिकरण	
पाला	ऑक्सीकरण एवं अपचयन	
ग्लेश्यिर		
वायुमण्डलीय बिजली		
एकान्तर भीगना एवं सूखना		

1. **भौतिक या यान्त्रिक अपक्षय (Physical or mechanical weathering)** : भौतिक अपक्षय एक धीमी प्रक्रिया है जो केवल चट्टानों एवं खनिजों को छोटें–छोटें आकार/कणों में

परिवर्तित करती है। इस अपक्षय से बनने वाले नये पदार्थों का केवल भौतिक परिवर्तन होता है एवं रासायनिक संगठन अपरिवर्तित रहता है। इस प्रकार का अपक्षय निम्न कारकों द्वारा होता है – चट्टानों की भौतिक दशा, ताप, जल, वायु, पाला, ग्लेशियर एवं वायुमण्डलीय बिजली आदि। भौतिक अपक्षय सर्वाधिक थार मरूस्थल में होता है।

(i) चट्टानों की भौतिक दशा (Physical condition of rocks) – चट्टानों के पारग्मयता (permeability) एक मुख्य कारक है जो अपक्षय की दर को निर्धारित करती हैं। मोटी कणाकार चट्टानें, महीन कणाकार चट्टानों की तुलना में ज्यादा अपेक्षित होती है क्योकीं मोटी कणाकार चट्टानों की पारग्मयता अधिक होती हैं।

(ii) ताप (Temperature) – विभिन्न ऋतुओं (seasons) में तापमान परिवर्तित होने से चट्टानें फैलती (expansion) एवं सिकुड़ती (contrast) रहती है जिससे चट्टानें निर्बल होकर टूट जाती हैं। इसके अतिरिक्त दिन के समय चट्टानें सूर्य की गर्मी से फैलती एवं रात में कम ताप से सिकुड़ती है, यह प्रक्रिया बार–बार होने से चट्टानें निर्बल होकर टूट जाती है। इस प्रकार का भौतिक अपक्षय गर्म तथा मरूस्थलीय/शुष्क क्षेत्रो में अधिक पाया जाता है। हल्के रंग वाली चट्टानों की अपेक्षा गहरे रंग वाली चट्टानों के तापक्रम में तेजी से परिवर्तन होता है। चट्टानों का वह भाग जो ताप के सीधे सम्पर्क में होता है उसका आयतन अर्थात् चट्टानों में फैलाव अधिक तथा जो भाग ताप के सीधे सम्पर्क में नहीं होता, कम फैलता है। इसी कारण चट्टानों के बाहरी एवं भीतरी भागों के फैलाव एवं संकुचन में काफी अन्तर पाया जाता है।

(iii) जल (Water) – जल विघटन, वाहक एवं जमाकर्ता कारकों की तरह कार्य करता हैं। तेजी से प्रवाह होने वाला जल काटने एवं वाहक बल की क्षमता रखता हैं। अर्थात् जल में कटाव एव बहाकर ले जाने की बहुत शक्ति होती है। यह अपने साथ पदार्थो को बहाकर उन्हें बारीक कर एक स्थान से दूसरे स्थान पर ले जाता है। वेग से प्रवाहित होने वाला जल अपने साथ बड़े–बड़े कंकड़ एवं पत्थर को बहाते है जिससे बड़े–बड़े कंकड़ एवं पत्थर आपस में टकराकर छोटे–छोटे कणों में बदल जाते हैं।

(iv) हवा (Wind) – वायु अप्रत्यक्ष रूप से अपक्षय में सहायक होती है क्योंकि वायु में उपस्थित धूल, बालू और कंकड़ चट्टानों की ऊपरी सतह को घिसती है। वायु का प्रवाह जब तेज गति से होता है तब छोटे–छोटे टुकड़े आपस में रगड़ते रहते है एवं धीरे–धीरे बारीक कणों में बदल जाते हैं।

(v) पाला (Frost) – भौतिक अपक्षय के लिए पाला अधिक प्रभावशाली होता है। ठण्डे प्रदेशों में जब पानी चट्टानों की दरारों (crevices), छिद्रों व परतों में भर जाता है एवं जमकर बर्फ में बदल जाता है जिसके परिणामस्वरूप वह अपने आयतन में 9% तक प्रसार कर लेता है एवं 151 टन प्रति वर्ग फीट तक दबाव पैदा करता है इस तरह से चट्टानें निर्बल होकर टूट जाती हैं (चित्र 4.1)। इस प्रकार का अपक्षय ठण्डे क्षेत्रो में अधिक पाया जाता हैं। जल के जमने एवं पिघलने के प्रभाव से बारीक कण वाली मृदा का निर्माण होता है।

(vi) ग्लेशियर (Glacier)– बडे–बडे ग्लेशियर ताप में परिवर्तन एवं ढाल होने से निचे की तरफ खिसकते है जिससे दाब तथा रगड़ के कारण चट्टानें टूटने लगती हैं। इस प्रकार ग्लेशियर के अनवरत प्रभाव से बालू, कंकड़, सिल्ट, क्ले का विशालकाय जमाव बन

जाता है जो मृदा निर्माण में महत्त्वपूर्ण होता है। इस प्रकार का अपक्षय ठण्डे क्षेत्रो (temperate region) में पाया जाता हैं।

(vii) वायुमण्डलीय बिजली (Atmospheric electrical phenomenon) – वर्षा ऋतु में वायुमण्डलीय बिजली के चमकने (lighting) से चट्टानों में दरारें बन जाती है, जिससे वे निर्बल होकर टूट जाती हैं।

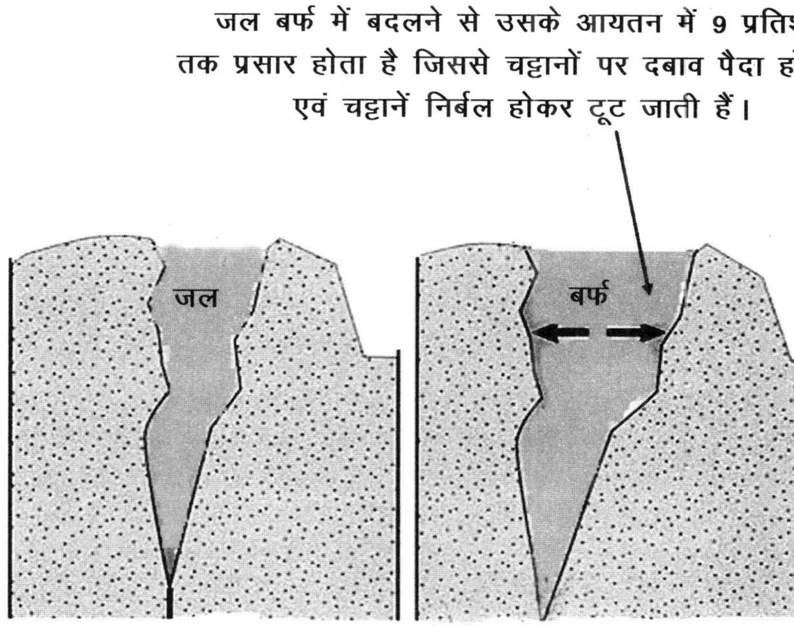

चित्र 4.1: बर्फ द्वारा चट्टानों का भौतिक अपक्षय

(viii) एकान्तर भीगना एवं सूखना (Alternate Wetting and Drying) – कुछ चट्टानों का आयतन पानी में भीगने से बढ़ता है तथा सूखने पर सिकुड़ता है। लगातार एकान्तर भीगने एवं सुखने की प्रक्रिया से चट्टानों की सतह पर बहुत सी दरारें पड़ जाती है जिससे चट्टानें ढ़ीली होकर प्लेट के रूप में टूट जाती है।

2. **रासायनिक अपक्षय (Chemical weathering):** मृदा निर्माण के सन्दर्भ में रासायनिक अपक्षय बहुत महत्त्वपूर्ण होता है। मूल चट्टानों के विच्छेदन से बने नये पदार्थ/यौगिक जिनका रासायनिक संगठन एवं भौतिक गुण अलग हो, रासायनिक अपक्षय कहलाता हैं। रासायनिक अपक्षय में जल का महत्त्वपूर्ण योगदान हैं। रासायनिक अपक्षय में विभिन्न क्रियायें होती हैं–

(i) विलयन (Solution) – जल एक सर्व–विलायक (universal solvent) हैं। अधिकतर खनिज जल की विलेयता से प्रभावित होते हैं। जल चट्टानों के यौगिकों को विलय करके अपने साथ बहाने लगता है जिससे चट्टानों में छिद्र (hole) विकसित हो जाते हैं या उनका पृष्ठ खुरदरा (rough) हो जाता है और चट्टानें धीरे–धीरे विघटित हो जाती हैं। यह क्रिया जल में कार्बनिक एवं अकार्बनिक अन्लों के विलेय होने पर अधिक तेज हो जाती है। इस तरह के जल में केवल क्षारीय पदार्थ ही नहीं बल्कि

सिलिका भी घुल जाती है। इसके अतिरिक्त जल में कार्बन डाइऑक्साइड एवं सल्फर ऑक्सीकरण से प्राप्त सल्फ्युरिक अम्ल (H_2SO_4) की उपस्थिति से जल की विलेयता बहुत अधिक हो जाती हैं।

(ii) जल विश्लेषण (Hydrolysis) – यह संभवतः (probably) रासायनिक अपक्षय की प्रमुख प्रक्रिया (process) हैं। जब चट्टानों का सम्पर्क जल के साथ होता है तो जल H^+ एवं OH^- आयनों में टूटता है जिससे जल का हाइड्रोजन आयन चट्टानों या खनिजों के धनायन्स को प्रतिस्थापित (replace) करके नया यौगिक बनाता हैं। उदाहरण – ऑर्थोक्लेज खनिज जल विश्लेषण की प्रक्रिया के कारण अम्ल सिलिकेट क्ले बनाते है जो पुनः जल विश्लेषण के द्वारा बॉक्साइट एवं सिलिसिक अम्ल का निर्माण करते हैं।

$$KAlSi_3O_8 + HOH \longrightarrow HAlSi_3O_8 + KOH$$

ऑर्थोक्लेज → अम्ल सिलिकेट क्ले

$$2HAlSi_3O_8 + 8HOH \longrightarrow Al_2O_3.3H_2O + 6H_2SiO_3$$

(बॉक्साइट) (सिलिसिक अम्ल)

(iii) जलयोजन (Hydration) – द्वितीयक खनिजों के अपक्षय में यह रासायनिक अपक्षय प्रक्रिया प्रमुख है। जल और खनिजों के रासायनिक संयोग (chemical combination) को जलयोजन कहते हैं। इसमें जल के अणु किसी खनिज के साथ रासायनिक विधि से संयोग करके उसी के भाग बन जाते हैं जिससे खनिज के आयतन में वृद्धि हो जाती है फलस्वरूप खनिज मुलायम होकर नया यौगिक बना देते हैं। बहुत से खनिज जैसे एल्यूमिनियम ऑक्साइड, आयरन ऑक्साइड, जिप्सम आदि जल का अवशोषण कर फैल जाते हैं। उदाहरण–

$$2Fe_2O_3 + 3HOH \xrightarrow{\text{उच्च ताप}} 2Fe_2O_3.3H_2O$$

(हीमेटाइट) → (लीमोनाइट)

$$Al_2O_3 + 3HOH \xrightarrow{\text{उच्च ताप}} Al_2O_3.3H_2O$$

(बॉक्साइट)

$$CaSO_4 + 2HOH \xrightarrow{\text{उच्च ताप}} CaSO_4.2H_2O$$

(एन्हाइड्राइट) → (जिप्सम)

शुष्क प्रदेशों में ताप में वृद्धि के कारण खनिजों से जलयोजित जल निकल जाता है तथा खनिज अपने मूल रूप में परिवर्तित हो जाते है जिसे निर्जलीकरण (dehydration) कहते हैं।

(iv) कार्बोनिकरण (Carbonation) – कार्बन डाइऑक्साइड का क्षारों से संयुक्त होने की क्रिया कार्बोनिकरण कहलाती हैं। कार्बन डाइऑक्साइड क्षारों के साथ क्रिया करके कार्बोनेट्स एवं बाइकार्बोनेट्स तथा जल के साथ क्रिया करके कार्बोनिक अम्ल (H_2CO_3) बनाते हैं। कार्बोनिक अम्ल एक दुर्बल अम्ल होता है जो खनिजों को आसानी से घोलकर बाइकार्बोनेट के विलय के साथ नया यौगिक बनाते हैं। उदाहरण–

$$CO_2 + 2KOH \longrightarrow K_2CO_3 + H_2O$$
$$K_2CO_3 + HOH + CO_2 \longrightarrow 2KHCO_3$$
$$CO_2 + HOH \longrightarrow H_2CO_3$$
$$CaCO_3 + H_2CO_3 \longrightarrow Ca(HCO_3)_2$$
(चूना पत्थर) (कैल्शियम बाइकार्बोनेट)

(v) ऑक्सीकरण एवं अपचयन (Oxidation and reduction) – खनिजों के साथ ऑक्सीजन के रासायनिक संयोग की क्रिया को ऑक्सीकरण कहते हैं। ऑक्सीकृत खनिज में ऑक्सीजन के जुड़ने से आयतन में वृद्धि होती है एवं नया यौगिक बनता हैं। अधिकतर ऑक्सीकरण की क्रिया जल विश्लेषण (Hydrolysis) के बाद होती हैं। ऐसी चट्टाने एवं खनिज जिनमें लोहा, मैग्नीशियम, कॉपर एवं कैल्शियम तत्व अधिक मात्रा में होते हैं, उनका ऑक्सीकरण अधिक होता है। उदाहरण–

$$4FeO + O_2 \longrightarrow 2Fe_2O_3$$
(फैरस ऑक्साइड) (फैरिक ऑक्साइड)

$$4Fe_3O_4 + O_2 \longrightarrow 6Fe_2O_3$$
(मैगनेटाइट) (हीमेटाइट)

अपचयन ऑक्सीकरण की विपरीत क्रिया हैं, अर्थात् खनिजों में से ऑक्सीजन के अलग होने अथवा हाइड्रोजन एवं इलेक्ट्रॉन के जुड़ने की क्रिया को अपचयन या अवकरण कहते हैं। इस क्रिया द्वारा फैरिक ऑक्साइड फैरस ऑक्साइड में परिवर्तित हो जाता हैं। उदाहरण–

$$2Fe_2O_3 \longrightarrow 4FeO + O_2$$
(हीमेटाइट) (फैरस ऑक्साइड)

जिन खनिजों में आयरन, मैंगनीज और सल्फर होते हैं, उनका ऑक्सीकरण–अपचयन अधिक होता हैं।

3. **जैविक अपक्षय (Biological weathering):** भौतिक एवं रासायनिक अपक्षय कि तरह ही जैविक कारक चट्टानों एवं खनिजों के अपघटन एवं विघटन के लिए उत्तरदायी होते हैं। जैविक अपक्षय निम्नलिखित कारकों के द्वारा होता है –

   (i) मनुष्य एवं जन्तुओं के द्वारा – मनुष्य बाँध, सड़के, नहरे एवं इमारतें बनाने के लिये चट्टानों को काटता है जिससे चट्टानों के बड़े भाग छोटे–छोटे टूकड़ो में टूट जाते हैं। इस स्थति में चट्टानों का अधिक अपक्षय होता है। इसी प्रकार बड़े जीव चट्टानों को खोदकर रहने के लिये छिद्र बनाते हैं जिससे चट्टानें निर्बल होकर छोटे–छोटे टूकड़ो में टूट जाती हैं।

(ii) सूक्ष्मजीव (Microorganism) – अनेक सूक्ष्मजीव जैसे जीवाणु (bacteria), कवक (fungi), शैवाल (algae), आदि अपना भोजन अकार्बनिक पदार्थो से लेकर कार्बानिक अम्ल तथा कार्बन–डाइऑक्साइड उत्पन करते हैं। कार्बनिक अम्ल तथा कार्बन–डाइऑक्साइड प्रत्यक्ष एवं अप्रत्यक्ष रूप से चट्टानों को निर्बल बनाकर धीरे–धीरे चट्टानों का अपक्षय करते हैं।

(iii) उच्च पौधो का प्रभाव (Effect of higher plants) – पौधे चट्टानों की दरारों एवं छिद्रों में उगते हैं। जैसे–जैसे पौधों की वृद्धि होती है उनके साथ–साथ जड़ों की वृद्धि भी होती है, जो चट्टानों के ऊपर बाहर की तरफ दाब डालते हैं। परिणामस्वरूप चट्टानों की दरारे ओर चौड़ी हो जाती हैं जिससे चट्टानें निर्बल होकर टूट जाती हैं। पौधों की जड़े श्वसन क्रिया के दौरान कार्बन डाइऑक्साइड गैस छोडती है जो जल में घुलनशील होकर कार्बोनिक अम्ल का निर्माण करती है। इसके अतिरिक्त पौधो के अवशेष चट्टानों की दरारों में सड़कर अम्ल उत्पन करते है जो चट्टानों के अपक्षय में मदद करते हैं।

खनिजों का अपक्षय (Weathering of minerals)

खनिजों के अपक्षय को प्रभावित करने वाले मुख्य तीन कारक है – (i) जलवायु सम्बन्धी दशायें (climatic condition); (ii) भौतिक गुण (physical condition) एवं (iii) खनिजों की रासायनिक एवं संरचनात्मक विशेषतायें (chemical and structural characteristic of minerals)

(i) जलवायु सम्बन्धी दशायें (Climatic condition) – जलवायु सम्बन्धी दशायें अपक्षय की प्रकृति एवं दर को नियन्त्रित करती हैं। कम वर्षा की परिस्थिति में भौतिक अपक्षय प्रभावी होता हैं फलस्वरूप खनिजों के कणों का आकार घट एवं पृष्ठ क्षेत्र बढ़ जाता हैं। इसके विपरीत नमी की उपस्थिति में खनिजों में भौतिक एवं रासायनिक परिवर्तन होने से नया यौगिक बन जाता हैं। आर्द्र उष्णकटिबन्धीय क्षेत्रों में रासायनिक अपक्षय की दर अधिक होती हैं। इस परिस्थिति में अधिक प्रतिरोधी (resistance) खनिज आयरन एवं एल्यूमीनियम के हाइड्रस ऑक्साइड का संचय होता हैं।

(ii) भौतिक गुण (Physical condition) – खनिजों के विभिन्न भौतिक गुण जैसे कणों का आकार, कठोरता एवं सीमेन्टीकरण तथा चट्टानों का संगठन आदि अपक्षय को प्रभावित करते हैं।

(a) कणों का आकार – महीन क्रिस्टलों का रासायनिक परिवर्तन मोटे क्रिस्टलों की अपेक्षा अधिक होता हैं। इस प्रकार महीन कण फेल्सपार मोटे कण फेल्सपार की तुलना में जल्दी एवं आसानी से विघटित हो जाते हैं क्योकी महीन कणों का पृष्ठ क्षेत्र अधिक होने के कारण रासायनिक क्रिया अधिक होती हैं। उदाहरण– क्ले आकार के क्वार्ट्ज की तुलना में बालू आकार के क्वार्ट्ज रासायनिक अपक्षय के प्रती अधिक प्रतिरोधी होते हैं।

(b) कठोरता एवं सीमेन्टीकरण– कठोरता अपक्षय को प्रभावित करती हैं। उदाहरणार्थ, एक सघन क्वार्ट्जाइट या बालू पत्थर जो कम अपक्षयित पदार्थो से सीमेन्टीकृत हुआ है, का भौतिक अपक्षय कम होता है जिससे कुल पृष्ठ क्षेत्र भी कम

होता है। दुसरी ओर सरन्ध्रीय चट्टानें जैसे मोटा चूना पत्थर आसानी से टूट कर अधिक कुल पृष्ठ क्षेत्र बनाता है जिससे वे आसानी से विच्छेदित हो जाते हैं।

(c) **खनिजों का संगठन** – ताप के परिवर्तन होने से चट्टानों एवं खनिजों के फैलने तथा सिकुड़ने से कमजोर होकर टूट जाती है तथा टूटी हुई चट्टानों में रासायनिक संगठन पहले वाली चट्टानों या खनिजों के अनुरूप ही होता हैं।

(iii) **खनिजों की रासायनिक एवं संरचनात्मक विशेषतायें (Chemical and structural characteristic of minerals)** – खनिजों का आकार, रासायनिक एवं क्रिस्टलीय विशेषतायें अपक्षय की दर प्रभावित करती हैं। उदाहरण – जिप्सम संतृप्त कार्बन–डाई ऑक्साइड जल में घुल जाता है तथा पैतृक पदार्थो से इनको आसानी से अलग किया जा सकता है। कार्बोनिक अम्ल ($CO_2 + HOH \rightarrow H_2CO_3$) कम विलय खनिजों को आसानी से घोल देते है, उदाहरण – कैल्साइट एवं डोलामाइट आदि। फैरोमैग्नीशियम खनिज ऑलीवाइन, बायोटाइट तथा पाइरोक्सिन आदि गैर–फैरोमैग्नीशियम खनिजों (फेल्सपार, क्वार्ट्ज) की तुलना में आसानी से अपक्षयित हो जाते है क्योंकि गैर–फैरोमैग्नीशियम खनिजों की खुली संरचना (open structure) होती हैं।

प्रश्न कोष

वस्तुनिष्ठ प्रश्न

1. निम्न में से कौनसी अपक्षय प्रक्रिया थार मरूस्थल में होती हैं?

(A) रासायनिक (B) जैविक

(C) भौतिक (D) ये सभी

2. चट्टानों का अपक्षय किस प्रकार होता है?

(A) रासायनिक

(B) जैविक

(C) भौतिक / यांत्रिक

(D) इन सभी से

3. निम्न में से रासायनिक अपक्षय की एक क्रिया है?

(A) ताप (B) पाला

(C) जन्तु (D) जलयोजन

4. जल और खनिजों के रासायनिक संयोग को कहते हैं?

(A) जलयोजन (B) विलयन

(C) जल विश्लेषण (D) कार्बोनिकरण

5. कार्बन डाइऑक्साइड का क्षारों से संयुक्त होकर कार्बोनेट्स एवं बाइकार्बोनेट्स के बनने की क्रिया कहलाती हैं?

(A) जल विश्लेषण (B) कार्बोनिकरण

(C) जलयोजन (D) विलयन

रिक्त स्थानों की पूर्ति कीजिए

1. वह पदार्थ जो असंगठित और जैव–रासायनिक रूप से अपक्षित हो, जिससे मृदा विकसित हुई है .... कहलाता हैं।

2. चट्टानों एवं खनिजों का भौतिक, रासायनिक तथा जैविक कारकों के द्वारा टूटना .... कहलाता हैं।
3. खनिजों के साथ ऑक्सीजन के रासायनिक संयोग की क्रिया को .... कहते हैं।
4. खनिजों में से ऑक्सीजन के अलग होने अथवा हाइड्रोजन एवं इलेक्ट्रॉन के जुड़ने की क्रिया .... कहलाती हैं।
5. जल बर्फ में बदलने पर अपने आयतन में .... प्रतिशत तक प्रसार कर लेता है।

सत्य या असत्य कथन पर (√) का निशान लगाये

1. चट्टानों एवं खनिजों का भौतिक, रासायनिक तथा जैविक कारकों के द्वारा टूटना अपक्षय कहलाता हैं। (सत्य/असत्य)
2. चट्टानों एवं खनिजों का तीन प्रकार से अपक्षय होता है। (सत्य/असत्य)
3. भौतिक या यान्त्रिक अपक्षय ताप, चट्टानों की भौतिक दशा, जल, वायु, पाला, ग्लेशियर एवं वायुमण्डलीय बिजली आदि कारकों द्वारा होता है। (सत्य/असत्य)
4. पैतृक पदार्थ अपक्षय का अन्तिम पदार्थ होता है। (सत्य/असत्य)
5. अपक्षय अपघटन एवं विघटन की प्रक्रिया है। (सत्य/असत्य)

लघु एवं विस्तृत उत्तरीय प्रश्न

1. अपक्षय को परिभाषित करें। अपक्षय के विभिन्न प्रकारों का विस्तृत में वर्णन कीजिए।
2. अपक्षय को परिभाषित करें। रासायनिक अपक्षय को विस्तृत में वर्णन करें।
3. खनिजों के अपक्षय को प्रभावित करने वाले कारको के बारे में लिखिए।

उत्तरमाला

वस्तुनिष्ठ प्रश्न	1. (C)	2. (D)	3. (D)	4. (A)	5. (B)
रिक्त स्थानों की पूर्ति	1. पैतृक पदार्थ	2. अपक्षय	3. ऑक्सीकरण	4. अपचयन या अवकरण	5. 9
सत्य या असत्य	1. सत्य	2. सत्य	3. सत्य	4. सत्य	5. सत्य

■■■■

अध्याय – 5

मृदा निर्माण प्रक्रम
(SOIL FORMING PROCESS)

मृदा निर्माण प्रक्रम (Soil Forming Process)

चट्टानों एवं खनिजों के अपक्षय के बाद अपक्षयित खनिज अंश का मृत एवं जीवित जीवांश पदार्थ का विषमांग (heterogenous) मिश्रण बनता है, जो मृदा के निर्माण में कच्चे माल का कार्य करता है। इस अवस्था के बाद भी इस खनिज मिश्रण में परिवर्तन होते हैं। जिनके फलस्वरूप आर्दश मृदा द्रव्य का निर्माण होता है।

सिमंसोन (1959) के अनुसार मृदा निर्माण में निम्नलिखित प्रक्रियाएँ शामिल होती है –

1. मृदा में पानी के अतिरिक्त कार्बनिक और खनिज पदार्थ का जुडना।
2. मृदा से पानी, कार्बनिक और खनिज पदार्थ का निकलना।
3. मृदा में कार्बनिक और खनिज पदार्थों का रूपान्तरण (Transformation)
4. मृदा में उपरोक्त सामग्री का एक संस्तर से दूसरी संस्तर में स्थानांतरण।

मृदा निर्माण में निम्नलिखित प्रक्रम होते हैं –

मृदा निर्माण प्रक्रम

- **आधारभूत मृदा निर्माण प्रक्रम**
  Fundamental pedogenic process
  - ह्यूमीकरण (Humification)
  - निक्षालन (Eluviation)
  - निक्षेपण (Illuviation)
  - होराइजोनेसन (Horizonation)
  - संश्लेषण (Synthesis)
- **विशिष्ट मृदा निर्माण प्रक्रम**
  Specific pedogenic process
  - पोडजोलीकरण (Podozolization)
  - लेटराइजेसन (Laterization)
  - केल्सीकरण (Calcification)
  - विकेल्सीकरण (Decalcification)
  - लवणीकरण (Salinization)
  - निर्लवणीकरण (Desalinization)
  - क्षारीयकरण (Alkalization or Solonization)
  - निक्षारीयकरण (Dealkalization or Solonization)
  - ग्लाइकरण (Gleization)
  - पिडोटर्बेशन (Pedoturbation)

1. **ह्यूमीकरण (Humification)** – कच्चे कार्बनिक पदार्थों का ह्यूमस में परिवर्तन की प्रक्रिया को ह्यूमीकरण कहते हैं अर्थात् पादप एवं जन्तु अवशेषों तथा जैव पदार्थों की अपघटन क्रिया द्वारा नए यौगिक के संश्लेषण होने की प्रक्रम को ह्यूमीकरण/ह्यूमस कहते हैं। इस प्रक्रिया के दौरान विलयशील जैविक सरंचनाएँ अपने को पुनः संगठित करके बहुलीकरण (Polymerization) द्वारा जैविक यौगिकों के बड़े अणुओं में परिवर्तित कर लेती है जो पानी में कम घुलनशील रहती है। इसके गुण वनस्पतिक अवशेषों की प्रकृति, उनके विच्छेदन एवं नये कार्बनिक यौगिकों के संश्लेषण द्वारा निर्धारित होते हैं। ह्यूमीकरण मृदा में 'O' संस्तर के निर्माण में सहायक होता है। यह मृदा निर्माण प्रक्रम अधिकतर नम एवं ठण्डे प्रदेशों में अधिक होता है जबकि कार्बनिक पदार्थों का विच्छेदन एवं इस प्रक्रिया में भाग लेने वाले सूक्ष्मजीवाणुओं की सक्रियता नम एवं उष्ण प्रदेशों में अधिक पायी जाती है परन्तु ह्यूमस का संचयन कम होता है।

2. **निक्षालन (Eluviation)** – Eluviation का अर्थ Washing out अर्थात् धुलना है। मृदा निर्माण की वह प्रक्रिया जिसमें मृदा के ऊपरी संस्तरों में उपस्थित अवयवों का अन्तःस्राव (percolation) द्वारा नीचे की संस्तरों में जाने की क्रिया को निक्षालन कहते है तथा इस प्रक्रिया के द्वारा बने संस्तर को निक्षालन संस्तर (Eluvial horizon) कहते हैं। निक्षालित होने वाले अवयवों में क्ले, Fe_2O_3, Al_2O_3, SiO_2, ह्यूमस (humus), $CaCO_3$ आदि प्रमुख है। आर्द्र जलवायु में SiO_2, भी निक्षालित होकर नीचे के संस्तरों में चला जाता है।

3. **निक्षेपण (Illuviation)** – Illuviation का अर्थ Wash in अर्थात् धुला हुआ। वह प्रक्रिया जिसमें ऊपरी संस्तरों से अनेक प्रकार के कार्बनिक एवं अकार्बनिक अवयव जल के साथ बहकर निचले संस्तरों में आकर संचय होते हैं, निक्षेपण कहलाता हैं और इस संस्तर को निक्षेपण संस्तर (Illuvial horizon) कहते हैं। B संस्तर में एकत्रित पदार्थ कभी–कभी आपस में प्रक्रिया करके अवक्षेपित होकर जम जाते हैं जैसे–कैल्शियम कार्बोनेट एवं कैल्शियम सल्फेट आदि।

4. **संश्लेषण (Synthesis)** – शैलों एवं खनिजों के अपक्षयित पदार्थ वर्षा, तापक्रम, वायु आदि रासायनिक एवं जैविक प्रक्रियाओं के परिणामस्वरूप संयुक्त होकर अनेक प्रकार के नये यौगिक बनाते हैं। विच्छेदन के उपरान्त बने सरल पदार्थ संयुक्त होकर क्ले, आयरन एवं एल्यूमिनियम के हाइड्रस ऑक्साइड, Ca, Mg, Na, K आदि के कार्बोनेट्स तथा Mn, Fe आदि के ऑक्साइड का निर्माण करते हैं। इस प्रक्रम द्वारा मृदा प्रोफाइल का विकास होता है।

5. **होराइजोनेसन (Horizonation)** – मृदा में सभी संस्तरों के विकास को होराइजोनेसन कहते हैं।

विशिष्ट मृदा निर्माण प्रक्रम (Specific pedogenic processes)

1. **पोडजोलीकरण (Podzolization)** – पोडजोल (Podzol) एक रूसी भाषा के podzola से लिया गया है। जिसका अर्थ Pod = Under, Zola = Ash अर्थात् राख या मृदा के ऊपरी संस्तर (A) का रंग राख जैसा होना। ह्यूमस तथा सेस्क्वी ऑक्साइड ऊपरी संस्तरों से निक्षालित होकर निचले संस्तरो में आकर जमा होने की प्रक्रिया पोडजोलीकरण कहलाती है। इस प्रक्रम के अन्तर्गत पोडजोल या पोडजोलीक (Podzolic) मृदाओं का निर्माण होता है। पोडजोलीकरण के लिए ठण्डी एवं शीतोष्ण जलवायु बहुत अनुकूल होती है। जहाँ पर वर्षा

पर्याप्त होती है वहाँ पर ह्यूमस तथा सेस्क्वी ऑक्साइड ऊपरी संस्तरों से निक्षालित होकर निचले संस्तरो में चले जाते हैं। जिसके परिणामस्वरूप 'A' संस्तर में क्ले, सेस्क्वी ऑक्साइड तथा ह्यूमस की कमी हो जाती है तथा सिलिका की अधिकता रहती है, साथ ही साथ B संस्तर में इन पदार्थों की अधिकता हो जाती है। इस प्रक्रिया द्वारा निर्मित मृदाओं को पोडजोल मृदा कहते हैं। इन मृदाओं की उर्वरता कम होती है। क्योंकि A संस्तर से अधिक मात्रा में क्षार (Na, Ca, K, Cl एवं SO_4^{2-}), ह्यूमस तथा क्ले निक्षालन (Leaching) द्वारा बहकर मृदा प्रोफाइल से बाहर निकल जाते हैं एवं प्रोफाइल मृदाएँ अम्लीय (पी.एच. <5) हो जाती हैं। कुछ रिपोर्टों के अनुसार हिमाचल प्रदेश, जम्मू एवं कश्मोर तथा उत्तरी पूर्वी राज्यों (North eastern States) में स्यूडोपोडजोल (Pseudopodzol) मृदा पाई जाती है लेकिन भारत में असली पोडजोल (True Podzol) मृदा नहीं पाई जाती है।

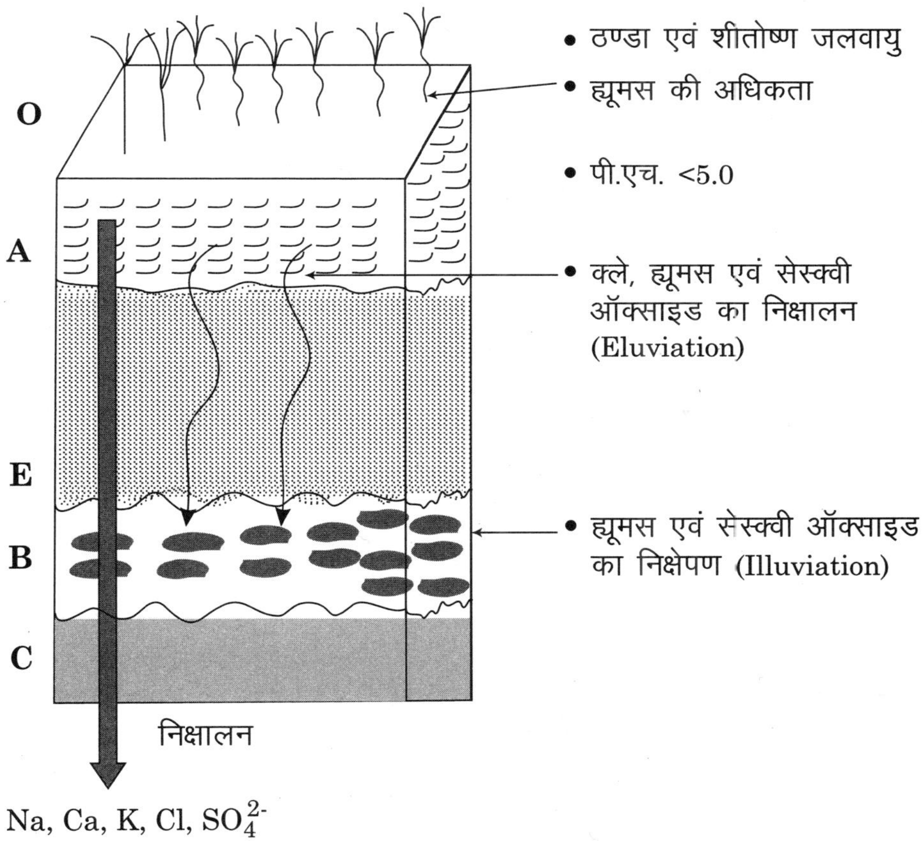

चित्र 5.1. पोडजोलीकरण प्रक्रिया

2. **लेटराइजेसन (Laterization)** – लेटराइट (Laterite) शब्द की उत्पत्ति लैटिन भाषा के शब्द Later = Brick से हुई है जिसका अर्थ ईट के समान लाल एवं कठोर है। इस प्रक्रम में पृष्ठ संस्तरों में सेस्क्वी ऑक्साइड के स्थान पर सिलिका का निष्कासन निचले संस्तरों में होता है जिसके कारण पृष्ठ मृदा में सेस्क्वी ऑक्साइडों की साद्रंता बढ़ जाती है। लेटराइट मृदाओं के A संस्तर में फैरिक ऑक्साइड (सेस्क्वी ऑक्साइड) की अधिकता के कारण मृदाओं

का रंग लाल भूरा, पीला होता है तथा इनकी प्रकृति अम्लीय होती है। गर्म तथा आर्द्रउष्ण कटिबधीय क्षेत्रों में इस तरह की अभिक्रियाऐं होती है। मृदाएँ जिनमें 70–80 प्रतिशत सेस्क्वी ऑक्साइड होते हैं, उन्हें लेटराइज या लेटो सॉल कहते हैं। इन मृदाओं के विकास की प्रक्रिया को लेटराइजेशन कहते हैं। पर्याप्त वर्षा व तापमान मिलने से अपक्षयन द्वारा प्राप्त विलयशील उत्पाद मृदा विलय में आ जाते हैं तथा गुरूत्व बल के द्वारा नीचे की ओर प्रवाहित जल के साथ निक्षालित हो जाते हैं। लेटराइजेशन उष्ण कटिबधीय वनों में होती है। इस प्रक्रिया में जैव पदार्थ कम हो जाता है, क्योंकि ऑक्सीकरण तीव्र गति से होता है तथा तेज निक्षालन के कारण जैव पदार्थ तथा विलयशील खनिज पृष्ठ सस्तरों से शीघ्र निष्कासित हो जाते हैं। यह मृदा निर्माण प्रक्रम महाराष्ट्र, तमिलनाडू, कर्नाटक एवं मालाबार की पहाड़िया, केरल मे पायी जाती है।

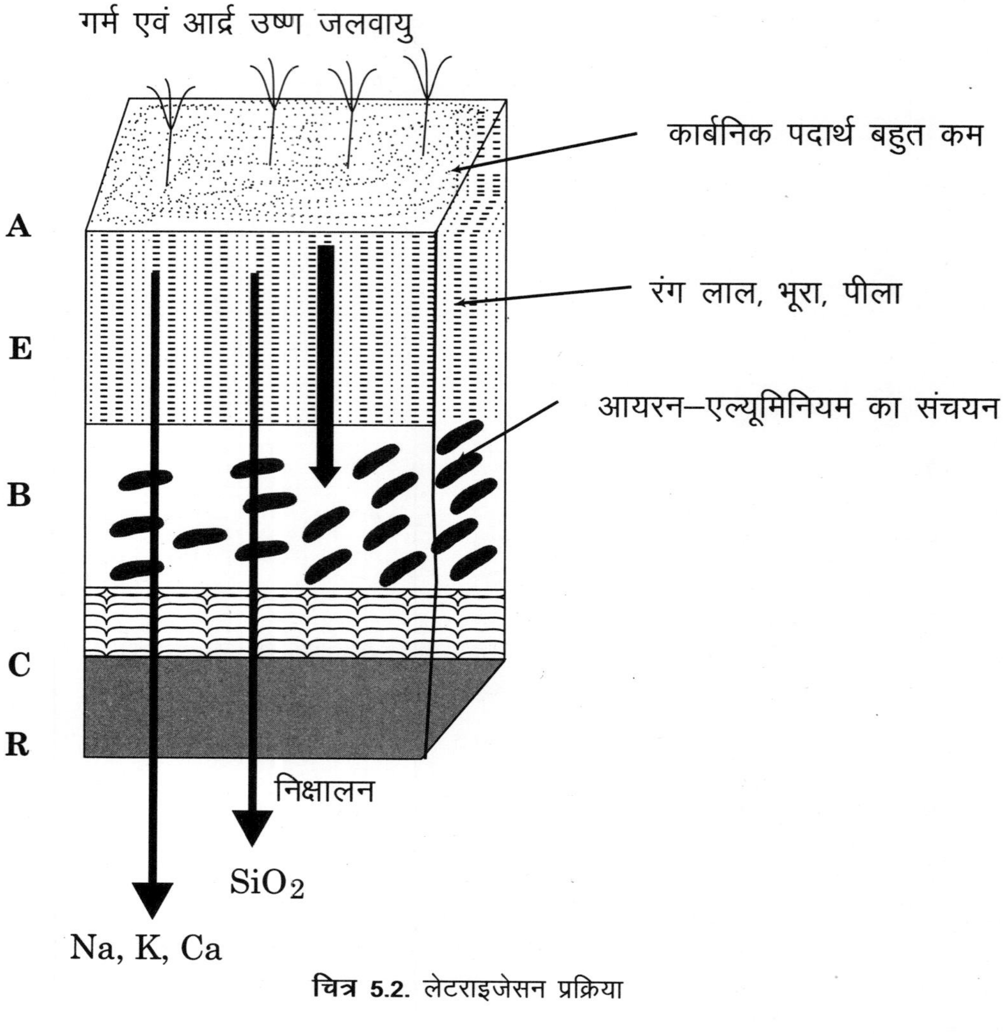

चित्र 5.2. लेटराइजेसन प्रक्रिया

पोडजोलीकरण एवं लेटराइजेसन में अन्तर

क्र. सं.	पोडजोलीकरण		लेटराइजेसन
1.	जलवायु – ठण्डी एवं शीतोष्ण	1.	जलवायु – गर्म तथा आर्द्रउष्ण
2.	उत्पत्ति – पोडजोल (Podzol) एक रूसी भाषा के podzola से लिया गया है। जिसका अर्थ Pod = Under, Zola = Ash अर्थात् राख या मृदा के ऊपरी संस्तर (A) का रंग राख जैसा होना	2.	उत्पत्ति – लेटराइट (Laterite) शब्द की उत्पत्ति लैटिन भाषा के शब्द Later/Brick से हुई है जिसका अर्थ ईट के समान लाल एवं कठोर
3.	'A' संस्तर में सिलिका का संचयन होता है।	3.	'A' संस्तर में सेस्क्वी ऑक्साइडों का संचयन होता है।
4.	क्ले, ह्यूमस तथा सेस्क्वी ऑक्साइडों का निक्षालन होता है।	4.	सिलिका का निष्कासन होता है।
5.	वर्षा पर्याप्त होती है।	5.	वर्षा जल की अधिकता होती है।
6.	संस्तरों की प्रकृति अम्लीय होती है।	6.	संस्तरों की प्रकृति क्षारीय होती है।
7.	'O' संस्तर में ह्यूमस की अधिकता होती है।	7.	'O' संस्तर में बहुत कम कार्बनिक पदार्थ होते हैं।
8.	पोडजोलीकरण शीत कटिबधीय वनों में होता है।	8.	लेटराइजेशन उष्ण कटिबधीय वनों में होती है।
9.	पैतृक पदार्थ सिलिसियस (siliceous)/अम्लीय प्रकृति का होता है।	9.	पैतृक पदार्थ क्षारीय प्रकृति का होता है।

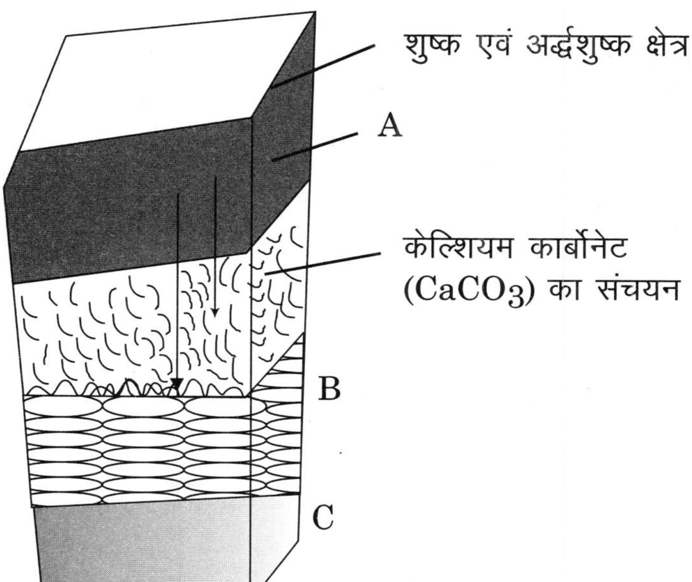

चित्र 5.3. केल्सीकरण प्रक्रिया

3. **केल्सीकरण (Calcification)** – मृदा प्रोफाइल में केल्शियम कार्बोनेट के संचयन अथवा अवक्षेपण की प्रक्रिया केल्सीकरण कहलाती है। केल्शियम कार्बोनेट के संचयन के परिणामस्वरूप मृदा प्रोफाइल में केल्शिक संस्तर (Calcic horizon) का निर्माण होता है। इस प्रकार से बनी मृदा को शरनोजेम (Shernozem) अथवा पेडोकल (Pedocal) मृदा कहते हैं। जड़ क्षेत्र मे कार्बन–डाइऑक्साइड की अधिकता के होने से यह पानी के साथ मिलकर केल्शियम से क्रिया कर केल्शियम कार्बोनेट बनाते हैं। केल्सीकरण प्रक्रिया शुष्क तथा अर्द्धशुष्क क्षेत्रों में अधिक होती है। इनके मूलद्रव्यों में केल्शियम की अधिकता एवं कम वर्षा के कारण केल्शियम का नीचे की ओर जाने से केल्शियम कार्बोनेट या केल्शियम सल्फेट की परत प्रोफाइल में बनती है।

$$CO_2 + H_2O \longrightarrow H_2CO_3$$
$$H_2CO_3 + CaCO_3 \longrightarrow Ca(HCO_3)_2$$
$$Ca(HCO_3)_2 \longrightarrow CaCO_3 + H_2O + 2CO_2$$
(अविलेय अवक्षेप)

4. **विकेल्सीकरण (Decalcification)** – वह क्रिया जिसमें मृदा प्रोफाइल के संस्तरों से केल्शियम कार्बोनेट का पूर्ण निष्कासन हो जाता है, विकेल्सीकरण कहलाता है। यह क्रिया अधिक आर्द्रता वाले क्षेत्रों में होती हैं, जिसको निम्नलिखित रासायनिक क्रिया द्वारा व्यक्त कर सकते हैं:–

$$CaCO_3 + CO_2 + H_2O \longrightarrow Ca(HCO_3)_2$$ (विलय)

5. **लवणीकरण (Salinization)** – लवणीकरण वह प्रक्रम है जिसमें मृदा के ऊपरी संस्तर में घुलनशील लवण विशेष रूप से सोडियम, कैल्शियम, मैग्नीशियम एवं पोटेशियम के क्लोराइड एवं सल्फेट एकत्रित हो जाते हैं। इस प्रकार से निर्मित मृदा लवणीय या सोलनचौक (Solonchak) कहलाती हैं। इन मृदाओं का निर्माण उन क्षेत्रों में होता है जहाँ जल का स्तर ऊँचा, भूमिगत जल खारा और वाष्पीकरण की दर वर्षा से अधिक होती है। संतृप्त निष्कर्ष क्षार (Saturated Extract) की विद्युत चालकता 4 डेसी साइमन/मीटर से अधिक होती है तब मृदा को लवणीय मृदा कहा जाता है। लवणीकरण शुष्क तथा अर्द्धशुष्क जलवायु वाले क्षेत्रों में होता है, जहाँ वाष्पीकरण की दर वर्षा से अधिक होती है। वाष्पीकरण द्वारा नीचे के संस्तरों के लवण ऊपर आ जाते हैं।

6. **निर्लवणीकरण (Desalinization)** – वह प्रक्रिया जिसमें अत्यधिक विलयशील लवणों का मृदा परिच्छेदिका से निक्षालन द्वारा निष्कासित होना, निर्लवणीकरण कहलाता है। यह प्रक्रिया विलयशील लवणों की प्रकृति, गुण एवं मात्रा पर निर्भर करती है साथ ही जल निकास का पर्याप्त होना अतिआवश्यक है।

7. **क्षारीयकरण (Alkalization or Solonization)** – विशिष्ट मृदा निर्माण की वह प्रक्रिया जिसमें मृदा संकीर्ण पर सोडियम के कार्बोनेट एवं बाइकार्बोनेट (Na_2CO_3, $NaHCO_3$) का संचयन हो जाता है। इस प्रक्रम से निर्मित मृदा क्षारीय मृदा कहलाती है। इसकी उत्पत्ति रूसी शब्द सोलोनट्ज (Solonetz) से हुई है। इन मृदाओं में विनिमयशील सोडियम की अधिकता होती है। जब विनिमयशील सोडियम की सान्द्रता 15 प्रतिशत एवं पी.एच. 8.5 से अधिक हो जाती है तो इन मृदाओं का निर्माण होता है। क्षारीय दशाओं में

कार्बनिक पदार्थ घुलनशील होकर सोड़ियम के साथ क्रिया करके सोड़ियम ह्यूमेट सम्मिश्रण बनाकर क्ले कणों की सतह पर काली परत के रूप में जम जाता है। क्ले कणों की सतह पर काला रंग होने के कारण इन मृदाओं को काली क्षारीय मृदा (Black alkali soils) भी कहते हैं। क्षारीयता के बढ़ने के कारण क्ले का डिफ्लोक्यूलेशन (Deflocculation) हो जाता है जिससे उसकी पारगम्यता (Permeability) कम हो जाती है एवं मृदा खेती के लिए अनुपयुक्त हो जाती है।

8. **निक्षारीयकरण (Dealkalization or Solodization)** – मृदा संकीर्ण पर उपस्थित सोड़ियम के निष्कासन होने की प्रक्रिया निक्षारीयकरण कहलाती है।

9. **ग्लाइकरण (Gleization)** – ग्लाई (Glei) रूसी शब्द है जिसका अर्थ नीला, धूसर, हरी मृतिका है। मृदा निर्माण की वह प्रक्रिया जिसमें कमजोर जल निकास या जलक्रांत (waterlogged) अवस्था के कारण पैतृक पदार्थ के ऊपर प्रोफाइल के निचले संस्तरों में ग्लाई संस्तरों का विकास (Glei horizon) होता है। ऐसी मृदाएँ हाइड्रोमोर्फीक मृदाएँ कहलाती है। इस प्रक्रम में Ca, Mg, Fe एवं Mn के लवणों का संचयन हो जाने से भूरे रंग का संस्तर विकसित हो जाता है। इन मृदाओं में अवकृत आयरन (Fe^{++}) की प्रधानता होती है। यह प्रक्रिया जलवायु पर निर्भर नही करती है लेकिन अधिक वर्षा वाले क्षेत्रों में होती है।

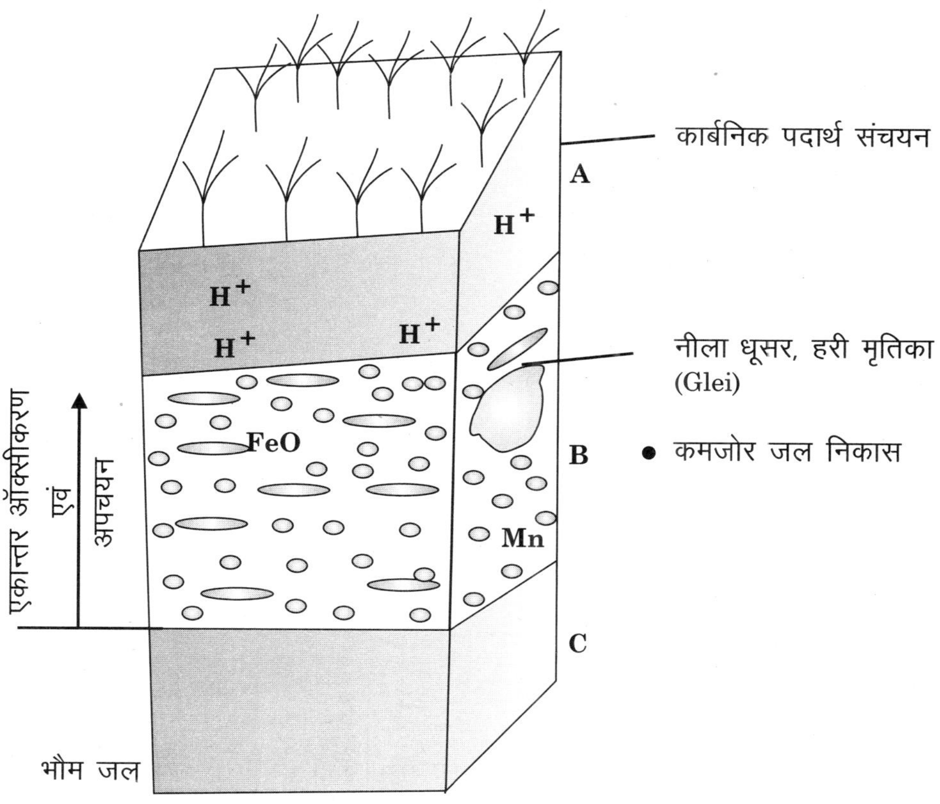

चित्र 5.4. ग्लाइकरण प्रक्रिया

10. **पिडोटर्बेशन (Pedoturbation)** – वे क्रियाएँ जिससे मृदा के विभिन्न विकसित संस्तर आपस में मिश्रण होकर मृदा का निर्माण करते है पिडोटर्बेशन कहलाती हैं। मृदा के विभिन्न संस्तरों का सम्मिश्रण लगभग समस्त मृदाओं में होता रहता है इन्हें निम्नलिखित भागों में बाँटा जा सकता है।

    (i) जन्तु पिडोटर्बेशन (Faunal pedoturbation) – इसमें मृदा का मिश्रण जन्तुओं के द्वारा होता है : जैसे–चींटी, केंचुआ, दीमक एवं अन्य जन्तु।

    (ii) पादप पिडोटर्बेशन (Floral pedoturbation) – इसमें मृदा का मिश्रण विभिन्न प्रकार की वनस्पतियों द्वारा होता है।

    (iii) मृत्तिकीय पिडोटर्बेशन (Argillic pedoturbation) – इसमें क्ले के फूलने एवं सिकुड़ने के कारण मृदा का मिश्रण होता है।

11. **पीट निर्माण (Peat Formation)** – इन्हें कार्बनिक मृदायें (Organic soils) कहते हैं। मृदा के ऊपरी संस्तर में कार्बनिक पदार्थों की अधिकता के कारण संचयन होना पीट निर्माण कहलाता है। यह प्रक्रम नम व शीत कटिबन्धीय प्रदेशों की जलमग्न (Waterlogging) अवस्थाओं में अधिक कार्बनिक पदार्थों का संचयन होने के कारण होता है। इन मृदाओं में प्रायः 20-90% कार्बनिक पदार्थ पाये जाते हैं। ये खेती के लिए उपयुक्त होती है।

प्रश्न कोष

वस्तुनिष्ठ प्रश्न

1. निम्न में से कौनसी पेडोजैनिक प्रक्रिया नहीं है:

   (A) ह्यूमीकरण (B) लेटराइजेशन

   (C) कैल्सीकरण (D) फैरूजिनेशन

2. मृदा संकीर्ण पर उपस्थित सोड़ियम के निष्कासन होने की प्रक्रिया कहलाती है:

   (A) निक्षारीयकरण (B) निर्लवणीकरण

   (C) क्षारीयकरण (D) ग्लाइकरण

3. लेटराइट शब्द की उत्पत्ति किस भाषा से हुई है:

   (A) फ्रैन्च (B) ग्रीक

   (C) लैटिन (D) इनमें से कोई नही

4. निम्न में से आधारभूत मृदा निर्माण प्रक्रम नही है:

   (A) निक्षालन (B) निक्षेपण

   (C) होराइजोनेसन (D) ग्लाइकरण

5. निम्न में से विशिष्ट मृदा निर्माण प्रक्रम नही है:

   (A) निक्षारीयकरण (B) ह्यूमीकरण

   (C) क्षारीयकरण (D) ग्लाइकरण

रिक्त स्थानों की पूर्ति कीजिए

1. मृदा में नीले रंग से भूरे रंग के संस्तर के विकास के लिए जिम्मेदार पेडोजेनिक प्रक्रिया ....कहलाती है।
2. मृदा निर्माण वह प्रक्रिया जिसमें मृदा के ऊपरी संस्तरों में उपस्थित अवयवों का अन्तःस्राव द्वारा नीचे की संस्तरों में जाने की क्रिया ....कहलाती है।
3. मृदा में सभी संस्तरों के विकास को .... कहते हैं।

4. वे क्रियाएँ जिससे मृदा के विभिन्न विकसित संस्तर आपस में मिश्रित होकर मृदा का निर्माण करते है .... कहलाती हैं।
5. कच्चे कार्बनिक पदार्थों का ह्यूमस में परिवर्तन की प्रक्रिया को .... कहते हैं।

सत्य या असत्य कथन पर (√) का निशान लगाये

1. ग्लाइकरण विशिष्ट मृदा निर्माण प्रक्रम के द्वारा हाइड्रोमोर्फीक मृदा का निर्माण होता है। (सत्य / असत्य)
2. पोडजोलीकरण में सेस्कवी ऑक्साइडों का A संस्तर में संचय होता है। (सत्य / असत्य)
3. पोडजोलाइजेशन के लिए ठण्डी एवं शीतोष्ण जलवायु बहुत अनुकूल होती है। (सत्य / असत्य)
4. केल्सीकरण प्रक्रिया शुष्क तथा अर्द्धशुष्क क्षेत्रों में अधिक होती है। (सत्य / असत्य)
5. वह प्रक्रिया जिसमें ऊपरी संस्तरों से अनेक प्रकार के कार्बनिक एवं अकार्बनिक अवयव जल के साथ बहकर निचले संस्तरों में आकर संचय होते हैं, निक्षेपण कहलाता हैं। (सत्य / असत्य)

लघु एवं विस्तृत उत्तरीय प्रश्न

1. आधारभूत मृदा निर्माण प्रक्रमों को विस्तृत में लिखिए।
2. विशिष्ट मृदा निर्माण प्रक्रमों को विस्तृत में लिखिए।
3. पोडजोलीकरण एवं लेटराइजेशन में अन्तर लिखिए।
4. केल्सीकरण एवं विकेल्सीकरण में अन्तर लिखिए।

उत्तरमाला

वस्तुनिष्ठ प्रश्न	1. (D)	2. (A)	3. (C)	4. (D)	5. (B)
रिक्त स्थानों की पूर्ति	1. ग्लाइकरण	2. निक्षालन	3. होराइजोनेशन	4. पिडोटर्बेशन	5. ह्यूमीकरण
सत्य या असत्य	1. सत्य	2. असत्य	3. सत्य	4. सत्य	5. सत्य

■■■■

अध्याय – 6

मृदा निर्माण को प्रभावित करने वाले कारक (FACTORS AFFECTING SOIL FORMATION)

विभिन्न प्रकार की चट्टानों एवं खनिजों का मृदा में परिवर्तित होना मृदा निर्माण (Soil Formation) कहलाता है। मृदा निर्माण एक विघटन एवं संश्लेषणात्मक प्रक्रिया है। जिसके प्रथम चरण में चट्टानों एवं खनिजों का पैतृक पदार्थों में अपक्षय होता है तथा दूसरे चरण में पैतृक पदार्थों से मृदा का निर्माण होता है। मृदा निर्माण अनेक प्रकार के कारकों एवं विभिन्न प्रक्रियाओं द्वारा प्रभावित होती है। यही कारण है कि किसी स्थान विशेष की मृदा के कण अन्य स्थान की मृदाओं से अलग होते हैं। मृदा वैज्ञानिकों ने मृदा निर्माण में पाँच कारकों को सम्मलित किया है। इन कारकों का मृदा निर्माण पर एक जैसा प्रभाव नही पड़ता है, अतः ये कम एवं अधिक हो सकता है।

डोकुचेव (Dokuchaev) 1889 ने सर्वप्रथम बताया कि पैतृक पदार्थ, भूतल रूप, जलवायु, जीव एवं समय के सम्मिलित क्रियाशीलता तथा प्रभाव के कारण मृदा का निर्माण हुआ है। इसे निम्न प्रकार व्यक्त किया जा सकता है–

$$S = f\,(cl, o, r, p, t\ldots\ldots\ldots\ldots\ldots)$$

जहाँ S = मृदा का कोई भी एक गुण, f = कार्य (function), cl = जलवायु (climate), o = जीव (organisms), r = भूतल रूप/स्थलाकृति (relief), p = पैतृक पदार्थ (parent materials), t = समय (time)

जेनी (Jenne) 1941 के अनुसार किसी स्थान की मृदा के एक या एक से अधिक गुण मृदा निर्माण कारकों पर आधारित होते हैं। जेनी ने मृदा निर्माण को प्रभावित करने वाले कारकों के परस्पर सम्बन्धों को एक सूत्र द्वारा व्यक्त किया है–

$$\mathbf{S = f\,(Cl, b, r, p, t\ldots\ldots\ldots\ldots\ldots)}$$

जहाँ पर, S = मृदा का कोई भी गुण (Any soil property), f = कार्य (function), Cl = जलवायु (climate), b = जीवमण्डल (Biosphere), r = भूतल रूप/स्थलाकृति (Relief/topography), p = पैतृक पदार्थ (parent materials), t = समय (time)

जोफे (Joffe) 1949 ने उपरोक्त सभी कारकों को सक्रिय एवं निष्क्रिय कारकों में विभाजित किया हैं। इनमें से जलवायु (Climate) तथा जीवमण्डल (biosphere) अपक्षयकारी ऊर्जा की पूर्ति करते हैं, अतः इन्हें सक्रिय कारक (Active factor) कहते हैं तथा स्थलाकृति, पैतृक पदार्थ एवं समय मृदा निर्माण हेतु स्रोत के रूप में होते हैं, अतः इन्हें निष्क्रिय कारक (Passive factor) कहते हैं। ये सक्रिय कारकों को मृदा विकास के लिए एक आधार प्रदान करते हैं। इन कारकों के अनुसार मृदा एक गतिक

(Dynamic) प्राकृतिक पिंड है जिसमें जलवायु एवं जीवीय कारकों के सामूहिक प्रभाव स्थलाकृति द्वारा रूपान्तरण अवधि कालों में पैतृक पदार्थों पर क्रिया से अनेक गुण व्युत्पन्न होते हैं। मृदा निर्माण को प्रभावित करने वाले सक्रिय एवं निष्क्रिय कारकों का विवरण इस प्रकार हैः–

सक्रिय मृदा निर्माण कारक (Active soil forming factors)

1. **जलवायु (Climate)** – मृदा निर्माण को प्रभावित करने वाले विविध कारकों में से जलवायु सबसे अधिक प्रभावकारी कारक है। जलवायु में वर्षा, तापमान, आर्द्रता, शुष्कता एवं वायु सम्मिलित है। जलवायु को प्रभावित करने वाले मुख्य कारको में वर्षा एवं तापमान है। जलवायु प्रत्यक्ष और अप्रत्यक्ष रूप से मृदा निर्माण को प्रभावित करती है। प्रत्यक्ष रूप से जलवायु पैतृक पदार्थों के साथ प्रतिक्रिया करने के लिए पानी और गर्मी की आपूर्ति करके मृदा के निर्माण को प्रभावित करती है। परोक्ष रूप से यह वनस्पतियों और जीवों की गतिविधियों को निर्धारित करता है जो जैविक पदार्थों के रूप में ऊर्जा का एक स्रोत प्रस्तुत करते हैं। यह ऊर्जा कार्बनिक पदार्थों के अपघटन के दौरान जारी किए गए अम्ल (Acid) और लवण के रूप में चट्टानों और खनिजों पर काम करती है। वर्षा और तापमान मृदा प्रोफाइल विकास के लिए जिम्मेदार रासायनिक, शारीरिक और जैविक प्रक्रियाओं की दर को प्रभावित करते हैं। वर्षा अपरदन एवं अन्तःस्रवण को भी प्रभावित करती है जिससे संस्तरों का विकास होता है। तापमान जैविक पदार्थों के अपघटन एवं जैविक क्रियाओं को बहुत प्रभावित करता है। तापमान वाष्पीकरण क्रिया द्वारा वर्षा की तीव्रता को भी प्रभावित करता है। तापमान बढ़ने से अपक्षय क्रिया तेजी से होने लगती है और मृदा में क्ले की मात्रा बढ़ जाती है। वर्षा एवं पैतृक पदार्थ के समान होने पर भी तापमान में विभिन्नता के कारण दो अलग क्षेत्रों में विभिन्न प्रकार के प्रोफाइल का निर्माण होता है।

   (i) वर्षा (Rainfall) – जलवायु कारकों में वर्षा सबसे अधिक महत्वपूर्ण है। यह एक सक्रिय कारक है जो प्रत्यक्ष एवं अप्रत्यक्ष रूप से मृदा निर्माण में प्रयुक्त होता है। पूर्णतया परिपक्व (Mature) मृदा का निर्माण जल की उपलब्धता पर निर्भर करता है। मृदा निर्माण के प्रमुख प्रक्रम क्षरण (Erosion) एवं परिच्यवन/निक्षालन (Leaching) जल से प्रभावित होते हैं। मृदा प्रोफाइल के अन्तर्गत विभिन्न संस्तरों (Horizon) का विकास निक्षालन (Eluviation) एवं निक्षेपण (Illuviation) प्रक्रियाओं द्वारा निर्धारित होता है। यह दोनों प्रक्रियाएँ परिच्यवन (Leaching) पर आधारित हैं। खनिज पदार्थों का जल द्वारा जल अपघटन, विलयन एवं जलयोजन हो जाता है जिससे वे आयतन में बढ़ जाते हैं और कोमल हो जाते हैं। जल में घुलनशील खनिज पदार्थ घोल के रूप में परिवहित हो जाते हैं। चट्टानों के विखण्डन में भी जल सहायक है।

   (ii) तापमान (Temperature) – मृदा निर्माण प्रक्रम तापमान द्वारा अत्यधिक प्रभावित होते हैं। क्योंकि तापमान के द्वारा भौतिक, रासायनिक एवं जैविक शक्तियाँ प्रभावित होती है जिनके परिणामस्वरूप मृदा विकसित होती है। तापमान में लगातार वृद्धि अथवा कमी से मूल चट्टानों एवं खनिजों के आयतन में प्रसार एवं संकुचन होता है जिससे उनका यांत्रिक विखण्डन होता है। तापमान वृद्धि के साथ–साथ रासायनिक प्रतिक्रियाओं की दर में भी वृद्धि होती है। वैज्ञानिक वेंट हॉफ (Vant Hoff's) के अनुसार प्रत्यक 10 डिग्री सेल्सियस तापमान में वृद्धि होने पर रासायनिक प्रतिक्रियाओं की दर दो–तीन गुना हो जाती है। परिणामस्वरूप चट्टानों खनिजों एवं कार्बनिक अवशेषों का अपक्षय

तेजी से होने लगता है। तापमान में वृद्धि के साथ–साथ कार्बनिक पदार्थों के विच्छेदन की दर बढ़ जाती है। इसलिए तापमान में 10°C की कमी हो जाने पर मृदा में कार्बनिक पदार्थों की दोगुनी मात्रा का विघटन कम हो जाता है।

तापमान मृदा के रंग को भी प्रभावित करता है। मृदाएँ जिनका निर्माण आग्नेय और कायान्तरित/रूपान्तरित चट्टानों से होता है उनका रंग भूरा, लाल अथवा पीला होता है ऐसा इसलिए होता है कि इन प्रदेशों में ऑक्सीकरण एवं जलयोजन प्रक्रियाएँ तीव्र गति से होती हैं। सामान्यतया उष्ण प्रदेशों में लाल मृदाएँ (Red soils) एवं समशीतोष्ण प्रदेशों में भूरी अथवा धूसर (Brown) मृदाएँ निर्मित होती हैं। उच्चतम तापमान पर वनस्पतियों की वृद्धि तीव्रतम होती है और कार्बनिक अवशेषों का विघटन भी तेज दर से होता है। तापमान वाष्पोत्सर्जन (Evapo-transpiration) द्वारा वर्षा की क्षमता को भी प्रभावित करता है। उष्ण प्रदेशों में अत्यधिक वर्षा एवं अपक्षय के कारण अत्यधिक अपक्षालित (Leached) मृदा का विकास होता है, जैसे–लैटराइट (Laterite) मृदाएँ।

(iii) वायु (Wind) – मृदा निर्माण में वायु एक सक्रिय कारक के रूप में क्रियाशील है। तेज वायु, आँधी, तूफान अपने क्षरणशील शक्ति (Erosive power) द्वारा अधिक मात्रा में छोटे कणों का विलगन (Ditachment), परिवहन (Transportation) एवं निक्षेपण (Deposition) करते हैं। इस प्रकार A संस्तर में मृदा के सूक्ष्म कण कम हो जाते हैं। रेगिस्तान में रेत के कणों का निरन्तर परिवहन होते रहने से उसमें संस्तरों का विकास नही होता है।

2. **जीवमण्डल (Biosphere)** – मृदा निर्माण में जीवमण्डल का महत्त्वपूर्ण स्थान है। जीवमण्डल में वनस्पति, जीव–जन्तु, सूक्ष्म–जीवाणु एवं मानव इत्यादि सम्मलित होते हैं। पौधों, जीवाणुओं एवं जन्तुओं तथा उनके जैविक अपव्यय (Waste) व अवशिष्टों के विघटन का मृदा निर्माण में एक विशिष्ट महत्त्व है। यह जीव मण्डल मुख्यतया सक्रिय कारक के रूप में क्रियाशील है।

(i) वनस्पति (Vegetation) – वनस्पतियों का विकास जलवायु एवं मृदा की दशाओं पर निर्भर करता है। वभिन्न प्रकार की वनस्पतियों जैसे – पेड़–पौधों तथा घासों में विभिन्न प्रकार की जड़ प्रणाली, जड़ स्राव आदि मृदा निर्माण को प्रभावित करते हैं। पेड़–पौधों की जड़े चट्टानों एवं खनिजों पर यांत्रिक रूप से क्रिया करती है। ये कार्बन डाई ऑक्साइड उत्पन्न करती है तथा अनेक प्रकार के अम्लों का स्राव करती है, जो अपक्षय की गति बढाकर मृदा निर्माण में योगदान करते हैं। वनस्पतियों के अवशेषों से मृदाओं में कार्बनिक पदार्थ की मात्रा अधिक हो जाती हैं फलस्वरूप ह्यूमस का निर्माण होता है जो पौधों के लिए पोषक तत्वों का भण्डार का कार्य करते है एवं जीवों की सक्रियता बढाकर मृदा निर्माण को प्रभावित करते हैं। वनस्पतियाँ विशेष रूप से घास, अपधावन (Runoff) की हानि को कम तथा मृदा जल की मात्रा को बढ़ाते हैं। वानस्पतिक आच्छादन मृदा के प्राकृतिक अपरदन की दर को कम करते हैं जिससे खनिज पृष्ठीय मृदा की हानि बहुत कम होती है। अतः मृदा निर्माण को प्रभावित करते हैं। कुछ क्षेत्रों में वनस्पति अनेक प्रकार की मृदाओं का निर्माण करती हैं। उदाहरण के लिए घासों द्वारा शर्नोजम मृदाएँ (Chernozem soils) कार्बनिक पदार्थों द्वारा पॉडजोल मृदाएँ (Podzole soils)। वनस्पतियाँ मृदा के बाहर एवं अन्दर की आर्द्रता एवं तापमान को नियन्त्रित करके मृदा निर्माण को प्रभावित करती है। वनस्पतियों द्वारा परिच्यिवन,

कोलाइडल गुण, बनावट, वातन, तापमान, मृदा रंग, संरचना, रन्ध्रता, धनायन विनिमय क्षमता, जीवाणुओं की संख्या, मृदा जल इत्यादि मृदा के प्रमुख गुण प्रभावित होते हैं।

(ii) सूक्ष्म जीवाणु (Micro organism) – सूक्ष्मजीवाणु कार्बनिक पदार्थों के विच्छेदन एवं रूपान्तरण का कार्य करते हैं। सूक्ष्म जीवाणुओं की क्रियाशीलता, वृद्धि, विकास, वितरण एवं प्रजाति पर जलवायु एवं जैविक पदार्थों की उपलब्धता का विशेष प्रभाव पड़ता है। अधिक कार्बनिक पदार्थों से युक्त एवं आर्द्र मृदाओं में इनकी क्रियाशीलता एवं वितरण अधिक होता है। जीवाणु कार्बनिक पदार्थों का अपघटन करके ह्यूमस का निर्माण करते हैं। सूक्ष्म जीवाणुओं द्वारा नाइट्रोजन का स्थिरीकरण, खनिजीकरण, नाइट्रीकरण, विनाइट्रीकरण, सल्फर का ऑक्सीकरण तथा चट्टानों का विघटन सम्पन्न होता है।

(iii) जन्तु (Animal) – मृदा में अनेक प्रकार के जन्तु जैसे – केंचुए, चींटियाँ, दीमक, बिल खोदने वाले एवं कृन्तक (Rodents) इत्यादि मृदा निर्माण में अपना महत्त्वपूर्ण योगदान देते हैं। ये जन्तु अधिकतर अपने क्रियाकलापों द्वारा मृदा में यान्त्रिक प्रभाव डालते हैं। इनकी संख्या अधिक होनें पर मृदा के नीचे स्थित पदार्थों को खोदकर ऊपर की सतह पर पहुंचाने का कार्य करते हैं अतः ये मृदा संस्तरों को आपस में मिलाते रहते हैं। जन्तुओं के द्वारा छोड़े गये अवशेष एवं उनके मृत शरीर भी मृदा में सड़–गल कर मृदा निर्माण में सहायक हैं।

(iv) मनुष्य (Man) – मानव की विभिन्न क्रियाएँ मृदा निर्माण में सहायक हैं। मनुष्य के द्वारा कार्बनिक खाद मिलाना, भू–परिष्करण, जल निकास में सुधार, मृदा सुधारकों का उपयोग इत्यादि मृदा निर्माण में सहायता करते हैं। मनुष्य के द्वारा मृदा क्षरण को रोकने के लिए मेड़बन्दी भी मृदा निर्माण को प्रभावित करती है।

निष्क्रिय मृदा निर्माण कारक (Passive soil forming factors)

1. **पैतृक पदार्थ या मूलद्रव्य (Parent material)** – वह पदार्थ जो असंगठित (Unconsolidated) और जैव–रासायनिक रूप से अपक्षित हो, जिससे मृदा विकसीत हुई है पैतृक पदार्थ कहलाता हैं। दूसरे शब्दों में प्रारम्भिक मृदा पदार्थ जो मृदा प्रोफाइल विकास के साथ–साथ मृदा के भौतिक गुणों का भी निर्धारण करता है पैतृक पदार्थ कहलाता है। जेनी के अनुसार, पैतृक पदार्थ मृदा निर्माण के शून्य समय पर मृदा की अवस्था है। पैतृक पदार्थ मृदा निर्माण द्वारा मृदा के गठन, प्रकृति, पोषक तत्व तथा मृदा रंग को अधिक प्रभावित करता है। भूगर्भ प्रक्रियाएँ भूपटल पर तरह–तरह के पैतृक पदार्थ प्रदान करती हैं जिनसे मृदा का निर्माण होता है। मुदा निर्माण के प्रारम्भिक समय में पैतृक पदार्थों की प्रधानता होती है और नवीन मृदाओं के भौतिक एवं रासायनिक गुण उनसे प्रभावित होते हैं परन्तु लगातार निक्षालन (leaching) होने से पैतृक पदार्थों का प्रभाव कम होने लगता है। पैतृक चट्टानों की प्रकृति मृदा निर्माण को कई प्रकार से प्रभावित करती हैं–

   - **रंग (Colour)** – मृदाओं के रंग, विशेष रूप से लाल एवं बादामी मृदायें, पैतृक चट्टानों से सम्बन्धित होते हैं। विभिन्न पैतृक पदार्थों से मृदा निर्माण की समान दशाओं में एक ही प्रकार की मृदा का निर्माण होता है, जबकि मृदा निर्माण की असमान अवस्थाओं के अन्तर्गत उन्हीं पदार्थों से पूर्णतया विभिन्न प्रकार की मृदायें बनती हैं।

- **कणाकार (Texture)** – चट्टानें जिनमें क्वार्ट्ज की मात्रा अधिक होती है, जैसे ग्रेनाइट्स और बालू पत्थर, बलुई पदार्थ पैदा करते हैं, जबकि चूना पत्थर और बेसाल्ट क्ले पदार्थ पैदा करते हैं। चट्टानों में क्ले उत्पादक खनिजों जैसे फेल्सफार की मात्रा मृदा की क्ले मात्रा को निश्चित करती है।
- **क्ले की प्रकृति (Nature of clay)** – प्रवेश्यता अधिक होने पर क्षारीय आयन्स Ca और Mg नष्ट हो जाते हैं। इसके फलस्वरूप उत्पन्न अम्लता केओलिनाइट क्ले खनिज के निर्माण में सहायक होती है। प्रवेश्यता न होने से क्षार नष्ट नहीं होते हैं, ऐसी दशा में इलाइट तथा मॉन्टमोरिलोनाइट प्रकार की क्ले खनिजे बनती हैं।
- **सरन्ध्रता (Porosity)** – बालू या क्ले की मात्रा मृदा निर्माण में महत्त्वपूर्ण होती है, क्योंकि मृदा की प्रवेश्यता उनके ऊपर निर्भर होती है। मृदा के ऊपरी सिरे पर कार्बनिक पदार्थ, क्ले और बालू के फिल्टर रचना (filter frame) की प्रवेश्यता द्वारा ही विलेय यौगिकों के ह्रास की दर परिचालित होती है।
- **पोषक (Nutrient)** – पैतृक पदार्थ पादप पोषकों के मुख्य स्रोत होते हैं। बेसाल्ट से बनने वाली मृदायें ग्रेनाइट से उत्पन्न मृदाओं की अपेक्षा अधिक उपजाऊ होती है।

क्र.सं.	पैतृक पदार्थ के प्रकार	परिवहन के साधन (Mode of transportation)
1	हिम (Glacial)	बर्फ
2	जलोढ़क (Alluvium)/आउटवाश (Outwash)	बहता हुआ जल
3	मिश्रोढ़ (Colluvium)	गुरूत्वाकर्षण (Gravity)
4	वातज (Aeolian/loess)	हवा
5	टेफ्रा (Tephra)	ज्वालामुखी विस्फोटक (Volcanic eruption)

2. **स्थलाकृति (Topography)** – मृदा निर्माण का यह एक निष्क्रिय कारक है। स्थलाकृति मृदा निर्माण एवं उसकी विशेषताओं को सीधे प्रभावित करती है। किसी स्थान की जलवायु, वहाँ की जलीय दशा और भूतल की क्षरणशीलता (Erosiveness) का मृदा निर्माण पर विशेष प्रभाव पड़ता है और इन सब कारकों पर स्थलाकृति का प्रमुख प्रभाव पड़ता है। स्थलाकृति की दशा भूतल क्षरण को सीधे नियन्त्रित करती है। स्थलाकृति का मृदा निर्माण पर सबसे अधिक प्रभाव पर्वतीय प्रदेशों में देखा गया है। यहाँ पर प्राकृतिक अपरदन द्वारा मृदा प्रोफाइल के ढ़ाल का ऊपरी प्रदेश उथला रहता है इसका प्रभाव ताप पर भी देखा गया है। क्षरण जितना अधिक होगा मृदा उतनी ही कम विकसित होगी और मृदा की गहराई भी कम होगी। यही कारण है कि अधिक ढ़ालदार पर्वतों पर जहाँ अपधावन अधिक होता है मृदा की गहराई बहुत कम होती है। समतल और निचले क्षेत्रों में जल को निकास समुचित न होने के कारण अपधावन जल (Run off water) एवं वर्षा का जल एकत्रित होने लगता है जिससे प्राकृतिक वनस्पतियाँ अधिक उगने लगती हैं। ऑक्सीजन की कमी के कारण जैव अवशेषों का विघटन अत्यन्त मन्द गति से होने लगता है। जिससे अधिक मात्रा में जैविक पदार्थों का संचयन होने लगता है फलतः कार्बनिक मृदाएँ जैसे पीट एवं मक विकसित होने लगती हैं।

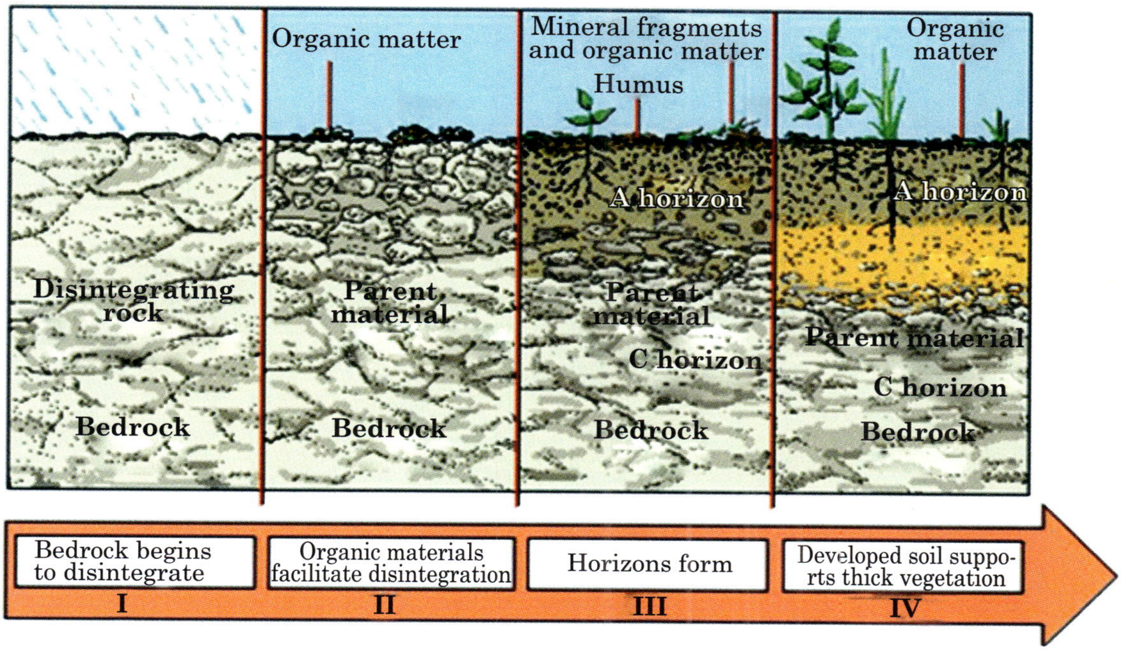

Source: http://comprar-en-internet.net/worksheet/soil-formation-worksheet-2.html dated 12.10.2018

3. **समय (Time)** – मृदा निर्माण एक बहुत धीमी प्रक्रिया है इसलिए मृदाओं की आयु कुछ वर्षों से लेकर हजारों वर्षों तक होती है। एक परिपक्व पैडॉन विकसित होने में हजारों वर्ष लग जाते है तथा एक इंच की मृदा को विकसित होने में सैकड़ों वर्ष लगते हैं। यह जलवायु, पैतृक पदार्थ की प्रकृति एवं स्थलाकृति आदि पर निर्भर करती है। मृदा के विकास के प्रारम्भ से वर्तमान मृदा अवस्था तक जो समय लगा है उसे मृदा की आयु कहते हैं। एक विकसित (Developed) अथवा परिपक्व (Mature) मृदा से तात्पर्य ऐसी मृदा से हैं जिसमें गतिक साम्यावस्था (Dynamic equilibrium) अपरिवर्ती अवस्था (Steady state) में पहुँच जाती है अर्थात् विनाशकारी एवं संश्लेषणात्मक प्रक्रियाएँ लगभग संतुलित हो जाती हैं। मृदा में संस्तरों की संख्या जितनी अधिक पाई जाती है उतनी ही अधिक परिपक्व मृदा होती है। परिपक्व मृदा में सभी संस्तर पूर्णरूप से विकसित हो जाते हैं और यह वातावरण के सन्तुलन में रहती है। मृदा की लगभग औसत आयु का निर्धारण रेडियो कार्बन डेटिंग (Radio carbon dating), पराग विश्लेषण (Pollen analysis) या कैलिची सतह (Caliche layer) में कार्बोनेट कार्बन द्वारा करते हैं। मृदा के गुण पी–एच, जीवांश पदार्थ, क्ले का संग्रह, ऊपरी सतहों से क्षारों का लीचिंग होकर निम्न सतहों में संचित होना आदि मृदा आयु से प्रभावित होते हैं।

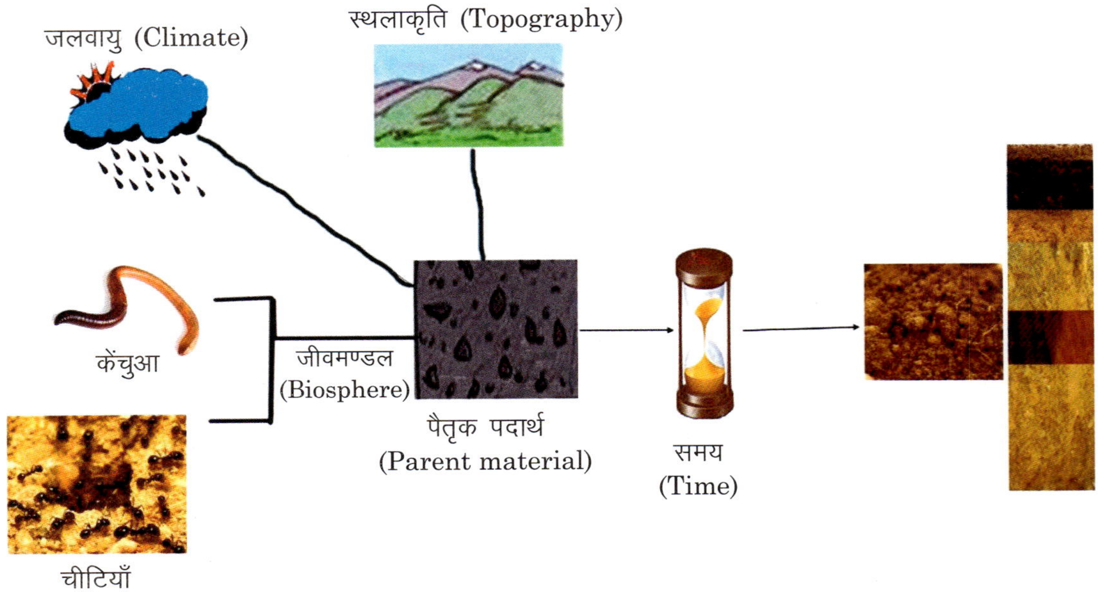

चित्र 6.1: मृदा निर्माण को प्रभावित करने वाले कारक

प्रश्न कोष

वस्तुनिष्ठ प्रश्न

1. मृदा निर्माण में कितने कारकों को सम्मलित किया है?

   (A) पाँच (B) चार

   (C) तीन (D) इनमें से कोई नही

2. जेनी ने मृदा निर्माण को प्रभावित करने वाले कारकों को एक सूत्र द्वारा व्यक्त किया है?

   (A) S = f (Cl, o, r, p, t............)

   (B) S= f (b, Cl, o, r, p)

   (C) S= f (Cl, b, r, p, t..............)

   (D) S = f (cl, o, r, p, t...............)

3. मृदा बनाने वाले कारकों को सक्रिय एवं निष्क्रिय कारको में विभाजित किसने किया?

   (A) डोकुचौव (B) जेनी

   (C) जोफे (D) इनमें से कोई नही

4. निम्न में से निष्क्रिय मृदा निर्माण कारक है?

   (A) वनस्पति (B) सूक्ष्म जीवाणु

   (C) मनुष्य (D) पैतृक पदार्थ

5. मृदा की लगभग औसत आयु का निर्धारण निम्नलिखित द्वारा करते हैं?

   (A) रेडियो कार्बन डेटिंग

   (B) पराग विश्लेषण

   (C) कैलिची सतह में कार्बोनेट कार्बन द्वारा

   (D) ये सभी

रिक्त स्थानों की पूर्ति कीजिए

1. मृदा बनाने वाले कारकों को सक्रिय एवं निष्क्रिय कारको में ....ने विभाजित किया।
2. ....एवं .... सक्रिय मृदा निर्माण कारक है।
3. वह पदार्थ जो असंगठित और जैव–रासायनिक रूप से अपक्षित हो, जिससे मृदा विकसित हुई है ....कहलाता हैं।
4. वैज्ञानिक वेंट हॉफ के अनुसार प्रत्येक 10 डिग्री सेल्सियस तापमान में वृद्धि होने पर रासायनिक प्रतिक्रियाओं की दर ....गुनी हो जाती है।
5. .... के अनुसार पैतृक पदार्थ मृदा निर्माण के शून्य समय पर मृदा की अवस्था है।

सत्य या असत्य कथन पर (√) का निशान लगाये

1. जोफे (Joffe) 1949 ने मृदा बनाने वाले कारकों को सक्रिय एवं निष्क्रिय कारको में विभाजित किया। (सत्य / असत्य)
2. मृदा में अनेक प्रकार के जन्तु जैसे–केंचुए, चीटियाँ, दीमक, बिल खोदने वाले इत्यादि मृदा निर्माण में अपना महत्त्वपूर्ण योगदान देते हैं। (सत्य / असत्य)
3. एक इंच की मृदा को विकसित होने में सैकड़ों वर्ष लगते हैं। (सत्य / असत्य)
4. मृदा निर्माण में वायु एक सक्रिय कारक के रूप में क्रियाशील है। (सत्य / असत्य)
5. मृदा की औसत आयु का निर्धारण केवल रेडियो कार्बन डेटिंग द्वारा करते हैं? (सत्य / असत्य)

लघु एवं विस्तृत उत्तरीय प्रश्न

1. विस्तृत रुप से मृदा निर्माण के कारकों की विवेचना कीजिए।

उत्तरमाला

वस्तुनिष्ठ प्रश्न	1. (A)	2. (C)	3. (C)	4. (D)	5. (D)
रिक्त स्थानों की पूर्ति	1. जोफ	2. जलवायु एवं जीवमण्डल	3. पैतृक पदार्थ	4. दो–तीन	5. जेनी
सत्य या असत्य	1. सत्य	2. सत्य	3. सत्य	4. सत्य	5. असत्य

■■■■

अध्याय – 7

मृदा के भौतिक गुण
(PHYSICAL PROPERTIES OF SOIL)

मृदा के भौतिक गुण मृदा कणों की मात्रा, आकार, आकृति, विन्यास एवं खनिजों के संगठन, कार्बनिक पदार्थ की मात्रा एवं प्रकार, रन्ध्रों का आयतन एवं रूप आदि पर निर्भर करते हैं। मृदा के भौतिक गुण रासायनिक एवं जैविक क्रियाओं को भी प्रभावित करते हैं।

मृदा के कुछ भौतिक गुण निम्नलिखित है –

1. मृदा वर्ग कण (Soil separates)
2. मृदा कणाकार (Soil texture)
3. मृदा संरचना (Soil structure)
4. स्थूल घनत्व (Bulk density)
5. कण घनत्व (Particle density)
6. रन्ध्रावकाश (Pore space)
7. मृदा गाढ़ता (Soil consistency)
8. मृदा रंग (Soil colour)
9. मृदा ताप (Soil temperature)
10. आसंजन एवं ससंजन (Cohesion and Adhesion)
11. मृदा सुघट्यता (Soil plasticity)
12. मृदा पारगम्यता (Soil permeability)

मृदा वर्ग कण (SOIL SEPARATES)

कणों के विभिन्न वर्गों को मृदा वर्ग कण कहते हैं। दूसरे शब्दों में, खनिज मृदा के कण का आकार 2 मिमी या उससे कम हो, मृदा वर्ग कण कहलाते हैं। इसे महीन मृदा (Fine earth) के नाम से भी जाना जाता है।

मृदा वर्ग कणों का वर्गीकरण (Classification of Soil Separates)

मृदा वर्ग कणों को आकार के आधार पर विभाजित किया गया है। मृदा वर्ग कणों को वर्गीकृत करने में सबसे अधिक प्रचलित प्रणालियाँ निम्नलिखित हैं –

1. इन्टरनेशनल सोसाइटी ऑफ सॉइल साइन्स
2. संयुक्त राज्य अमेरिका के कृषि विभाग द्वारा संचालित प्रणाली
3. ब्रिटिश मानक संस्थान प्रणाली
4. यूरोपियन प्रणाली एवं
5. मोहर द्वारा संचालित प्रणाली।

1. इन्टरनेशनल सोसाइटी ऑफ सॉइल साइन्स प्रणाली (International Society of Soil Science) – वैज्ञानिक एटरवर्ग (Atterberg) ने इस प्रणाली को प्रस्तुत किया तथा मृदा वर्ग कणों को चार भागो में वर्गीकृत किया जिसे तालिका 7.1 में दिया गया है।

तालिका 7.1: मृदा वर्ग कणों की इन्टरनेशनल सोसाइटी ऑफ सॉइल साइन्स प्रणाली

मृदा वर्ग कण (Name of soil separate)	बालू (Sand)		सिल्ट (Silt)	क्ले / मृत्तिका (Clay)
	मोटी बालू (Coarse sand)	महीन बालू (Fine sand)		
कण व्यास (मिमी)	2.0 - 0.2	0.2 - 0.02	0.02 - 0.002	< 0.002

2. संयुक्त राज्य अमेरिका के कृषि विभाग (United States Department of Agriculture) द्वारा संचालित प्रणाली – इसके द्वारा मृदा कणों को निम्नलिखित वर्गों में रखा गया है, जिसे तालिका 7.2 में दिया गया है।

तालिका 7.2: मृदा वर्ग कण, संयुक्त राज्य अमेरिका के कृषि विभाग द्वारा संचालित प्रणाली

मृदा वर्ग कण (Name of soil separate)	बालू (Sand)					सिल्ट (Silt)	क्ले / मृत्तिका (Clay)
	बहुत मोटी बालू (Very coarse sand)	मोटी बालू (Coarse sand)	मध्यम बालू (Medium sand)	महीन बालू (Fine sand)	बहुत महीन बालू (Very fine sand)		
कण व्यास (मिमी)	2.00 - 1.00	1.00 - 0.50	0.50 – 0.25	0.25-0.10	0.10 - 0.05	0.05 - 0.002	< 0.002

3. ब्रिटिश मानक संस्थान (British Standard Institution) प्रणाली – इसके द्वारा मृदा कणों को निम्नलिखित वर्गों में रखा गया है, जिसे तालिका 7.3 में दिया गया है।

तालिका 7.3: मृदा वर्ग कण, ब्रिटिश मानक संस्थान

मृदा वर्ग कण (Name of soil separate)	बालू (Sand)			सिल्ट (Silt)			क्ले / मृत्तिका (Clay)
	मोटी बालू (Coarse sand)	मध्यम बालू (Medium sand)	महीन बालू (Fine sand)	मोटी सिल्ट (Coarse silt)	मध्यम सिल्ट (Medium silt)	महीन सिल्ट (Fine silt)	
कण व्यास (मिमी)	2.0 - 0.6	0.6 - 0.2	0.2 -0.06	0.06 - 0.02	0.02 - 0.006	0.006 - 0.002	< 0.002

4. यूरोपियन प्रणाली (European System) – इसके द्वारा मृदा वर्ग कणों को निम्नलिखित वर्गों में रखा गया है, जिसे तालिका 7.4 में दिया गया है।

तालिका 7.4: मृदा वर्ग कण, यूरोपियन प्रणाली

मृदा वर्ग कण (Name of soil separate)	बालू (Sand)			सिल्ट (Silt)			क्ले / मृत्तिका (Clay)		
	मोटी बालू (Coarse sand)	मध्यम बालू (Medium sand)	महीन बालू (Fine sand)	मोटी सिल्ट (Coarse silt)	मध्यम सिल्ट (Medium silt)	महीन सिल्ट (Fine silt)	मोटी क्ले (Coarse clay)	मध्यम क्ले (Medium clay)	महीन क्ले (Fine clay)
कण व्यास (मि. मी.)	2.0 - 0.6	0.6 - 0.2	0.2 - 0.06	0.06 - 0.02	0.02 - 0.006	0.006 - 0.002	0.002 - 0.0006	0.0006 - 0.0002	<0.0002

5. मोहर द्वारा संचालित प्रणाली – वैज्ञानिक मोहर ने मृदा वर्ग कणों को निम्नलिखित वर्गों में विभाजित किया है (तालिका 7.5)।

तालिका 7.5: मृदा वर्ग कण, मोहर प्रणाली

मृदा वर्ग कण (Name of soil separate)	बालू (Sand)					सिल्ट (Silt)			क्ले / मृत्तिका (Clay)	कोलाइडी मृत्तिका
	बहुत मोटी बालू (Very coarse sand)	मोटी बालू (Coarse sand)	मध्यम बालू (Medium sand)	महीन बालू (Fine sand)	बहुत महीन बालू (Very fine sand)	मोटी सिल्ट (Coarse silt)	मध्यम सिल्ट (Medium silt)	महीन सिल्ट (Fine silt)		
कण व्यास (मिमी)	2.0 -1.0	1.0 - 0.5	0.5 - 0.2	0.2 - 0.1	0.1 - 0.05	0.05 - 0.02	0.02 - 0.005	0.005 - 0.002	0.002 - 0.0005	< 0.0005

मृदा वर्ग कणों की मुख्य विशेषताएँ (Major characteristics of soil separates) – मृदा वर्ग कणों में प्रमुख रूप से बालू, सिल्ट एवं क्ले आते है जिनकी तुलनात्मक विशेषताएँ तालिका 7.6 में प्रदर्शित की गई है।

बालू फ्रेक्शन (Sand fraction)

बालू की मुख्य विशेषताएँ निम्नलिखित हैं –

- बालू के कणों का व्यास 2 से 0.02 मि॰मी॰ तक होता है।
- ये कण आकार में लगभग गोल, अनियमित कोणीय, चपटे हो सकते हैं।
- बालू में क्वार्टज खनिज की प्रधानता होती है। इसके अतिरिक्त इनमें फेल्डसपार एवं अभ्रक भी पाया जाता है।
- इनकी धनायन विनिमय क्षमता नगण्य होती हैं।
- बालू की उपस्थिति में मृदा चूर्ण (friable) हो जाती है।
- इनके कण स्पर्श करने में किरकिरे, मोटे तथा खुली आँखों से दृष्टिगत होते हैं।
- सिल्ट तथा क्ले वाली मृदा में बालू मिला देने से मृदा में पर्याप्त रन्ध्र हो जाते हैं और उसका वायु संचार पौधों की वृद्धि के लिये उचित हो जाता है।
- इसकी जल धारण क्षमता बहुत कम होती है, क्योंकि कणों के बीच बड़े आकार वाले रन्ध्र होते हैं जिनमें होकर पानी नीचे चला जाता है।
- इनमें सुघट्यता, संकुचन, ससंजन, अधिशोषण एवं चिपचिपापन के गुण नगण्य या बहुत कम होते हैं।
- मोटे बालू के कणों की विशिष्ट सतह 0.0011 वर्ग मीटर प्रति ग्राम एवं महीन बालू की 0.1 वर्ग मीटर प्रति ग्राम होती है।

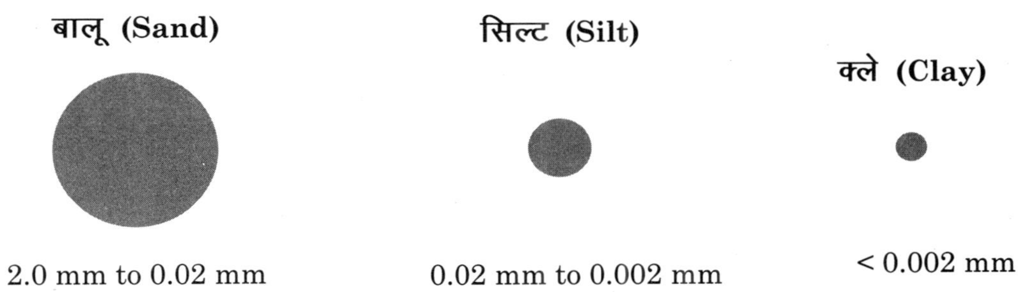

चित्र 7.1: मृदा वर्ग कण

सिल्ट फ्रेक्शन (Silt fraction) – सिल्ट की मुख्य विशेषताएँ निम्नलिखित हैं –

- सिल्ट के कणों का व्यास 0.02 से 0.002 मि॰मी॰ तक होता है।
- ये कण अनियमित आकार के होते हैं।
- इसमें क्ले की भाँति दरारें नहीं पड़ती है।

- सिल्ट में वायु संचार उचित रूप से होता है।
- बालू की अपेक्षा इसमें केशीय रन्ध्र अधिक होते हैं।
- इनकी भी धनायन विनिमय क्षमता बहुत ही कम होती हैं।
- सिल्ट की जल धारण क्षमता बालू से अधिक तथा क्ले से कम होती है।
- इनके कणों को स्पर्श करने में पाउडर के समान चिकने होते हैं।
- ये बालू और क्ले के मध्यवर्ती मृदा वर्ग कण होते हैं तथा इसके भौतिक गुण बालू और क्ले के बीच होते हैं।
- इनमें सुघट्यता, संकुचन, अधिशोषण एवं चिपचिपापन के गुण बालू वर्ग कणों से अधिक एवं क्ले वर्ग कणों की अपेक्षा बहुत कम होते हैं।
- इनमें कर्वाट्ज, फेल्डसपार एवं अभ्रक जैसे प्राथमिक खनिज होते हैं, जो अपक्षय के प्रति प्रतिरोधी होते हैं।
- इनकी विशिष्ट सतह 1.1 वर्ग मीटर प्रति ग्राम होती है।

क्ले/मृत्तिका फ्रेक्शन (Clay fraction) – क्ले की मुख्य विशेषताएँ निम्नलिखित हैं –

- क्ले कणों का व्यास 0.002 मि॰मी॰ से कम होता है।
- ये आकार में प्लेटी अथवा गोलाकार होते हैं।
- क्ले कण आकार में माइका के समान होते हैं जो जल के मिलने से सुघट्य हो जाते हैं और ऊष्मा निकालते हैं जिसे क्लेदन ऊष्मा (heat of weeting) कहते हैं।
- क्ले जलयोजित होकर फूल जाती है एवं सुखने पर सिकुड़ जाती है इसलिए इसमें दरारें पड़ जाती है।
- ये सुखने पर काफी कठोर हो जाती है जिसमें कृषि कार्य करना बहुत मुश्किल होता है।
- इनकी प्रकृति कोलाइडी होती है अर्थात् कोलाइड के समान ही इनका पृष्ठ क्षेत्रफल, अधिशोषण क्षमता, संकुचन, चिपचिपापन एवं सुघट्यता अधिक होती है।
- क्ले की जल, गैसों एवं विलेय लवणों के प्रति अधिशोषण क्षमता अधिक होती है।
- इसका प्रति इकाई संहति के लिये पृष्ठीय क्षेत्र अत्यधिक होता है।
- इनकी धनायन विनिमय क्षमता अधिक होती है।
- इनकी जल धारण क्षमता अधिक होती है।
- क्ले कणों पर ऋणात्मक आवेश होता है, इसलिये ये धनायनों को अधिशोषित करते हैं।
- कोलाइडी क्ले का विशिष्ट पृष्ठ (क्षेत्र प्रति इकाई संहति) 11–1100 वर्ग मीटर प्रति ग्राम होता है।

तालिका 7.6: मृदा वर्ग कणों (बालू, सिल्ट एवं क्ले) की तुलनात्मक विशेषताएँ

क्रमांक	विशेषताएँ	बालू (Sand)	सिल्ट (Silt)	क्ले (Clay)
1.	आकार (mm)	2 से 0.02	0.02 से 0.002	<0.002
2.	दृश्यता (visibility)	नग्न आँखों से दृश्य	नग्न आँखों से कठिनाई से दृश्य परन्तु सूक्ष्मदर्शी से दृश्य	नग्न आँखों से अदृश्य, अति सूक्ष्मदर्शी से दृश्य
3.	आकृति (shape)	गोल, अनियमित कोणीय, चपटे	अनियमित आकार	प्लेटी अथवा गोलाकार
4.	धनायन विनिमय क्षमता	नगण्य	बहुत ही कम	अधिक
5.	जल धारण क्षमता	कम	मध्यम	अधिक
6.	मृदा कार्बनिक पदार्थ	कम	मध्यम	अधिक
7.	रन्ध्रावकाश	कम	मध्यम	अधिक
8.	रन्ध्राकार	बड़ा	मध्यम	छोटा
9.	विशिष्ठ पृष्ठ (m^2/g)	0.0011–0.1	1.1	11–1100
10.	मृदा वातन	अच्छा	मध्यम	खराब
11.	उभय प्रतिरोधक क्षमता	कम	मध्यम	अधिक
12.	कृषि कार्य	सरल	मध्यम	कठिन
13.	क्लेदन ऊष्मा	नगण्य	कम	अधिक
14.	स्पर्श	खुरदरा	टैल्कम पाउडर के जैसा	गीले होने पर चिपचिपा, सूखने पर कठोर
15.	खनिज	मुख्यतः क्वार्टज	फेल्डसपार एवं अभ्रक, हीमेटाइट, लिमोनाइट, ओलीवाइन के साथ क्वार्टज	केंओलिनाइट एवं मॉन्टमोरिलोनाइट
16.	संकुचन, ससंजन, अधिशोषण, सुघट्यता एवं गाढ़ता आदि	बहुत कम	मध्यम	अत्यधिक

मृदा कणाकार (SOIL TEXTURE)

मृदा कणाकार, मृदा का महत्वपूर्ण भौतिक गुण है। यह कणों की मात्रा, आकार, आकृति, विन्यास, खनिजों के संगठन, कार्बनिक पदार्थ की मात्रा आदि अन्य कारको पर निर्भर होते हैं। मृदा के भौतिक गुण, मृदा के रासायनिक एवं जैविक गुणों को भी प्रभावित करते हैं। मृदा खनिज कण (बालू, सिल्ट तथा क्ले) विभिन्न आकार के होते हैं जिनसे एक विभिन्न गुणों वाली मृदा बनती है। विभिन्न मृदा वर्ग कणों के सापेक्षित अनुपात (Relative proportion) को मृदा कणाकार कहते हैं। दूसरे शब्दों में, बालू, सिल्ट तथा क्ले के सापेक्षित अनुपात को मृदा कणाकार कहते हैं। खनिज मृदा में कणों का आकार सरलता से परिवर्तित नही किया जा सकता है। इसलिए मृदा कणाकार को मृदा का मूलभूत गुण माना गया है।

मृदा कणाकार का महत्व

1. मृदा कणाकार से मृदा के भौतिक गुणों का ज्ञान सरलतापूर्वक हो जाता है।
2. मृदा कणाकार से भूमि के मूल्य का ज्ञान होता है।
3. भूमि क्षमता वर्गीकरण तथा मृदा प्रबन्धन के तरीकों को मृदा कणाकार से निर्धारित किया जाता है।
4. मृदा कणाकार मृदा उर्वरा शक्ति को स्थिर रखता है।
5. यह मृदा की पोषक तत्व अवशोषण और पोषक तत्वों की आपूर्ति क्षमता को नियंत्रित करता है।
6. यह मृदा का सबसे स्थिर गुण है और मृदा के कई अन्य गुणों के सूचक के रूप में उपयोग किया जाता है।
7. यह मृदा सुधार के लिए आवश्यक मृदा सुधारक (soil amendment) की मात्रा का मूल्यांकन करने में सहायता करता है।
8. मृदा कणाकार को मृदा वर्गीकरण और मानचित्रण की उत्पत्ति के अध्ययन में महत्वपूर्ण माना गया है।
9. मृदा कणाकार मृदा तापमान को भी प्रभावित करता है।
10. अलग–अलग मौसमों में विभिन्न फसलों को उगाने के लिए भूमि की उपयुक्तता एवं भवनों तथा सड़कों के निर्माण के लिए भी भूमि की उपयुक्तता को निर्धारित करता है।
11. हल्की मृदा कृषि की दृष्टि से अच्छी नहीं मानी जाती है अतः इन मृदाओं में दूसरी मृदा को मिलाकर कृषि योग्य बनाया जा सकता है।
12. मृदा कणाकार से हल्की एवं भारी मृदा का पता चलता है, जिससे उचित प्रबन्धन करके अधिक उत्पादन लिया जा सकता है।

मृदा कणाकार वर्ग (Soil textural classes)

मृदा वर्गकण समूहों के सापेक्षित अनुपात को मृदा कणाकार वर्ग कहते हैं। यह मृदा के भौतिक गुणों को प्रदर्शित करता है। संयुक्त राज्य अमेरिका के कृषि विभाग (United States Department of Agriculture) द्वारा संचालित प्रणाली ने 12 मृदा कणाकार वर्ग (कक्षाएं) प्रस्तावित किए है। मृदा

कणाकार वर्ग को मुख्यतः तीन कभी–कभी चार भागों मे बांटा गया है, क्रमशः बलुई मृदा, दोमट मृदा, क्ले मृदा एवं सिल्ट मृदा। कणाकार में बलुई/रेतीली मृदा मोटी, दोमट मृदा मध्यम मोटी से मध्यम बारीक तथा क्ले मृदा महीन होती है। मृदा कणाकार वर्ग समूहों को रूक्ष (Coarsest) से महीन (Fine) इस प्रकार प्रदर्शित किया जा सकता है :–

बालू > दोमट बालू > बलूई दोमट > दोमट > सिल्ट दोमट > सिल्ट > बलूई क्ले दोमट > क्ले दोमट > सिल्ट क्ले दोमट > बलूई क्ले >सिल्ट क्ले > क्ले

Sand > Loamy sand > Sandy loam > Loam > Silt loam > Silt > Sandy clay loam > Clay loam > Silty clay loam > Sandy clay > Silty clay > Clay

1. **बलुई/रेतीली मृदा (Sandy soil)** – ऐसी मृदा जिसमें वजन के आधार पर कम से कम 70% बालू तथा क्ले 15% या इससे कम हो, बलुई/रेतीली मृदा कहलाती है। इस मृदा कणाकार वर्ग समूह में क्ले की मात्रा बहुत ही कम होती है इसलिए इनका विशिष्ठ पृष्ठ क्षेत्रफल कम होता है। इनमें जैव–रासायनिक क्रियाऐं नही होती हैं इसलिए ये अपक्षय के प्रति प्रतिरोधी होती है। इनमें धनायन विनिमय क्षमता, जल धारण क्षमता, संकुचन, ससंजन, अधिशोषण, चिपचिपापन एवं सुघट्यता के गुण नगण्य या बहुत कम होते हैं। इसमें दो विशिष्ट मृदा कणाकार वर्ग समूह क्रमशः बालू एवं दोमट बालू पाये जाते हैं। प्रायः इन मृदाओं की उत्पादकता कम होती है।

2. **दोमट मृदा (Loamy soil)** – एक आदर्श दोमट मृदा में बालू, सिल्ट एवं क्ले वर्गकणों की मात्रा लगभग बराबर होती है। इस समूह में बालू, सिल्ट एवं क्ले की विभिन्न मात्रा के आधार पर छः उपसमूहों (दोमट, बलूई दोमट, सिल्ट दोमट, बलूई क्ले दोमट, सिल्ट क्ले दोमट एवं क्ले दोमट) में विभाजित किया गया है।

   - बलूई दोमट (Sandy loam) – दोमट मृदा जिसमें बालू की मात्रा अधिक है।
   - सिल्ट दोमट (Silt loam) – दोमट मृदा जिसमें सिल्ट की मात्रा अधिक है।
   - बलूई क्ले दोमट (Sandy clay loam) – दोमट मृदा जिसमें बालू एवं क्ले की मात्रा अधिक है।
   - सिल्ट क्ले दोमट (Silty clay loam) – दोमट मृदा जिसमें सिल्ट एवं क्ले की मात्रा अधिक है।
   - क्ले दोमट (Clay loam) – दोमट मृदा जिसमें क्ले की मात्रा अधिक है।

3. **क्ले मृदा (Clayey soil)** – ऐसी मृदा जिसमें कम से कम 35% क्ले एवं अधिकांश मामलों मे 40% से कम क्ले वर्गकण नही हो, क्ले मृदा कहलाती है। इसे क्ले, बलूई क्ले एवं सिल्ट क्ले आदि में विभाजित किया जाता है। ऐसी क्ले मृदा जिसमें बालू की मात्रा क्ले की तुलना में अधिक हो, बलूई क्ले मृदा कहलाती है। इसी प्रकार मृदा जिसमें सिल्ट की मात्रा क्ले की तुलना में अधिक हो, सिल्ट क्ले मृदा कहलाती है। इनकी धनायन विनिमय क्षमता, जल धारण क्षमता एवं विशिष्ठ पृष्ठ क्षेत्रफल अधिक होती है।

4. **सिल्ट मृदा (Silt soil)** – ऐसी मृदा जिसमें कम से कम 80% सिल्ट तथा क्ले 12% या इससे कम हो, सिल्ट मृदा कहलाती है।

तालिका 7.7: मृदा कणाकार वर्ग (बलुई मृदा, दोमट मृदा एवं क्ले मृदा) की तुलनात्मक विशेषताएँ

क्रम	विशेषताएँ	बलुई मृदा (Sandy soil)	दोमट मृदा (Loamy soil)	क्ले मृदा (Clayey soil)
1.	कणाकार (Texture)	रूक्ष	मध्यम	महीन
2.	विशिष्ट सतह (Specific surface)	कम	मध्यम	अधिक
3.	कुल सरंध्रता (Total porosity)	कम	मध्यम	अधिक
4.	मृदा संरचना (Soil structure)	संरचनाहीन	मजबूत महीन दानेदार संरचना	अत्यधिक सुसंगत विशाल संरचना
5.	मृदा वातन (Soil aeration)	अच्छा	मध्यम	खराब
6.	सुघट्यता (Plasticity)	असुघट्य	अल्प सुघट्य	बहुत सुघट्य
7.	जल धारण क्षमता (Water holding capacity)	कम	मध्यम	अधिक
8.	धनायन विनिमय क्षमता (Cation exchange capacity)	कम	मध्यम	अधिक
9.	मृदा कार्बनिक पदार्थ (Soil organic matter)	कम	मध्यम	अधिक
10.	अंतःस्पंदन (Infiltration)	बहुत तेज	मध्यम	धीमा
11.	कार्बनिक पदार्थ का अपघटन	तेज	मध्यम	धीरे
12.	उभय प्रतिरोध क्षमता	कम	मध्यम	अधिक
13.	कृषि कार्य	बहुत सरल	सरल	कठिन
14.	दीर्घ रन्ध्र (Macropore)	उच्च (High)	मध्यम	कम
15.	सूक्ष्मरंध्र (Micropore)	कम	मध्यम	उच्च
16.	आन्तरिक जल निकास	अत्याधिक जल निकास	अच्छा	कमजोर
17.	चिपचिपापन (Stickiness)	अचिपचिपी (Non-Sticky)	अल्प अचिपचिपी (Slightly sticky)	बहुत चिपचिपी (Very sticky)

एक समभुज त्रिकोण की सहायता से मृदा कणाकार वर्ग का निर्धारण

समभुज त्रिकोण प्रयोगशाला में मृदा में उपस्थित बालू, सिल्ट एवं क्ले की प्रतिशतता ज्ञात करने के बाद मृदा कणाकार वर्ग ज्ञात करने के काम में आता है। चित्र का उपयोग करते हुये पहले क्ले की प्रतिशत मात्रा को त्रिकोण पर अंकित कर बालू एवं सिल्ट की मात्रा को भी अंकित कर समानान्तर रेखा खींचने पर, तीनो रेखा जिस बिंदु पर कटते है वही मृदा कणाकार वर्ग होगा। इसे कुछ उदाहरण के साथ समझने की कोशिश करते हैं।

उदाहरण 1: त्रिभुज (चित्र 7.2) की सहायता से बताएँ की यदि हमारे पास 50 प्रतिशत बालू, 30 प्रतिशत सिल्ट और 20 प्रतिशत क्ले कण हो तो मृदा कणाकार वर्ग क्या होगा?

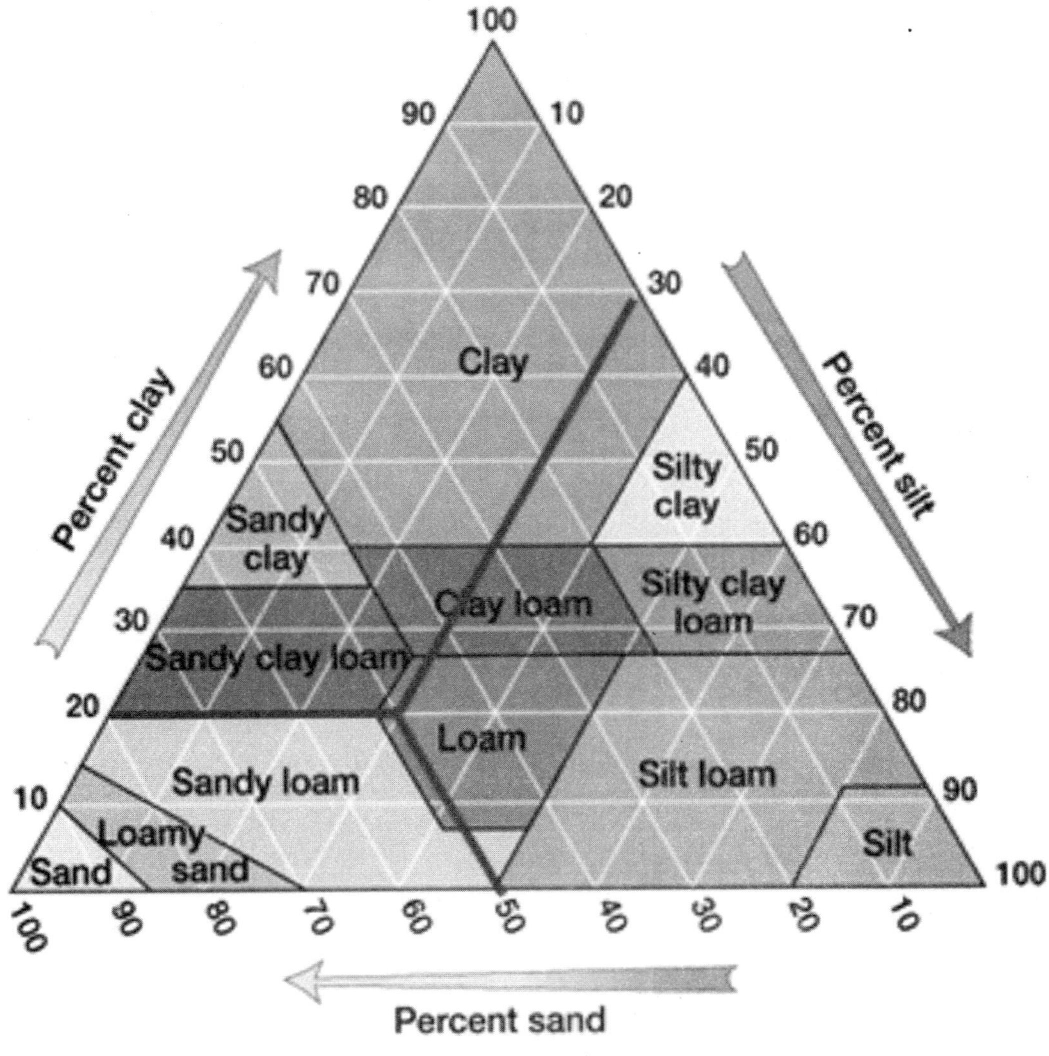

चित्र 7.2: मृदा कणाकार वर्ग त्रिकोण

उत्तर – दोमट (Loam)

उदाहरण 2: निचे दिये गये त्रिभुज (चित्र 7.3) की सहायता लेते हुये बताए की यदि हमारे पास 10 प्रतिशत बालू, 55 प्रतिशत सिल्ट और 35 प्रतिशत क्ले कण हो तो मृदा कणाकार वर्ग क्या होगा?

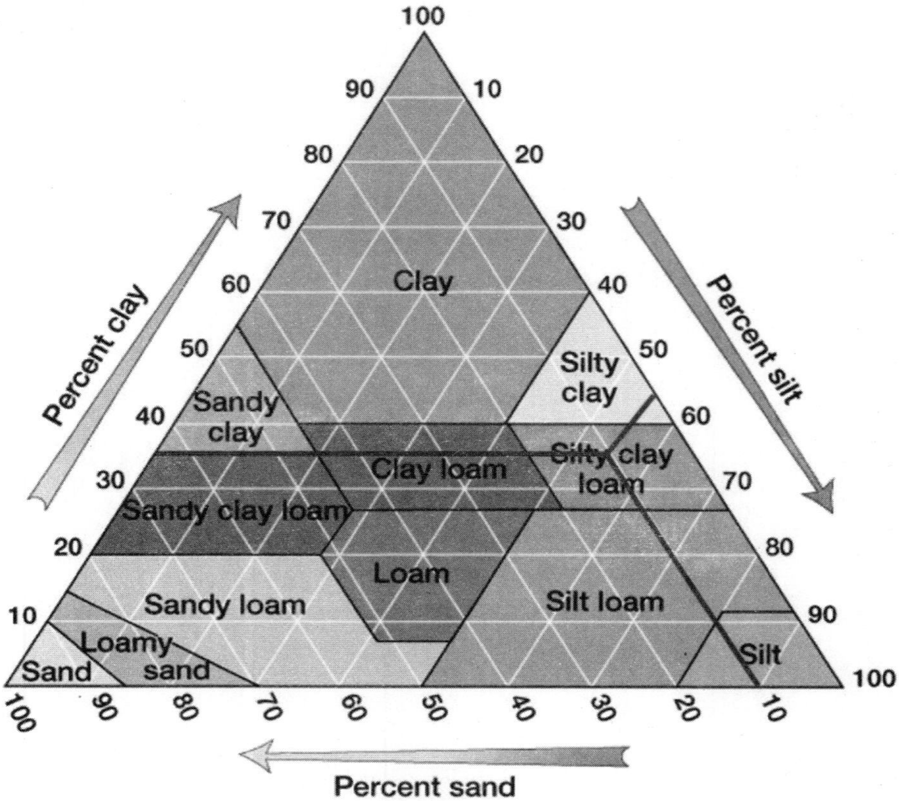

चित्र 7.3: मृदा कणाकार वर्ग त्रिकोण

उत्तर – सिल्टी क्ले दोमट (Silty clay loam)

मृदा कणाकार वर्ग विश्लेषण विधियाँ (Soil textural class analysis methods) – मृदा कणाकार का अनुमान खेत में स्पर्श करके ज्ञात किया जा सकता है एवं प्रयोगशाला में मात्रात्मक रूप से हाइड्रोमीटर या अंतर्राष्ट्रीय पिपेट विधि द्वारा मापा जा सकता है। कणाकार वर्ग का विश्लेषण विभिन्न यंत्रों और अन्य तरीकों से किया जा सकता है। इनमें से कुछ सामान्य तरीके निम्न प्रकार हैं एवं कुछ विधियों का संक्षिप्त मे वर्णन किया गया है।

1. स्पर्श विधि (Feel method)
2. परिक्षेपण (Dispersion)/चलनी विश्लेषण (Sieve analysis)
3. अवसादन विधि (Sedimentation method)
4. निक्षालन तकनीक (Elutriation techniques)
5. सूक्ष्मदर्शीय आकार और छवि विश्लेषण (Microscopic sizing and image analysis)
6. विद्युत प्रतिबाधा विधि (Electrical impedance method)
7. लेजर विच्छेदन तरीका (Laser Diffraction Method)

1. **स्पर्श विधि (Feel method)** – मृदा कणाकार वर्ग को निर्धारित करने की यह सबसे सरल एवं सामान्य विधि है। इसकी शुद्धता मृदा कणाकार ज्ञात करने वाले व्यक्ति के अनुभव पर निर्भर करती है। इस विधि में नम मृदा को अंगुलियों और अंगूठे के बीच रगड़कर मृदा कणाकार का निर्धारण किया जाता है। रेत के कण मोटे और किरकिरे महसूस होते हैं और आसानी से नग्न आँखों से देखे जा सकता है। सिल्ट कण जब शुष्क होते हैं तो चिकने (आटा या पाउडर की तरह) महसूस होते है और नम होने पर, मध्यम प्लास्टिक और चिपचिपे महसूस होते हैं। इसी प्रकार क्ले मृदा बेहद चिपचिपी और प्लास्टिक महसूस होती है और लंबे धागे का निर्माण करता है जो आसानी से उंगलियों सें झुकती है। इस विधि से केवल मृदा कणाकार का अनुमान लगाया जा सकता है अर्थात् मात्रा ज्ञात नही की जा सकती है।

स्पर्श विधि द्वारा मृदा कणाकार निर्धारित करने के लिए प्रवाह चार्ट

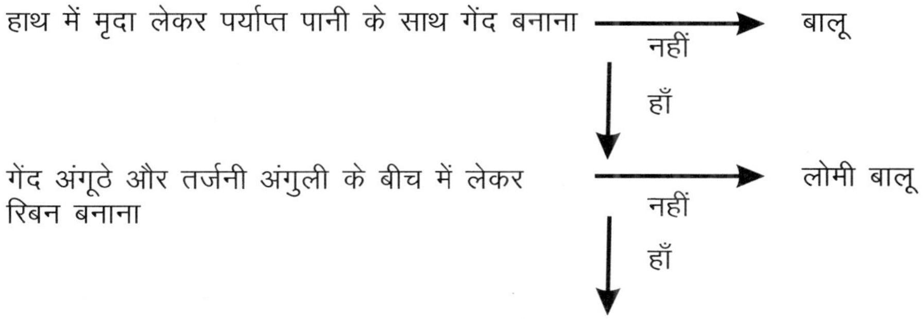

रिबन बन जाता है और यदि रिबन की लंबाई (से.मी.) निम्नानुसार हैः

	<2.5	**2.5-5.0**	**>5.0**
यदि रेतीला/कंकडीला	बालू दोमट (Sandy loam)	बालू क्ले दोमट (Sandy clay loam)	बालू क्ले (Sandy clay)
यदि चिकना एवं रेशमी	सिल्टी दोमट (Silty loam)	सिल्टी क्ले दोमट (Silty clay loam)	सिल्टी क्ले (Silty clay)
अगर न तो रेतीला ना ही चिकना	दोमट (Loam)	क्ले दोमट (Clay loam)	क्ले (Clay)

2. **प्रयोगशाला विधि (Laboratory method)** – विभिन्न आकार के मृदा के कणों (बालू, सिल्ट एवं क्ले) को अलग करने एवं उनके आनुपातिक वितरण को मापने की प्रक्रिया कण आकार विश्लेषण (particle size analysis) या यांत्रिक विश्लेषण (mechanical analysis) कहलाता है। यांत्रिक विश्लेषण में दो प्रक्रम होते है – परिक्षेपण (Dispersion) एवं अवसादन (Sedimentation)

3. **परिक्षेपण या विक्षेपण (Dispersion)** – मृदा के कणों का परिक्षेपण/अलग–अलग सीमेंटिंग एजेंटों जैसे कार्बनिक पदार्थ, कैल्शियम कार्बोनेट और आयरन एल्यूमिनियम ऑक्साइड को हटाकर या नष्ट करके ही हासिल किया जाता है। यान्त्रिक विश्लेषण में ये पदार्थ व्यवधान उत्पन्न करते हैं जिन्हें दूर करना आवश्यक होता है। अनेक प्रकार के पदार्थ विभिन्न स्थितियों में समुच्चय के विक्षेपण अथवा परिक्षेपण के लिए प्रयोग किए जाते हैं इनमें

H_2O_2, तनु HCl जलयोजन विभिन्न प्रकार के धनायन एवं ऋणायन प्रमुख हैं। मृदा कणों में से कार्बनिक पदार्थ को सामान्यतः हाइड्रोजन पेरोक्साइड के साथ ऑक्सीकरण द्वारा हटाया जा सकता है और कैल्शियम कार्बोनेट तथा विनिमय धातुओं को हाइड्रोक्लोरिक अम्ल के साथ नष्ट या हटाया जा सकता है। सोडियम बाइकार्बोनेट और सोडियम डिथियोनेट या सोडियम सल्फाइड एवं ऑक्जेलिक अम्ल आयरन और एल्यूमीनियम ऑक्साइड को हटा देते हैं। जल द्वारा बार–बार धोने से कणों के मध्य से आयनों एवं लवणों को हटाया जा सकता है। अब अकार्बनिक मृदा में सोडियम हेक्सामेटाफॉस्फेट मिलाया जाता है जो मृदा कणों को दूर–दूर कर देता है। 0.2–2.0 मिमी वाले कणों को चलनी–तकनीक (Sieve Technique) द्वारा अलग कर लिया जा सकता है परन्तु इससे छोटे कणों को ज्ञात करने के लिए जल अथवा किसी अन्य द्रव में अवपतन वेग (Falling or setting velocity) के आधार का प्रयोग किया जाता है। अवपतन वेग के आधार पर निर्धारण स्टोक्स के नियम (Stock's law) के अनुसार करते हैं जिसका वर्णन आगे दिया गया है।

4. **अवसादन विधि (Sedimentation method)** – किसी द्रव में उपस्थित कणों का पैंदे की ओर आकर बैठ जाना अवसादन (सेडिमेन्टेशन) या तलछटीकरण कहलाता है। अवसादन, तरल में निलम्बित कणों पर लगने वाले गुरुत्व बल या अपकेन्द्री बल के कारण होता है। महत्वपूर्ण अवसादन तरीके निक्षालन विधि, विद्युत प्रतिबाधा विधि, पिपेट विधि, हाइड्रोमीटर विधि, सेंट्रीफ्यूगेशन विधि इनमें से सामान्यतः पिपेट विधि, हाइड्रोमीटर विधि को अधिक अपनाया जाता है।

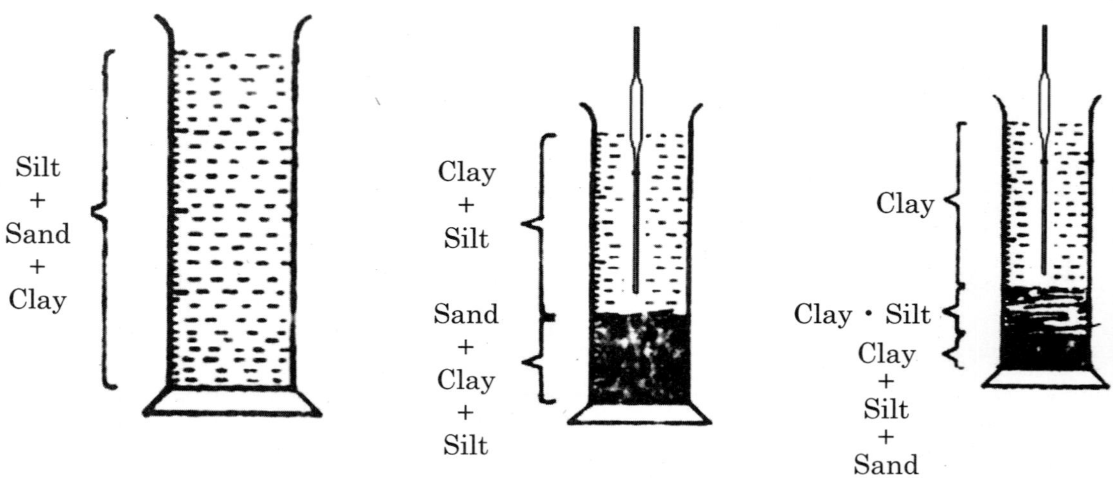

चित्र 7.4: रॉबिन्सन पिपेट विधि

I. **रॉबिन्सन पिपेट विधि (Robinson's pipette method)** – इसको अन्तर्राष्ट्रीय पिपेट विधि भी कहते हैं। इस विधि को पहली बार रॉबिन्सन द्वारा 1922 में वर्णित किया गया था। यह अवसादन (sedimentation) के सिद्धान्त पर आधारित है। अवसादन सिलेन्डर में मृदा कण विभिन्न आकार के विभिन्न वजन (weight) और विभिन्न आयतन (volume) के गिरते हैं। एक विशेष समय अंतराल पर निश्चित गहराई से मृदा निलंबन का नमूना लिया जाता है, तो उस समय उस गहराई में निलंबन वाले सभी कण होते हैं। एक निश्चित गहराई

पर कणों के अवसादन (sedimentation) का समयान्तराल निलंबन के तापमान पर निर्भर होता है क्योंकि श्यानता (viscosity) का तापक्रम से सीधा सम्बन्ध है अतः 10 सेंटीमीटर गहराई से निलंबन के तापक्रम के अनुसार समयान्तराल पर सिल्ट क्ले एवं क्ले के निलंबन पिपेट द्वारा ले लिए जाते है जिसे सुखाकर इनका प्रतिशत (%) ज्ञात किया जाता है।

II. बायोकस हाइड्रोमीटर विधि (Bouyoucos hydrometer method) – यह विश्लेषण विधि द्रव के विशिष्ट घनत्व का मापन करने में प्रयुक्त आर्द्रतामापी के विस्तृत सिद्धान्त पर आधारित है। यह विधि इस सिद्धान्त पर आधारित है कि निलम्बित मृदा (Suspension soil) का घनत्व समय के साथ लगातार कम होता है। इस मृदा का निलंबन का घनत्व आवश्यक समय पर नापने से मृदा के विशिष्ट कणों (सिल्ट एवं क्ले) की मात्रा ज्ञात कि जा सकती है। यह विधि पिपेट विधि से कम सटीक है। यह विधि उच्च कैल्शियम कार्बोनेट, कार्बनिक पदार्थ और उच्च लवणता वाली मृदा में ग़लत परिणाम देती है।

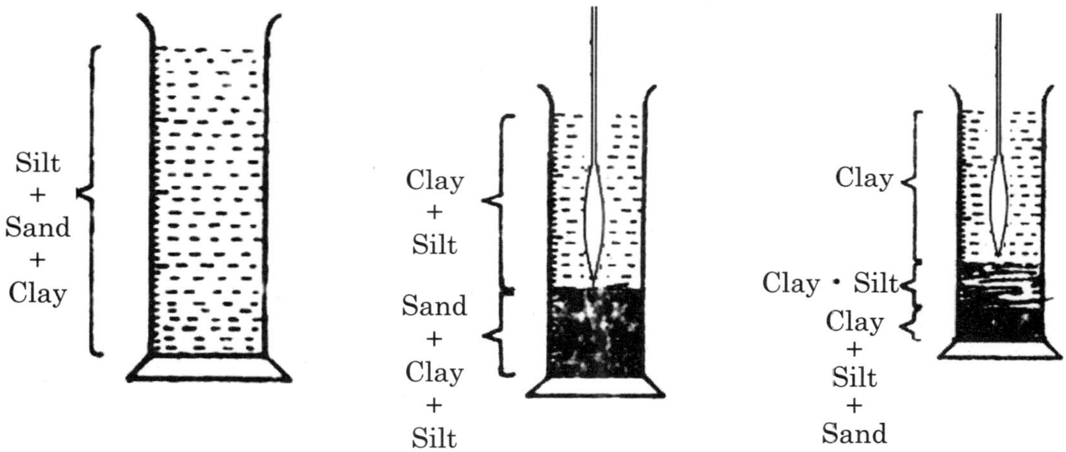

चित्र 7.5: बायोकस हाइड्रोमीटर विधि

स्टोक्स का नियम (Stoke's Law) – यह नियम जी॰जी॰ स्टोक्स (G.G. Stokes) द्वारा 1851 में दिया गया। इस नियम के अनुसार किसी द्रवीय माध्यम में से कणों के गिरने की दर कणों के आमाप, घनत्व व आकृति और माध्यम की श्यानता (Viscocity) का फलन होती है। बड़े कणों का अवसादन तीव्र गति से एवं सूक्ष्म कणों का धीमी गति से होता है। समीकरण के अनुसार एक समान घनत्व वाले मृदा कणों के गिरने की गति मृदा कणों के त्रिज्या (radius) के वर्ग (square) के सीधे आनुपातिक और माध्यम की श्यानता (viscocity) के विपरीत आनुपातिक होती है।

$$V = \frac{2\,(dp - d)\,gr^2}{9\,\eta}$$

Where

V	=	कण का अवपतन वेग (cm/sec)
g	=	गुरूत्वजनित त्वरण (cm/sec^2)
dp	=	कण घनत्व (g/cc)

d = द्रव घनत्व (g/cc)

r = कणों के अर्द्धव्यास (cm)

η = द्रव पारगम्यता/विलय की श्यानता (gm/cm/sec)

कल्पना के अनुसार स्टोक्स नियम (Assumptions of Stoke's Law)

1. कण गोलाकार, कोमल और कठोर होना चाहिए।
2. कण एक समान घनत्व का होना चाहिए।
3. कण और तरल के बीच कोई वायुमण्डलीय विक्षोभ (turbulence) नहीं होना चाहिए।
4. कणों को एक दूसरे कणों के साथ बाधा (interfere) उत्पन्न नहीं करना चाहिए और स्वतंत्र (independent) रूप से व्यवस्थित (settle) होना चाहिए।
5. तरल पदार्थ के अणुओं की तुलना में मृदा कण पर्याप्त रूप से बड़े (>0.001 मिमी) होने चाहिए ताकि द्रव अणुओं की थर्मल (ब्राउनियन) गति से प्रभावित न हो।
6. सिल्ट आकार से बड़े कण स्टोक के नियम की मदद से सटीक रूप से अलग नहीं किया जा सकता है।

स्टोक्स नियम की सीमाएँ

1. कुछ कोलाइडियल कण प्लेट आकार के होते हैं और समान द्रव्यमान के गोलाकार कणों की तुलना में धीमी गति से गिरते हैं, जोकि इस कानून की शुद्धता की एक प्रमुख सीमा है।
2. इस कानून की शुद्धता को प्रभावित करने का एक ओर कारक मृदा कणों का घनत्व है। सभी मृदा कण एक समान घनत्व के नहीं होते हैं। अधिकांश सिलिकेट का घनत्व मान 2.6–2.7 ग्राम प्रति घन सेमी. होता हैं, जबकी आयरन ऑक्साइड और अन्य भारी खनिजों का घनत्व मान 5.0 ग्राम प्रति घन सेमी. या इससे भी अधिक हो सकता है।
3. इस सिद्धान्त के आधार पर यांत्रिक विश्लेषण के दौरान, एक ज्ञात स्थिर तापमान को बनाए रखना आवश्यक है क्योंकि माध्यम में कणों के गिरावट की दर तापमान में परिवर्तन के साथ बदलती है।

मृदा संरचना (SOIL STRUCTURE)

मृदा संरचना, मृदा का एक प्रमुख भौतिक गुण है जिसके बारे में अध्ययन करना बहुत आवश्यक है। मृदा संरचना के अध्ययन से मृदा की उत्पादन क्षमता, मृदा आकारकीय स्थिति आदि का ज्ञान होता है। कार्बनिक खाद, उर्वरकों एवं जिप्सम के उपयोग तथा अन्य कृषक क्रियाओं के द्वारा मृदा की संरचना प्रभावित होती है। मृदा संरचना का मूल अभिप्राय मृदा कणों के विन्यास (बालू, सिल्ट, क्ले एवं उनके समुच्चयों) का विस्तारपूर्वक अध्ययन करना है। **मृदा कणों और उनके समुच्चय को एक निश्चित रूप में व्यवस्थित करना, मृदा संरचना कहलाता है। दूसरे शब्दों में मृदा के प्राथमिक कणों (बालू, सिल्ट एवं क्ले) एवं उनके समुच्चय को एक निश्चित रूप या क्रम में व्यवस्थित करना, मृदा संरचना कहलाता है।**

मृदा के प्राथमिक कण (बालू, सिल्ट एवं क्ले) आपस में संयोजको की उपस्थिती में परस्पर जुड़कर द्वितीयक अथवा गौण कण बनाते हैं। कभी–कभी इन्हें संरचनात्मक पुंज (Structural aggregate) भी कहते हैं। उदाहरण – कण पुंज, झुण्ड (Aggregate), ढ़ेले (Clods), मृदु कण (Granule).

- समुच्चय (Aggregate)– यह मृदा में उपलब्ध एक प्रकार की प्राकृतिक संरचना है जिसमें कई व्यक्तिगत (individual) कण आपस में गुच्छ (Cluster) बना लेते हैं और कणों को परस्पर बांधे रहने वाला बल समुच्चयों के मध्य बल से अधिक होता है। **मृदा के कई प्राथमिक कणों का जैविक पदार्थों, आइरन ऑक्साइड, कार्बोनेट एवं क्ले इत्यादि के पारस्परिक संयोग से एक इकाई का बनना, समुच्चय (Aggregate) कहलाता है।**
- प्राकृतिक रूप से बना पुंज पेड्स (Pads) कहलाते हैं, जबकि कृत्रिम रूप से बना पुंज ढेला (clod) कहलाता है। टूटे हुए प्राकृतिक पेड्स को ही खण्ड (Fragments) कहते हैं। मृदा में कंकड़ (Concretion) का निर्माण अन्तःस्त्रावी जल में घुले लवणों के अवशोषण से होता है।

परिभाषा – व्यक्तिगत मृदा कणों और उनके समुच्चयों (Aggregates) की किसी निश्चित प्रतिरूप (Pattern) व्यवस्था को मृदा संरचना (soil structure) कहते हैं।

मृदा संरचना का वर्गीकरण (Classification of soil structure)

मृदा संरचना को तीन श्रेणियों के अन्तर्गत वर्गीकृत किया जा सकता है जैसे –

1. प्रकार {पिड्स की आकृति और व्यवस्था के आधार पर (based on shape and arrangement of peds)}
2. वर्ग {पिड्स के आकार के आधार पर (based on size of the peds)}
3. श्रेणी {पिड्स की स्थायित्व (stability) या पेड्स की स्पष्टता (distinctness) के आधार पर}।

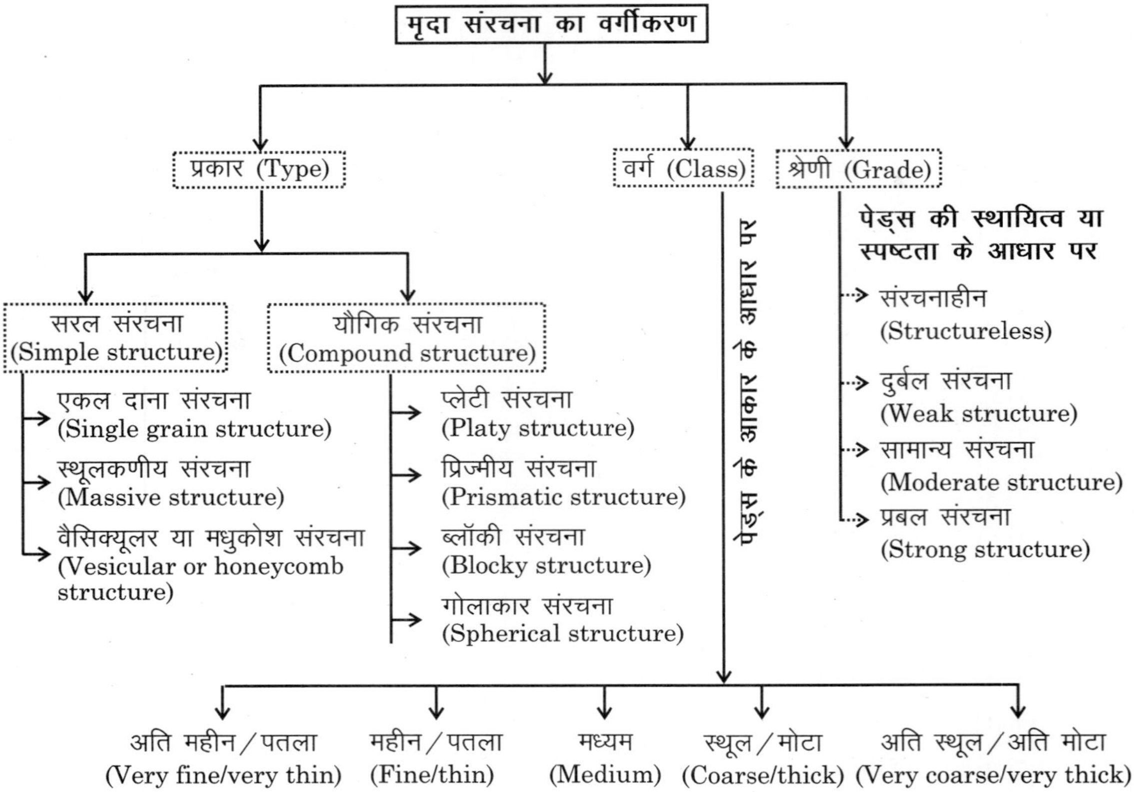

मृदा संरचना का वर्गीकरण

1. **मृदा संरचना के प्रकार (Types of structure)** – समुच्चयों/पेड्स की आकृति के आधार पर इन्हें दो समूहों में विभाजित किया जा सकता है (i) सरल संरचना (Simple structure) (ii) यौगिक संरचना (Compound structure)

(i) सरल संरचना (Simple structure) – इसमें प्राकृतिक दरार (natural cleavage) अनुपस्थित या अस्पष्ट होती है। उदाहरण –

- **एकल दाना संरचना (Single grain structure)** – कम कार्बनिक पदार्थ वाली रेतीली मृदा। तटीय क्षेत्रों एवं नदी बेल्ट की मृदा। इनकी अन्तःस्पंदन दर (infiltration rate) तीव्र से मध्यम (Rapid to moderate) होती है।
- **स्थूलकणीय संरचना (Massive structure)** – यह मृदा संरचना धान के खेत की मृदा में पाया जाता है। इनकी अन्तःस्पंदन दर (infiltration rate) बहुत ही कम (very slow) एवं स्थूल घनत्व अधिक होता है।
- **वैसिक्युलर या मधुकोश संरचना (Vesicular or honeycomb structure)** – महीन बालू एवं सिल्ट के जमने वाले क्षेत्रों में पायी जाती है।

(ii) यौगिक संरचना (Compound structure) – इसमें प्राकृतिक दरार (natural cleavage) स्पष्ट होती है। इसमें पेड्स/कण पुँजों का क्षैतिज और ऊर्ध्वाधर अक्ष की सापेक्ष

लंबाई एवं आकृति के बारे में उल्लेख किया जाता है। इसमें मृदा संरचना के चार प्रमुख रूप हैं जिनका विस्तृत वर्णन निम्नलिखित है –

1. **प्लेटी संरचना (Platy structure)** – व्यक्तिगत अथवा समुच्चय कण इस प्रकार से व्यवस्थित होते है कि क्षैतिज अक्ष (horizontal axis) ऊर्ध्वाधर अक्ष (vertical axis) की अपेक्षा अधिक विकसित होती है तथा ये चपटे, दबे हुये, लैंस के समान दिखाई देते हैं। जब यें इकाईयाँ मोटी होती हैं तो प्लेटी संरचना (Platy structure) कहलाती है और जब यें इकाईयाँ पतली होती हैं तब स्तरीय संरचना (Laminar structure) कहलाती है। प्लेटी संरचना की अन्तःस्पंदन दर (infiltration rate) धीरे से बहुत धीरे (slow to very slow) होती है। इनमें कण पुन्जों का आकार 1–10 मिमी होता है। सामान्यतः प्लेटी संरचना जंगल की मृदाओं के A संस्तर में देखी जा सकती है।

2. **प्रिज्मीय संरचना (Prismatic structure)** – इस प्रकार की संरचना में व्यक्तिगत अथवा समुच्चय कण का ऊर्ध्वाधर अक्ष (vertical axis) क्षैतिज अक्ष (horizontal axis) की तुलना में अधिक विकसित होता है। इसमें कणों के समूहों (पेड्स) का आकार < 10 से > 100 मिमी होता है। प्रिज्मीय संरचनाएँ प्रायः शुष्क एवं अर्द्ध–शुष्क क्षेत्र की अवमृदा संस्तरों (B संस्तर) में विशेषकर क्षारीय मृदाओं में पायी जाती हैं। इनकी अन्तःस्पंदन दर (infiltration rate) मध्यम से धीरे (moderate to slow) होती है। इनकी ऊर्ध्वाधर भुजाएँ तेज, चपटे किनारें एवं चमकदार धरातलों वाली होती है। जब इस प्रकार के प्राथमिक कणों का शीर्ष (Top) सपाट या समतल हो तो संरचना प्रिज्मीय (Prismatic) कहलाती है और जब शीर्ष (Top) एवं किनारे गोलाकार अर्थात् उत्तल होते हैं तो संरचना स्तम्भाकार (Columnar) कहलाती है।

3. **ब्लॉकी संरचना (Blocky structure)** – ब्लॉकी संरचना में कण समुच्चयों का ऊर्ध्वाधर अक्ष (vertical axis) एवं क्षैतिज अक्ष (horizontal axis) लगभग बराबर होता है जिससे घन अथवा नट के सदृश संरचनाएँ बन जाती हैं इसलिए ब्लॉकी संरचना घनाकार अथवा नटाकार (Cuby and Nutty) भी कहलाती है। इनकी अन्तःस्पंदन दर (infiltration rate) भी मध्यम से धीरे (moderate to slow) होती है। इसमें कणों के समूहों (पेड्स) का आकार < 5 से 50 मिमी के मध्य होता है। जब इस प्रकार के कणों के समूहों (पेड्स) की फलकें (faces) सपाट या समतल एवं स्पष्ट तथा किनारे तेज कोणीय हो तो ब्लॉकी संरचना (blocky structure) कहलाती हैं जबकि पेड्स की फलकें (Faces) एवं किनारे (Edges) गोल तथा चिकने (smooth) हो तो मृदा संरचना नटाकार या उप कोणीय ब्लॉकी (sub angular blocky) संरचना कहलाती हैं। इस प्रकार की मृदा संरचनाएँ प्रायः आर्द्र क्षेत्रों की अवमृदा संस्तरों (B संस्तर) में पायी जाती हैं। जिससे वायु एवं जल संचरण, निकास, जड़ों का प्रवेश इत्यादि प्रभावित होता है।

4. **गोलाकार संरचना (Spherical structure)** – गोलाकार संरचना में पेड्स (Peds) का आकार लगभग गोल होता है। पेड्स के फलक वक्रित (Curved) तथा अनियमित (Irregular) होते हैं एवं सभी अक्षों की लम्बाई लगभग समान होती है। जब गोलाकार पेड्स की फलकें खुरदुरी और अधिक सरन्ध्री (Porous) होती हैं तो इन्हें मृदुकण (Crumb) कहते हैं और ऐसी संरचनाएँ मृदा में क्रम्बी संरचनाएँ (Crumby) कहलाती हैं। जबकि यदि गोलाकार पेड्स की फलकें कम सरन्ध्र होती है तो उन्हें कणिका (Granule) कहते हैं एवं ऐसी संरचनाएँ मृदा में दानेदार (Granular) संरचनाएँ कहलाती हैं। दानेदार संरचना

में अन्तःस्पंदन दर (Infiltration rate) तीव्र गति से होती है। इसमें कणों के समूहों (पेड्स) का आकार < 1 से > 10 मिमी होता है। इस प्रकार की संरचनाएँ जीवांशयुक्त पदार्थ वाली मृदाओं में अधिक देखी जा सकती हैं और कृषि के दृष्टिकोण से अच्छी मानी जाती है।

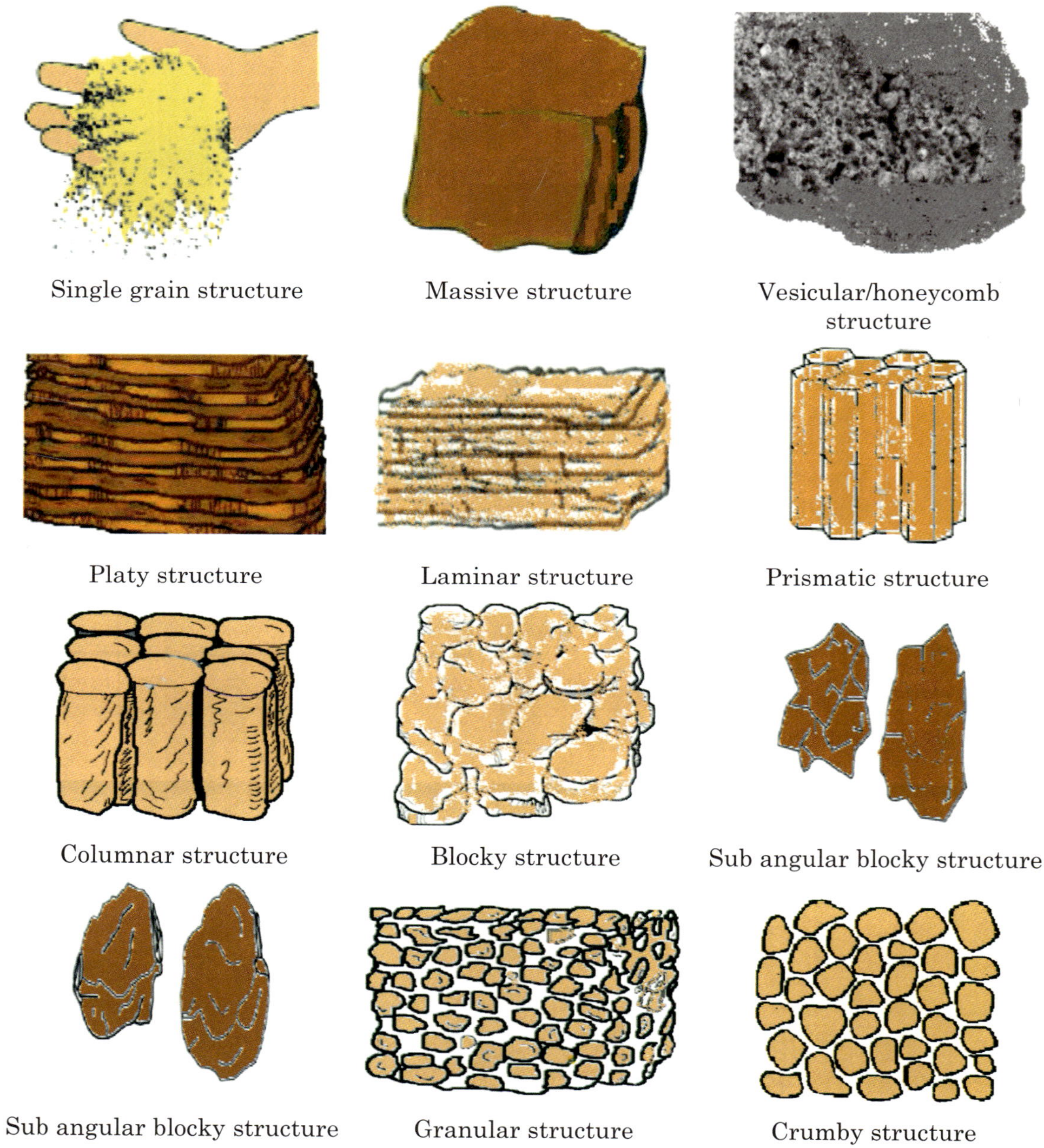

चित्र 7.6: विभिन्न मृदा संरचना के प्रकार

मृदा संरचना के वर्ग (**Class of soil structure**) – मृदा संरचना का वर्गीकरण व्यक्तिगत पेड्स (Peds) के आकार पर निर्भर होता है जिन्हें निम्नलिखित पाँच वर्गों में विभाजित किया जा सकता है। मृदा संरचना के वर्ग को तालिका 7.8 में दिया गया है।

तालिका 7.8: मृदा संरचना के विभिन्न वर्ग

क्र.सं.	**वर्ग (Class)**	**पेड्स (Peds) का आकार (मिमी)**				
		प्लेटी	**प्रिज्मीय/ स्तम्भाकार (Prismatic/ Columnar)**	**ब्लोकी/उपकोणीय ब्लोकी (Blocky/Sub angular blocky)**	**दानेदार (Granular)**	**क्रम्बी (Crumb)**
1.	अति महीन या पतला (Very fine or very thin)	<1	<10	<5	<1	<1
2.	महीन या पतला (Fine or thin)	1-2	10-20	5-10	1-2	1-2
3.	मध्यम (Medium)	2-5	20-50	10-20	2-5	2-5
4.	स्थूल या मोटा (Coarse/thick)	5-10	50-100	20-50	5-10	-
5.	अति स्थूल या अति मोटा (Very coarse/very thick)	>10	>100	>50	>10	-

मृदा संरचना की श्रेणियाँ (**Grades of soil structure**) – मृदा संरचना की श्रेणियों द्वारा मृदा कणों के समुच्चयन की मात्रा का बोध होता है। मृदा संरचना की श्रेणियाँ मृदा नमी की मात्रा से प्रभावित होती है एवं मृदा कणाकार तथा कार्बनिक पदार्थ पर निर्भर करती है। मृदा के प्रत्येक पेड (Ped) की स्थिरता के लिए आवश्यक शक्ति एवं विभिन्न पुन्जों को आपस में संयोजित रखने वाले बल के आधार पर इसे निम्नलिखित भागों में विभाजित किया जा सकता है–

1. **संरचनाहीन (Structureless)** – इस संरचना में समुच्चयन का या तो अभाव होता है या अस्पष्ट होता है। ये संरचनाएँ बलुई अथवा चिकनी मृदाओं में पायी जाती हैं।
2. **दुर्बल संरचना (Weak structure)** – इसमें पेड्स में समुच्चयन तो स्पष्ट दिखाई देता है परन्तु पेड्स को स्थिर रखने वाला बल दुर्बल होता है और शीघ्र टूट जाता है।
3. **सामान्य संरचना (Moderate structure)** – इसमें पेड्स विकसित, स्पष्ट एवं काफी टिकाऊ (fairly durable) होते हैं।
4. **प्रबल संरचना (Strong structure)** – इसमें पेड्स पूर्णतया विकसित जो सुस्पष्ट एवं बहुत टिकाऊ होते हैं।

मृदा संरचना का कृषि में महत्त्व (**Importance of soil structure in Agriculture**) – मृदा संरचना फसलोत्पादन के लिए एक महत्त्वपूर्ण एवं व्यापक पृष्ठभूमि प्रदान करता है। मृदा एवं पादप सम्बन्धों में मृदा की संरचनात्मक विशेषताओं का अत्यधिक महत्त्व है। मृदा की अनेक भौतिक, रासायनिक तथा जैव–रासायनिक क्रियाएँ मृदा के वातन एवं जल संचरण पर आधारित हैं जो एक अच्छी मृदा संरचना वाली भूमी में पायी जाती है। कृषि में मृदा संरचना का महत्त्व निम्नलिखित है :–

1. मृदा संरचना रन्ध्रावकाश की मात्रा एवं प्रकृति दोनों को प्रभावित करती है।
2. मृदा संरचना, मृदा में उपस्थित जल और वायु की मात्रा को निर्धारित करती है तथा इनका संचार (movement) एवं परिसंचरण (circulation) भी मृदा संरचना द्वारा नियंत्रित किया जाता है।
3. मृदा संरचना अपवाह (runoff) और अपरदन को नियंत्रण करनें में भी सहायता करती है। जिन मृदाओं में स्थायी संरचना होती है, उनमें कम कटाव होता है तथा जिन मृदाओं में स्थायी संरचना नही होती है, उनमें अधिक कटाव होता है।
4. कृषि क्रियायें जैसे जुताई–गुड़ाई आदि करना भी मृदा संरचना पर आधारित होती है।
5. मृदा के अनेक भौतिक गुण जिस पर उत्पादकता एवं उर्वरता आधारित है जैसे – सरन्ध्रता, जल धारण, जल अवशोषण, गैसों का विसरण, वातन इत्यादि मृदा संरचना द्वारा नियन्त्रित होते हैं।
6. प्लेटी संरचना साधारणः जल निकास में बाधक होती है। क्रम्बी (crumby) तथा दानेदार संरचनायें मृदा के अनुकूल भौतिक गुणों के लिए सर्वोतम होती है।
7. मृदा संरचना मृदा में जल व वायु की पारगम्यता को बढ़ाती है।
8. जल निकास व पादप पोषक तत्व के लिए भी संरचना आवश्यक है।
9. मृदा संरचना जल भराव क्षमता व मृदा जल सम्बन्ध और सूक्ष्मजीवों की वृद्धि को प्रभावित करती है।

मृदा संरचना को प्रभावित करने वाले कारक – मृदा संरचना को प्रभावित करने वाले कारक निम्नलिखित हैं –

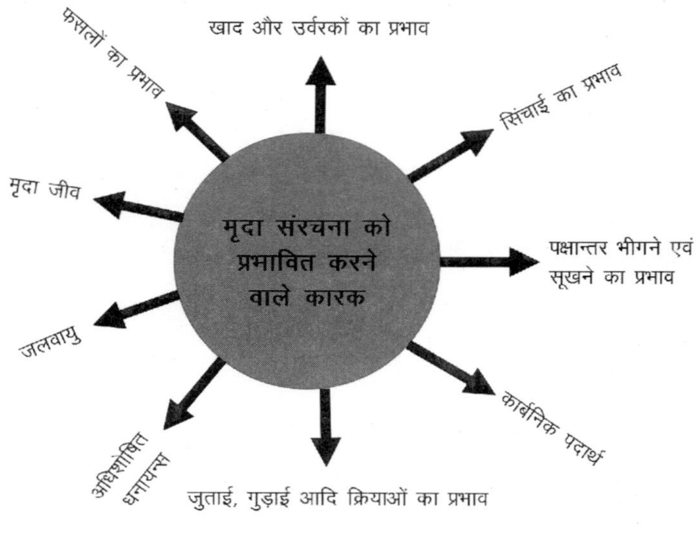

चित्र 7.7: मृदा संरचना को प्रभावित करने वाले कारक

1. **जलवायु (Climate)** – जलवायु मृदा संरचना को निम्न प्रकार से प्रभावित करता है – जलवायु का मृदा संरचना एवं समुच्चयों की मात्रा पर प्रभाव पड़ता है। अर्द्ध शुष्क (semi-arid) तथा अर्द्ध आर्द्र (semi-humid) क्षेत्रों की मृदाओं में प्राथमिक कणों के स्थायी समुच्चयों की प्रतिशतता शुष्क क्षेत्र तथा आर्द्र क्षेत्र की मृदाओं की तुलना में प्रायः अधिक होती है। तापमान में वृद्धि होने से कार्बनिक पदार्थ की मात्रा कम हो जाती है जिसके फलस्वरूप समुच्चयन भी कम होता है। मध्यम वर्षा वाले क्षेत्रों में क्ले तथा कार्बनिक पदार्थ की मात्रा में वृद्धि होने पर समुच्चयन अधिकतम होते हैं। वर्षा के आधिक्य वाले क्षेत्रों में क्ले जल के साथ निम्न संस्तरों में चले जाने के कारण पृष्ठ सतह में समुच्चयन बहुत कम पाये जाते हैं।

2. **अधिशोषित धनायन्स (Adsorbed cations)** – Ca तथा Mg धनायन ऊर्णीपिण्डन (Flocculation) द्वारा मृदा समुच्चय निर्माण में सहायक होते हैं। साथ ही ये धनायन सूक्ष्म जीवों की सक्रियता में वृद्धि करके कार्बनिक पदार्थ का विच्छेदन शीघ्र करने में भी सहायक होते हैं। इस प्रकार से मृदा संरचना को अप्रत्यक्ष रूप से भी प्रभावित करते हैं।

3. **जुताई, गुड़ाई आदि क्रियाओं का प्रभाव (Effect of tillage)** – जुताई, गुड़ाई तथा अन्य क्रियाओं से मृदा के खनिज अवयवों में कार्बनिक प्रदार्थ को अच्छी तरह मिलाया जाता है जिससे मृदा में विरलता (looseness) आ जाती है और वायु संचार सुधर जाता है एवं कणिकायन की प्राकृतिक क्रियाओं की सक्रियता के लिये भी उपयुक्त दशा पैदा हो जाती है। अत्यधिक जुताई, गुड़ाई, भारी मशीनों का प्रयोग, पशुओं द्वारा अधिक चराई तथा अधिक नम या शुष्क दशा में जुताई आदि मृदा समुच्चयन के ऊपर विपरित प्रभाव डालती है।

4. **कार्बनिक पदार्थ (Organic matter)** – मृदाओं में कार्बनिक पदार्थ का समुच्चयन निर्माण में अधिक प्रभाव होता है। कार्बनिक पदार्थ मृदा में एक कणिकायन कारक (granulating agent) के रूप में कार्य करता है। कार्बनिक पदार्थ से क्ले कणों के समुच्चयन की मात्रा अधिक होती है तथा बड़े–बड़े समुच्चय पैदा करता है अर्थात् क्ले मृदा को क्रम्बी मृदा संरचना बनाने में मदद करता है। जीवांश पदार्थ कणीभवन (granulation) को प्रोत्साहित करने के अतिरिक्त कण समूहों को स्थिर भी बनाते हैं। कार्बनिक पदार्थ की सुघट्यता और ससंजन कम होती है, यह सरन्ध्र तथा विरल (loose) होते है, इसलिये मृदा में कार्बनिक पदार्थ मिलाने से मृदा संरचना में सुधार होता है एवं उनकी जल धारण क्षमता में वृद्धि करते हैं। मृदा में कार्बनिक पदार्थ मिलाने पर सूक्ष्म जीवों द्वारा इन कार्बनिक पदार्थों का विघटन किया जाता है एवं चिपचिपा पदार्थ उत्पादित किया जाता है जो मृदाओं के कणों के लिये बन्धक कारक (binding agent) के रूप में कार्य करता है।

5. **पक्षान्तर भीगने तथा सूखने का प्रभाव (Effect of alternate wetting and drying)** – पक्षान्तर भीगने तथा सूखने की क्रियायें कठोर, संघनित तथा अधिक बल से जुडे हुए मृदा के ढेलों को तोड़कर मृदा को दानेदार बनाती हैं। मृदा सूखने पर क्ले कण सिकुड़ते हैं और संघनित होकर आपस में जुड़ जाते हैं। फलतः इनके बीच रन्ध्राकाश बन जाते हैं और इनमें वायु प्रवेश कर जाती है। इस असमान सूखने की क्रिया के कारण मृदा पिण्ड पर टेढ़ी मेढ़ी विभिन्न प्रकार की दरारे उत्पन्न हो जाती हैं और विभिन्न आकार में टूट जाते हैं। इसी प्रकार जब सुखे ढेलों में जल प्रवेश करता है तो ढेलों के अन्दर असमान फूलन (Swelling) पैदा हो जाता है। जिसके कारण ढ़ेले टूट कर छोटे–छोटे कण समूहों में विभक्त हो जाते हैं। इसके साथ–साथ एक और महत्त्वपूर्ण क्रिया होती है। जब जल ढेलों के भीतर

बड़े–बड़े रंध्रों में प्रवेश करता है तो रंध्रों में उपस्थित वायु दबाव डालती है और मृदा के ढेलों को तोड देती हैं।

6. **सिंचाई का प्रभाव (Effect of irrigation)** – सिंचाई जल की खराब गुणवत्ता मृदा संरचना को प्रभावित करती है। सिंचाई के पानी में अनेकों विलेय लवण जैसे Ca^{2+}, Mg^{2+}, Na^{+}, Cl^{-}, CO_3^{2-}, HCO_3^{-}, F^{-}, Fe^{2+} एवं बोरॉन आदि की अधिक मात्रा होने एवं उसके लगातार उपयोग से मृदा लवणीय एवं क्षारीय बनती है तथा मृदा के भौतिक, रासायनिक एवं जैविक गुणों पर प्रतिकुल प्रभाव पडता है। सोडियम लवण का बाहुल्य होने से मृदा कण बिखर जाते हैं और मृदा संरचना खराब हो जाती है।

7. **खाद और उर्वरकों का प्रभाव (Effect of manures and fertilizers)** – मृदा संरचना को अपरोक्ष रूप से खाद और उर्वरक प्रभावित करते हैं। खाद डालने से पौधों की वृद्धि होती है जिससे पौधों के तने, पत्तियाँ बरसात के तीव्र बूंदों के प्रहार को रोकती है फलस्वरूप मृदा में उपस्थित समुच्चय छिन्न–भिन्न होने से बच जाते हैं। अधिक मात्रा में कार्बनिक पदार्थ पैदा करके तथा पौधे अपनी जड़ों की क्रियाओं द्वारा मृदा को दानेदार बनाते हैं। सोडियम नाइट्रेट उर्वरक मृदा में समुच्चयों के स्थायित्व (stability) को कम करती है जिससे कणीभवन (granulation) नष्ट हो जाता है। सोडियम नाइट्रेट जैसी उर्वरक मृदा समुच्चयन की स्थिरता (stability) को कम करके कणीभवन (granulation) को नष्ट कर देते हैं। जबकि कैल्शियम अमोनियम नाइट्रेट उर्वरक मृदा संरचना के विकास में मदद करते हैं।

8. **फसलों का प्रभाव (Effect of crops)** – फसलें कई प्रकार से मृदा संरचना को प्रभावित करती है। फसलों की पत्तियाँ एवं तने जमीन को आछादित करके रखती है एवं वर्षा की बूँदों के प्रखर प्रहार से मृदा संरचना की रक्षा करते हैं। फसलें मृदा में कार्बनिक पदार्थ की मात्रा में भी वृद्धि करते हैं जिससे मृदा में सूक्ष्मजीवों की सक्रियता में वृद्धि होती है। साथ ही फसलों की जड़े कुछ पदार्थ स्रावित करती हैं जो मृदा कणों को बाँधकर समुच्चयों का निर्माण करती है। फसलें मृदा में दानेदार संरचना बनाती है। घास तथा दलहनी फसले मृदा संरचना के सुधार में सहायक होती हैं।

9. **मृदा जीव (Soil organism)** – मृदा में उपस्थित बड़े जीव जैसे रोडेन्ट्स (rodents), कीड़े–मकोड़े तथा केंचुएँ (earthworms) मृदा को खोदकर, पलटकर कार्बनिक पदार्थ को भली–भाँति मिलाकर मृदा समुच्चयन में सहायक होते हैं। सूक्ष्मजीव (जीवाणु, कवक, शैवाल) कार्बनिक पदार्थ का विच्छेदन करके अप्रत्यक्ष रूप से मृदा संरचना में सहायक होते हैं।

मृदा घनत्व (SOIL DENSITY)

किसी पदार्थ के एक इकाई आयतन की संहति को उस पदार्थ का घनत्व (Density) कहते हैं। अर्थात् किसी पदार्थ के एक घन से.मी. आयतन की संहति को घनत्व कहते हैं। इसको निम्न प्रकार से व्यक्त किया जा सकता है–

$$\text{घनत्व (Density)} = \frac{\text{द्रव्यमान}}{\text{आयतन}}$$

$$d = \frac{m}{v}$$

आपेक्षिक घनत्व (Specific gravity) – किसी वस्तु का आपेक्षिक घनत्व वस्तु के कुल आयतन की संहति तथा समान आयतन वाले जल की संहित के अनुपात को कहते हैं।

$$\text{आपेक्षिक घनत्व (Specific gravity)} = \frac{\text{वस्तु के कुल आयतन की संहति}}{\text{जल के समान आयतन की संहति}}$$

मृदा का निर्माण ठोस (कार्बनिक एवं अकार्बनिक पदार्थों), द्रव तथा गैसों के सम्मिश्रण से हुआ है अर्थात् मृदा में ठोस कणों के अतिरिक्त रन्ध्रावकाश भी उपस्थित होते है जिसनें वायु या जल भरा होता है। मृदाओं के दो आपेक्षिक घनत्व होते हैं। (1) प्रत्यक्ष, स्थूल अथवा आभासी घनत्व (Bulk or apparent density) एवं (2) कण घनत्व/निरपेक्ष घनत्व अथवा वास्तविक घनत्व (Particle density/absolute density/ true density)।

(1) प्रत्यक्ष, स्थूल अथवा आभासी घनत्व (Bulk or apparent density) – शुष्क मृदा के एक इकाई आयतन के भार को मृदा का स्थूल घनत्व (Bulk density) कहते हैं। इसे आभासी घनत्व भी कहते है तथा ρb से दर्शाते हैं। इसमें मृदा का आयतन उसकी प्राकृतिक अवस्था में लेते हैं। स्थूल घनत्व में ठोस एवं रन्ध्रावकाश का आयतन सम्मिलित होने के कारण अधिक रन्ध्रावकाश वाली मृदाओं का आयतन ईकाई में भार कम जबकि संघनित मृदाओं का प्रति इकाई आयतन भार अधिक हो जाता है। इसकी इकाई ग्राम प्रति घन सेन्टीमीटर (g/c.c.), मैगाग्राम प्रति घन मीटर (Mg/m^3) एवं पौण्ड प्रति घनफुट ($lb/feet^3$) होती है। अधिकतर मृदाओं का स्थूल घनत्व 1.02–1.8 ग्राम प्रति घन से. मी. होता है। मृदा का स्थूल घनत्व का मान हमेशा कण घनत्व से कम होता है सामान्यतः मृदाएँ जिनका स्थूल घनत्व कम होता है उनकी भौतिक दशा अनुकूल होती हैं। स्थूल घनत्व का उपयोग रन्ध्रावकाश ज्ञात करने के लिए भी किया जाता है। कुछ प्रमुख मृदा कणाकार वर्ग एवं मृदाओं का स्थूल घनत्व तालिका 7.9 एवं 7.10 में दिया गया है। स्थूल घनत्व निम्न सूत्र द्वारा ज्ञात किया जा सकता है:–

$$\text{स्थूल घनत्व } (\rho b) = \frac{\text{शुष्क मृदा का भार}}{\text{मृदा का आयतन (ठोस रन्ध्रावकाश)}}$$

"Bulk Density is defined as the mass (weight) per unit volume of a dry soil (volume of solid + poor spaces)

तालिका 7.9: कुछ प्रमुख मृदा कणाकार वर्ग का स्थूल घनत्व

मृदा वर्ग	स्थूल घनत्व (g/c.c.)	रन्ध्रावकाश (%)	पौण्ड/घन फूट
बालू	1.6	40	100.0
बलुई लोम	1.5	43	93.6
लोम	1.4	47	87.3
सिल्ट लोम	1.3	50	81.2
क्ले लोम	1.2	55	74.9
क्ले	1.1	58	68.6

तालिका 7.10: कुछ प्रमुख मृदाओं का स्थूल घनत्व

क्र. सख्या	प्रमुख मृदाएँ	स्थूल घनत्व (मैगाग्राम प्रति घन मीटर)
1.	कार्बनिक पीट मृदा	0.50
2.	क्ले मृदा	1.10
3.	आदर्श मृदा	1.33
4.	सामान्य मृदा	1.10 – 1.60
5.	बालू अधिकृत मृदा	1.70
6.	ठोस अवमृदा	2.0

स्थूल घनत्व को प्रभावित करने वाले कारक (Factors affecting bulk density) – प्रायः मृदा संरचना, मृदा कणाकार, कार्बनिक पदार्थ की मात्रा, मृदा सरन्ध्रता, कोम्पेक्ट मृदाएँ एवं मृदा प्रोफाइल की गहराई आदि स्थूल घनत्व को प्रभावित करती है।

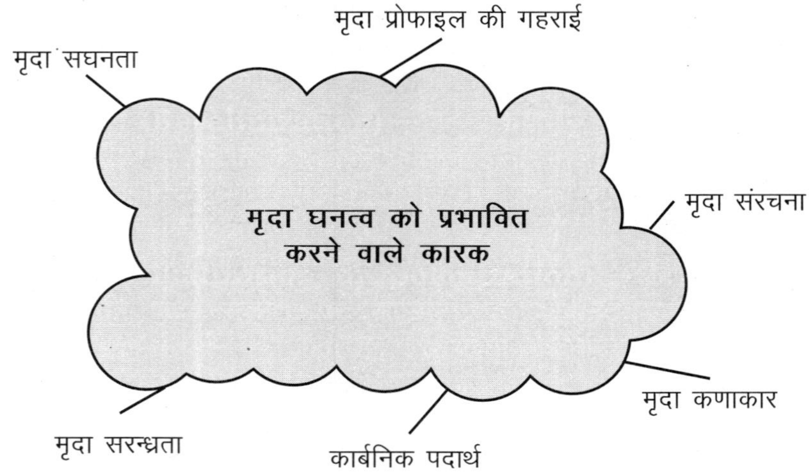

1. **मृदा संरचना (Soil Structure)** – मृदा संरचना स्थूल घनत्व को प्रभावित करती है। मृदाओं में कण समुच्चयन होने से रन्ध्रों की संख्या बढ़ जाती है। अतः अच्छी संरचना तथा दानेदार मृदाओं में रन्ध्रीय दशायें पैदा हो जाती है। मृदा में संरन्ध्रता अधिक होने पर स्थूल घनत्व कम होता है।

2. **मृदा कणाकार (Soil Texture)** – मृदा कणाकार भी स्थूल घनत्व को बहुत प्रभावित करता है। जैसे क्ले तथा सूक्ष्म गठन वाली मृदाओं कें कण विन्यास में रन्ध्रावकाश अधिक होने के कारण इनका स्थूल घनत्व कम होता है। जबकि बालू तथा स्थूल गठन वाली मृदाओं का स्थूल घनत्व अपेक्षाकृत अधिक होता है।

3. **कार्बनिक पदार्थ की मात्रा (Organic matter content)** – कार्बनिक पदार्थ का स्थूल घनत्व 0.5 ग्राम प्रति घन सेन्टीमीटर होता है। जिन मृदाओं में कार्बनिक पदार्थ की मात्रा कम होती है उन मृदाओं का स्थूल घनत्व (bulk density) अधिक होता है क्योकीं कार्बनिक पदार्थ की कमी से सरन्ध्रता कम हो जाती है। इसके विपरित जिन मृदाओं में कार्बनिक पदार्थ की मात्रा अधिक होती है उन मृदाओं का स्थूल घनत्व कम होता है।

4. **मृदा सरन्ध्रता (Soil pore space)** – मृदा में रन्ध्रावकाश अधिक होने के कारण स्थूल घनत्व कम होता है।

5. **मृदा सघनता (Compactness of the soil)** – सघन मृदाओ मे रन्ध्रावकाश कम होने के कारण उनका स्थूल घनत्व भी अधिक होता है। लगातार गहन कृषि क्रियाऐं करने से मृदा में कार्बनिक पदार्थ की मात्रा कम हो जाती है एवं भारी मशीनों के उपयोग से मृदा सघन हो जाती है फलस्वरूप घनत्व बढ़ जाता है।

6. **मृदा प्रोफाइल की गहराई (Depth of soil profile)** – ऊपरी संस्तर (horizon) का स्थूल घनत्व कम होता है क्योंकि ऊपरी संस्तर में कार्बनिक पदार्थ की मात्रा अधिक होती है जबकि निचली संस्तरों की मृदाओं में कार्बनिक पदार्थ की मात्रा कम होने से स्थूल घनत्व (Bulk density) भी बढ़ जाता है।

स्थूल घनत्व का महत्व (Significance of bulk density)

1. यह मृदा सरन्ध्रता को प्रभावित करता है।
2. स्थूल घनत्व से मृदा का भार (weight) ज्ञात कर सकते हैं।
3. मृदा के भौतिक गुणों के अध्ययन करनें में स्थूल घनत्व का महत्व है।
4. यदि मृदा का स्थूल घनत्व अधिक होता है तो मृदा की भौतिक दशाये अनुपयुक्त होती है जिससे वे कम उपजाऊ होती है लेकिन यदि स्थूल घनत्व कम, सरन्ध्रता अधिक होने से मृदा के भौतिक गुण अनुकूल होते हैं एवं मृदा उपजाऊ होती है ।
5. पृष्ठ मृदाओं का स्थूल घनत्व 1.2–1.8, अधिक जैव परिमाण एवं सूक्ष्म गठन वाली मृदाओं का 1.0–1.4 तथा बालू व अधिक संघनित मृदाओं का 1.5–1.6 ग्राम प्रति घन सेन्टीमीटर के लगभग होता है। 1.7–1.9 ग्राम प्रति घन सेन्टीमीटर पर पौधों की जड़ों की वृद्धि पूर्ण रूप से रूक जाती हैं।

कण घनत्व (PARTICLE DENSITY)

शुष्क मृदा के ठोस भाग के प्रति इकाई आयतन के भार को कण घनत्व कहते हैं। इसे निरपेक्ष घनत्व (absolute density) या वास्तविक घनत्व (true density) भी कहते हैं तथा इसे ρs से व्यक्त किया जाता है। यह मृदा के कार्बनिक एवं अकार्बनिक अवयवों में संचित घनत्वों पर निर्भर करता है। इसकी इकाई ग्राम प्रति घन सेन्टीमीटर (g/c.c.), मैगाग्राम प्रति घन मीटर (Mg/m^3) एवं पौण्ड प्रति घनफुट ($lb/feet^3$) होती है। मृदाओं के कण घनत्व का परिसर 2.5–2.7 तक होता है एवं औसत मान 2.65 ग्राम प्रति घन सेन्टीमीटर होता है। मृदा में पाये जाने वाले खनिज पदार्थ जैसे फेल्सपार, क्वार्टज, हिमेटाइट, पायराइट एवं केल्साइट इत्यादि के घनत्व भिन्न–भिन्न होते हैं। भारी खनिजों से बनी मृदाओं का कण घनत्व अधिक होता है। आर्किमिडीज सिद्धांत का उपयोग करके मृदा कण घनत्व का निर्धारण किया जाता है। कार्बनिक यौगिकों की उपस्थिति से भी मृदा के घनत्व पर प्रभाव पड़ता है क्योंकि भार की दृष्टि से कार्बनिक यौगिक हल्के होते हैं। कुछ प्रमुख मृदा वर्ग कणों एवं खनिजों का कण घनत्व तालिका 7.11 एवं 7.12 में क्रमशः दिया गया है।

तालिका 7.11: प्रमुख मृदा वर्ग कणों का कण घनत्व (ग्राम प्रति घन सेन्टीमीटर)

वर्ग कण	कण घनत्व	वर्ग कण	कण घनत्व
महीन कंकड़	2.65	बहुत महीन बालू	2.66
मोटी बालू	2.64	सिल्ट	2.65
मध्यम बालू	2.64	क्ले	2.66
महीन बालू	2.66		

तलिका 7.12: प्रमुख खनिजों का कण घनत्व (ग्राम प्रति घन सेन्टीमीटर)

मृदा घटक / खनिज	कण घनत्व	मृदा घटक / खनिज	कण घनत्व
ओर्थोक्लेज	2.5-2.6	बायोटाइट	2.8-3.1
क्वार्टज	2.5-2.8	ऐपेटाइट	3.2-3.3
केल्साइट	2.6-2.8	ओलिवाइन	3.2-3.5
लेब्राडोराइट	2.68-2.71	लिमोनाइट	3.5-4.0
क्लोराइट	2.6-2.96	मैग्नेटाइट	4.9-5.2
मस्कोवाइट	2.7-3.0	पायराइट	4.9-5.2
एनोर्थाइट	2.76-2.77	हीमेटाइट	4.9-5.2
डोलोमाइट	2.8-2.9		

कण घनत्व को प्रभावित करने वाले कारक

1. **कार्बनिक पदार्थ** – कार्बनिक पदार्थ का कण घनत्व 1.1–1.5 ग्राम/घन सेन्टीमीटर तथा सामान्य मृदा का घनत्व 2.65 ग्राम/घन सेन्टीमीटर होता है। अतः कार्बनिक पदार्थ की मात्रा अधिक होने पर उसका कण घनत्व कम होगा।
2. **खनिज पदार्थ** – मृदा का कण घनत्व मुख्य रूप से खनिज पदार्थों की मात्रा एवं घनत्व पर निर्भर करता है। मृदा में खनिज जिनका कण घनत्व सामान्य मृदा की तुलना में अधिक है (तालिका 7.12)। ऐसे खनिज तत्वों की मात्रा अधिक होने पर मृदा का कण घनत्व भी अधिक होगा। अधिकांश मृदाओं में क्वार्टज एवं फेल्सपार खनिज होते हैं अतः मृदाओं का औसत कण घनत्व 2.6–2.7 ग्राम/घन सेन्टीमीटर होता है।
3. **मृदा गहराई** – मृदा गहराई भी कण घनत्व को प्रभावित करती है। मृदा की गहराई बढ़ने के साथ–साथ कण घनत्व (Partical density) भी बढ़ता है क्योंकि कार्बनिक पदार्थ की मात्रा पृष्ठ मृदा की तुलना में गहराई बढ़ने के साथ–साथ कम होती जाती है एवं कार्बनिक पदार्थ भार की दृष्टि से हल्के होते हैं।
4. **फसलों का प्रभाव** – मृदा में लगातार फसल उगाने से मृदा का कण घनत्व बढ़ जाता है, क्योंकि लगातार फसलें उगाने से निराई–गुड़ाई एवं गहरी जताई करनी पड़ती है। जिससे मृदा में वायु का संचार अच्छा हो जाता है। साथ ही कार्बनिक और खनिज पदार्थों का विच्छेदन शीघ्रता से होता है एवं इसकी मात्रा मृदा में कम हो जाती हैं और कण घनत्व बढ़ जाता है।

तालिका 7.13: स्थूल घनत्व (Bulk density) एवं कण घनत्व (Particle density) में तुलनात्मक विवरण

क्रमांक	स्थूल घनत्व (Bulk density)	कण घनत्व (Particle density)
1.	शुष्क मृदा के इकाई आयतन के भार को मृदा का स्थूल घनत्व कहते हैं।	शुष्क मृदा के ठोस भाग के प्रति इकाई आयतन के भार को कण घनत्व कहते हैं।
2.	इसे प्रत्यक्ष, आभासी घनत्व भी कहते हैं तथा ρb से दर्शाते हैं।	इसे निरपेक्ष घनत्व (absolute density) या वास्तविक घनत्व (true density) भी कहते हैं तथा ρs से व्यक्त किया जाता है।
3.	इनमें ठोस एवं रन्ध्रावकाश के आयतन को सम्मिलित किया जाता है।	इनमें केवल ठोस आयतन के भार को सम्मिलित किया जाता है।
4.	स्थूल घनत्व का मान हमेशा कण घनत्व से कम होता है।	कण घनत्व का मान हमेशा अधिक होता है।
5.	स्थूल घनत्व का मान कृषि एवं प्रबन्धन क्रियाओं के द्वारा आसानी से परिवर्तित की जा सकती है।	कण घनत्व का मान कृषि एवं प्रबन्धन क्रियाओं के द्वारा परिवर्तित नही किया जा सकता है।
6.	सामान्य मृदाओं का औसत स्थूल घनत्व 1.33 ग्राम/घन सेन्टीमीटर होता है।	सामान्य मृदाओं का औसत कण घनत्व 2.65 ग्राम/घन सेन्टीमीटर होता है।

मृदा रन्ध्रावकाश (SOIL PORE SPACE)

मृदा के प्राथमिक और द्वितीयक कण के संयोजन के फलस्वरूप निर्मित विभिन्न प्रकार के संरचनात्मक विन्यासों का अन्तरवर्ती स्थान रन्ध्रावकाश (Pore space) कहलाता है। दूसरे शब्दों में **मृदा में वह रिक्त स्थान जो कार्बनिक एवं खनिज पदार्थों के द्वारा अधिकृत/भरा (occupied) न होकर, वायु तथा जल से भरा होता है, रन्ध्रावकाश कहलाता है।** मृदा के सम्पूर्ण आयतन का वह प्रतिशत भाग जो ठोस नहीं होता अर्थात् रिक्त पाया जाता है मृदा सरन्ध्रता (Soil porosity) कहलाता है। मृदा सरन्ध्रता सदैव प्रतिशत में व्यक्त किया जाता है।

मृदा रन्ध्रावकाश के प्रकार (Types of soil pore space)

मृदा रन्ध्रावकाश दो प्रकार के होते हैं।

1. **केशीय रन्ध्र (Capillary pores)** – रन्ध्र जिनका आकार 0.06 मिमी से कम हो, केशीय रन्ध्र कहलाते हैं। आमतौर पर इन्हें सूक्ष्म रन्ध्र (Micro pores) भी कहते हैं। यह अत्यन्त महीन एवं सूक्ष्म नालियाँ (Tubes) होती हैं जिनमें गुरुत्व बल (Gravitational force) के विरुद्ध केशीय बल (Capillary force) द्वारा जल नीचे से ऊपर की ओर उठता है अथवा रुका होता है और बहकर नष्ट नहीं होता है। केशीय रन्ध्रों के कारण ही मृदा में जल धारण क्षमता का गुण होता है। केशीय रन्ध्र यौगिक कणिकाओं (granules) के भीतर पाया जाता है। मृदा के कणों का आकार बढ़ने पर केशीय रन्ध्र कम होते हैं अतः क्ले मृदा में केशीय रन्ध्र बहुत अधिक होते हैं इससे पानी आसानी से नहीं बहता। केशीय रन्ध्र पौधों के लिये महत्वपूर्ण होते हैं।

2. **अकेशीय रन्ध्र (Non-capillary pores)** – रन्ध्र जिनका आकार 0.06 मिमी से अधिक होते है, अकेशीय रन्ध्र कहलाते हैं। इन्हें दीर्घ रन्ध्र (Macro pores) भी कहते हैं। इनमें वायु एवं जल का आसानी से संचार (movement) होने से गुरुत्व बल के कारण अतिरिक्त जल बहकर अधोमृदा के निचले सस्तरों में चला जाता है। इस प्रकार अकेशीय रन्ध्रों में जल संचय क्षमता नहीं होती है। अकेशीय रन्ध्र यौगिक कणिकाओं (granules) के बीच में पाया जाता है। मृदा के कणों का आकार बढ़ने पर अकेशीय रन्ध्रों की संख्या बढ़ जाती हैं अतः बलुई मृदा में अकेशीय रन्ध्र बहुत अधिक होते हैं जबकि क्ले युक्त मृदा में केशीय रन्ध्रों की संख्या अधिक होती है। सूक्ष्म रन्ध्रों एवं दीर्घ रन्ध्रों का तुलनात्मक विविरण निचे तालिका 7.14 में दिया गया है।

तालिका 7.14: सूक्ष्म रन्ध्रों एवं दीर्घ रन्ध्रों में अन्तर

क्रमांक	सूक्ष्म रन्ध्र (Micro pores)	दीर्घ रन्ध्र (Macro pores)
1.	सूक्ष्म रन्ध्रों का व्यास < 0.06 मिमी होता है।	दीर्घ रन्ध्रों का व्यास > 0.06 मिमी होता है।
2.	सूक्ष्म रन्ध्रों को केशीय रन्ध्र (Capillary pores) भी कहते हैं।	दीर्घ रन्ध्रों को अकेशीय रन्ध्र (Non-capillary pores) भी कहते हैं।

क्रमांक	सूक्ष्म रन्ध्र (Micro pores)	दीर्घ रन्ध्र (Macro pores)
3.	केशीय रन्ध्र यौगिक कणिकाओं (granules) के भीतर पाया जाता है।	अकेशीय रन्ध्र यौगिक कणिकाओं (granules) के बीच में पाया जाता है।
4.	इनमें वायु एवं जल भरे होते है जो लम्बे समय तक बरकरार रहते हैं।	इनमें अपेक्षाकृत दीर्घ आकार के रन्ध्र होने के कारण जल बहकर अधोमृदा के निचले सस्तरों में चला जाता है।

मृदा सरन्ध्रता एवं घनत्व के बीच सम्बन्ध (Relationship between porosity and densities of soil)

जलयुक्त रन्ध्रावकाश का आयतन = रन्ध्रों का सम्पूर्ण आयतन – वायुयुक्त रन्ध्रों का आयतन

वायुयुक्त रन्ध्रावकाश का आयतन = रन्ध्रों का सम्पूर्ण आयतन – जलयुक्त रन्ध्रों का आयतन

$$\text{प्रतिशत ठोस स्थान} = \frac{\text{स्थूल घनत्व}}{\text{कण घनत्व}} \times 100$$

चूँकि प्रतिशत ठोस स्थान + प्रतिशत रन्ध्रावकाश = 100

प्रतिशत रन्ध्रावकाश = 100 — प्रतिशत ठोस स्थान

$$\text{प्रतिशत रन्ध्रावकाश} = 100 - \left(\frac{\text{स्थूल घनत्व}}{\text{कण घनत्व}}\right) \times 100$$

$$= \left(1 - \frac{\text{स्थूल घनत्व}}{\text{कण घनत्व}}\right)$$

सरन्ध्रता (Porosity) को निम्नलिखित सूत्र द्वारा व्यक्त किया जा सकता है

$$\text{Porosity} (\%) = \left[1 - \frac{\rho b}{\rho s}\right] x\, 100$$

जहाँ ρb = स्थूल घनत्व, ρs = कण घनत्व।

रन्ध्रावकाश को प्रभावित करने वाले कारक

मृदा के रन्ध्रावकाश का आकार एवं सम्पूर्ण आयतन निम्नलिखित कारकों पर आधारित है–

1. **मृदा कणाकार (Soil texture)** – मृदा कणाकार रन्ध्रावकाश को प्रभावित करता है। महीन मृदा कणाकार वाली मृदा में कुल सूक्ष्म रन्ध्रों की संख्या अधिक होने के कारण उनके मध्य सम्पूर्ण रन्ध्रावकाशों का कुल आयतन अधिक होता है। इसके विपरीत रुक्ष कण (Coarse texture) वाली मृदा में रन्ध्रावकाश काफी बड़े होते हैं परन्तु इकाई आयतन में संख्या कम होती है अतः उनके मध्य सम्पूर्ण रन्ध्रावकाश भी कम होता है।
2. **मृदा संरचना (Soil structure)** – मृदा में विभिन्न आकार (Size) और रूप (Shape) वाले कण पाये जाते हैं जिनकी मृदा के गठन में निश्चित व्यवस्था नहीं होती है। अनेक कणों के आपस में जुड़ने की व्यवस्था के आधार पर उनके बीच रिक्त स्थान का सम्पूर्ण आयतन निर्भर करता है। दानेदार मृदा संरचना की तुलना में क्रम्बी संरचना में कुल रन्ध्रावकाश की

संख्या अधिक होती है। ब्लॉकी मृदा संरचना में कुल रन्ध्रावकाश की संख्या गोलाकार मृदा संरचना की तुलना में कम लेकिन आमतौर पर प्रिज्म संरचना से अधिक होती है। प्लेटी संरचना में सबसे कम रन्ध्रावकाश की संख्या होती है। इस प्रकार मृदाऐं जिनमें विभिन्न प्रकार की संरचना (दानेदार, क्रम्बी, ब्लोकी, गोलाकार एवं प्रिज्मीय) होती है उनमें रन्ध्रावकाश की संख्या मृदा संरचना की उपस्थिती के अनुसार कम या अधिक होती है।

दानेदार व्यवस्था में मृदा के अनेक सूक्ष्म कण परस्पर मिलकर बड़े–बड़े यौगिक कण बनाते हैं। सम्पूर्ण सरन्ध्रता यौगिक कणों के बीच तथा यौगिक कणों के भीतर के योग के बराबर होता है। प्रत्येक यौगिक कण अपने पास के चार अन्य यौगिक को स्पर्श करते हैं। इस प्रकार की व्यवस्था सर्वोत्तम मानी जाती है क्योकि सरन्ध्रता 50–70% होती है।

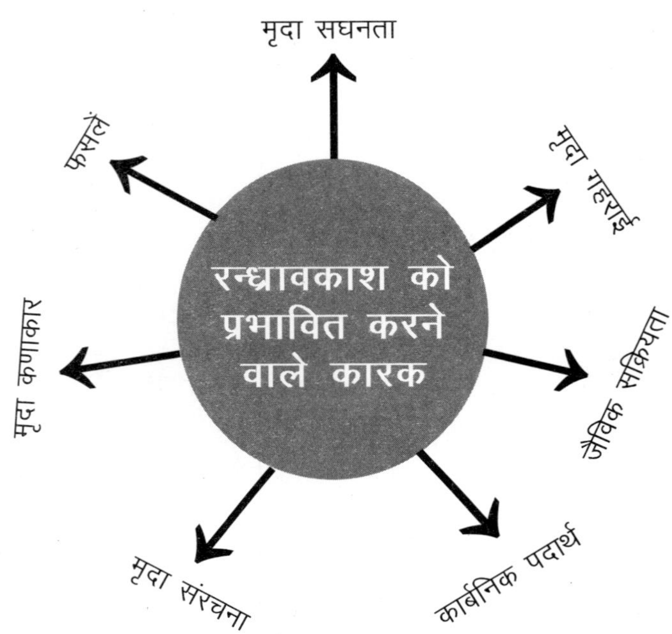

3. **कार्बनिक पदार्थ (Organic matter)** – कार्बनिक पदार्थ की मात्रा एवं सरन्ध्रता में सीधा सम्बन्ध होता है। मृदा में कार्बनिक पदार्थ की मात्रा अधिक होने पर सरन्ध्रता अधिक एवं कार्बनिक पदार्थ की मात्रा कम होने पर सरन्ध्रता कम होती है। वजन के आधार पर कार्बनिक पदार्थ, खनिज पदार्थ की तुलना में हल्के होते है एवं इनमें रन्ध्रावकाश की संख्या अधिक होती है। क्योंकि कार्बनिक पदार्थ की पर्याप्त मात्रा की उपस्थिति एवं विघटन से सूक्ष्म कणों का कणीभवन (granulation) करते है और बड़े रन्ध्रावकाशों का सम्पूर्ण आयतन बढ़ जाता है।

4. **जैविक सक्रियता (Biological activity)** – जैविक सक्रियता एवं सरन्ध्रता में भी सीधा सम्बन्ध होता है। केंचुए, चींटियाँ, दीमक, अन्य प्रकार के सूक्ष्म जीवाणु एवं पौधों की जड़ें मृदा में अकेशीय/दीर्घ रन्ध्रों की संख्या एवं मात्रा बढ़ा देते हैं जिसमें जल एवं वायु का संचरण बढ़ जाता है। सूक्ष्म जीवों द्वारा कार्बनिक पदार्थ के विघटन से जो पदार्थ बनते हैं उनसे मृदा कणों का कणीभवन (granulation) करते हैं फलस्वरूप सम्पूर्ण सरन्ध्रता बढ़ जाती है।

5. **मृदा गहराई (Depth of soil)** – मृदा गहराई एवं सरन्ध्रता में विपरीत सम्बन्ध होता है। पृष्ठ मृदा में कार्बनिक पदार्थ की मात्रा अधिक एवं उनके विघटन से सूक्ष्म कणों का कणीभवन (granulation) होता है जिससे बड़े रन्ध्रावकाशों का सम्पूर्ण आयतन बढ़ जाता है इसलिए पृष्ठ मृदा में रन्ध्रावकाशों की संख्या अधिक होती है। कार्बनिक पदार्थ की मात्रा मृदा गहराई के बढ़ने के साथ–साथ घटती जाती है एवं गहराई अधिक होने पर रन्ध्रावकाश कम होता है।
6. **मृदा सघनता (Soil compactness)** – सघन मृदाओं में रन्ध्रावकाश कम पाया जाता है। यान्त्रिक मशीनों के लगातार उपयोग से मृदा कठोर हो जाती है जिससे मृदा में कुल रन्ध्रावकाश की संख्या कम हो जाती है। सघन कृषि कार्य से कार्बनिक पदार्थ की मात्रा में कमी हो जाती है जिससे रन्ध्रावकाश भी कम हो जाता है।
7. **फसलें (Cropping)** – लगातार फसलें उगाने से मृदा में कार्बनिक पदार्थों की मात्रा कम हो जाती है जिससे रन्ध्रावकाश भी कम हो जाता है।

कृषि में रन्ध्रावकाश का महत्त्व (Importance of soil porosity in Agriculture)

उत्तम कृषि के लिए रन्ध्रावकाश बहुत महत्त्वपूर्ण होते हैं। रन्ध्रावकाश के कुछ महत्त्व निम्नलिखित हैं–

1. रन्ध्रावकाश पौधों तथा सूक्ष्म जीवाणुओं को समुचित मात्रा में वायु एवं जल की पूर्ति करते हैं।
2. सूक्ष्म जीवाणु की सक्रियता रन्ध्रावकाशों की मात्रा पर निर्भर करती है।
3. रन्ध्रावकाश द्वारा ही मृदा में भुरभुरापन (Friability) पाया जाता है।
4. रन्ध्रावकाश द्वारा जड़ संस्थान की वृद्धि एवं विकास समुचित मात्रा में होता है।
5. मृदा में जल, वायु, ताप एवं पोषक तत्वों के संगठन के लिए सरन्ध्रता महत्त्वपूर्ण कार्य करता है।
6. रन्ध्रावकाश के द्वारा जल अवशोषण, निस्यन्दनता (Filteration), जल–संचार, मृदा का आन्तरिक ताप एवं घर्षण इत्यादि का नियन्त्रण होता है।
7. मृदाओं में केशीय तथा अकेशीय रन्ध्रों का अनुपात समान होने पर जल तथा वायु का समुचित संचार होता है जिससे फसलों का सफल उत्पादन सम्भव है।
8. केशीय रन्ध्रावकाशों में जल भरे रहने से मृदा की जलधारण क्षमता में वृद्धि होती है एवं इसमें पोषक तत्व घुलकर पौधों की जड़ों द्वारा ग्रहण कर लिये जाते हैं।
9. सूक्ष्म जीवाणुओं के श्वसन के लिए आवश्यक ऑक्सीजन मृदा वायु से प्राप्त होती है जिसकी मात्रा रन्ध्रावकाश पर आधारित है।
10. मृदा उर्वरता पर रन्ध्रावकाश का प्रत्यक्ष प्रभाव रहता है। अधिक उर्वरा और आर्दश मृदा में केशीय और अकेशीय रन्ध्र का आयतन भी बराबर बराबर होना चाहिए।
11. मृदा के अन्य अनेक भौतिक गुण केशीय एवं अकेशीय रन्ध्रों पर आधारित हैं – भूमि को ऊष्मा रन्ध्रावकाश द्वारा ही उपलब्ध होती है जो पौधों एवं जीवाणुओं की वृद्धि एवं विकास के लिए आवश्यक है।

मृदा गाढ़ता (SOIL CONSISTENCY)

मृदा गाढ़ता मृदा का वह भौतिक गुण है जो प्रवाह के प्रति मृदा प्रतिरोध द्वारा प्रकट होता है। मृदा गाढता की धारणा मृदा गुणों जैसे संपीड़न और अपरूपण का प्रतिरोध, भुरभुरता (Friability), सुघट्यता तथा चिपचिपापन को सम्मिलित करती है।

परिभाषा (Definition) – मृदा गाढ़ता भिन्न–भिन्न आर्द्रताओं (moisture) में मृदा पदार्थों के संसजन (cohesion) तथा आसंजन (adhesion) की मात्रा (degree) तथा प्रकार या मृदा पदार्थ को विघटन (Rupture) या विरूपित (deformation) करने की ओर लगे बलों की प्रतिरोधिता (Resistance) को प्रदर्शित करते हैं।

गाढता पैदा करने वाले बल (Forces causing consistence)

मुख्य रूप से दो बल, ससंजन एवं आसंजन मृदा गाढ़ता के लिए उत्तरदायी है। इसके अतिरिक्त कार्बनिक यौगिक, आयरन एवं एल्यूमीनियम ऑक्साइड एवं हाइड्रोक्साइड तथा कैल्शियम कार्बोनेट भी मृदा गाढ़ता में सहयोग देते हैं। मृदा गाढ़ता मृदा कणाकार, संरचना, अकार्बनिक और कार्बनिक कोलाइडी पदार्थों की प्रकृति एवं मात्रा तथा मुख्य रूप से मृदा नमी की मात्रा पर निर्भर करती है।

- **ससंजन (Cohesion)** – एक ही प्रकार के अणुओं के बीच जो परस्पर आकर्षण बल पाया जाता है उसे ससंजन कहते हैं। जल के अणुओं के बीच का आकर्षण बल ससंजन बल कहलाता है।
- **आसंजन (Adhesion)** – भिन्न–भिन्न प्रकार के अणुओं के मध्य जो परस्पर आकर्षण बल होता है उसे आसंजन कहते हैं। जल के अणु व मृदा कणों में आकर्षण आसंजन का ही उदाहरण है।

मृदा गाढ़ता के रूप (Forms of soil consistency)

नमी के तीन स्तर गीला, नम और शुष्क के आधार पर मृदा गाढ़ता को वर्णित किया गया है। मृदा की गाढ़ता, मृदा में नमी की मात्रा पर निर्भर करती है। मृदा गाढ़ता निम्नलिखित प्रकार की होती है –

1. चिपचिपी गाढ़ता (Sticky consistency) – इससे विभिन्न पदार्थों के चिपकने का गुण प्रमाणित होता है।
2. सुघट्य गाढ़ता (Plastic consistency) – कठोरता के गुण एवं मुड़ने की क्षमता द्वारा स्पष्ट होता है।
3. कोमल गाढ़ता (Soft consistency) – भुरभुरेपन की विशेषता को प्रदर्शित करता है।
4. कठोर गाढ़ता (Hard consistency) – इससे कठोरता का गुण प्रदर्शित होता है।

1. **गीली मृदा की गाढ़ता (Wet soil consistency)** – गीली मृदाओं की गाढ़ता क्षेत्र धारिता (field capacity) से कुछ अधिक जल की मात्रा पर निर्धारित की जाती है। गीली अवस्था में मृदा चिपचिपापन एवं सुघट्यता प्रदर्शित करती है।

A. **चिपचिपापन (Stickiness)** – गीली अवस्था में मृदा चिपचिपापन ज्ञात करने के लिये मृदा को अँगुली एवं अंगूठे के बीच दबाया जाता है। चिपचिपापन की मात्रा के आधार पर इसे चार भागों मे बांटा गया है।

1. **अचिपचिपी (Non-Sticky)** – दाब हटा लेने पर अँगुली एवं अंगूठे पर मृदा (soil) बिल्कुल नहीं चिपकती है।
2. **अल्प अचिपचिपी (Slightly sticky)** – दाब हटा लेने पर मृदा अँगुली एवं अंगूठे पर थोड़ी चिपक जाती है।
3. **चिपचिपी (Sticky)** – दाब हटा लेने पर मृदा अँगुली एवं अंगूठे पर थोड़ी चिपक जाती है तथा खीचनें पर कुछ हद तक खिंच जाती है।
4. **बहुत चिपचिपी (Very sticky)** – दबाव के हटाने से मृदा अँगुली एवं अंगूठे पर मजबूती के साथ बहुत अधिक मात्रा में चिपक जाती है तथा खीचनें पर खिंचती है।

B. **सुघट्यता (Plasticity)** – सुघट्यता को लचीलापन भी कहते हैं। सुघट्यता गीली मृदा का वह गुण है जिसके कारण दाब लगाने पर मृदा किसी ऐच्छिक रूप में मोड़ी जा सकती है और दाब हटाने पर पुनः उसी अवस्था में बनी रहती है। मृदा की सुघट्यता ज्ञात करने के लिए गीली मृदा को अँगुली एवं अंगूठे के बीच रखकर अंगूठे एवं अँगुली की सहायता से तार बनाते हैं। इस प्रक्रिया में यह देखा जाता है कि मृदा का तार बनता है या नहीं। तार बनने के आधार पर सुघट्यता निम्नलिखित प्रकार की होती है।

1. **असुघट्य (Non-plastic)** – तार नहीं बन पाता है तो मृदा असुघट्य होती है।
2. **अल्प सुघट्य (Slightly plastic)** – तार बनता है परन्तु तार बढ़ने पर सरलतापूर्वक टूट जाता है।
3. **सुघट्य (Plastic)** – तार सरलतापूर्वक बन जाता है परन्तु उसे जोड़े रखने के लिए बल की आवश्यकता पड़ती है।
4. **बहुत सुघट्य (Very plastic)** – तार बनता है और तोड़ने पर काफी कड़ाई के बाद ही टूटता है।

2. **शुष्क मृदा की गाढ़ता (Dry soil consistency)** – मृदा का कठोरपन गुण अत्यन्त महत्त्वपूर्ण है। मृदा का कठोरपन ही किसी बाहरी दबाव के द्वारा इसे तोड़कर इसमें प्रवेश को रोक सकता है। वायु शुष्क मृदा दृढ़ता अथवा कठोरता प्रदर्शित करती है। इस कठोरता को डाइनेमोमीटर या प्रति किग्रा वर्ग सेमी (Kg/cm^2) में नापते हैं। यह मृदा के ससंजन या संगठन पर आधारित है।

i. **ढ़ीली (Loose)** – इसमें कण असम्बद्ध (Non coherent) होते हैं। उदाहरण – मोटी बलुई।

ii. **कोमल (Soft)** – अल्प मात्रा में दाब लगाने से कण टूटकर चूर्ण बन जाते हैं। उदाहरण – बलुई अथवा बलुई दोमट।

iii. **अल्प कठोर (Slightly hard)** – दाब के प्रति बहुत कम प्रतिरोधी होती है तथा अँगुली एवं अंगूठे के बीच आसानी से टूट जाती है।

iv. **कठोर (Hard)** – दाब के प्रति सामान्य रूप से प्रतिरोधी होती है, अँगुली एवं अंगूठे के बीच नहीं टूटती परन्तु हाथ में आसानी से टूट जाती है।

v. **बहुत कठोर (Very hard)** – दाब के प्रति बहुत प्रतिरोधी होती है। हाथ में कठिनाई से टूट सकता है।

vi. **अत्यधिक कठोर (Extremely hard)** – दाब के प्रति बहुत अधिक प्रतिरोधी होती है एवं हाथ से तोड़ने पर भी नही टूटता है। उदाहरण – एल्यूवियल परत की मृदा।

3. **नम मृदा की गाढ़ता (Moist soil consistency)** – मृदा में जल की मात्रा जब वायु शुष्क तथा क्षेत्र धारिता के बीच होती है तो नम मृदाओं की गाढता का निर्धारण किया जाता है। नम मृदा गाढ़ता की निम्नलिखित विशेषताएँ हैं –

- मृदा पर दाब डालने पर छोटे–छोटे कणों में टूट जाती है फिर भी चूर्ण नहीं बनता है।
- भंगुरता अनुपस्थित होती है।
- टूटने से पूर्व मृदा का कुछ रूप परिवर्तित होता है।
- टूटे एवं बिखरे भाग को मिलाने एवं दबाने पर उसमें चिपकने की क्षमता होती है।

नम मृदा की गाढ़ता को ज्ञात करने के लिए उसे हाथ से तोड़ते हैं जिसमें निम्नलिखित स्थितियाँ बनती हैं।

i. **ढीली (Loose)** – असंसक्त/असम्बद्ध (Non coherent)।

ii. **बहुत भुरभुरी (Very friable)** – मृदा बहुत कम दाब डालने पर टूट जाती है तथा आपस में दबाये जाने पर संसक्त (coheres) होती है।

iii. **भुरभुरी (Friable)** – मृदा थोड़ा सा दाब डालने पर सरलता से टूट जाती है।

iv. **दृढ़ (Firm)** – मृदा को अँगुली एवं अंगूठे के बीच में सामान्य दाब पर दबाने पर टूट जाती है और प्रतिरोध स्पष्ट रूप से ज्ञात होता है।

v. **बहुत दृढ़ (Very firm)** – मृदा अधिक दाब डालने पर टूट जाती है।

vi. **अत्यधिक दृढ़ (Extremely firm)** – मृदा टुटने के प्रति प्रतिरोध (resistant) होती है। मृदा अँगुली एवं अंगूठे के बीच में दाब डालने से भी नही टूटती है।

सीमेन्टेड मृदा गाढ़ता (**Cemented soil consistency**) – कभी कभी मृदा में उपलब्ध कुछ सीमेन्ट पदार्थ जैसे – सिलिका, कैल्शियम कार्बोनेट, आयरन एवं एल्यूमीनियम के ऑक्साइड तथा लवणों के कारण गाढ़ता पायी जाती है जो अत्यन्त कठोर एवं भंगुर होती है जो हाथ से टूट जाती है।

1. **दुर्बल सीमेन्टेड (Weakly cemented)** – मृदा संहति कठोर एवं भंगुर होती है जो हाथ से टूट जाती है।
2. **अधिक सीमेन्टेड (Strong cemented)** – मृदा संहति कठोर एवं भंगुर होती है जो हाथ से नहीं टूटती परन्तु हथौड़े से टूट जाती है।
3. **कठोरीभूत (Indurated)** – अत्यन्त मजबूत, कठोर एवं भंगुर होती है। इसे तोड़ने के लिए हथौड़े से बार–बार बलपूर्वक प्रहार करना पड़ता है। जल से भिगोने पर जल्दी मुलायम नहीं होती है।

मृदा रंग (SOIL COLOUR)

मृदा रंग मृदा की एक महत्त्वपूर्ण भौतिक विशेषता होती है। मृदा रंग स्थान से स्थान तथा एक समान प्रोफाइल में संस्तर से संस्तर भिन्न हो सकता है। मृदा रंग की गहनता एवं विभिन्नता प्रोफाइल की गहराई एवं विकास पर आधारित है। मृदा रंग अप्रत्यक्ष रूप से जलवायु (मृदा ताप एवं नमी) को प्रभावित करके पौधों की वृद्धि को प्रभावित करता है। प्रोफाइल के रंग द्वारा उसके विकास में जलवायु, समय, पैतृक पदार्थ, जैव पदार्थ, भूतल इत्यादि के योगदान एवं उनकी प्रचण्डता का बोध होता है। मृदा रंग के द्वारा मृदा की उर्वरता एवं उत्पादकता का बोध होता है। मृदा के रंग भिन्न–भिन्न होते हैं। उदाहरण– सफेद, लाल, भूरा, काला, पीला तथा बादामी आदि। विभिन्न द्रव्यों की उपस्थिति तथा मृदा प्रक्रियाओं के कारण मृदा में ये रंग विकसित हो जाते हैं।

मृदा रंग के प्रकार (Type of soil colour)

उत्पत्ति के आधार पर मृदा रंगों को दो भागों में विभाजित किया जाता है।

1. **लिथोक्रोमिक रंग (Lithochromic colour)** – मृदा रंग का अपने पैतृक पदार्थ से विकसित होना, लिथोक्रोमिक रंग कहलाता है। उदाहरण – लाल मृदा का लाल बालू–पत्थर से विकसित होना, हीमेटाइट से लाल, कैल्साइट एवं सिलिका ऑक्साइड से सफेद उत्पन्न होने वाले रंग अश्मवर्णी रंग होते हैं।।
2. **पेडोक्रोमिक रंग (Pedochromic colour)** – मृदा रंग का विकास मृदा निर्माण प्रक्रियाओं के माध्यम से होना पेडोक्रोमिक रंग कहलाता है। इसे जनक या उपार्जित रंग (Genetic or Acquired colour) भी कहते हैं। उदाहरण – लाल मृदा का विकास ग्रेनाइट से होना।

मृदा रंग को प्रभावित करने वाले कारक

मृदा रंग को प्रभावित करने वाले कारक निम्नलिखित हैं–

1. **कार्बनिक पदार्थ (Organic matter)**: कार्बनिक पदार्थ की मात्रा अधिक होने से मृदा का रंग गहरे भूरे से काला हो जाता हैं।
2. **आयरन यौगिक (Iron compound)**: आयरन यौगिको की मात्रा अधिक होने से मृदा का रंग लाल, भूरा तथा पिला हो जाता है। आयरन की उपस्थिति में शुष्क क्षेत्रों की मृदा का रंग लाल एवं नम क्षेत्रों में मृदा का रंग आयरन के जलयोजित ऑक्साइडों के कारण लाल से पिला तक होता हैं।
3. **सिलिका, चूना एवं अन्य लवण (Silica, lime and other salt)**: मृदा का सफेद या हल्का रंग सिलिका, चूना, कैल्साइट, केओलिनाइट, जिप्सम, मृत्तिका खनिज एवं अन्य लवणों की उपस्थिति के कारण पाया जाता है।
4. **कैल्शियम तथा मैग्नीशियम के कार्बोनेट**: इनकी उपस्थिति से मृदा का रंग सफेद या कभी–कभी ओलिव ग्रीन होता है।

5. **वैकल्पिक गीला और सुखाने (Alternate wetting and drying):** भारी वर्षा और शुष्क अवधि के दौरान मिट्टी का अपचयन/रिडक्शन और ऑक्सीकरण होता है। इस तरह की वैकल्पिक अपचयन (रिडक्शन) और ऑक्सीकरण के विकास के कारण मृदा प्रोफाइल के विभिन्न संस्तरों का रंग कर्बुरण (variegated) या चितकबरा (mottled) हो जाता है।

मृदा के रंग का निर्धारण (Determination of soil colour)

मृदा के रंग का निर्धारण करने के लिए मुन्सेल रंग चार्ट का प्रयोग किया जाता है। मुन्सेल रंग चार्ट में कुल 199 चिप होती है। यह 20 वीं सदी के पहले दशक में प्रोफेसर अल्बर्ट एच. मुन्सेल (Albert H. Munsell) द्वारा बनाया गया था। 1930 के दशक में मृदा अनुसंधान के लिए यू.एस.डी.ए. (USDA) इसे सरकारी रंग प्रणाली के रूप में अपनाया था। इस प्रणाली में मृदा के एक छोटे से टुकड़े को मृदा रंग पुस्तक (soil colour book) में मानक रंग चिप से तुलना की जाती है। प्रत्येक रंग चिप का रंगो के तीन घटकों से वर्णन किया गया है यानी वर्ण, मान तथा क्रोमा। उदाहरण के लिए – 2.5 YR, 5/6 से तात्पर्य 2.5 YR वर्ण (Hue), 5 मान, 6 क्रोमा और मृदा के लाल रंग से हैं।

1. वर्ण (Hue) – यह प्रमुख वर्णक्रमीय रंग (dominant spectral colour) को दर्शाता है।
2. मान (Value) – यह रंग की चमक को दर्शाता है और गहरे रंगो से हल्के रंगो की ओर बढ़ता है।
3. क्रोमा (Chroma) – यह रंग की परिशुद्धता (purity) का प्रतिनिधित्व करता है।

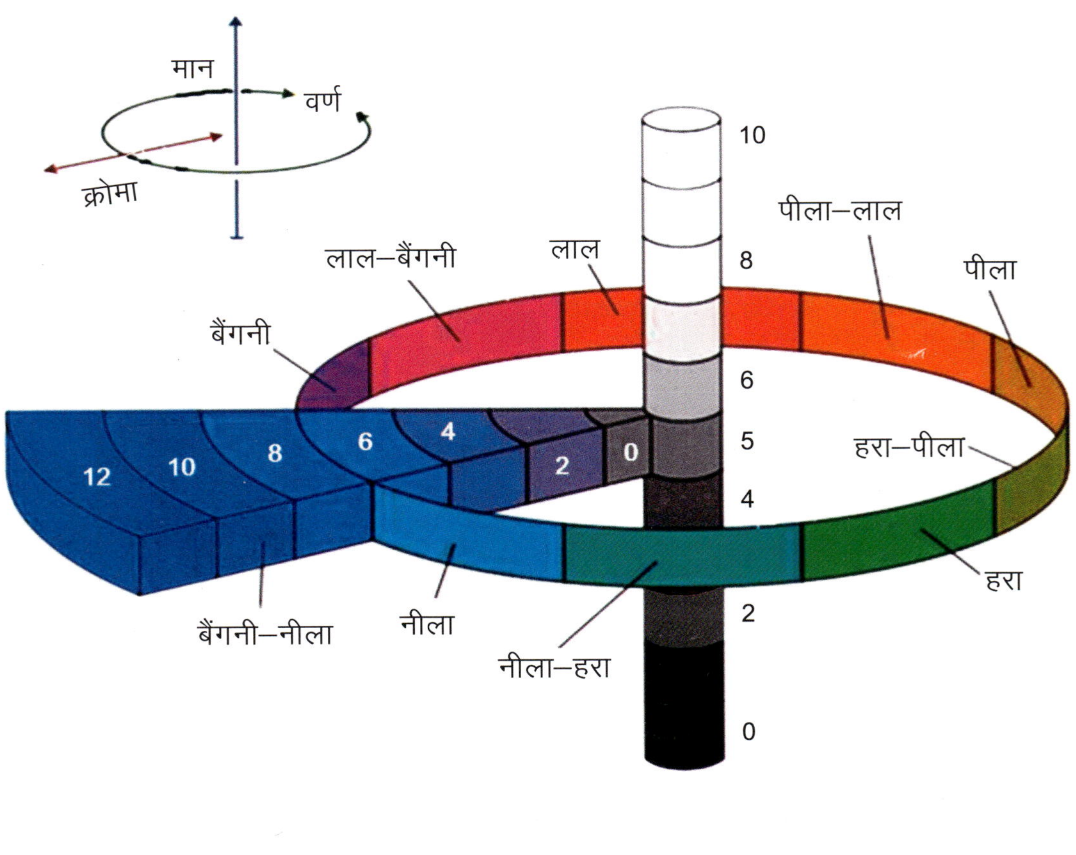

मृदा रंग का महत्व

1. मृदा रंग के आधार पर मृदाओं की पहचान तथा वर्गीकरण करने में सहायता मिलती है।
2. मृदा रंग मृदा प्रोफाइल के विभिन्न संस्तरों की पहचान एवं अन्तर करने में मदद करता है। कार्बनिक संस्तर (O horizon) या ऊपरी संस्तर का रंग कार्बनिक पदार्थ की उपस्थिति के कारण निचले संस्तर (A horizon) की तुलना में गहरा होता है।
3. यह मृदा नमी प्रणाली (soil moisture system) के लिए एक सूचक होता है।
4. यह मृदा की कई भौतिक एवं रासायनिक विशेषताओं का सूचक है
5. मृदा की उत्पादकता का निर्धारण या मूल्यांकन मृदा रंग के आधार किया जाता है। गहरे रंग की मृदायें प्रायः अधिक उपजाऊ होती है। मृदा रंग के आधार पर उत्पादकता को इस प्रकार लिख सकते है:

   काला > बादामी > रस्ट भूरा > भूरा बादामी > लाल > भूरा > पीला > सफेद
6. मृदा रंग, मृदा अत्यधिक लवण की उपस्थिति का सूचक है।
7. मृदा रंग मृदा निर्माण में सम्मिलित प्रक्रियाओं (निक्षालन एवं अपरदन) के विस्तार को बताता है।
8. मृदा रंग जनन (genesis) के अध्ययन में सहायक है।
9. मृदा रंग से जलवायु तथा स्थलाकृति का ज्ञान होता है।
10. मृदा रंग के अनुसार जल निकास की आवश्यकता का निर्धारण करने में सहायक है।
11. मृदा के विभिन्न रंग के आधार पर मृदा में उपस्थित विभिन्न रासायनिक अवयवों का अनुमान लगाया जा सकता है। उदाहरण –

क्र.स.	मुख्य रासायनिक अवयव	मृदा रंग
1.	ह्यूमस की अधिकता	काला या बादामी
2.	फेरिक ऑक्साइड	लाल, लाल बादामी या बादामी लाल
3.	फेरस आयरन के यौगिक एवं कार्बनिक पदार्थ	लाल, नीला
4.	बालू या खड़िया	हल्का पीला, सफेद या भूरा

मृदा तापमान (SOIL TEMPERATURE)

मृदा तापमान भी जल, वायु एवं पोषक तत्वों की तरह पादप वृद्धि के लिए एक महत्त्वपूर्ण कारक है। यह पादप वृद्धि एवं मृदा की रासायनिक एवं जैविक क्रियाओं के नियन्त्रण में महत्त्वपूर्ण योगदान निभाता है। मृदा नमी, वातन, संरचना, कार्बनिक पदार्थों की अपघटन दर, कार्बनिक नाइट्रोजन का खनिजीकरण, अन्य मृदा रासायनिक एवं जैविक क्रियाओं के द्वारा मृदा तापमान पादप वृद्धि को प्रत्यक्ष एवं अप्रत्यक्ष रूप से प्रभावित करता है। प्रत्येक जैव रासायनिक क्रिया के लिए उचित तापक्रम अलग–अलग होता है। प्रायः लगभग सभी जैविक क्रियाएँ 5°–50° सेंटीग्रेड की सीमा में समुचित रूप से चलती हैं। तापमान सेल्सियस (°C), फॉरेनहाइट (°F) एवं रीयावूमर (°R) में मापी जाती है।

ऊष्मा के स्रोत (Sources of Heat)

1. **विकिरण ऊर्जा (Solar energy)** – विकिरण ऊर्जा का प्रमुख स्रोत सूर्य है। जब सूर्य की विकिरण ऊर्जा मृदा पृष्ठ पर गिरती है तो सम्पूर्ण ऊर्जा का केवल कुछ अंश मृदा में अवशोषित होता है तथा शेष वायुमण्डल में परावर्तित हो जाती है। अवशोषित ऊष्मा का कुछ भाग मृदा को गर्म करने में तथा कुछ भाग मृदा जल को वाष्पित करने में प्रयुक्त हो जाता है, शेष वायुमण्डल में विकीर्ण हो जाता है। अतः मृदा का ताप (soil temperature) सूर्य से प्राप्त विकिरण ऊर्जा की मात्रा पर निर्भर करता है।
2. **कार्बनिक पदार्थ (Organic matter)** – मृदा में कार्बनिक पदार्थ के विच्छेदन के दौरान होने वाली रासायनिक क्रियाओं के फलस्वरूप ऊष्मा उत्पन्न होती है।
3. **रासायनिक एवं जैव रासायनिक अभिक्रियाएँ** – मृदा में रासायनिक एवं जैव रासायनिक अभिक्रियायें एवं प्रतिक्रियायें निरन्तर चलती रहती हैं। कुछ अभिक्रियाओं द्वारा मृदा में ऊष्मा का उत्पादन होता है फलस्वरूप मृदा ताप प्रभावित होता है।
4. **गर्म वर्षा (Warm rain)** – जिस समय वर्षा ऋतु का आगमन होता है उस समय वायुमण्डल का ताप वर्षा के पानी के ताप से अधिक है। अतः वर्षा जल वायुमण्डल के ताप के कारण थोड़ा गर्म हो जाता है। अतः गर्म वर्षा जल मृदा सतह को कुछ मात्रा में ऊष्मा प्रदान करता है।

मृदा के ऊष्मीय गुण (Thermal properties of soil)

1. **ऊष्मा क्षमता (Heat capacity)** – एक पिंड के तापमान में चाहे गये परिवर्तन को उत्पन्न करने में आवश्यक ऊष्मा की मात्रा को ऊष्मा क्षमता कहते हैं। शुष्क मृदा की आपेक्षिक ऊष्मा क्षमता 0.17–0.26 कैलोरी/ग्राम सैल्सियस होती है।
2. **मृदा की विशिष्ट ऊष्मा (Specific heat of soil)** – मृदा में उपस्थित ताप की कुल मात्रा को मृदा की ताप क्षमता कहते हैं अर्थात् मृदा की विशिष्ट ऊष्मा (Specific heat of soil) एक ग्राम मृदा का ताप 1°C बढ़ाने के लिये जितनी कैलोरी ऊष्मा की आवश्यकता पड़ती है और एक ग्राम जल का 1°C ताप बढ़ाने में जितनी कैलोरी ऊष्मा चाहिये, इन दोनों ऊष्माओं के अनुपात को 'मृदा की विशिष्ट ऊष्मा' कहते हैं। विशिष्ट ऊष्मा की मृदा हेतु इकाई

कैलोरी प्रति ग्राम है। शुष्क खनिज मृदा की औसत विशिष्ट ऊष्मा लगभग 0.2, ह्यूमस की लगभग 0.5 और जल की लगभग 1.0 होती है।

"Specific heat may be defined as the amount of heat required to rise the temperature of one gram of a substance by 1°C.

$$\text{Specific heat (s)} = \frac{\text{Heat required to raise 1 gram of substance through } 1^{\circ}\text{C}}{\text{Heat required to raise 1 gram of water through } 1^{\circ}\text{C}}$$

मृदा ताप को विशिष्ट ऊष्मा अधिक प्रभावित करती है। यदि मृदा की विशिष्ट ऊष्मा कम है तो उसका ताप शीघ्र बढ़ या घट सकता है, किन्तु विशिष्ट ऊष्मा अधिक होने पर उसके ताप में धीरे–धीरे परिवर्तन होता है। इस प्रकार क्ले मृदाये जिनमें जल की मात्रा अधिक जबकि हल्की मृदायें, जैसे बलुई मृदायें अति शीघ्रता से गर्म हो जाती है। मृदा के विभिन्न अवयवों तथा अन्य पदार्थों की विशिष्ट ऊष्मा तालिका 7.15 में दी गयी है।

तालिका 7.15: मृदा के विभिन्न अवयवों तथा अन्य पदार्थों की विशिष्ट ऊष्मा

पदार्थ		**विशिष्ट ऊष्मा कैलोरी/ग्राम**	**आयतनात्मक ऊष्मा क्षमता (volumetric heat capacity) कैलारी/घन से.मी.**
ह्यूमस	(Humas)	0.46	0.59
जल	(Water)	1.00	1.00
बर्फ	(Ice)	0.50	0.46
वायु	(Air)	0.25	0.0003
क्ले	(Clay)	0.22	0.50
क्वार्ट्ज	(Quartz)	0.19	0.50
फेल्ड्सपार	(Feldspar)	0.20	0.51
माइका	(Mica)	0.21	0.59
ग्रेनाइट	(Granite)	0.19	0.50
चूना पत्थर	(Calcite)	0.21	0.56
हिमेटाइट	(Hematite)	0.16	0.82
चाक	(Chalk)	0.21	0.46
लकड़ी	(Wood)	0.42	0.38
डोलोमाइट	(Dolomite)	0.23	0.66
एपेटाइट	(Apatite)	0.21	0.38
केओलिनाइट	(Kaolinite)	0.19	0.46

3. **तापीय चालकता (Thermal conductivity)** – मृदा में ऊष्मा का अभिगमन चालन (conduction) द्वारा होता है। मृदा से पानी में ऊष्मा का प्रवाह, मृदा से वायु की तुलना में 150 गुना बढ़ जाता है। इसलिए ऊष्मा का प्रवाह गीली मृदा में शुष्क मृदा की तुलना में अधिक होता है क्योंकि शुष्क मृदा के रन्ध्रावकाश वायु से भरे होते हैं। मृदा की तापीय चालकता के मापन के लिए मृदा स्तम्भ के छोर पर निश्चित दर का ऊष्मा प्रवाह प्रक्षित किया

जाता है तथा जब तापमान स्थिर हो जाता है तो तापीय विभव का मापन किया जाता है। गीली मृदाओं का तापीय चालकता (Thermal conductivity) जटिल होता है, क्योंकि ऊष्मा के साथ–साथ जल (water) भी तापोय विभव से प्रतिवेदित होता है। इसकी इकाई cal/sec. होती है। इसको निम्न प्रकार से समझा जा सकता हैं

$$\frac{dQ}{dt} = \frac{dT}{dZ} = -K$$

dQ/dt = ऊष्मा की वह मात्रा जो क्षेत्रफल A से स्थानान्तरित हुई है।

T = Temperature

(–) ऊष्मा की तापमान में वृद्धि के विपरीत दशा

dT/dZ = तापमान विभव

4. **तापीय विसरणशीलता (Thermal diffusivity)** – तापीय चालकता एवं मृदा का घनत्व तथा विशिष्ट ऊष्मा का अनुपात तापीय विसरणशीलता कहलाता है। मृदा की तापीय विसरणशीलता ज्ञात करने के लिए तापीय चालकता में मृदा का घनत्व तथा विशिष्ट ऊष्मा का भाग देकर प्राप्त कर सकते हैं। इसकी इकाई $cm^2/sec.$ होती है।

$$\frac{dT}{dt} = \frac{k}{\rho c}$$

जहाँ =

ρ = मृदा का घनत्व

c= विशिष्ट उष्मा

मृदा में ऊष्मा का अभिगमन (Transfer of heat in soil)

मृदा में ऊष्मा का अभिगमन/स्थानान्तरण चालन (conduction) द्वारा होता है। मृदा द्वारा ऊष्मा का स्थानान्तरण उसकी आपेक्षिक ऊष्मा पर निर्भर करता है। मृदा का एक कण अपने आस–पास के कण को ऊष्मा पास करता है और फिर वें अपने पास वाले अन्य कणों को ऊष्मा देते हैं। इस प्रकार मृदा कणों के द्वारा ही उष्मा का चालन एक सिरे से दूसरे सिरे तक हो जाता है। मृदा में ऊष्मा का अभिगमन निम्न कारकों द्वारा प्रभावित होता है–

1. **मृदा नमी (Soil Moisture)** – मृदा में ऊष्मा की चालकता नमी की मात्रा बढ़ने से बढ़ती है। ऊष्मा की मृदा जल में जाने की गति, मृदा से वायु में जाने की गति की अपेक्षाकृत लगभग 150 गुनी अधिक होती है। इस प्रकार गीली मृदा में ऊष्मा का संचालन आसानी से होता है। इसलिए उष्मा का प्रवाह गीली मृदा में शुष्क मृदा की तुलना में अधिक होता है क्योंकि शुष्क मृदा के रन्ध्रावकाश वायु से भरे होते हैं।

2. **मृदा ताप में मौसमी परिवर्तन** – मृदा में ऊष्मा का आवागमन मृदा की ऊपरी, आन्तरिक सतह के ताप पर निर्भर करता है। ऊष्मा का अभिगमन हमेशा उच्च ताप से कम ताप की ओर चलता है, यदि मृदा के ऊपरी सतह पर ताप अधिक है तो ऊष्मा ऊपर से नीचे की ओर जाती है और ऊपरी सतह पर ताप कम है तो इससे विपरित होता है। इस प्रकार मौसम में परिवर्तन होने से ताप में परिवर्तन होता है और ये ऊष्मा के अभिगमन से सम्बन्धित रहता है।

3. **मृदा संगठन और सरन्ध्रता (Soil composition and Porosity)** – मृदा का संगठन सघन होने पर मृदा में ऊष्मा का चालन सुगमता एवं शीघ्रता से होता है। मृदा सरन्ध्रता में कमी होने पर ऊष्मा की मृदा में चालकता कम होती है क्योंकि मृदा में रन्ध्रों की संख्या बड़े होने पर रन्ध्रों में वायु भरी होती है जो ऊष्मा की कुचालक होते हैं व चालकता को रोकती है। विभिन्न मृदाओं की ऊष्मा चालकता को घटते हुये क्रन में इस प्रकार रखा जा सकता है–

बालू > लोम > क्ले > पीट ।

मृदा तापमान को प्रभावित करने वाले कारक (Factors affecting soil temperature)

मृदा तापमान जलवायु परिस्थितियों से प्रभावित होता है। मृदा तापमान को प्रभावित करने वाले कारकों का संक्षेप में वर्णन निम्नलिखित है –

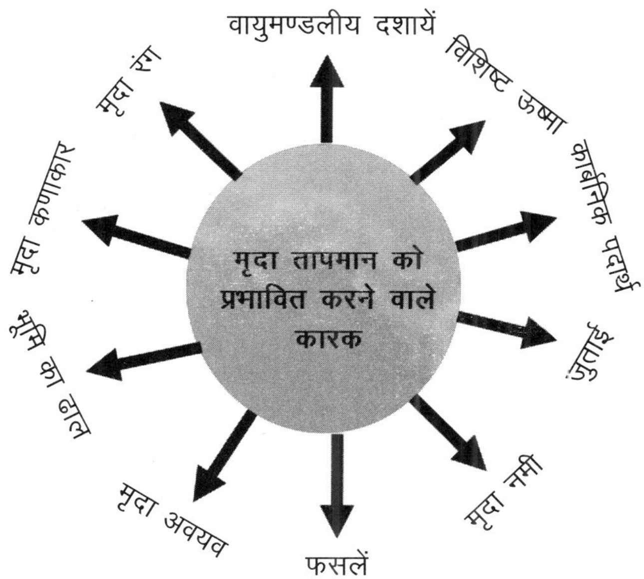

1. **मृदा रंग (Soil Colour)** – मृदाओं में अपने रंग के अनुसार ताप को सोखने की क्षमता होती है। गहरे रंग वाली मृदाओं में हल्के रंग वाली मृदाओं की तुलना में अधिक ऊष्मा को सोखने की क्षमता होती है। गहरे रंग वाली मृदाओं द्वारा दिन में ऊष्मा का अवशोषण अधिक होता है एवं रात में उन्हीं मृदाओं से ऊष्मा का द्रुत उत्सर्जन भी होता है। काली मृदा का ताप सफेद रंग वाली मृदा की अपेक्षा में शीघ्रता से बढ़ जाता है।

2. **मृदा कणाकार (Soil texture)** – मृदा कणाकार, मृदा की तापीय चालकता को प्रभावित करती है। मृदा कणाकार में कमी के साथ तापीय चालकता कम हो जाती है। सामान्यतः एक हल्के कणाकार वाली रेतीली मृदा, भारी कणाकार वाली मृदा की तुलना में बहुत तेज से ऊष्मा को अवशोषित करती है। भारी मिट्टी में पानी की मात्रा अधिक होती है और इस कारण यह बहुत धीमी गति से गर्म होती है।

3. **भूमि का ढ़ाल (Slope of surface)** – मृदा पृष्ठ के इकाई क्षेत्रफल पर प्राप्त विकिरण की मात्रा मृदा पृष्ठ पर लम्ब और आपाती किरणों की दिशा के बीच के कोण के कोज्या के समानुपाती होती है। अतः इस कोण में वृद्धि होने पर प्रति इकाई क्षेत्रफल पर प्राप्त विकिरण की मात्रा भी अधिक होगी। ढलान वाली मृदाओं पर सूर्य की किरणें देरी से पड़ती है। क्योंकि भूमि का वह भाग प्रकाश से दूर होता है। समतल व सम्मुख वाली भूमि का ताप जल्दी बढ़ जाता है। क्योंकि सूर्य की किरणें सीधी भूमि पर पड़ती है।

4. **मृदा अवयव (Composition of soil)** – मृदा का ठोस भाग आंशिक रूप से खनिज पदार्थ और कार्बनिक पदार्थों से मिलकर बना है। लौह जैसे खनिज पदार्थों की विशिष्ट ऊष्मा (0.11), कार्बनिक पदार्थ (ह्यूमस) की तुलना में कम है इसलिए मृदा अवयव जिनमें अधिक खनिज पदार्थ होते हैं, कार्बनिक पदार्थ वाली मृदा की तुलना में बहुत जल्दी गर्म होते हैं।

5. **फसलें (Crops/vegetation)** – फसल या वनस्पतिहीन मृदा फसलोंयुक्त मृदा की अपेक्षा उष्मा को जल्दी अवशोषित करती है फलस्वरूप मृदा ताप गर्मी के दौरान बहुत गर्म और सर्दी के दौरान बहुत ठंडा हो जाता है। मृदा पर यदि कोई फसल या वानस्पतिक अवयवों का आवरण नहीं है तो उस पर सूर्य की किरणें सीधी मृदा में प्रवेश कर जाती है जिससे उसका तापक्रम अधिक होता है। फसलों से आच्छादित (cover) मृदा सूर्य की किरणों को मृदा में सीधी प्रवेश नहीं करने देती है एवं मृदा तापक्रम कम हो जाता है।

6. **मृदा नमी (Soil moisture)** – मृदा तापक्रत रेजिम्स के नियंत्रण में मृदा नमी का एक महत्वपूर्ण योगदान है। नम मृदा की विशिष्ट ऊष्मा सूखी मृदा की तुलना में अधिक होती है। नम मृदा बहुत धीरे धीरे गर्म होती है। सामान्यतः मृदा का ताप उसमें उपस्थित जल के वाष्पन होने से कम हो जाता है। मृदा जितनी अधिक नम होगी, उसका ताप उतना बढ़ाने में उतनी ही अधिक मात्रा में ऊष्मा चाहिए।

7. **जुताई (Tillage)** – जुताई करने से प्रारम्भ में मृदा से जल का वाष्पन अधिक होता है, लेकिन जब मृदा शुष्क हो जाती है तो मल्च के समान कार्य करके वाष्पन को रोक देती है। जुताई करने से मृदा ढीली (Loose) हो जाती है। जिसके कारण रन्ध्रों में वायु भर जाती है एवं मृदा में ऊष्मा का चालन नहीं हो पाता, क्योंकि वायु ऊष्मा की कुचालक होती है। इसलिए मृदा सतह पर 2 से 3 इन्च की गहराई तक ऊष्मा की मात्रा अधिक होती है। फलस्वरूप मृदा का ताप अधिक होता है।

8. **कार्बनिक पदार्थ (Organic matter)** – मृदा में कार्बनिक पदार्थ की मात्रा अधिक होने पर उसकी जलधारण क्षमता अधिक होती है जो मृदा की विशिष्ट ऊष्मा बढ़ा देती है जिससे वह देर से गर्म व ठण्डी होती है। साथ ही कार्बनिक पदार्थों के सड़ने से ऊष्मा पैदा होती है जिससे ताप बढ़ जाता है।

9. **वायुमण्डलीय दशायें (Atmospheric condition)** – सूर्य द्वारा उत्सर्जित विकिरण की सम्पूर्ण मात्रा मृदा तक नहीं पहुँच पाती है। उसका एक भाग वायुमण्डल में विद्यमान गैसों, धूल कणों, जलवाष्पों और बादलों द्वारा अवशोषित कर लिया जाता है। सौर वर्ण क्रम की लगभग सभी लघु तरंगदैर्ध्य वाली किरणें बाह्यतर वायुमण्डल द्वारा अवशोषित कर ली जाती हैं। केवल दीर्घ तरंगदैर्ध्य वाली किरणे एवं दृश्य किरणें ही धरातल पर पहुँच पाती हैं।

10. **विशिष्ट ऊष्मा (Specific heat)** – मृदा ताप को विशिष्ट ऊष्मा अधिक प्रभावित करती है। यदि मृदा की विशिष्ट ऊष्मा कम है तो उसके ताप में परिर्वतन शीघ्रता से होता है,

लेकिन विशिष्ट ऊष्मा अधिक होने पर ताप में परिर्वतन धीरे–धीरे होता है। प्रायः शुष्क खनिज मृदा की विशिष्ट ऊष्मा 0.15 से 0.3 तक, ह्यूमस की 0.46 एवं बालू की 0.10 होती है।

मृदा ताप का प्रबन्धन (Management of soil temperature)

मृदा ताप नियंत्रण करना आसान नहीं है, लेकिन कुछ प्रबन्धन करके मृदा ताप को नियंत्रित किया जा सकता हैं।

1. **कार्बनिक मल्चों का प्रयोग (Use of organic mulches)** – मृदा सतह को कार्बनिक पदार्थों जैसे घास–फूस या खरपतवार आदि से ढ़कने पर मृदा का ताप लगभग समान रहता है और ताप में बदलाव अधिक नहीं होता है। वनस्पतिहीन मृदा में सूर्य की किरणें सीधे पड़ने से मृदा का ताप बढ़ जाता है और यदि पादप व घास–फूस या उनके अवशेष से मृदा को ढ़क दिया जाये तो मृदा का ताप कम हो जाता है। कार्बनिक मल्चों के प्रयोग से मृदा ठन्डी भी रहती है।
2. **मृदा नमी पर नियन्त्रण** – मृदा नमी को नियंत्रित करके ताप को नियंत्रित किया जा सकता है। यदि जल निकास ठीक प्रकार से ना हो तो मृदा ताप में वृद्धि होती है इसलिए जल निकास करना बहुत जरूरी होता है।
3. **मृदा रंग और ताप** – गहरे रंग वाली मृदाएँ ऊष्मा को आसानी से शोषित करती है। इसलिए मृदा सतह पर काला पदार्थ या सफेद खड़िया की महीन परत फैलाने से मृदा ताप को नियंत्रित कर सकते हैं।

फसलोत्पादन में तापक्रम का महत्त्व

तापमान का सीधा सम्बन्ध जैव रासायनिक क्रियाओं एवं फसलोत्पादन से हैं। पौधों द्वारा मृदा से पोषक पदार्थ प्राप्त करने, जल शोषित करने, जड़ों की वृद्धि तथा मृदा में सूक्ष्मजीवों की क्रियाओं पर मृदा ताप का अत्यधिक प्रभाव पड़ता है। सभी जैव रासायनिक अभिक्रियायें अनुकूल तापमान में ही सुचारू रूप से सम्पन्न होती हैं। तापमान के बहुत कम हो जाने पर सूक्ष्मजीवों को ऊर्जा नही मिल पाती जिससे जैविक अभिक्रियायें रुक जाती हैं। तापमान फसलोत्पादन को निम्न प्रकार से प्रभावित करता है –

1. **पौधों द्वारा पोषक तत्वों का शोषण** – मृदा ताप पौधों की जड़ों में मेटाबोलिक क्रियाओं के होने, पोषकों के आयन्स में गति पैदा करने, प्रोटोप्लाज्म में प्रवाह उत्पन्न करने तथा सतह पर विनियम क्रियाओं के होने में महत्वपूर्ण प्रभाव डालता है। यह प्रत्यक्ष या अप्रत्यक्ष रूप से पौधों द्वारा पोषक पदार्थ प्राप्त करने की क्रिया को प्रभावित करता है। मृदा तापमान में वृद्धि होने पर पोषक तत्व अवशोषण अधिक होता है।
2. **तापमान का अंकुरण पर प्रभाव** – मृदा ताप का प्रभाव बीजों के अंकुरण पर पड़ता है। अलग–अलग फसलों के बीजों को अंकुरण के लिये अलग–अलग तापमान की आवश्यकता होती है। 25°C ताप पर बीजों का अंकुरण सर्वोतम होता है तथा इससे कम या अधिक ताप पर बीजों का अंकुरण कम होता है। प्रायः बहुत अधिक या बहुत कम तापमान पर सभी फसलों के बीजों का अंकुरण रुक जाता है। एक विशेष तापमान सीमा के अन्दर एक प्रकार के बीज अंकुरित होते हैं। उस विशेष तापमान से कम या अधिक तापक्रम होने पर सम्बन्धित बीजों का अंकुरण देर से होता है। जिस तापमान पर सबसे अधिक अंकुरण कम से कम समय में होता है उसे अनुकूलतम तापमान कहते हैं। न्यूनतम या अधिकतम तापमान उस कम या

अधिक तापमान सीमा को कहते हैं जिस पर अंकुरण पूरा होता है यद्यपि इस तापमान पर अंकुरण के लिए अधिक समय लगता है।

3. **पौधों द्वारा जल अवशोषण** – मृदा तापमान का जल अवशोषण की गति पर अत्यधिक प्रभाव पड़ता है। मृदा में ताप के अधिक एवं कम होने से जड़ों द्वारा पानी शोषित करने की क्षमता घट जाती है। मृदा ताप में वृद्धि के साथ पौधों की जल शोषण क्षमता एक सीमा तक तो बढ़ती है परन्तु इससे अधिक ताप पर जल शोषित करने की क्षमता कम हो जाती है। मृदा तापमान कम होने पर पौधों द्वारा जल अवशोषण की गति कई कारणों से घट जाती है। कम तापमान पर सर्वप्रथम जल का वेग कम हो जाता है, फिर जीवद्रव्य कम प्रवेश्य हो जाता है एवं जड़ की वृद्धि रुक जाती है। जैसे–जैसे तापमान घटने लगता है, पौधों द्वारा जल अवशोषण भी तेजी से घट जाता है।
4. **जड़ों की वृद्धि** – जड़ों की वृद्धि एवं उनके विकास पर ताप का अत्यधिक प्रभाव पड़ता है।
5. **सूक्ष्मजीवों की क्रियाशीलता** – मृदा में रहने वाले अधिकांश सूक्ष्मजीव 10°C से 40°C पर अच्छी वृद्धि करते हैं। मृदा तापमान इससे कम या अधिक होने पर सूक्ष्मजीवों की क्रियाशीलता की गति कम हो जाती है।
6. **कार्बनिक पदार्थों का विच्छेदन** – सामान्यतः कार्बनिक पदार्थों के विच्छेदन में मृदा तापमान का महत्वपूर्ण योगदान है। मृदा तापमान एवं जल की पर्याप्त उपस्थिति में कार्बनिक पदार्थों का विच्छेदन तीव्र गति से होता है।
7. **मृदा ताप तथा पौधों की बीमारियाँ** – बहुत सारे सूक्ष्म जीवों की कियाऐं जिससे पौधे में रोग पैदा होते हैं, मृदा ताप पर आधारित होती है। कुछ बीमारियाँ मृदा ताप कम होने पर फैलती है। सामान्य या अधिक ताप होने से ये बीमारियाँ पौधों को हानि नहीं पहुँचा पाती है।
8. **प्रकाश संश्लेषण** – तापमान की एक निश्चित सीमा पर पौधों में प्रकाश संश्लेषण अच्छी प्रकार होता है। ठण्डे प्रदेश की पादप जातियों में प्रकाश संश्लेषण प्रायः 20°–25° सेंटीग्रेड के मध्य सुचारु रूप से होता है लेकिन गर्म प्रदेशों में उपयुक्त प्रकाश संश्लेषण के लिए 25°–40° सेंटीग्रेड तापमान अच्छा होता है। जिस तापमान पर श्वसन तीव्र गति से होता है उससे कुछ कम तापमान पर प्रकाश संश्लेषण अधिक होता है। तापमान के प्रकाश संश्लेषण पर पड़ने वाले प्रभाव का निर्धारण प्रकाश एवं CO_2 की मात्रा द्वारा होता है।
9. **पृष्पन अवस्था** – तापमान अनुकूल होने पर पुष्प आद्य का विकास तेजी से होता है। तापमान के कम या अधिक होने पर पुष्प आद्य के विकास में समय लगता है। यदि किसी मौसम का औसत तापमान सम्बन्धित फसल के अनुकूल तापमान के समीप है तो उस फसल में मौसम के फूल जल्दी निकलते हैं। गेहूँ, मक्का एवं सोयाबीन में ऐसा होता है।

सूर्याताप

सूर्य से पृथ्वी तक पहुँचने वाले सौर विकिरण ऊर्जा को सूर्याताप कहते हैं। यह ऊर्जा लघु तरंगों के रूप में सूर्य से पृथ्वी पर पहुँचती है। वायुमंडल की बाहरी सीमा पर सूर्य से प्रति मिनट प्रति वर्ग सेमी. पर 1.94 कैलोरी ऊष्मा प्राप्त होती है। किसी भी सतह को प्राप्त होने वाली सूर्यातप की मात्रा एवं उसी सतह से परावर्तित की जाने वाली सूर्यातप की मात्रा के बीच का अनुपात एल्बिडो कहलाता है। सौर विकिरण का यह प्रवर्तन लघु तरंगों में ही होता है।

ताप स्थानान्तरण की विधियाँ

1. **संचालन (Conduction)** – जब असमान ताप वाली दो वस्तुएँ एक दूसरे के संपर्क में आती है, तो ऊष्मा अधिक तापमान वाली वस्तु से कम तापमान वाली वस्तु की ओर प्रवाहित होती है। ऊष्मा का यह प्रवाह तब तक चलता है जब तक दोनों वस्तुओं का तापमान एक जैसा नहीं हो जाता। वायु ऊष्मा की कुचालक है। अतः संचालन प्रक्रिया वायुमण्डल को गर्म करने के लिए सबसे कम महत्त्वपूर्ण है। इससे वायुमंडल की केवल निचली परतें ही गर्म होती है। प्रायः ठोस पदार्थों में ताप का प्रवाह संचालन के द्वारा होता है।
2. **संवहन (Convection)** – किसी गैसीय अथवा तरल पदार्थ के एक भाग से दूसरे भाग की ओर उसके अणुओं द्वारा ऊष्मा के संचार को संवहन कहते हैं। यह संचार गैसीय तथा तरल पदार्थों में इसलिए होता है कि क्योंकि उसके अणुओं के बीच का सम्बन्ध कमजोर होता है। यह प्रक्रिया ठोस पदार्थों में नहीं होती है।
3. **विकिरण (Radiation)** – किसी पदार्थ को ऊष्मा तरंगों के संचार द्वारा सीधे गर्म होने को विकिरण कहते हैं। सूर्य से प्राप्त होने वाली किरणों से पृथ्वी तथा उसका वायुमण्डल गर्म होता है। यही एकमात्र ऐसी प्रकिया है, जिससे ऊष्मा बिना किसी माध्यम के यात्रा कर सकती है। सूर्य से आने वाली किरणें लघु तरंगों वाली होती है, जो वायुमंडल को बिना अधिक गर्म किये ही उसे पार करके पृथ्वी तक पहुँच जाती है। पृथ्वी पर पहुँची हुई किरणों का बहुत सा भाग पुनः वायुमण्डल में चला जाता है। इसे भौमिक विकिरण कहते हैं। भौमिक विकिरण अधिक लम्बी तरंगों वाली किरण होती है, जिसे वायुमण्डल सुगमता से अवशोषित कर लेता है। अतः वायुमंडल सूर्य से आने वाली सौर विकिरण की अपेक्षा भौमिक विकिरण से अधिक गर्म होता है।

$$\text{Albedo} = \frac{\text{Reflected radiant energy}}{\text{Incidental radiant energy}}$$

तालिका 7.16: प्राकृतिक सतहो की कुछ एल्बिडो माप

प्राकृतिक सतह		एल्बिडो	प्राकृतिक सतह		एल्बिडो
पानी	(Water)	0.03-0.01	हरी घास	(Green grass)	0.16-0.27
बालू (शुष्क)	[Sand (dry)]	0.18-0.21	सुखी घास	(Dry grass)	0.16-0.19
बालू (नम)	[Sand (wet)]	0.09-1.1	रिजका	(Alfalfa)	0.25-0.31
गहरे रंग की मृदा	(Dark coloured soil)	0.10-0.20	जंगल	(Forest)	0.05-0.20
खाली खेत की मृदा	(Bare field)	0.12-0.25	चाय की झाड़िया	(Tea buses)	0.16-0.18
ताजी बर्फ	(Fresh snow)	0.80-0.90	दानें वाली फसलें	(Grain crops)	0.10-0.25
शुष्क क्ले लोम मृदा	(Dry clay loam soil)	0.18-0.22	जौ	(Barley)	0.21-0.22
नम क्ले लोम मृदा	(Wet clay loam soil)	0.11-0.13	मक्का	(Corn)	0.16-0.17

पारगम्यता (Permeability) – मृदा की वह क्षमता जो जल और वायु को संचारित (transmit) करे, पारगम्यता कहलाती है। दूसरे शब्दों में मृदा में वायु एवं जल किस गति से गुजर

सकते हैं, ये पारगम्यता कहलाता है। लगातार (बार–बार) जुताई करने से पारगम्यता कम होती है और गहरी जड़ वाली घासे, दलहनी फसलों तथा वृक्षों से पारगम्यता में वृद्धि होती है। यदि मृदा के कण मोटे हो और रन्ध्रों की संख्या दीर्घ हो तो पारगम्यता अधिक होती है।

पारगम्यता की दरें : मृदाओं के लिये इसकी दरें निम्न हैं:

तलिका 7.17: कृषि और संरक्षण के लिए मृदा पारगम्यता वर्ग

क्र.सं.	मृदा पारगम्यता वर्ग	पारगम्यता दर[1]		द्रवचालित प्रवाहिता[2] (Hydraulic conductivity)	परिसंचरण दर[3] (Percolation rate)
		(सेमी/घंटा)	(सेमी/दिन)	(10^{-5} cm sec^{-1})	(इन्च/घंटा)
1.	अति मन्द (Very slow)	< 0.13	< 3.0	< 3.0	< 0.05
2.	मन्द (Slow)	0.13 – 0.3	3 - 12	3-15	0.05-0.2
3.	मध्यम मन्द (Moderately slow)	0.5 - 2.0	12 - 48	15-60	0.2-0.8
4.	मध्यम (Moderate)	2.0 - 6.3	48 - 151	60-170	0.8-2.5
5.	मध्यम द्रुत (Moderately rapid)	6.3 - 12.7	151 - 305	170-350	2.5-5.0
6.	द्रुत (Rapid)	12.7 - 25	305 - 600	350-700	5.0-10.0
7.	अति द्रुत (Very rapid)	> 25.0	> 600	> 700	> 10.0

[1]Saturated samples under a constant water head of 1.27 cm, [2]Proceeding soil science society of America 16, 312-5, 1952, [3]According to R.E. Uhland and Alfred M. O'Neal, 1951

तलिका 7.18: विभिन्न मृदा कणाकार की औसत पारगम्यता (सेमी/घंटा)

क्र. स.	मृदा कणाकार	पारगम्यता (सेमी/घंटा)
1.	बालू (Sand)	5.0
2.	बालू दोमट (Sandy loam)	2.5
3.	दोमट (Loam)	1.3
4.	क्ले दोमट (Clay loam)	0.8
5.	सिल्ट क्ले (Silty clay)	0.25
6.	क्ले (Clay)	0.05

स्त्रोतः www.fao.org

प्रश्न कोष

वस्तुनिष्ठ प्रश्न

1. निम्न में से ऊष्मा के स्रोत है?
   (A) विकिरण ऊर्जा (B) कार्बनिक पदार्थ
   (C) गर्म वर्षा (D) ये सभी

2. फेल्ड्सपार की विशिष्ट ऊष्मा होती है?
   (A) 0.20 (B) 0.25
   (C) 0.46 (D) 1.00

3. मृदा तापमान को प्रभावित करने वाले कारक है?
   (A) मृदा रंग (B) मृदा कणाकार
   (C) विशिष्ट ऊष्मा (D) ये सभी

4. ताप स्थानान्तरण की विधियाँ है?
   (A) विकिरण (B) संचालन
   (C) संवहन (D) ये सभी

5. मृदा सतह पर 2 से 3 इन्च की गहराई तक ऊष्मा की मात्रा होती है?
   (A) कम (B) अधिक
   (C) स्थिर (D) उपरोक्त सभी

6. किसी भी सतह को प्राप्त एवं परावर्तित होने वाली सूर्याताप की मात्रा के अनुपात को कहते है?
   (A) संचालन (B) संवहन
   (C) विकिरण (D) एल्बिडो

7. मृदा में ताप का अभिगमन होता है?
   (A) वाष्पन (B) श्वसन क्रिया द्वारा
   (C) सान्द्रता (D) चालन

8. बलुई, दोमट, क्ले व पीट की ऊष्मा चालकता का क्रम होती है?
   (A) बलुई > दोमट > क्ले > पीट
   (B) क्ले > बलुई > दोमट > पीट
   (C) दोमट > क्ले > बलुई > पीट
   (D) पीट > दोमट > क्ले > बलुई

9. मृदा सुघट्यता का निर्धारण किया जाता है?
   (A) पिक्नोमिटर
   (B) बायोक्स हाइड्रोमिटर
   (C) अत्रबर्गस उपकरण
   (D) ये सभी

10. कणाकार वर्ग जिसमें बालू, सिल्ट एवं क्ले का लगभग समान भाग हो, कहलाता है?
    (A) क्ले (B) सिल्ट
    (C) लोम (D) सेंडी लोम

11. कण परिमाण विश्लेषण किया जाता है?
    (A) पी. एच. मीटर
    (B) न्यूट्रॉन मीटर
    (C) इ. सी. मीटर
    (D) बायोकस हाइड्रोमीटर

12. स्थुल घनत्व की इकाई है?
    (A) पोण्ड फीट$^{-3}$ (B) मेगा ग्राम मीटर$^{-3}$
    (C) ग्राम से. मी.$^{-3}$ (D) ये सभी

रिक्त स्थानों की पूर्ति कीजिए

1. शुष्क मृदा की विशिष्ट ऊष्मा .... कैलोरी होती है।
2. ह्यूमस की विशिष्ठ उष्मा .... प्रति सी॰सी॰ प्रति सेन्टीग्रेड होती है।
3. मृदा में कार्बनिक पदार्थ की मात्रा बढ़ने पर उसकी विशिष्ट ऊष्मा में .... होती है।

4. गहरे रंग वाली मृदा का ताप दिन में हल्के रंग की मृदाओं के ताप की अपेक्षा .... जाता है।
5. खनिज पदार्थों की विशिष्ट ऊष्मा.................................. होती है।
6. मृदा तापमान में वृद्धि होने पर पोषक तत्व अवशोषण .... होता है।
7. मृदा रंग का निर्धारण .... द्वारा किया जाता है।
8. हाइड्रोमीटर विधि से .... ज्ञात किया जाता है।
9. सतही मृदाओं में साधारणतः .... प्रकार की मृदा संरचना पाई जाती है।
10. मृदा वर्ण के अध्ययन में वर्ण (Hue) .... को दर्शाता है।
11. मृदा के ठोस भाग के प्रति इकाई आयतन के भार को .... कहते हैं।
12. .... मृदा के प्रभावशाली रंग की शुद्धता को दर्शाता है।
13. .... वास्तविक घनत्व (true density) भी कहते हैं।
14. मृदा की गहराई बढ़ने के साथ सरन्ध्रता .... होती है।

सत्य या असत्य कथन पर (√) का निशान लगाये

1. रात में ऊष्मा शीघ्रता से निकलने के कारण काली रंग वाली मृदा का ताप कम हो जाता है। (सत्य / असत्य)
2. मृदा ताप प्रत्यक्ष या अप्रत्यक्ष रूप से पौधों द्वारा पोषक पदार्थ प्राप्त करने की क्रिया को प्रभावित करता है। (सत्य / असत्य)
3. विभिन्न मृदाओं की ऊष्मा चालकता को घटते हुये क्रम में रखा जा सकता है। बालू > क्ले > पीट > लोम (सत्य / असत्य)
4. पादप व घास–फूस या उनके अवशेषों ढ़की हुई मृदा से ताप परिवर्तन वनस्पतिहीन भूमि की अपेक्षा अधिक होता है। (सत्य / असत्य)
5. एक ग्राम मृदा का 1°C ताप बढ़ाने के लिये जितने कैलोरी ऊष्मा की आवश्यकता पड़ती है और एक ग्राम जल का 1°C ताप बढ़ाने में जितनी कैलारी ऊष्मा चाहिये, इन दोनों ऊष्माओं के अनुपात को मृदा की विशिष्ट ऊष्मा कहते हैं। (सत्य / असत्य)
6. मृदा ताप के बहुत अधिक या बहुत कम होने पर जड़ों द्वारा पानी शोषित करने की क्षमता बढ़ जाती है। (सत्य / असत्य)
7. बलुई मृदा में कार्बनिक पदार्थ मिलाने से इनका स्थूल घनत्व कम हो जाता है। (सत्य / असत्य)

लघु एवं विस्तृत उत्तरीय प्रश्न

1. मृदा के भौतिक गुणों को सूचिबद्ध करें।
2. मृदा वर्ग कण किसे कहते हैं। मृदा वर्ग कणों का वर्गीकरण एवं इनकी मुख्य विशेषताएँ लिखिए।

3. मृदा कणाकार किसे कहते है? मृदा कणाकार का महत्व लिखिए।
4. मृदा संरचना किसे कहते है? इसके प्रकारों के बारे में लिखिये।
5. मृदा कणाकार एवं मृदा संरचना में अंतर।
6. मृदा संरचना का वर्गीकरण, श्रेणियों के बारे में लिखिए। मृदा संरचना का कृषि में महत्त्व एवं मृदा संरचना को प्रभावित करने वाले कारकों को विस्तृत में वर्णन करे।
7. स्थूल घनत्व एवं कण घनत्व में तुलनात्मक विवरण लिखिए।
8. मृदा गाढ़ता के बारे में विस्तृत में वर्णन करे।
9. मृदा रंग के बारे में विस्तृत में वर्णन करे।
10. मृदा की विशिष्ट ऊष्मा से आप क्या समझते हैं?
11. मृदा ताप का अंकुरण से क्या सम्बन्ध है?
12. संक्षिप्त में टिप्पणी लिखिए।
    i. मृदा की ताप क्षमता
    ii. मृदा तापक्रम
    iii. मृदा तापक्रम व पादप वृद्धि
    iv. मृदा तापीय स्रोत।
13. मृदा तापमान एवं कार्बनिक पदार्थ का क्या सम्बन्ध है?
14. मृदा तापमान के स्रोत क्या हैं? इसको प्रभावित करने वाले कारकों का उल्लेख कीजिए।
15. मृदा तापमान से आप क्या समझते हैं? पौधों की वृद्धि पर मृदा तापमान के प्रभावों की विवेचना कीजिए एवं उपयुक्त तापमान बनाये रखने के लिये सुझाव दीजिए।

उत्तरमाला

वस्तुनिष्ठ प्रश्न	1. (D)	2. (A)	3. (D)	4. (D)	5. (B)
	6. (D)	7. (D)	8. (A)	9. (C)	10. (C)
	11. (D)	12. (D)			
रिक्त स्थानों की पूर्ति	1. 0.2	2. 0.5	3. वृद्धि	4. अधिक बढ़	5. 0.11
	6. अधिक	7. मुन्सेल रंग चार्ट	8. मृदा कणाकार	9. क्रम्ब	10. प्रमुख वर्णक्रमीय रंग
	11. कण घनत्व	12. क्रोमा	13. कण घनत्व	14. कम	
सत्य या असत्य	1. सत्य	2. सत्य	3. असत्य	4. असत्य	5. सत्य
	6. असत्य	7. सत्य			

■■■■

अध्याय – 8

आयन विनिमय
(ION EXCHANGE)

प्रकृति में प्रकाश संश्लेषण के बाद आयन विनिमय दूसरी सबसे महत्त्वपूर्ण प्रतिक्रिया है। आयन विनिमय एक उत्क्रमणीय (Reversible process) प्रक्रम है, जिसके द्वारा सजातीय आवेश वाले आयनों का परस्पर विनिमय विलयन प्रावस्था से ठोस प्रावस्था के बीच तथा ठोस प्रावस्थाओं के बीच (यदि वे एक दूसरे के सम्पर्क में हो) होता है। **"विनिमयशील प्रावस्थाओं के मध्य सजातीय आवेश वाले आयनों का पारस्परिक अधिशोषण, आयन विनिमय कहलाता है"**। आयन विनिमय की घटना पहली बार 1850 में इंग्लैंड में हैरी स्टीफन थॉम्पसन द्वारा पहचानी गई थी। वह प्रक्रम जिसमें आयनों का विस्थापन होता है, आयन विनिमय कहलाता है। आयन विनिमय दो प्रकार का होता है –

(i) धनायन विनिमय (Cation exchange), (ii) ऋणायन विनिमय (Anion exchange)।

धनायन विनिमय (Cation exchange) – साधारणतः धनायनों में हाइड्रोजन (H^+), सोडियम (Na^+), पोटेशियम (K^+), अमोनियम (NH_4^+), कैल्शियम (Ca^{2+}), मैग्नीशियम (Mg^{2+}), एल्यूमीनियम (Al^{3+}), लोहा (Fe^{3+}), मैंगनीज (Mn^{2+}), जस्ता (Zn^{2+}) और कॉपर (Cu^{2+}) इत्यादि शामिल हैं। धनायन विनिमय क्षमता (CEC) मृदा का रासायनिक गुण है। धनायन विनिमय शब्द सर्वप्रथम थोम्स्वे (1850) ने दिया था। धनायन विनिमय की क्रिया निम्नलिखित सतह के मध्य सम्पन्न हो सकती है –

1. क्ले कणों के मध्य पारस्परिक अधिशोषण
2. क्ले एवं ह्यूमस कणों के मध्य धनायन विनिमय
3. क्ले कणों एवं मृदा विलयन के मध्य पारस्परिक विसरण
4. क्ले कणों तथा प्रयुक्त सुधारक पदार्थों के मध्य धनायन विनिमय
5. ह्यूमस कणों एवं मृदा विलयन के मध्य आयन विसरण
6. क्ले कणों, पादप जड़ों तथा प्रयुक्त उर्वरक के धनायनों का विनिमय
7. क्ले कणों, मृदा विलयन, मृदा ह्यूमस एवं पादप जड़ों के मध्य पारस्परिक धनायन विनिमय।

आयन विनिमय की क्रिया निम्न सिद्धान्तों पर निर्भर होती है –

- आयन प्रतिस्थापन सदैव तुल्यांक मात्राओं में होता है अर्थात् द्विसंयोजक Ca^{++} आयन को विस्थापित करने के लिए एक संयोजक K^+ के दो आयनों की आवश्यकता होगी।

- आयन्स की विस्थापित करने की क्षमता उनकी संयोजकता व सक्रियता पर निर्भर करती है। अर्थात् विसंयोजी आयन (Ca^{++} एवं Mg^{++}) एक संयोजी आयन (K^+) की अपेक्षा अधिक प्रभावशाली होते हैं। H^+ आयन इसका अपवाद है।
- विभिन्न आयनों की विनिमय क्षमता उनके मृदा विलयन अथवा मृदा संकीर्ण पर सक्रिय सांद्रण के समानुपाती होती है।
- समान संयोजकता वाले आयनों की सक्रियता उनकी जल के साथ संयोजन की क्षमता पर निर्भर करती है। कुछ आयनों की प्रतिस्थायी क्षमता का क्रम नीचे दिया गया है।

$$H^+ = Al^{3+} > Ca^{2+} > Mg^{2+} > K^+ = NH_4^+ > Na^+ > Li^+$$

धनायन विनिमय की क्रियाविधि (Mechanism of Cation Exchange)

विद्युत गतिक सिद्धांत (Electrokinetic theory of ion exchange) के आधार पर धनायनों के विनिमय की व्याख्या की जाती है। मृदा संकीर्ण में उपस्थित ऋणावेश व अधिशोषित धनायनों के फलस्वरूप आयनिक द्विपरत (Ionic double layer) निर्मित हो जाती है। जल में निलम्बन के कारण अथवा विनिमय स्थलों से स्पर्श होने पर आयन दोलन (Oscillation) करने लगते हैं तथा इस अवस्था में प्रत्येक धनायन अपने मूल स्थान से दूर हट जाते हैं। फलस्वरूप मूल सतह पर ऋण आवेश मुक्त हो जाते हैं जो दूसरी सतह से दोलन के उपरान्त पृथक् धनायन को आकर्षित कर विस्थापित कर देते हैं। इस प्रकार एक धनायन अपनी मूल सतह से दूसरी सतह पर विस्थापित हो जाता है तथा उसके स्थान पर दूसरी सतह से आयन प्रथम सतह पर आकर अधिशोषित हो जाता है।

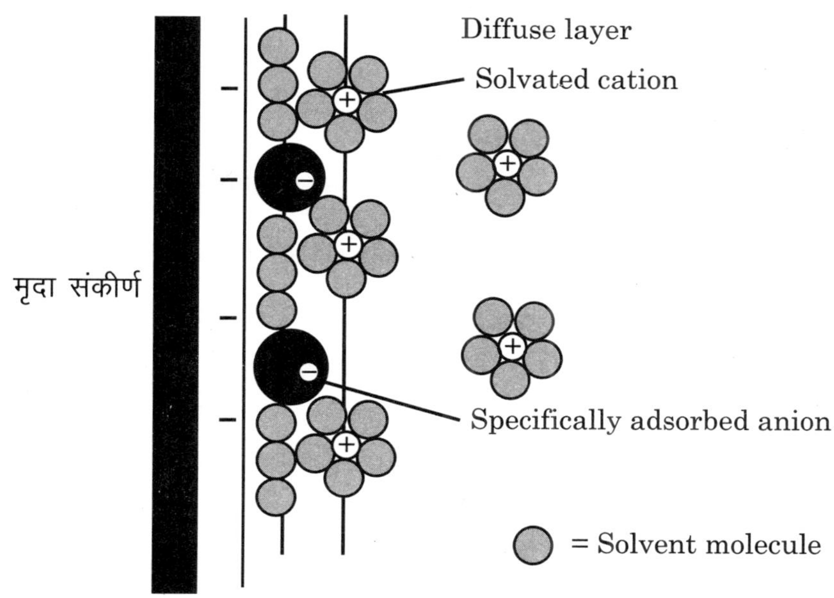

चित्र 8.1: आयनिक द्विपरत

धनायन विनिमय क्षमता (Cation Exchange Capacity)

मृदा की धनायन विनिमय क्षमता, मृदा संकीर्ण की उस क्षमता का द्योतक है जिससे मृदा संकीर्ण पर अधिशोषित धनायनों की सम्पूर्ण मात्रा प्रकट होती है। धनायन विनिमय क्षमता (CEC) को सेन्टी मोल प्रति किलोग्राम इकाई द्वारा प्रदर्शित करते हैं। इसकी परिभाषा के अनुसार **एक किलोग्राम शुष्क मृदा द्वारा अधिशोषित H^+ आयन्स अथवा इसके समतुल्य किसी अन्य धनायन की अधिशोषित मात्रा उस मृदा की धनायन विनिमय क्षमता कहलाती है।** इसे भस्म विनिमय भी कहते हैं।

यदि किसी मृदा की धनायन विनिमय क्षमता 10 सेन्टी मोल/किग्रा. है, तो इसका अभिप्राय है कि वह मृदा H^+ आयन्स की 10 सेन्टी मोल मात्रा अधिशोषित कर सकती है। साथ ही साथ यह मृदा किसी भी एक संयोजक आयन (Na^+ या K^+) के 10 सेन्टीमोल का विनिमय करने में सक्षम होगी। इसी प्रकार द्विसंयोजक आयन (Ca^{++} या Mg^{++}) की 5 सेन्टीमोल मात्रा इस मृदा द्वारा विनिमय हो सकती है।

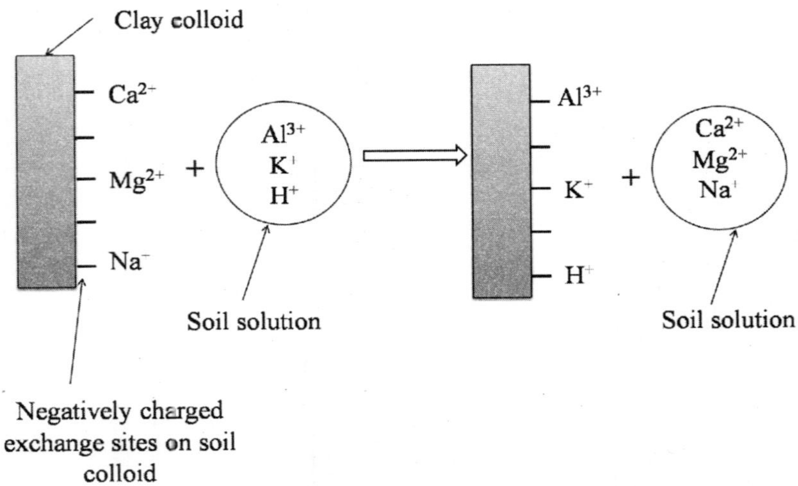

चित्र 8.2: क्ले कोलाइड पर धनायन विनिमय

तालिका 8.1: विभिन्न मृदा कणाकार वर्ग एवं क्ले खनिजों की धनायन विनिमय क्षमता

मृदा कणाकार वर्ग	धनायन विनिमय क्षमता (Cmol (P+)/kg)
बालू (Sand)	0-5
दोमट बालू (Sandy loam)	5-10
दोमट (Loam)	10-15
क्ले दोमट (Clay loam)	15-30
क्ले (Clay)	30
प्रमुख क्ले खनिज	
आयरन एवं एल्यूमिनियम ऑक्साइड (Fe & Al oxides)	5.0

मृदा कणाकार वर्ग	धनायन विनिमय क्षमता (Cmol (P+)/kg)
केओलिनाइट (Kaolinite)	7-10
इलाइट (Illite)	25-30
क्लोराइट (Chlorite)	25-30
मॉन्टमोरिलोनाइट (Montmorillonite)	80-100
वर्मीकुलाइट (Vermiculite)	100-150
ह्यूमस (Humus)	200-400

धनायन विनिमय क्षमता को प्रभावित करने वाले कारक (Factors affecting cation exchange capacity)

1. **मृदा कणाकार (Soil texture)** – महीन कणाकार वाली मृदाओं में ह्यूमस तथा कोलाइडी क्ले की मात्रा अधिक होने से धनायन विनिमय क्षमता मोटे कणाकार वाली मृदाओं से अधिक होती है। बलुई दोमट मृदा की धनायन विनिमय क्षमता 5–10 जबकि क्ले की धनायन विनिमय क्षमता 30 सेन्टीमोल/किग्रा होती है।
2. **क्ले खनिजों की मात्रा एवं प्रकार (Type and amount of clay minerals)** – मृदा में क्ले खनिजों की मात्रा में वृद्धि होने पर धनायन विनिमय क्ष्मता में भी वृद्धि होती है। इसी प्रकार मृदा में यदि क्ले खनिज (वर्मीकुलाइट) की मात्रा अधिक है तो धनायन विनिमय क्षमता अधिक होगी। केओलिनाइट (7–10 सेन्टीमोल/किग्रा) की धनायन विनिमय क्षमता मॉन्टमोरिलोनाइट (80–100 सेन्टीमोल/किग्रा) की तुलना में बहुत कम है।
3. **मृदा पी–एच (Soil pH)** – क्षारीय मृदाओं की धनायन विन्मिय क्षमता प्रायः अम्लीय मृदाओं से अधिक होती है क्योंकि अम्लीय मृदाओं (कम pH) में मृदा संकीर्ण पर विस्थापित आयनों की संख्या वियोजन न होने के कारण कम होती है। अधिकांश मृदाओं की धनायन विनिमय क्षमता पी–एच के साथ बढ़ती है। चित्र 8.3 से स्पष्ट है की अत्यधिक कम पी–एच मान पर क्ले के केवल स्थायी आवेश (permanent charge) तथा कार्बनिक कोलॉइड्स के आवेशों के कुछ भाग पर ही आयन्स होते हैं, जो धनायन विनिमय द्वारा प्रतिस्थापित हो जाते हैं। अत्यधिक कम पी–एच मान पर कार्बनिक कोलाइड की विनिमय स्थितियों (exchange sites) के अधिकांश भाग पर तथा अकार्बनिक अंश के कुछ भाग पर हाइड्रोजन तथा एल्यूमिनियम हाइड्रोक्सी आयन्स इतनी मजबूती से चिपके रहते हैं कि उनका प्रतिस्थापन नहीं हो सकता, इसलिए धनायन विनिमय क्षमता कम होती है। इसके विपरीत पी–एच बढ़ने पर कार्बनिक एवं अकार्बनिक कोलॉइड्स पर उपस्थित हाइड्रोजन आयन्स आयनीकृत हो जाते हैं तथा विनिमय होते हैं, अधिशोषित एल्यूमिनियम हाइड्रोक्सी आयन्स भी $Al(OH)_3$ बनाकर अलग होते हैं। इस प्रकार खनिज कोलॉइड्स पर अतिरिक्त विनिमय स्थितियाँ मुक्त हो जाती हैं, इसलिए धनायन विनिमय क्षमता पी–एच बढ़ने पर अधिक होती है।

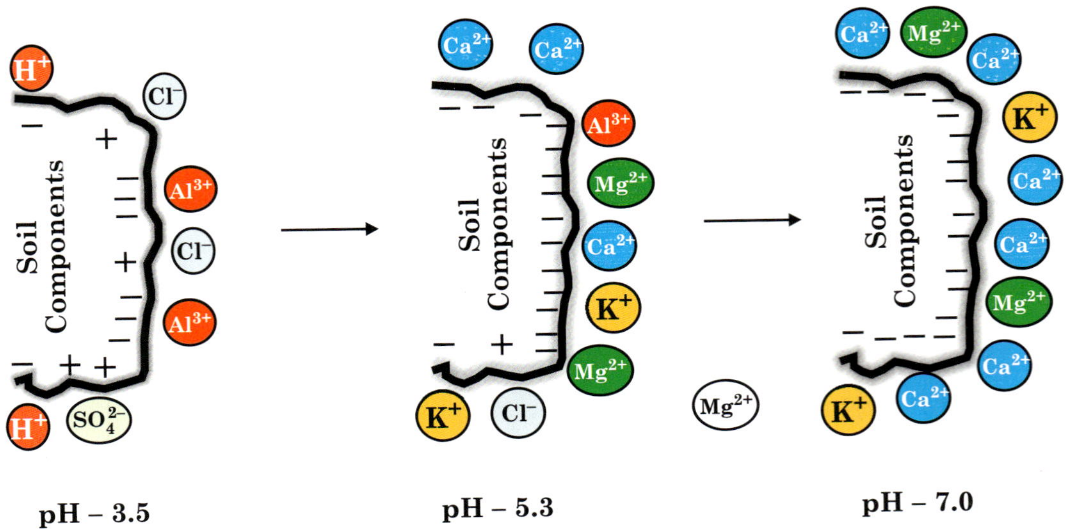

चित्र 8.3. धनायन विनिमय क्षमता एवं पी.एच. में सम्बन्ध

4. **कार्बनिक पदार्थ (Organic matter)** – मृदा में कार्बनिक पदार्थ की मात्रा अधिक होने पर धनायन विनिमय क्षमता भी अधिक होती है, क्योंकि ह्यूमस की धनायन विनिमय क्षमता 200–400 सेन्टीमोल/किग्रा होती है।

धनायन विनिमय क्षमता का महत्व (Importance of cation exchange capacity)

1. यह प्रकाश संश्लेषण के बाद प्रकृति में सबसे महत्त्वपूर्ण प्रतिक्रिया है।
2. अम्लीय एवं क्षारीय मृदाओं को सुधारने में महत्त्वपूर्ण कार्य करता है।
3. विनिमय सम्मिश्रण में कैल्शियम की प्रधानता से अनुकूल भौतिक परिस्थितियाँ उत्पन्न होती है जिससे मृदा के भौतिक गुणों में सुधार होता है।
4. विभिन्न मृदाओं मे Ca, Mg, N तथा सूक्ष्म पोषकों की प्राप्यता धनायन विनिमय क्षमता पर निर्भर करती है।

ऋण–आयन विनिमय (Anion exchange) – मृदा में धनायन विनिमय की तरह ऋण–आयन विनिमय भी होता है। मृदा में यह क्रिया धनायन विनिमय की अपेक्षा कम होती है। मृदा कोलॉइड्स में ऋण–आयनों के प्रतिस्थापन को ऋण–आयन विनिमय कहते हैं। ऋणायन विनिमय का आपेक्षित क्रम इस प्रकार है –

$$OH > H_2PO_4 > SO_4 > NO_3 > Cl$$

क्ले कोलॉइड (Clay colloid)	**CEC/AEC**
मॉन्टमोरिलोनाइट (Montmorillonite)	6.7
इलाइट (Illite)	2.3
केओलिनाइट (Kaolinite)	0.5

	AEC ($cmol_e/kg$)
केओलिनाइट (Kaolinite)	2
गिब्बसाइट (Gibbsite)	5
गोएथाइट (Goethite)	5

ऋण–आयन विनिमय को प्रभावित करने वाले कारक (Factors affecting anion exchange)

1. **मृदा पी–एच (Soil pH)** – मृदा अम्लियता में वृद्धि होने पर ऋण आयन विनिमय अधिक होता है।
2. **लवण सान्द्रता (Salt concentration)** – मृदा में लवणों की मात्रा बढने से ऋण–आयन विनिमय कम होता है।
3. **क्ले कोलाइड की मात्रा एवं प्रकार (Type and amount of clay colloid)** – 1:1 प्रकार क्ले कोलाइड जिनमें लोहे और एल्यूमीनियम के हाइड्रस ऑक्साइड होते हैं की ऋण–आयन विनिमय 2:1 प्रकार के क्ले कोलाइड की तुलना में अधिक होती है। केओलिनाइट की ऋण–आयन विनिमय क्षमता मॉन्टमोरिलोनाइट की तुलना में अधिक होती है।

आयन विनिमय का महत्व (Importance of Ion Exchange)

1. आयन विनिमय द्वारा मृदा उत्पादकता प्रभावित होती है।
2. मृदा पी–एच आयन विनिमय द्वारा नियन्त्रित होता है।
3. आयन विनिमय अम्लीय एवं क्षारीय मृदाओं को सुधारने में महत्वपूर्ण कार्य करता है।
4. सूक्ष्मजीवों की क्रियाशीलता को भी आयन विनिमय प्रभावित करता है।
5. आयन विनिमय, मृदा से पौधों को प्राप्त होने वाले पोषक तत्वों की प्राप्यता एवं अप्राप्यता को प्रभावित करते हैं। उदाहरण – धनायन विनिमय द्वारा NH_4^+, K^+, Ca^{++}, Mg^{++}, Zn^{++}, Mn^{++}, Cu^{++}, Fe^{++} आदि धनायनों का अवशोषण तथा ऋण–आयन विनिमय द्वारा NO_3^-, SO_4^{2-}, PO_4^{3-} आदि ऋणायनों का अवशोषण होता है।
6. कोलाइडी क्ले पर आयनों की उपस्थिति से क्ले की स्थायी संरचना बनती है तथा मृदा की भौतिक दशा सुधरती है।
7. यह क्रियाएँ उर्वरक क्षमता को प्रभावित करती हैं। अधिक आयन विनिमय वाली मृदाओं में उर्वरक उपयोग क्षमता (Fertilizer use efficiency) अधिक होती हैं।
8. आयन विनिमय द्वारा एक स्थान पर आयन की कमी दूसरे प्रावस्था पर उपस्थित आयनों द्वारा हो जाती है।
9. खनिज क्ले व विविध प्रकार की मृदाओं का निर्माण आयनों के विनिमय व उनकी उपस्थिति से नियन्त्रित होती है।

प्रश्न कोष

वस्तुनिष्ठ प्रश्न

1. धनायन विनिमय व ऋणायन विनिमय में परस्पर सम्बन्ध है?

   (A) कोई नहीं

   (B) दोनों एक साथ बढ़ते हैं

   (C) एक बढ़ने पर दूसरा घटता है

   (D) दोनो घटते हैं

2. ऋणायन विनिमय क्षमता किसकी अधिक होती है?

   (A) मॉन्टमारिलोनाइट

   (B) इलाइट

   (C) केओलिनाइट

   (D) A एवं B दोनों

3. धनायन विनिमय क्षमता किसकी अधिक होती है?

   (A) मॉन्टमारिलोनाइट

   (B) इलाइट

   (C) केओलिनाइट

   (D) ह्यूमस

4. धनायन विनिमय को अन्य नाम से भी जाना जाता है?

   (A) अम्ल विनिमय

   (B) भस्म विनिमय

   (C) ऋणायन विनिमय

   (D) उपरोक्त सभी

5. मॉन्टमोरिलोनाइट की धनायन विनिमय क्षमता [Cmol (P^+)/kg] है?

   (A) 80-100 (B) 40-50

   (C) 25-30 (D) 7-10

रिक्त स्थानों की पूर्ति कीजिए

1. आयन विनिमय एक .... प्रक्रम है।
2. धनायन विनिमय क्षमता की इकाई ....है।
3. ऋण–आयन विनिमय क्षमता की इकाई ....है।
4. ह्यूमस की धनायन विनिमय क्षमता .... सेन्टीमोल/किग्रा होती है।
5. वह प्रक्रम जिसमें आयन्स का विस्थापन होता है..कहलाती है।

सत्य या असत्य कथन पर (√) का निशान लगाए

1. प्रकाश संश्लेषण के पश्चात् धनायन विनिमय क्षमता ही सबसे महत्वपूर्ण है। (सत्य/असत्य)
2. मृदा में कार्बनिक पदार्थ अधिक होने पर धनायन विनिमय क्षमता अधिक होगी। (सत्य/असत्य)
3. आयन विनिमय पौधों को पोषक तत्वों की प्राप्यता एवं अप्राप्यता को प्रभावित करता है। (सत्य/असत्य)

4. आयन विनिमय अम्लीय एवं क्षारीय मृदाओं के सुधार में महत्त्वपूर्ण कार्य करता है। (सत्य / असत्य)
5. मृदा पी–एच आयन विनिमय द्वारा नियन्त्रित होता है। (सत्य / असत्य)

लघु एवं विस्तृत उत्तरीय प्रश्न

1. धनायन विनिमय को परिभाषित करें।
2. ऋण–आयन विनिमय को परिभाषित करें।
3. आयन विनिमय क्या है? इसका क्या महत्व है?
4. धनायन विनिमय की क्रियाविधि लिखिए।
5. धनायन विनिमय क्षमता से आप क्या समझते हैं? धनायन विनिमय क्षमता को प्रभावित करने वाले कारक एवं महत्व को विस्तृत में लिखिए।

उत्तरमाला

वस्तुनिष्ठ प्रश्न	1. (C)	2. (C)	3. (D)	4. (B)	5. (A)
रिक्त स्थानों की पूर्ति	1. उत्क्रमणीय	2. Cmol (P^+)/kg	3. Cmol (e-)/ kg	4. 200–400	5. आयन विनिमय
सत्य या असत्य	1. सत्य	2. सत्य	3. सत्य	4. सत्य	5. सत्य

■■■■

अध्याय – 9

मृदा अभिक्रिया
(SOIL REACTION)

मृदा पी–एच से अभिप्राय

मृदा विलियन की अम्लीयता, क्षारीयता, उदासीनता से हैं। मृदा में बहुत से आयन्स H^+, NO_3^-, $SO_4^=$, OH^-, Ca^{++}, Mg^{++}, Na^+, K^+ आदि मृदा विलयन में उपस्थित रहते हैं जो मृदा पी–एच कों प्रभावित करते हैं। यदि मृदा कोलाइड़ पर हाइड्रोजन आयन्स का सान्द्रण हाइड्रोक्सिल (OH^-) आयन्स के सांद्रण की अपेक्षा अधिक है तो मृदा अम्लीय बन जाती है। इस अम्लता के कारण मृदा में लाभप्रद सूक्ष्म जीव सही से वृद्धि नहीं कर पाते हैं और प्राथमिक, द्वितीयक एवं सूक्ष्म–पोषक तत्व मृदा में यथावत् स्थिर अथवा अघुलनशील स्वरूप में पड़े रहते हैं एवं पौधे इनका उपयोग नहीं कर पाते हैं। इसके अलावा, अत्यधिक अम्लता वाली मृदा में फॉस्फेट स्थिरीकरण की विकट समस्या होती है। फॉस्फेट अम्लीय मृदा में मौजूद घुलनशील लोहे (आयरन) के साथ स्थिर हो जाता है। मृदा पी–एच पोषक तत्वों की उपलब्धता तथा मृदा में सूक्ष्म जीवाणु की जनसंख्या को प्रभावित करता है। यह कई रासायनिक प्रक्रियाओं को भी नियंत्रित करता है। यह विशेष रूप से पादप पोषक तत्वों की उपलब्धता, पोषक तत्वो के रासायनिक रूपों को नियंत्रित करके प्रभावित करता है।

विलयन का पी–एच प्रति लीटर ग्राम मोल में हाइड्रोजन आयन की सांद्रता के ऋणात्मक लघुगणक (Negative logarithm) के रूप में परिभाषित किया जाता है। इसे मोल/लीटर में दर्शाते हैं। pH 'हाइड्रोजन की शक्ति' (power of hydrogen) का संक्षिप्त नाम है, जहाँ 'p' जर्मन शब्द पोटेन्ज (potenz) अर्थात् 'शक्ति' और 'H' हाइड्रोजन तत्व का संक्षिप्त प्रतीक है। इसे डेनिश रसायनविद सोरेन पेडेर लॉरिट्ज सोरेनसेन (S.P.L. Sorensen) ने 1809 में दिया था।

$$pH = \log 10 \frac{1}{[H^+]} \quad \text{या} \quad pH = -\log 10[H^+]$$

हाइड्रोजन आयन की सांद्रता बहुत अधिक होती है, तो पी–एच का मान बहुत कम होता है। एक निश्चित तापक्रम पर जल में उपस्थित H^+ एवं OH^- आयन सान्द्रता का गुणनफल (उत्पाद) सदैव स्थिर होता है तथा इसका मान 1×10^{-14} होता है।

$$H_2O = H^+ + OH^-$$

$$[H^+] \text{ X } [OH^-] = 10^{-14}$$

यदि हाइड्रोजन आयन की सांद्रता 5.0 है तो हाइड्रोक्सील आयन की सांद्रता $\frac{10^{-14}}{10^{-5}} = 10^{-9}$ moles/litre होगी। पीएच की लगातार दो इकाइयों के बीच हाइड्रोजन आयन की सान्द्रता 10 गुना बढ़ या घट जाती है। उदाहरण के लिए, पीएच 5.0 पीएच 6.0 से 10 गुना अधिक अम्लीय है या पीएच 6.0 पीएच 5.0 की तुलना में 10 गुना कम अम्लीय है। इसी प्रकार पी–एच 5.0 पीएच 7.0 से 100 गुना अधिक अम्लीय है। हाइड्रोजन आयन सान्द्रण (H^+) और पी–एच एवं पी. ओ. एच. के बीच सम्बन्ध तालिका 9.1 एवं 9.2 में दर्शाया गया है।

पी.एच. स्केल (pH Scale) – यह अम्लीयता और क्षारीयता को अभिव्यक्त करने की विधि है। मृदा अभिक्रिया (soil reaction) को एक स्केल द्वारा बताते हैं। जिसे pH scale कहते हैं। मृदा के पीएच पैमाने की कुल सीमा 0–14 होती है। मृदाओं का pH 4–10 तक होता है।

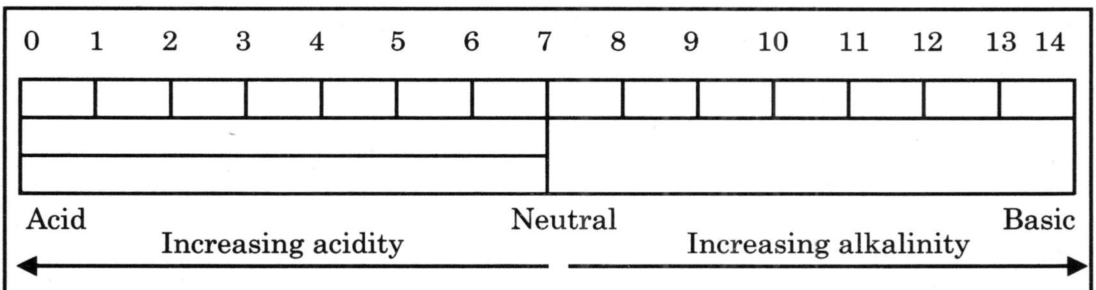

पी एच स्केल (pH Scale)

तालिका 9.1: हाइड्रोजन आयन सान्द्रण (H^+) और pH के बीच सम्बन्ध

आयन सान्द्रण (H^+)	pH	आयन सान्द्रण (H^+)	pH
$1x10^{-0}$	0	$1x10^{-8}$	8
$1x10^{-1}$	1	$1x10^{-9}$	9
$1x10^{-2}$	2	$1x10^{-10}$	10
$1x10^{-3}$	3	$1x10^{-11}$	11
$1x10^{-4}$	4	$1x10^{-12}$	12
$1x10^{-5}$	5	$1x10^{-13}$	13
$1x10^{-6}$	6	$1x10^{-14}$	14
$1x10^{-7}$	7		

तालिका 9.2: अम्लीय तथा क्षारीय विलयनों की नॉरमेल्टी का पी.एच. एवं पी. ओ. एच. सम्बन्ध

pH	Acidity (Normality of H^+)	Alkalinity (Normality of OH^-)	pOH
0	1.0	0.00000000000001	14
1	0.1	0.0000000000001	13
2	0.01	0.000000000001	12
3	0.001	0.00000000001	11
4	0.0001	0.0000000001	10
5	0.00001	0.000000001	9
6	0.000001	0.00000001	8
7	0.0000001	0.0000001	7
8	0.00000001	0.000001	6
9	0.000000001	0.00001	5
10	0.0000000001	0.0001	4
11	0.00000000001	0.001	3
12	0.000000000001	0.01	2
13	0.0000000000001	0.1	1
14	0.00000000000001	1.0	0

तालिका 9.3: मृदा पी. एच. सीमा का वर्गीकरण (Classification of soil pH ranges)

मृदा अभिक्रिया मूल्याकंन	पी.एच सीमा
अती अम्लीय	< 3.5
अत्यधिक अम्लीय	3.5-4.4
बहुत अधिक अम्लीय	4.5-5.0
अधिक अम्लीय	5.1-5.5
मध्यम अम्लीय	5.6-6.0
थोड़ा अम्लीय	6.1-6.5
उदासीन	6.6-7.3
थोड़ा क्षारीय	7.4-7.8
मध्यम क्षारीय	7.9-8.4
अधिक क्षारीय	8.5-9.0
बहुत अधिक क्षारीय	>9.0

स्त्रोत: सोयल सर्वे मेन्यूअल (2017), यूएसडीए हेण्डबुक नं. 18, पेज – 199.

मृदा पी–एच को प्रभावित करने वाले कारक

मृदा पी–एच को प्रभावित करने वाले कारकों को चित्र 9.1 में दर्शाया गया है तथा इनका संक्षिप्त में वर्णन नीचे दिया गया है।

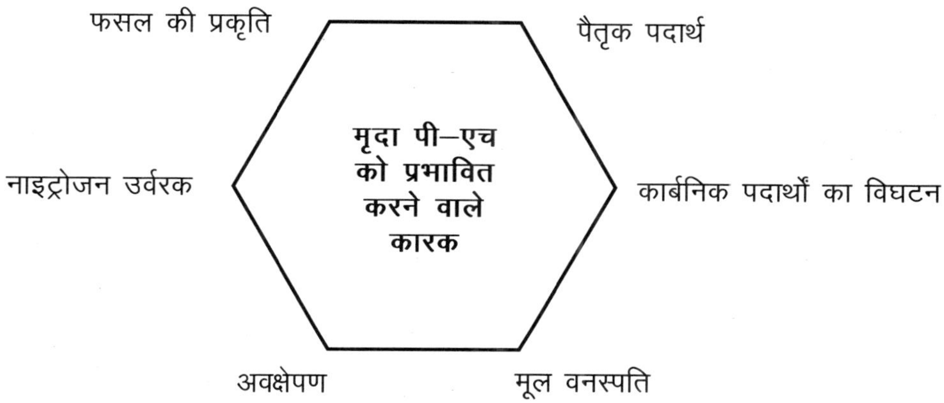

चित्र 9.1: मृदा पी–एच को प्रभावित करने वाले कारक

1. **पैतृक पदार्थ (Parent material)** – यदि पैतृक पदार्थ क्षारीय प्रकृति का हैं तो मृदा में क्षारों की बाहुल्यता होगी और मृदा अम्लीयता में कमी होगी अर्थात् उसका pH अम्लीय चट्टानों (ग्रेनाइट) से बनी मृदाओं की अपेक्षा अधिक होगा। क्षारयुक्त पैतृक पदार्थ के अपक्षय से मुक्त क्षार मृदा कोलॉइड पर अधिशोषित होकर क्षारीयता में वृद्धि करते हैं।

2. **कार्बनिक पदार्थों का विघटन** – मृदा कार्बनिक पदार्थों के अपघटन से कार्बनिक अम्ल उत्पन्न होता है। अपघटन क्रिया में उत्पन्न कार्बन डाइऑक्साइड जल से संयोग करके कार्बोनिक (H_2CO_3) अम्ल बनाता है जो विनियोजन के बाद H^+ मुक्त करके मृदा पी–एच को कम करता है।

$$CO_2 + H_2O \rightarrow H_2CO_3$$

$$H_2CO_3 \rightarrow H^+ + HCO_3^-$$

इसी प्रकार ये कार्बनिक अम्ल कैल्शियम और मैग्नीशियम के कार्बोनेट्स से क्रिया करके उनके बाइकार्बोनेट्स बनाते हैं जो जल के विलयन में विलेय होने के कारण निक्षालित हो जाते हैं। फलतः मृदा में अधिक अम्लता (Acidity) हो जाती है।

$$CO_2 + HOH \longrightarrow H_2CO_3$$

$$CaCO_3 + H_2CO_3 \longrightarrow Ca(HCO_3)_2$$

$$\downarrow \text{निक्षालन}$$

3. **मूल वनस्पति** – वनों (forests) के अन्तर्गत निर्मित मृदा, घासों द्वारा निर्मित मृदा की अपेक्षा ज्यादा अम्लीय होती हैं। शंकुधारी पौधे चौड़ी पत्ति वाले पौधों की तुलना में अधिक अम्लता पैदा करते हैं। पौधों की जड़े श्वसन क्रिया के दौरान कार्बन डाइऑक्साइड गैस छोड़ती है जो जल में घुलनशील होकर कार्बोनिक अम्ल का निर्माण करती है एवं मृदा अम्लता को बढ़ाती है।

4. **अवक्षेपण** – क्षारीय तत्व तत्व जैसे कैल्शियम और मैग्नीशियम वर्षा के जल से निक्षालित हो जाते हैं तथा इनके स्थान पर अम्लीय तत्व एल्यूमिनियम, हाइड्रोजन व मैंगनीज आ जाते हैं इससे मृदा अम्लीय होती है अतः मृदा पी–एच कम हो जाता है।

5. **नाइट्रोजन उर्वरक** – मृदा निर्माण में जो भी कारक मृदा में क्षारों (Ca, Mg, Na, K आदि) की वृद्धि करते हैं, मृदा पी–एच को प्रभावित करते हैं। कार्बनिक पदार्थ एवं उर्वरक जैसे अमोनियम सल्फेट एवं सल्फर आदि पर सूक्ष्म जीवाणुओं की क्रिया से अकार्बनिक अम्ल HNO_3, H_2SO_4 आदि बनते हैं। ये अम्ल H^+ आयन प्रदान करके एवं कार्बनिक अम्लों के साथ मिलकर प्रबल अम्लीय दशा उत्पन्न करते हैं।

6. **फसल की प्रकृति** – मृदा पी–एच घास वाली फसलों द्वारा प्रभावित नहीं होती है। यह दलहनी फसलों द्वारा मृदा pH को कम कर देती है। दलहनी फसलें घास की तुलना में कैल्शियम और मैग्नीशियम को मृदा से कम करती है।

पी–एच एवं पादप पोषक तत्वों की प्राप्यता में सम्बन्ध (Relation in pH and availability of plant nutrients)– मृदा पी–एच पोषक तत्व के अधिशोषण (uptake) में एक महत्वपूर्ण भूमिका निभाता है। सामान्यतः खनिज मृदाओं का पी–एच मान 4.0 से 10 के बीच होता है। उदासीन मृदाओं का पी–एच 7.0 के आस पास होता है। मृदा का पी–एच 6.0 और 7.5 के बीच हो तो लगभग सभी पोषक तत्व पौधों के लिए उपलब्ध हो जाते हैं। अतः उत्तम कृषि योग्य मृदाओं का पी–एच 6.0 से 7.5 तक होता है। सभी पौधों की पीएच आवश्यकताएं अलग–अलग होती हैं। मृदा पीएच के बढ़ने से कुछ पोषक तत्वों की उपलब्धता कम जैसे आयरन, जिंक और मैंगनीज एवं पीएच के अधिक बढ़ने से मॉलिब्डेनम अधिक उपलब्ध होता है। मृदा पी–एच के घटने से (5.0 से 5.5 के मध्य) एल्यूमिनियम तथा मैंगनीज अधिक घुलनशील अवस्था में होते हैं जो पौधों की वृद्धि और विकास पर प्रतिकूल प्रभाव डालते हैं। निम्नलिखित चित्र 9.2 एवं तालिका 9.4 में मृदा पी–एच और पोषक तत्वों की उपलब्धता के बीच संबंधों को दर्शाया गया है।

1. **पी–एच का नाइट्रोजन पर प्रभाव** – अधिकतर पौधें मृदा से नाइट्रोजन को नाइट्रेट (NO_3^-) एवं कुछ पौधें अमोनियम (NH_4^+) के रूप में लेते हैं। नाइट्रेट (NO_3^-) की उपलब्धता मृदा में उपस्थित सूक्ष्म जीवों की सक्रियता पर निर्भर करती है। सूक्ष्मजीव पी–एच 6.5–7.5 के मध्य सक्रिय होते हैं एवं पी–एच 4.0 से कम होने पर सूक्ष्म जीव निष्क्रिय हो जाते हैं। इससे स्पष्ट है कि नाइट्रोजन की प्राप्यता 6.5–7.5 के मध्य अधिक होती है तथा अधिक अम्लीय एवं क्षारीय दशाओं में यह पौधों को प्राप्य नहीं हो पाती है।

2. **पी–एच का फॉस्फोरस पर प्रभाव** – मृदा में फॉस्फेट आयन्स की उपलब्धता मृदा पी–एच द्वारा प्रभावित होती है। मृदा विलयन में उपस्थित $H_2PO_4^-$ तथा HPO_4^{2-} आयन के रूप में फॉस्फोरस पौधों द्वारा अधिशोषित होता है। उपर्युक्त प्रत्येक रूप मृदा विलयन के pH पर निर्भर होता है। मृदा की अम्लीय स्थिती में आयरन, एल्यूमिनियम तथा मैंगनीज की सक्रियता बढ़ जाती है जो फॉस्फोरस के यौगिकों के साथ क्रिया करके अविलय आयरन, एल्यूमिनियम जटिल यौगिक बनाते हैं।

$$Al^{3+} + H_2PO_4^- + 2H_2O \longrightarrow Al(OH)_2H_2PO_4 + 2H$$

विलेय अविलेय

दूसरी ओर जब मृदा पी–एच 7 से बहुत अधिक हो जाता है तब PO_4^{3-} आयन की प्रचुरता हो जाती है, जो पुनः पौधों एवं सूक्ष्म जीवाणुओं को अप्राप्य हो जाता है क्योंकि मृदा में Ca एवं Mg की प्रचुरता होती है, जो फॉस्फेट के साथ अघुलनशील यौगिक बनाते हैं–

$$Ca(H_2PO_4)_2 + 2CaCO_3 \longrightarrow Ca_3(PO_4)_2 + 2CO_2 + 2H_2O$$

घुलनशील मोनो कैल्शियम फॉस्फेट अघुलनशील ट्राई कैल्शियम फॉस्फेट

इस प्रकार स्पष्ट है कि फॉस्फोरस की प्राप्यता के लिए सबसे उपयुक्त पी–एच 6.0–7.0 है।

3. **पी–एच का पोटेशियम पर प्रभाव** – अम्लीय मृदा में निक्षालन क्रिया द्वारा पोटेशियम मृदा के निचले संस्तरों में चला जाता है जिससे पौधों को इसकी प्राप्यता घट जाती है। क्षारीय मृदाओं में इसकी मात्रा अधिक पायी जाती है जो पौधों को प्राप्त होती है। $CaCO_3$ की उपस्थिति K की प्राप्यता पर प्रतिकूल प्रभाव डालती है। पौधों को K की प्राप्यता पी–एच 7.5–8.5 के मध्य अधिक होती है।

4. **पी–एच का कैल्शियम व मैग्नीशियम पर प्रभाव** – कम पी–एच पर कैल्शियम व मैग्नीशियम आयन की मात्रा घट जाती है जबकि अधिक पी–एच पर इनकी मात्रा बढ जाती है। नम प्रदेशों में निक्षालन क्रिया द्वारा कैल्शियम एवं मैग्नीशियम के ह्रास हो जाने से मृदा में अम्लीयता बढ़ती है। इससे दोनों तत्व पौधों को प्राप्त नहीं हो पाते हैं। शुष्क प्रदेशों की मृदाओं में कैल्शियम व मैग्नीशियम अधिक मात्रा में उपलब्ध होते है। कोलॉइड पर अधिशोषित कैल्शियम व मैग्नीशियम आयन बहुत अधिक पी–एच (8.5 से ऊपर) पर Na^+ आयन द्वारा विस्थापन कर दिये जाते है एवं ये कार्बोनेट के रूप में अवक्षेपित (अघुलनशील) हो जाते हैं जिससे इसकी प्राप्यता पौधों को कम हो जाती है। अतः इससे स्पष्ट है कि Ca^{++} एवं Mg^{++} की प्राप्यता पी–एच 6.5 से 8.5 के बीच अधिक होती है।

5. **पी–एच का सल्फर पर प्रभाव**– मृदा में सल्फर कार्बनिक अवस्था में रहता है जबकि पौधें सल्फर को अकार्बनिक रूप में ग्रहण करते हैं। मृदा में सल्फर के कार्बनिक रूप से अकार्बनिक रूप में परिवर्तन लगभग सभी पी–एच पर होता है, लेकिन पी–एच 6 से 8 के मध्य यह क्रिया अधिक तीव्र होती है। अधिक अम्लीय दशा में सल्फर पौधों के लिए कम प्राप्य होता है क्योंकि निक्षालन क्रिया द्वारा सल्फर की अधिक मात्रा मृदा में नीचे पौधों की जड़ों से दूर चली जाती है।

6. **पी–एच का आयरन, एल्यूमीनियम एवं मैंगनीज पर प्रभाव** – अम्लीय दशा में ये तत्त्व अधिक सुगमता से पौधों को प्राप्त होते हैं तथा अत्यधिक अम्लीय दशा में ($pH < 4.0$), ये पौधों के लिए हानिकारक प्रभाव डालते हैं। पीएच अधिक होने पर आयरन एवं एल्यूमीनियम हाइड्रॉक्साइड के रूप में अवक्षेपित होकर पौधों के लिए अप्राप्य हो जाते हैं। इन तत्वों की प्राप्यता पी–एच 5.5 से 7.0 के मध्य अनुकूल होती है। पीएच बढ़ने पर मैंगनीज अपने उच्च ऑक्साइड (Mn^{3+} और Mn^{4+}) में परिवर्तित हो जाता है जो जल में अघुलनशील है। अतः इसकी प्राप्यता पौधों को कम हो जाती है।

7. **पी–एच का कॉपर, जिंक एवं बोरॉन पर प्रभाव** – कॉपर एवं जिंक अम्लीय दशा में अधिक घुलनशील होते हैं और पौधों को सुगमतापूर्वक प्राप्त होते हैं, लेकिन अत्यधिक अम्लीय दशा में इनकी प्राप्यता इतनी अधिक बढ़ जाती है कि ये पौधों के लिए अविषालु (toxic) हो जाते हैं। अतः कॉपर एवं जिंक की प्राप्यता पी–एच बढ़ने के साथ घटती है तथा पी–एच 7 के बाद अत्यन्त कम हो जाती है। अत्यधिक पी–एच मान पर जिंक अघुलनशील लवण (कैल्शियम जिंकेट) बनाता है। बोरॉन का शुष्क प्रदेशों की मृदाओं में विशेष रूप से लवणीय व क्षारीय मृदाओं में बोरॉन का विषैला प्रभाव और अम्लीय तथा आर्द्र प्रदेशों की उच्च निक्षालन वाली मृदा में इस पोषक तत्व की कमी रहती है। प्रायः बोरॉन की प्राप्यता पी–एच 5 से 8 तक होती है, जिससे कम या अधिक पी–एच होने पर प्राप्यता घटने लगती है, लेकिन पी–एच 8.5 के ऊपर दूसरी प्राप्यता पुनः बढ़ने लगती है, जो इतनी अधिक हो जाती है कि पौधों के लिए अविषालु होती है।

8. **पी–एच का मॉलिब्डेनम पर प्रभाव** – सूक्ष्म पोषक तत्वों में यह अकेला ही पोषक तत्व है, जो अधिक पी–एच पर सुलभता से प्राप्त होता है। मॉलिब्डेनम अम्लीय दशा में पौधो को अप्राप्य होता है क्योकि यह आयरन एवं एल्यूमीनियम से संयोग करके अघुलनशील यौगिक बनाता है। अम्लीयता घटने के साथ–साथ इसकी प्राप्यता बढ़ने लगती है और पी–एच 6.0 से ऊपर यह पौधों के लिए पर्याप्त मात्रा में उपलब्ध होता है। अम्लीय मृदा में चूने का प्रयोग करके इसकी प्राप्यता को बढ़ाया जा सकता है।

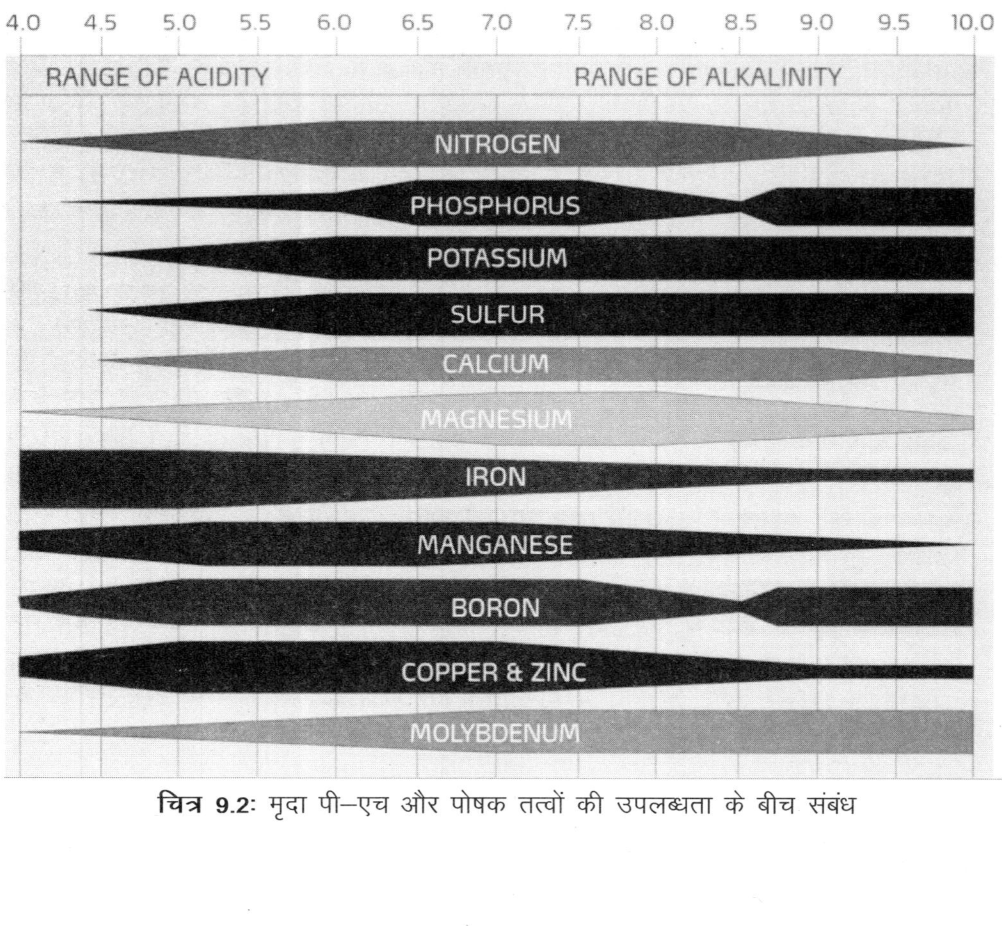

चित्र 9.2: मृदा पी–एच और पोषक तत्वों की उपलब्धता के बीच संबंध

तालिका 9.4: मृदा पीएच का पोषक तत्वों और उनकी उपलब्धता में सम्बन्ध

क्र.स.	पोषक	पीएच उपलब्धता
1.	नाइट्रोजन (N)	उदासीन
2.	फॉस्फोरस (P)	उदासीन
3.	पोटेशियम (K)	उदासीन से थोड़ा क्षारीय
4.	कैल्शियम (Ca)	उदासीन से थोड़ा क्षारीय
5.	मैग्नीशियम (Mg)	थोडा अम्लीय से थोड़ा क्षारीय
6.	सल्फर (S)	अम्लीय से उदासीन
7.	बोरॉन (B)	अम्लीय से क्षारीय
8.	जिंक (Zn)	अम्लीय
9.	मैंगनीज (Mn)	अम्लीय
10.	लोहा (Fe)	अम्लीय
11.	कॉपर (Cu)	अम्लीय
12.	मॉलिब्डेनम (Mo)	क्षारीय

पी–एच का सूक्ष्म जीवाणुओं पर प्रभाव

बैक्टीरिया एवं ऐक्टिनोमाइसिटीज उदासीन एवं हल्की क्षारीय मृदा में अच्छी प्रकार क्रियाशील होते हैं। पी–एच 5.5 से नीचे दोनों प्रकार के जीवाणुओं की सक्रियता एवं संख्या कम हो जाती है। सामान्य मृदाओं में कवक कम पी–एच पर (5.5 से कम) अधिक वृद्धि करते हैं। पी–एच बढ़ने के साथ कवक की स्पर्धा बैक्टीरिया एवं ऐक्टिनोमाइसिटीज के साथ अधिक हो जाती है, इसलिए नाइट्रीकरण एवं नाइट्रोजन स्थिरीकरण क्रियाये उन मृदाओं में तीव्रता से होती है जिनका पी–एच 5.5 से अधिक होता है। लेकिन कार्बनिक पदार्थों का सड़न एवं अमोनीकरण क्रियायें पी–एच 5.5 से कम पर भी होती है क्योंकि इन एन्जाइमी क्रियाओं को मुख्य रूप से अधिकांश कवक प्रजातियाँ प्रभावित करती हैं। अधिकांश सूक्ष्म जैविकी एवं जैव रासायनिक क्रियायें पी–एच 5.5–7.0 के परिसर में सुचारु रूप से एवं तीव्रता से होती है। उपयुक्त पी–एच परिसर पर अधिकांश पोषक तत्व प्राप्य रूप में उचित दशा में उपलब्ध होते हैं और उनका पी–एच से अनुकूलतम सम्बन्ध होता है। सल्फर ऑक्सीकारक जीवाणु (विकल्पी) माध्यम से अधिक पी–एच मान पर तीव्रता से कार्य करते हैं। वे अम्लीय माध्यम में भी क्रियाशील रहते हैं जो स्पष्ट करता है कि मृदा में सल्फर डालकर सल्फर ऑक्सीकारक जीवाणुओं की सक्रियता बढ़ाई जा सकती है और मृदा पी–एच को घटाकर भी अम्लीय दशा में लाया जा सकता है।

मृदा पी–एच का फसलों पर प्रभाव–विभिन्न फसलों को संतुलित वृद्धि हेतु विभिन्न पी–एच सीमाएँ होती हैं। कई फसलें अम्लीय पी–एच तथा कई क्षारीय पी–एच पर अधिक वृद्धि करती हैं। कुछ फसलों के लिए उपयुक्त पी–एच तालिका 9.5 में दी गई है –

तालिका 9.5: विभिन्न फसलों के लिए उपयुक्त मृदा पी–एच

क्रमांक	फसलें (Crops)	pH Range (उपयुक्त)
	खाद्यान्न फसलें (Cereals)	
1.	मक्का (Maize)	6.0–7.5
2.	चावल (Rice)	4.0–6.0
3.	ज्वार (Sorghum)	6.0–7.5
4.	गेहूँ (Wheat)	6.0–7.5
5.	जौ (Barlay)	6.0–7.5
6.	जई (Oat)	5.0–7.5
	दलहनी फसलें (Legumes & Pulses)	
7.	राजमा (French Bean)	5.5–7.0
8.	बरसीम (Barseem)	6.0–7.5
9.	मूंगफली (Groundnut)	5.0–6.5
10.	सोयाबीन (Soyabean), मटर (Pea)	5.5–7.0
11.	मसूर, चना (Lentil, Gram)	5.5–7.0
12.	चवला (Cowpea)	5.0–6.5
13.	ग्वारफली (Cluster beans)	7.5–8.0
	तिलहन फसलें (Oil seed crops)	
14.	सूरजमुखी (Sunflower)	6.0–7.5
15.	सरसों (Mustard)	6.5–7.5
16.	तिल (Sesame)	6.0–8.0
	नगदी फसलें (Cash crops)	
17.	गन्ना (Sugarcane)	6.0–7.5
18.	कपास (Cotton), आलू (Potato)	5.0–5.5
19.	चुकन्दर (Sugar beet)	6.5–8.0
20.	तम्बाकू (Tobacco)	5.5–7.5
	बागान फसलें (Plantation crops)	
21.	चाय (Tea)	4.0–6.0
22.	रबड़ (Rubber)	5.5–7.0
	फल वाली फसलें (Fruit crops)	
23.	आम (Mango)	6.5–8.0

क्रमांक	फसलें (Crops)	pH Range (उपयुक्त)
24.	सन्तरा (Sweet Orange)	6.5 –7.5
25.	अनन्नास (Pineapple)	5.5 –7.0
26.	सेव (Apple), नाशपाती (Pear)	5.8 –6.2
	सब्जियाँ (Vegetables)	
27.	लौकी (Bottle gourd)	6.5–7.5
28.	करेला (Bitter gourd)	6.5–7.5
29.	ककड़ी (Cucumber)	6.5–7.5
30.	टमाटर (Tomato), बैंगन (Brinjal), मिर्च (Chillies)	6.5–7.5

मृदा पी–एच का महत्व

1. मृदा निर्माण और मृदा विकास में शामिल प्रक्रियाओं में पी–एच का महत्वपूर्ण योगदान है।
2. यह पौधों में पोषक तत्वों की उपलब्धता में सहायक है।
3. मृदा पी–एच लाभकारी सूक्ष्मजीवों की गतिविधि को प्रभावित करके पौधे की वृद्धि को प्रभावित करता है।
4. किसी विशेष फसल का उत्पादन लेने के लिए चुने की मात्रा का निर्धारण भी मृदा पी–एच के अनुसार किया जाता है।
5. मृदा पी–एच मान से मृदा क्षारीयता अथवा अम्लीयता का ज्ञान होता है। अतः मृदा सुधारकों की मात्रा का निर्धारण एवं उपयोग करने में मृदा पी–एच का महत्वपूर्ण योगदान है।
6. मृदा पी–एच के आधार पर मृदा को वर्गीकृत करने में सहायता मिल्ती है।

उभय प्रतिरोधन (Buffering)

उभय प्रतिरोधन किसी घोल या विलयन में उपस्थित वे पदार्थ हैं जिनके कारण घोल के पी–एच में परिवर्तन के लिए आवश्यकता से अधिक अम्ल या क्षार की आवश्यकता होती हैं। थोड़ी मात्रा में अम्ल या क्षार मिलाने पर जब घोल के पी–एच में परिवर्तन नहीं होता है तो इस क्रिया को बफर क्रिया (उभय प्रतिरोधी क्रिया) कहते हैं और घोल को बफर कहते हैं। घोल में ये गुण उसमें संचयी अम्लता या क्षारता के कारण होता है। जो निर्बल अम्ल और उसके प्रबल क्षार के साथ लवण (CH_3COOH + CH_3COONa) या निर्बल क्षार और उसके प्रबल अम्ल के साथ लवण (NH_4OH + NH_4Cl) से उत्पन्न होता है।

उभय प्रतिरोधी घोल के गुण

1. उभय प्रतिरोध विलयन का पी–एच निश्चित एवं स्थायी होता है तथा उसमें प्रबल अम्ल या क्षार की अल्प मात्रा मिलाने पर विलयन का पी–एच अपरिवर्तित रहता है।
2. उभय प्रतिरोध विलयन का पी–एच बहुत अधिक समय तक स्थिर बना रहता हैं जिस पर तनुता (dilution) का कोई प्रभाव नहीं पड़ता है।

उभय प्रतिरोधक क्षमता (Buffering Capacity)

मृदायें अम्ल एवं क्षार दोनों के प्रति बफर का कार्य करती हैं जिससे उन्हें उभयधर्मी (amphoteric) कहते हैं। मृदा में उभयधर्मी गुण उनमें उपस्थित कोलॉइडी मिश्रण के कारण होता है जो मृदा क्षार एवं अम्ल के यौगिक होते हैं। धनायन विनिमय क्षमता अधिक होने पर मृदा की बफर क्षमता अधिक होती है क्योंकि H^+ एवं क्षारीय आयन अधिक मात्रा में विनिमयी होते हैं जिससे प्रतिशत क्षारीय संतृप्तता कम या अधिक होती रहती है। 50% क्षारीय संतृप्तता पर मृदा को बफर क्षमता सबसे अधिक होती है। प्रतिशत क्षार संतृप्तता बढ़ने एवं घटने के साथ मृदा उभय प्रतिरोधक क्षमता क्रमशः अम्लता एवं क्षारीयता के प्रति अधिक हो जाती है। सामान्यतः मृदा की उभय प्रतिरोधक क्षमता उसमें उपस्थित कोलॉइड पदार्थों की मात्रा एवं प्रकार तथा कार्बनिक पदार्थ की मात्रा पर आधारित होती है जिस मृदा में क्ले एवं कार्बनिक पदार्थ की मात्रा जितनी अधिक होगी उसकी उभय प्रतिरोधक क्षमता उतनी ही अधिक होगी। मॉन्टमोरिलोनाइट क्ले युक्त मृदा की उभय प्रतिरोधक क्षमता केओलिनाइट या हाइड्रस माइका युक्त मृदा की अपेक्षा अधिक होती है।

उभय प्रतिरोधक का कृषि में महत्त्व (Importance of Buffering in Agriculture)

मृदा पी–एच का स्थायीकरण – अलग–अलग फसलें एवं वनस्पतियाँ विभिन्न पी–एच पर सुगमता से वृद्धि करती हैं तथा विभिन्न पादप पोषक तत्व भी विभिन्न पी–एच पर पौधों को प्राप्य होते हैं। इस प्रकार मृदा पी–एच के अनुसार उगाई गयी फसल मृदा से उचित मात्रा में पोषक तत्वों को प्राप्त करती है। यदि किसी उर्वरक के मिलाने से मृदा पी–एच में एकाएक परिवर्तन हो जाये तो फसल को बहुत अधिक क्षति होगी साथ ही सूक्ष्म जीवाणुओं की क्रियाशीलता पर भी प्रभाव होगा। अतः उभय प्रतिरोधक क्षमता मृदा पी–एच का स्थायीकरण करने में महत्वपूर्ण योगदान देती है इसलिए मृदा में उभय प्रतिरोधक क्रिया नितान्त आवश्यक है।

सुधारकों की मात्रा – मृदा की बफर क्षमता (उभय प्रतिरोधक क्षमता) अधिक होने पर उसके पी–एच में परिवर्तन करने के लिए उतनी ही अधिक मात्रा में सुधारक जैसे चूने (lime), गन्धक (sulphur) या जिप्सम (gypsum) एवं पाइराइट (pyrite) आदि की आवश्यकता होती है। सुधारकों की मात्रा निश्चित करते समय न केवल मृदा पी–एच का ध्यान रखना चाहिए बल्कि मृदा में उपस्थित क्ले की मात्रा एवं प्रकार तथा कार्बनिक पदार्थ की मात्रा का भी विशेष ध्यान रखना चाहिए क्योंकि क्ले एवं ह्यूमस बफर क्षमता को बहुत अधिक प्रभावित करते हैं।

प्रश्न कोष

वस्तुनिष्ठ प्रश्न

1. पी–एच शब्द किसने दिया?
   (A) मारबट (B) जोफे
   (C) सोरेन्सन (D) कोई नहीं
2. पी–एच स्केल होता है?
   (A) 1-14 (B) 0-7
   (C) 7-14 (D) 0-14
3. अम्लीय मृदा में आयरन की प्राप्यता होती है?
   (A) अधिक
   (B) कम
   (C) बहुत कम
   (D) अप्रभावित

4. एक विलयन जिसमें H^+ की सक्रियता 1×10^{-5} हैं तो उस विलयन की pOH क्या होगी?

   (A) 6.0 (B) 7.0

   (C) 8.0 (D) 9.0

5. पी–एच तथा पी–ओ एच का योग सदैव होता है?

   (A) 7 (B) 10

   (C) 14 (D) 12

रिक्त स्थानों की पूर्ति कीजिए

1. क्षारीय पी–एच पर .... सूक्ष्म तत्व की सुलभता अधिक होती है
2. यदि मृदा कोलाइड़ पर हाइड्रोजन आयन्स का सान्द्रण हाइड्रोक्सिल (OH^-) आयन्स की अपेक्षा अधिक है तो मृदा .... होती है।
3. सामान्यतः खनिज मृदाओं का पी–एच .... तक होता है।
4. पौधों को नाइट्रोजन की प्राप्यता पी–एच ....के मध्य अधिक होती है
5. पौधों को पोटेशियम की प्राप्यता पी–एच ....के मध्य अधिक होती है।

सत्य या असत्य कथन पर (√) का निशान लगाये।

1. पी–एच स्केल का आधार H^+ का सक्रिय सांद्रण होता है। (सत्य/असत्य)
2. अम्लीय विलयन में $H^+ > OH^-$ होता है। (सत्य/असत्य)
3. नाइट्रोजन की प्राप्यता 6.5–7.5 के मध्य अधिक होती है (सत्य/असत्य)
4. पौधों को पोटेशियम की प्राप्यता पी–एच 7.5–8.5 के मध्य अधिक होती है। (सत्य/असत्य)
5. पौधों को मॉलिब्डेनम की प्राप्यता क्षारीय स्थिति में होती है। (सत्य/असत्य)

लघु एवं विस्तृत उत्तरीय प्रश्न

1. पी–एच स्केल क्या है?
2. मृदा पी–एच को प्रभावित करने वाले कारकों का वर्णन कीजिये।
3. मृदा सूक्ष्म जीवों पर पी–एच का क्या प्रभाव होता है?
4. मृदा पी–एच की परिभाषा लिखिए। मृदा पी–एच का कृषि में क्या महत्त्व है?
5. मृदा पी–एच को परिभाषित कीजिए। मृदा पी एच का पोषक तत्वों की सुलभता पर क्या प्रभाव पड़ता हैं।
6. फॉस्फोरस मृदा की अम्लीय एवं क्षारीय स्थितियों में पौधों को उपलब्ध नही हो पाता है स्पष्ट करें।

उत्तरमाला

वस्तुनिष्ठ प्रश्न	1. (C)	2. (D)	3. (A)	4. (D)	5. (C)
रिक्त स्थानों की पूर्ति	1. मॉलिब्डेनम	2. अम्लीय	3. 4–10	4. 6.5–7.5	5. 7.5–8.5
सत्य या असत्य	1. सत्य	2. सत्य	3. सत्य	4. सत्य	5. सत्य

■■■■

अध्याय – 10

मृदा वायु एवं वातन
(SOIL AIR & AERATION)

मृदा अवयवों में वायु का पादप वृद्धि एवं जैव रासायनिक क्रियाओं की दृष्टि से अत्यधिक महत्वपूर्ण स्थान है। पौधों की जड़ें एवं सूक्ष्मजीव मृदा वायु में श्वसन द्वारा ऑक्सीजन लेते हैं तथा कार्बन डाइऑक्साइड का उत्सर्जन करते हैं। कार्बन डाइऑक्साइड पौधों के प्रकाश संश्लेषण के लिये आवश्यक है। नाइट्रोजन स्थिरांक बैक्टीरिया वायुमण्डल से नाइट्रोजन स्थिर करके उच्च पौधों को देते हैं। अतः वायुमण्डल के मुख्य अवयव ऑक्सीजन, नाइट्रोजन तथा कार्बन डाइऑक्साइड किसी न किसी रूप में पौधों के लिये आवश्यक है, जिन्हें पौधे वायुमण्डल तथा मृदा वायु से प्राप्त करते हैं। ऑक्सीजन तथा कार्बन डाइऑक्साइड की मात्रा मृदा जैविक क्रियाओं को प्रभावित करती है। वायु पौधों की महत्वपूर्ण सम्पूर्ण शरीर क्रियात्मक प्रक्रियाओं (physiological processes) को भी नियंत्रित करती है। सामान्य मृदा में आयतनानुसार 25-30% वायु होती है। जल की मात्रा परिवर्तित होने पर मृदा वायु भी परिवर्तित होती है।

मृदा वातन (Soil aeration)

मृदा एवं वायुमण्डल के मध्य परस्पर कार्बन डाइऑक्साइड तथा ऑक्सीजन के आदान–प्रदान की क्रिया को मृदा वातन (Soil aeration) कहते हैं।

"Soil aeration may be defined as the exchange of carbon dioxide and oxygen gases between soil and the aerial atmosphere"

ऐसी मृदा जिसमें पौधों तथा सूक्ष्म जीवों की आवश्यक मैटाबॉलिक प्रक्रमों की उपयुक्त दर को प्रोत्साहित करने के लिये प्रचुर मात्रा एवं उचित अनुपात में गैसें उपलब्ध हों, वातित मृदा कहलाती है। मृदा आयतन में लगभग 30 से 60 प्रतिशत रन्ध्रावकाश होते हैं, जो रन्ध्रावकाश जल से भरे नहीं होते वे मृदा वायु से भरे होते हैं।

मृदा की वायु क्षमता (Air capacity of soil)

यह मृदा वायु की वह मात्रा है जो मृदा में क्षेत्र क्षमता (field capacity) नमी वाली अवस्था में पायी जाती है। अर्थात् वायु क्षमता मृदा के अकेशिका (noncapillary) रन्ध्रावकाशों के बराबर होती है। इसलिए वायु क्षमता अकेशिका रन्ध्रावकाश को प्रभावित करने वाले कारकों जैसे, मृदा कणाकार, संरचना, कार्बनिक पदार्थों की मात्रा, जल निकास, जुताई करना, संघनन (compaction), दरारें पड़ना, जड़ों का प्रवेश्य, जीवों द्वारा मृदा में बिल बनाना आदि द्वारा प्रभावित होती हैं। वायु, जल तथा रन्ध्रावकाशों के

पारस्परिक सम्बन्ध से यह स्पष्ट होता है कि मृदा वायु की मात्रा गहराई बढ़ने के साथ–साथ कम होती जाती है। मृदा की ऊपरी सतहों में मृदा वायु अधिक होती है। हल्की तथा भुरभुरी मृदा में वायु की क्षमता अपेक्षाकृत अधिक होती है। जुताई करने से बालू अथवा कार्बनिक पदार्थों के मिलने से मृदा ढ़ीली हो जाती है। जिससे इसमें वायु की मात्रा अधिक बढ़ जाती है।

मृदा वायु का संगठन (Composition of soil air)

वायुमण्डलीय वायु के समान मृदा में भी मुख्य रूप से नाइट्रोजन, ऑक्सीजन, कार्बन डाइऑक्साइड तथा निष्क्रिय गैसें होती है। लेकिन मृदा वायु में नाइट्रोजन तथा कार्बन डाइऑक्साइड अधिक है। मृदा वायु में CO_2 और O_2 एवं अन्य गैसों का संगठन मुख्यतः मृदा के अन्दर होने वाली जैविक क्रियाओं, मृदा गुण, फसलोत्पादन, मौसमी परिर्वतन तथा वायु के सम्पर्क में कितनी आसानी और किस अंश तक आती है, के ऊपर निर्भर होती है।

मृदा एवं वायुमंडलीय वायु का संगठन

गैसें	मृदा वायु (%)	वायुमंडलीय वायु (%)
नाइट्रोजन	79.2	78.03
ऑक्सीजन	20.0	20.97
कार्बन डाइऑक्साइड	0.3 से 0.5	0.03
अन्य गैसें	सूक्ष्म मात्रा	–

मृदा वायु के संगठन को प्रभावित करने वाले कारक

मृदा वायु के संगठन को प्रभावित करने वाले कारकों का संक्षिप्त में वर्णन नीचे दिया गया है।

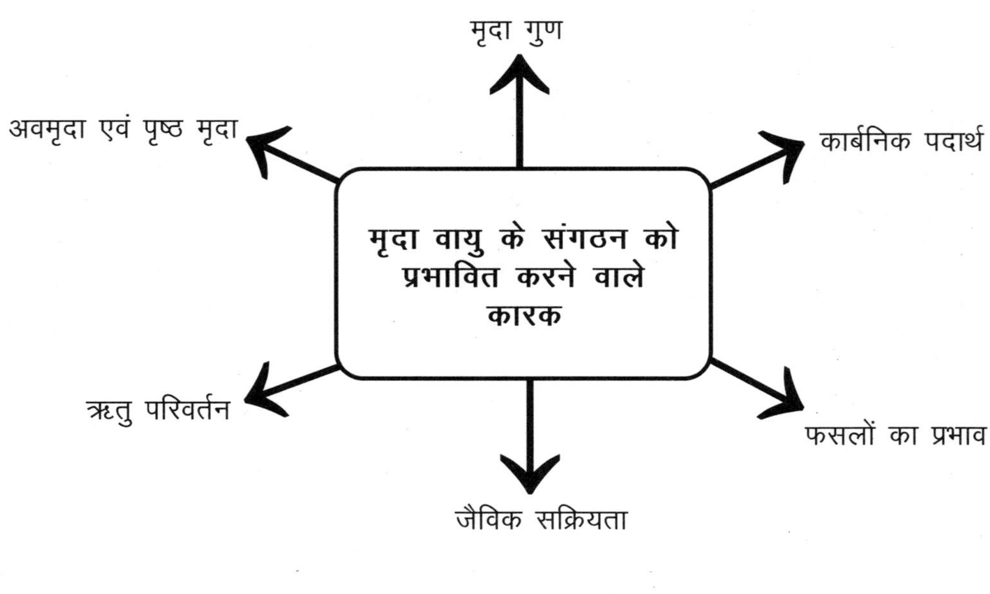

1. **मृदा गुण** – मृदा गुणों का मुख्य प्रभाव उन कारकों के साथ सगुणित है जो मृदा की वायु पारगम्यता तथा वायु धारिता में वृद्धि करते हैं। वे कारक कणाकार, संरचना तथा नमी की मात्रा है। लोम मृदाओं में बालू मृदाओं की अपेक्षा कार्बन डाइऑक्साइड की मात्रा अधिक होती है।

2. **कार्बनिक पदार्थ (Organic matter)** – कार्बनिक पदार्थ की मात्रा मृदा वायु के संगठन को प्रभावित करती है। मृदा में विभिन्न प्रकार के सूक्ष्मजीवों के कारण कार्बनिक पदार्थों के अपघटन के दौरान अधिक कार्बन डाइऑक्साइड उत्पन्न होती है ।

3. **फसलों का प्रभाव (Effect of crops)** – पौधों की जड़ों को ऑक्सीजन की आवश्यकता होती है, वे मृदा से ऑक्सीजन लेकर इसकी मात्रा कम तथा कार्बन डाइऑक्साइड का उत्सर्जन करते हैं। पौधों की साधारण श्वसन क्रिया में ऑक्सीजन का ग्रहण तथा कार्बन डाइऑक्साइड का निष्कासन होता है। जिन मृदाओं में फसल उगाई जाती है वहाँ जड़ों के श्वसन के कारण अन्य मृदाओं की तुलना में कार्बन डाइऑक्साइड अधिक तथा ऑक्सीजन कम होती है। फसल युक्त मृदा वायु में कार्बन डाइऑक्साइड की मात्रा परती मृदा (fallow land) की वायु की अपेक्षा लगभग 10 गुनी अधिक होती है। परती मृदा में खाद मिलाने से मृदा वायु में कार्बन डाइऑक्साइड की मात्रा दुगुनी हो जाती है।

4. **जैविक सक्रियता (Biological activities)** – मृदा में विभिन्न प्रकार के सूक्ष्मजीव निवास करते हैं। सूक्ष्मजीवों को श्वसन के लिए ऑक्सीजन की आवश्यकता होती है और वे इसे मृदा वायु से लेते हैं। इस प्रकार मृदा वायु में ऑक्सीजन की मात्रा निरंतर कम होती रहती हैं। साथ ही बढ़ती हुई सूक्ष्मजीव गतिविधियों के कारण कार्बनिक पदार्थ का अपघटन होता है और इस प्रकार अधिक कार्बन डाइऑक्साइड उत्पन्न होती है। इसलिए पीट मृदाओं में खनिज मृदाओं की अपेक्षा अधिक कार्बन डाइऑक्साइड होती है।

5. **ऋतु परिवर्तन (Seasonal variations)** – ठण्डी ऋतुओं में मृदा की सतह पर मृदा वायु में CO_2 की मात्रा कम तथा गर्म ऋतुओं में अधिक होती है। निम्न ताप पर बैक्टीरिया की सक्रियता कम होने से CO_2 का निर्माण कम होता है। मृदा वायु में ऑक्सीजन की मात्रा शुष्क मौसम में मानसून मौसम की अपेक्षाकृत अधिक होती है। आमतौर पर गर्मियों के महीनों में मृदा सूख जाती है, इस अवधि के दौरान अधिक रन्ध्रावकाश की उपस्थिति से गैसीय विनिमय की संभावना अधिक हो जाती है इस समय मृदा में ऑक्सीजन की मात्रा अधिक और कार्बन डाइऑक्साइड निम्न हो जाता है। तापमान भी मृदा वायु में कार्बन डाइऑक्साइड की मात्रा को प्रभावित करता है। गर्मियों के मौसम में उच्च तापमान सूक्ष्मजीव गतिविधियों को प्रोत्साहित करता है जिससे कार्बन डाइऑक्साइड का उच्च उत्पादन होता है।

6. **अवमृदा एवं पृष्ठ मृदा (Sub soil and top soil)** – अवमृदा में पृष्ठ मृदाओं की अपेक्षा ऑक्सीजन की कमी होती है। कुल रन्ध्रावकाशों की संख्या तथा उनका औसत आकार सामान्यतः गहराई के अधिक होने पर कम हो जाती है, यह वृद्धि बलुई तथा लोम मृदा में कम तथा भारी मृदा में अधिक होती है।

मृदा वायु एवं वातावरण में गैसों की गतिशीलता

मृदा वायु और वायुमण्डलीय गैसों में विनिमय दो विधियों द्वारा होता है :

1. **गैसों का बहाव (Mass Flow)** – एक स्थान से दूसरे स्थान कि ओर गैसों का बहाव दाब में अंतर के कारण होता है। अधिक दाब वाले स्थान से गैसों का प्रवाह कम दाब वाले स्थान की ओर होता है। वर्षा या सिंचाई का जल मृदा में प्रवेश करने पर रन्ध्रावकाश में उपस्थित मृदा वायु वातावरण में निकल जाती है। जब कभी रन्ध्रावकाश में उपस्थित मृदा जल का वाष्पीकरण एवं वाष्पोत्सर्जन के द्वारा ह्रास होता है तब वायुमण्डलीय वायु रन्ध्रावकाश में पुनः प्रवेश कर दोनों के बीच संतुलन स्थापित करती है। मृदा तापमान में परिर्वतन से मृदा वायु पर प्रभाव पड़ता है। दिन के समय मृदा वायु गर्म होकर फैलने लगती है एवं वायुमण्डल में निकल जाती है दूसरी तरफ मृदा रात के समय ठन्डी होकर सिकुडती है जिससे वायुमण्डलीय वायु पुनः रन्ध्रावकाश में प्रवेश कर जाती है।

2. **विसरण (Diffusion)** – अधिकांश गैसों का विनिमय विसरण द्वारा होता है। गैसीय मिश्रण में गैसे अपने आंशिक दाब (Partial pressure) के अन्तर के कारण विसरित होती हैं। वायुमण्डलीय एवं मृदा वायु में नाइट्रोजन, ऑक्सीजन, कार्बन डाइऑक्साइड आदि कई गैसे शामिल हैं, जो प्रत्येक अपने स्वयं के अनुपात में आंशिक दाब डालती है। मिश्रण में प्रत्येक गैस अपने आंशिक दाब के अनुसार अधिक दाब से कम दाब की ओर विसरण की विधि द्वारा गति करती है। सघन तथा भारी मृदाओं में सम्पूर्ण वायु कम मात्रा में होती है जिससे गैसीय प्रवाह की गति बहुत कम होती है। यदि किसी एक गैस (कार्बन डाइऑक्साइड) का आंशिक दाब (Partial pressure) मृदा वायु में वायुमण्डलीय वायु की तुलना से अधिक है तो वह गैस वायुमण्डल में निष्कासित हो जाती है।

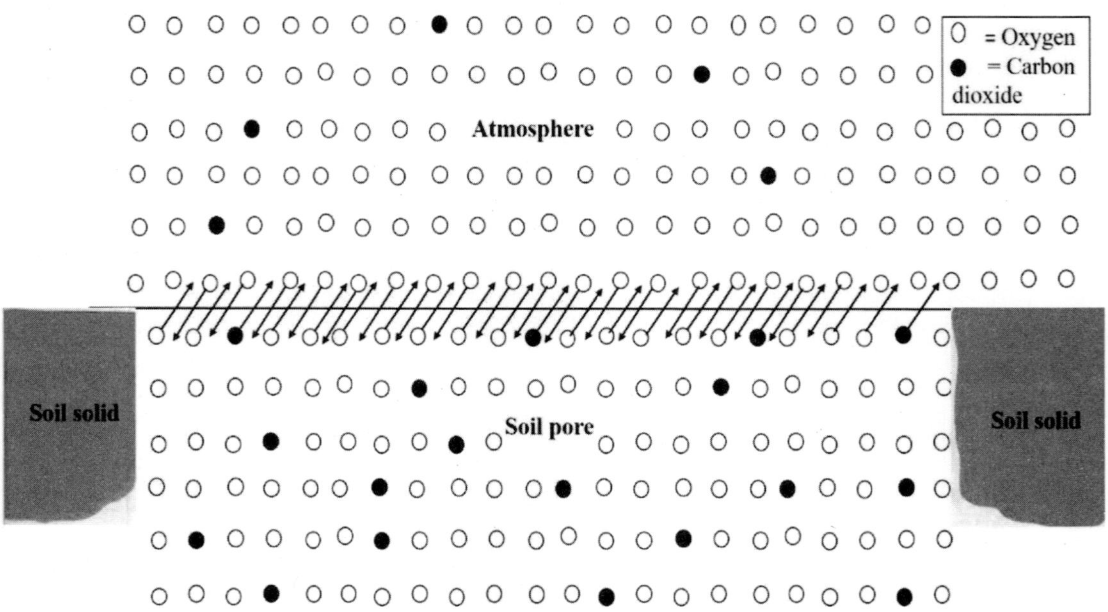

चित्र 10.1: विसरण द्वारा गैसों का विनिमय

वायुमण्डलीय वायु की तुलना में मृदा वायु में CO_2 का आंशिक दाब बहुत अधिक तथा O_2 का आंशिक दाब कम होता है। अतः मृदा वायु से CO_2 वायुमण्डल में प्रवेश करती है और O_2 वायुमण्डल से विसरित करती है। इस प्रकार मृदा वायु की गैसें विसरण प्रकम द्वारा वायुमण्डलीय गैसों के साथ स्वयं

संतुलन बनाये रखने की प्रवृत्ति रखती है। जब मृदा से रन्ध्रावकाश स्वतन्त्र रूप से खुले हो तो यह विसरण तभी सम्भव और निरन्तर होती है। विसरण के वेग पर आंशिक दाब अन्तर के अतिरिक्त और अनेक कारकों का प्रभाव पड़ता है। विसरण पर वायु के अकेशीय रन्ध्रावकाश का सीधा प्रभाव पड़ता है। इसी प्रकार मृदा वायु तथा वायुमण्डलीय वायु के बीच गैसीय विनिमय, गैस संचालन तथा विसरण द्वारा लगातार होता रहता है। मृदा में नमी तथा वायु की मात्रा, वर्षा, वायु, प्रवाह, ताप व दाब में परिवर्तन के साथ–साथ इस विनिमय का वेग निरन्तर परिवर्तित होता रहता है।

(i) **ग्राहम के गैस विसरण के नियम** – ग्राहम के गैस विसरण के नियम के अनुसार समान दाब और ताप पर विसरण की गति गैसों के आपेक्षिक घनत्व के वर्गमूल के व्युत्क्रमानुपाती होती है।

(ii) **फिक का विसरण नियम** – एडॉल्फ फिक (1885) ने इस नियन को प्रतिपादन किया था। किसी भी दिशा में एक विलय की विसरण दर उस दिशा में विलायक के घनत्व, सान्द्रण प्रवणता के अनुपात में एवं एक समान्तर होते हैं।

मृदा वातन एवं पादप वृद्धि (Soil aeration and plant growth)

मृदा वायु के उपयुक्त संचार में ही पौधों की वृद्धि उचित प्रकार से होती है। यदि मृदा में वायु संचार ठीक नहीं है तो उच्च पौधों की वृद्धि निम्न प्रकार से प्रभावित होती है –

(1) **पौधों की वृद्धि का कम होना** – मृदा वायु के उचित संचार न होने से विशेष हानिकारक प्रभाव जड़ वाली फसलों जैसे–आलु, गाजर, मूली, चुकन्दर, शलजम आदि पर अधिक होता है और इन पौधों की जड़े आकार में असामान्य हो जाती हैं। मृदा में अप्रवेश्य परतों की उपस्थिति में जड़ों की वृद्धि वायु की कमी होने से प्रायः रुक जाती है। इस प्रकार अविकसित जड़ें मृदा से आवश्यक मात्रा में नमी और पोषक तत्त्व शोषित नहीं कर पातीं, फलस्वरूप पौधों की वृद्धि रुक जाती है।

(2) **पौधों द्वारा पोषक तत्वों का शोषण कम होना** – पौधों की जड़ों को श्वसन क्रिया के लिये पर्याप्त ऑक्सीजन की आवश्यकता होती है जो मृदा वायु से ही प्राप्त होती है। मृदा वायु में ऑक्सीजन की कमी होने से पौधे मृदा से पोषक तत्त्व ग्रहण नहीं कर पाते। ऑक्सीजन की कमी में कार्बनिक नाइट्रोजन के खनिजन की दर भी कम हो जाती है जिससे पौधों को उनकी वृद्धि के लिये नाइट्रोजन नहीं मिल पाती है। फलतः मृदा वायु की कमी होने पर पौधे समुचित मात्रा में पोषक तत्त्व ग्रहण नहीं कर पाते और उनकी वृद्धि रुक जाती है।

(3) **पौधों द्वारा जल शोषण का कम होना** – मृदा में समुचित वायु संचार न होने पर पौधों की श्वसन क्रिया मंद पड़ जाती है। CO_2 की असंतुलित मात्रा हो जाने से जड़ों की कोशिकाओं की पारगम्यता कम हो जाती है। श्वसन से प्राप्त ऊर्जा का उपयोग जड़े पोषक तत्त्व और जल के आंशिक शोषण में करता है। वायु की कमी से पौधे उचित मात्रा में जल शोषित नहीं कर पाते जिससे उनकी वद्धि रुक जाती है।

(4) **विषालु कार्बनिक पदार्थ बनने से पौधों की वृद्धि का कम होना** – वायु के उचित संचार न होने से कार्बनिक पदार्थों के अपघटन से विषालु पदार्थ उत्पन्न होते है जो की वायुजीवी अपघटन से प्राप्त पदार्थों से अलग प्रकार के होते हैं। जैसे ग्लूकोस के वायुजीवी अपघटन से CO_2 पैदा होती है–

$$C_6H_{12}O_6 + 6O_2 \rightarrow 6CO_2 + 6H_2O$$

अवायुजीवी अपघटन में अन्य पदार्थ जैसे कार्बनिक अम्ल (लैक्टिक, सिट्रिक, ब्यूटाईरिक) आदि पैदा होते हैं। इनकी अधिकता पौधों के लिए नुकसानदायक होती है। आयरन और मैंगनीज अपचयित अवस्था में ऑक्सीकृत अवस्था की अपेक्षा अधिक विलेय होते हैं और इनकी अधिक मात्रा पौधों के लिए विषालु होती है। यह अवस्था वायु के उचित संचार न होने पर अम्लीय मृदा में पायी जाती है।

(5) **मृदा रंग पर प्रभाव** – अपर्याप्त वायु संचार से मृदा में उपचयित आयरन व मैंगनीज की मात्रा में वृद्धि होती है जिससे भूरा अथवा धूसर रंग उत्पन्न होता है ऐसा प्रायः उचित जल निकास के अभाव में होता है। कम वायु (O_2) के कारण NO_3 के स्थान पर NO_2, SO_4 के स्थान पर H_2S तथा CO_2 के स्थान पर CH_4 बनती है जो पौधों के लिए हानिकारक होती है।

मृदा वातन का सूक्ष्मजीवाणुओं की सक्रियता पर प्रभाव

मृदा में उचित वायु संचार न होने पर कार्बनिक पदार्थ के ऑक्सीकरण की गति कम हो जाती है। जो ऑक्सीजन की कमी तथा CO_2 की अधिकता के कारण होती है। सभी वायुजीवी सूक्ष्मजीवाणु ऑक्सीजन की अनुपस्थिति में सुचारु रूप से कार्य नहीं कर पाते हैं। जैसे नाइट्रोजन और सल्फर को ऑक्सीकृत करने वाले बैक्टीरिया ऑक्सीजन की कमी में निष्क्रिय हो जाते हैं। सहजीवी बैक्टीरिया नाइट्रोजन स्थिरांक एवं कुछ वायुजीवी, असहजीवी बैक्टीरिया भी ऑक्सीजन की कमी में उचित प्रकार से कार्य नहीं कर पाते हैं। अवायुजीवी सूक्ष्मजीवाणुओं की क्रिया से कुछ तत्त्व जैसे आयरन और मैंगनीज अपचयित हो जाते हैं जो पौधों के लिए अविषालु होते हैं।

मृदा वातन का नियन्त्रण (Control of soil aeration)

मृदा संरचना एवं जल निकास में सुधार से मृदा वायु को एक निश्चित सीमा तक नियन्त्रित किया जा सकता है। मृदा रन्ध्रावकाश जल तथा वायु से भरे होते हैं और जल की अधिकता के कारण विसरण सीमित मात्रा में होता है। ऐसी दशा में जल निकास में सुधार से वातन सम्भव हो सकता है। भारी संरचना वाली मृदाओं से मुख्य रूप से स्थायी आचूर्ण संरचना का विकास तीव्र जल निकास के कारण अच्छी वातन दशाये पैदा हो जाती हैं। मृदा में हल्की निराई–गुड़ाई करने से खरपतवार ही नष्ट नहीं होते बल्कि ऊपरी सतह में गैसों के आदान–प्रदान में सहायता मिलती है। वर्षा के बाद मृदा की ऊपरी सतह पर एक अपारगम्य पपड़ी बन जाती है जो गैसों के विनिमय को रोक देती है। हल्की जुताई से यह परत टूट जाती है और वातन होने लगता है। मृदा के निचले संस्तरों में वातन दरारों की गहराई, जड़ों की लम्बाई, मृदा जल स्तर की गहराई एवं जल निकास की मात्रा आदि पर निर्भर करता है।

प्रश्न कोष

वस्तुनिष्ठ प्रश्न

1. विसरण का नियम प्रतिपादन किया?
   (A) एडॉल्फ फिक (B) ग्राहम
   (C) मोलर (D) A एवं B दोनों
2. मृदा वायु में CO_2 की मात्रा वायुमण्डलीय वायु की अपेक्षा अधिक होती है?
   (A) लगभग 5 गुनी अधिक
   (B) लगभग 6 गुनी अधिक
   (C) लगभग 7 गुनी अधिक
   (D) लगभग 9–10 गुनी अधिक
3. वायु की गति तेज होने पर गैसों का विनिमय होता है?
   (A) कम (B) मध्यम
   (C) अधिक (D) उपरोक्त सभी
4. फसल युक्त मृदा वायु में कार्बन डाइऑक्साइड की मात्रा परती मृदा (fallow land) की वायु की अपेक्षा होती है?
   (A) लगभग 10 गुनी
   (B) लगभग 15 गुनी
   (C) लगभग 5 गुनी
   (D) लगभग 20 गुनी
5. मृदा वायु में नाइट्रोजन पायी जाती है?
   (A) 80.1% (B) 79.2%
   (C) 78.03% (D) 21.0%

रिक्त स्थानों की पूर्ति कीजिए

1. मृदा वायु में ऑक्सीजन .... % पाई जाती है।
2. कार्बनिक मृदाओं की वायु में CO_2 .... होती है।
3. वातन कम हो जाने पर मृदा से पौधों द्वारा तत्त्वों का अवशोषण .... हो जाता है।
4. मृदा वायु में .... % N_2 होता है
5. पौधों की जड़ों को ऑक्सीजन की प्राप्ति .... से होती है।
6. मृदा में वातन कम होने पर उसका रंग .... हो जाता है।
7. साधारणतः फसलों द्वारा अपने अधिकांश पोषक तत्त्व.......... अवस्था में ग्रहण किये जाते हैं।
8. मृदा वायु में कार्बन डाइऑक्साइड .... % होता है।
9. पीट मृदाओं में खनिज मृदाओं की अपेक्षा.......................................CO_2 होता है।
10. गैसों का अधिकांश विनिमय .... प्रक्रम द्वारा होता है।

सत्य या असत्य कथन पर (√) का निशान लगाये

1. मृदा में जीव रासायनिक क्रियाओं की गति तेज होने से ऑक्सीजन का उपयोग तथा CO_2 निष्कासन तेज हो जाता है। (सत्य / असत्य)
2. मृदा वायु में CO_2 की मात्रा मृदा सतह पर ठण्डी ऋतुओं में अधिक तथा गर्म ऋतुओं में कम होती है। (सत्य / असत्य)

3. मृदा वायु में कार्बन डाइऑक्साइड की मात्रा मृदा गहराई के साथ बढ़ती है। (सत्य/असत्य)
4. मृदा एवं वायुमण्डल के मध्य परस्पर कार्बन डाइऑक्साइड तथा ऑक्सीजन के आदान–प्रदान की क्रिया को मृदा वातन (soil aeration) कहते हैं। (सत्य/असत्य)
5. गैसों का अधिकांश विनिमय गैसों का बहाव (Mass Flow) प्रक्रम द्वारा होता है। (सत्य/असत्य)

लघु एवं विस्तृत उत्तरीय प्रश्न

1. मृदा वातन की परिभाषा लिखिये।
2. मृदा वायु का संगठन लिखिए।
3. सूक्ष्म जीवों पर मृदा वायु का प्रभाव कैसे पड़ता है? समझाइये।
4. मृदा वायु के संगठन में प्रमुख रूप से कौन–कौन सी गैसे होती है?
5. मृदा वायु का पादप वृद्धि पर होने वाले प्रभाव को विस्तार से लिखिए।
6. मृदा वायु के संगठन को प्रभावित करने वाले कारकों की व्याख्या कीजिये।
7. मृदा वातन का पादप वृद्धि में महत्त्व प्रदर्शित करते हुये इसको प्रभावित करने वाले कारकों का वर्णन कीजिये।

उत्तरमाला

वस्तुनिष्ठ प्रश्न	1. (D)	2. (D)	3. (C)	4. (A)	5. (B)
रिक्त स्थानों की पूर्ति	1. 20.0	2. अधिक	3. कम	4. 79.2	5. मृदा वायु
	6. धूसर	7. ऑक्सीकृत	8. 0.3-0.5	9. अधिक	10. विसरण
सत्य या असत्य	1. सत्य	2. असत्य	3. सत्य	4. सत्य	5. असत्य

■■■■

अध्याय – 11

भूमि क्षमता वर्गीकरण (LAND CAPABILITY CLASSIFICATION)

मृदा की प्राकृतिक क्षमता अथवा उर्वरता ही भू–क्षमता (Land Capability) कहलाती है। भूमि क्षमता में वर्तमान प्रौद्योगिकी के आधार पर भूमि की उपजाऊ शक्ति एवं उत्पादकता तथा मृदा के भौतिक, रासायनिक लक्षणों पर आधारित भूमि की उत्पादन क्षमता को ध्यान में रखा जाता हैं। भूमि क्षमता को आंकने के लिए कई तत्वों का ध्यान रखना पडता है। इनमें स्थिति (ढ़ाल की तीव्रता, ढ़ाल की प्रकृति एवं प्रवाह तंत्र), जलवायु तथा मृदा के भौतिक एवं रासायनिक लक्षण महत्वपूर्ण है। भूमि क्षमता वर्गीकरण से विभिन्न प्रकार की मृदाओं की उत्पादन क्षमता का बोध होता है और उचित कदम उठाने के लिए सहायता मिलती है। संयुक्त राज्य अमेरिका के कृषि विभाग ने 1951 में भूमि क्षमता को आठ वर्गों में बांटा था। अखिल भारतीय मृदा एवं भूमि उपयोग सर्वेक्षण संगठन (All India Soil and Land Use Survey Organisation) ने 1959 में भूमि क्षमता सर्वेक्षण का विकास किया और बाद में इसमें कई संशोधन किए। इसके अनुसार भूमि क्षमता की उपयोगिता के आधार पर दो मुख्य वर्गों, कृषि के लिए योग्य तथा कृषि के लिए अयोग्य में वर्गीकृत किया गया जिसे आगे चार–चार वर्गों अर्थात् कुल आठ गौण वर्गों में विभाजित किया है। भूमि क्षमता वर्गीकरण भूमि उपयोग की सीमा का निर्धारण और संरक्षण उपायो के साथ भूमि के सम्भावित टुकड़ो के उपचार सुझाने में सहायता करता है। भूमि उपयोग से संबंधित सर्वेक्षणों का कार्य राष्ट्रीय मृदा सर्वेक्षण एवं भूमि उपयोग नियोजन ब्यूरो, नागपुर द्वारा किया जाता है।

परिभाषा – भूमि को उसकी प्रयोगात्मक उपयोग क्षमता के अनुसार वर्गीकृत करने को भूमि क्षमता वर्गीकरण कहते हैं।

भूमि क्षमता को प्रभावित करने वाले कारक

1. मृदा अपरदन
2. मृदा की संरचना एवं कणाकार
3. मृदा की गहराई, पथरीलापन एवं चट्टानीपन
4. जल भराव के प्रति संवेदनशीलता
5. स्थलाकृति
6. जलवायु
7. मृदा दोष (क्षारीयता, लवणता)
8. पारगम्यता इत्यादि

भूमि क्षमता वर्गीकरण : भूमि क्षमता वर्गीकरण को चार संवर्गो में विभाजित किया गया है –

1. भूमि उपयोगिता वर्ग (Land suitability class)
2. भूमि क्षमता वर्ग (Land capability class)

3. भूमि क्षमता उपवर्ग (Land capability subclass)
4. भूमि क्षमता इकाई (Land capability unit)

1. **भूमि उपयोगिता वर्ग (Land suitability class)** – भूमि की उपयोगिता के आधार पर दो वर्गों में विभाजित किया गया है। कृषि के लिए योग्य तथा कृषि के लिए अयोग्य भूमि।
2. **भूमि क्षमता वर्ग (Land capability class)** – भूमि क्षमता वर्ग को उसकी उपयुक्तता के आधार पर मुख्यतः दो वर्गों, कृषि के लिए उपयुक्त तथा कृषि या फसलोत्पादन के लिए अनुपयुक्त में विभाजित किया गया। अतः भूमि क्षमता को उसकी उपयुक्तता के आधार पर आठ गौण वर्गों में बांटा गया है। जिन्हें रोमन अंको (I-VIII) द्वारा प्रदर्शित किया जाता है। मानचित्र में इन वर्गों को अलग–अलग रंगों से प्रदर्शित करते हैं। इनका विस्तृत वर्णन इस प्रकार है –

भूमि क्षमता वर्गीकरण

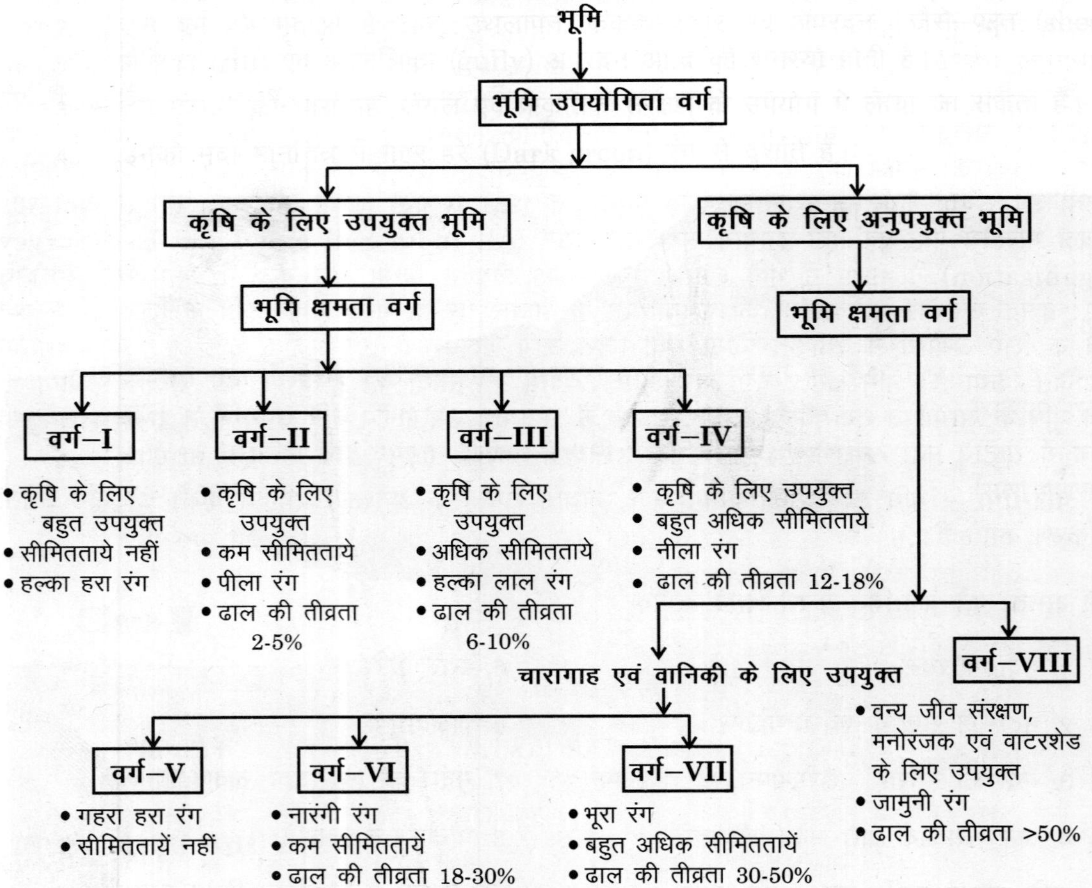

वर्ग–I (Class-I)

1. इस वर्ग की मृदायें प्रायः सभी दृष्टिकोण से उत्पादक एवं उर्वरक होती है।

2. ये लगभग समतल, उपजाऊ तथा फसलोत्पादन के लिये बहुत उपयुक्त होती है।
3. इस वर्ग की मृदाओं की पोषक तत्व आपूर्ति क्षमता अधिक होती है।
4. इनकी जल धारण क्षमता अधिक होती है।
5. इस वर्ग की मृदायें प्रायः गहरी होती है।
6. इस वर्ग की मृदाओं के भौतिक, रासायनिक एवं जैविक गुण अच्छे होते हैं।
7. इस वर्ग की मृदाओं में किसी विशेष प्रबंधन की आवश्यकता नही होती है।
8. इस वर्ग की मृदाओं को मृदा मानचित्र में हल्के हरे (Light green) रंग से दर्शाते हैं।

वर्ग–II (Class-II)

1. इस वर्ग की मृदायें भी कृषि या फसलोत्पादन के लिए उपयुक्त होती है, लेकीन इनकी कुछ सीमायें (limitations) होती है।
2. इनमें ढाल की तीव्रता अधिक (2-5%) होती है जिससे अपरदन की सम्भावना अधिक होती है।
3. इस वर्ग की मृदाओं में लवणता एवं क्षारीयता की समस्या होती है।
4. इस वर्ग की मृदाओं को सुधार एवं सिंचाई के लिए जल का संरक्षण करने की आवश्यकता होती है।
5. भूमि संरक्षण, फसल चक्र, नमी संचय करने के उपाय तथा उपयुक्त भूपरिष्करण की क्रियाये अपनानी पडती है।
6. इस वर्ग की मृदाओं को मृदा मानचित्र में पीले (Yellow) रंग से दर्शाते हैं।

वर्ग–III (Class-III)

1. इस वर्ग की मृदायें भी कृषि या फसलोत्पादन के लिए उपयुक्त होती है, लेकिन वर्ग–II की मृदाओं की तुलना में इनकी सीमिततायें (limitations) अधिक होती है।
2. इनमें ढाल की तीव्रता अधिक (6-10%) होती है।
3. इनकी जल धारण क्षमता, उर्वरता तथा गहराई कम होती है।
4. फसलोत्पादन के लिये भूमि संरक्षण, फसल चक्र, कार्बनिक खादों एवं उर्वरकों तथा नमी संचय के उपाय की आवश्यकता होती है।
5. इस वर्ग की मृदाओं को मृदा मानचित्र में लाल (Red) रंग से दर्शाते हैं।

वर्ग–IV (Class-IV)

1. इस वर्ग की मृदायें फसलोत्पादन के लिए सीमित उपयुक्त होती है।
2. वर्ग–II एवं वर्ग–III की मृदाओं की तुलना में इनकी बहुत गम्भीर सीमिततायें (Severe limitations) होती है।
3. इस वर्ग की मृदायें प्रायः बहुवर्षीय घास लगाने के लिये उपयुक्त होती है।

4. इस वर्ग की मृदाओं मे ढलान की प्रतिशतता (12-18%) वर्ग–II एवं वर्ग–III की मृदाओं की तुलना से अधिक होती है।
5. इस वर्ग की मृदाओं में कम जल धारण क्षमता, कमजोर जल निकास, मृदा अपरदन तथा क्षारीयता की समस्या अधिक होती है।
6. इस वर्ग की मृदायें प्रायः उथली होती है।
7. इसमें मृदा अपरदन को रोकने, गहन प्रवाह तथा मृदा की अन्य कमियों को दूर करने के लिए बहुत अधिक प्रबंधन करने की आवश्यकता होती है।
8. इस वर्ग की मृदाओं को मृदा मानचित्र में नीले (Blue) रंग से दर्शाते हैं।

वर्ग–V (Class-V)

1. इस वर्ग की मृदायें कृषि के लिए अनुपयुक्त होती है।
2. इस वर्ग की मृदाओं में ढाल, उथलापन, कंकड़–पत्थर एवं अपरदन जैसे–परत (sheet), नलिका (rill) एवं अवनलिका (gully) अपरदन आदि की समस्या होती है।
3. इन मृदाओं को चारागाह, जंगल एवं प्राकृतिक संरक्षण के उपयोग में लाया जा सकता है।
4. इनको मृदा मानचित्र में गहरे हरे (Dark green) रंग से दर्शाते हैं।

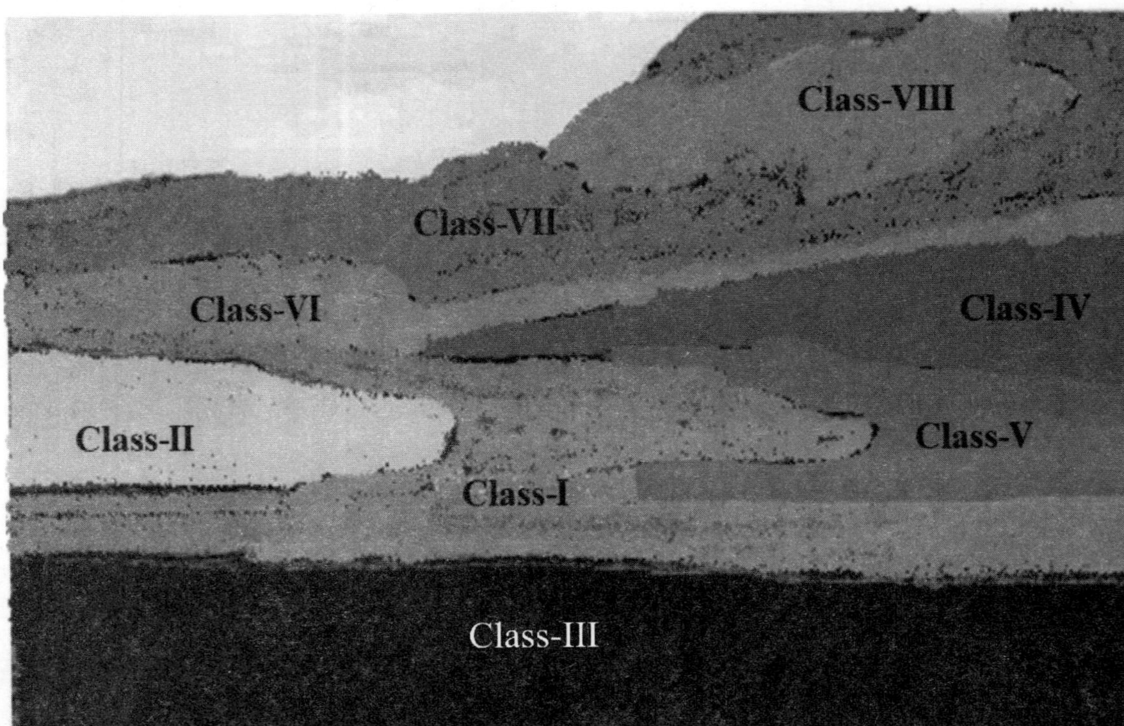

चित्र 11.1: भूमि क्षमता वर्ग

वर्ग–VI (Class-VI)

1. इस वर्ग की मृदायें भी कृषि के लिए अनुपयुक्त होती है।
2. ये चारागाह एवं वानिकी के लिए अनुकूल होती है।
3. इनमें ढलान की प्रतिशतता (18-30%) तक होती है।
4. इनमें प्रायः अवनलिकायें (gullies) एवं अन्य मृदा समस्या मृदा वर्ग–V की तुलना में ज्यादा होती है।
5. उचित मृदा संरक्षण के उपाय अपनाकर इस वर्ग की मृदाओं को कभी–कभी चारागाह अथवा जंगल के लिए प्रयोग में लिया जा सकता है।
6. इनको मृदा मानचित्र में नारंगी (Orange) रंग से दर्शाते हैं।

वर्ग–VII (Class-VII)

1. इस वर्ग की मृदायें चारागाह, जंगली जानवरों एवं वानिकी के लिए अनुकूल होती है।
2. इनमें ढाल 30-50% तक होता है तथा मृदा सीमिततायें (limitations) बहुत अधिक होती है।
3. इस वर्ग की मृदायें प्रायः खड़े ढाल वाली (steep slope), पथरीली, उथली एवं शुष्क या दलदली (swamp) होती है। इसलिए इन्हें समन्वित प्रबंधन (integrated management) की अधिक आवश्यकता होती है।
4. इनको मृदा मानचित्र में भूरे (Brown) रंग से दर्शाते हैं।

वर्ग–VIII (Class-VIII)

1. इस वर्ग की मृदायें किसी भी प्रकार के कृषि उत्पादन के लिए उपयुक्त नही है।
2. इसके अंतर्गत खड़ी चट्टाने, गहरा ढाल (>50%), दलदली मृदायें, बहुत गहरी अवनालिकायें आदि आती है।
3. इस वर्ग की मृदायें मुख्यतः वन्य जीव संरक्षण, मनोरंजक पार्क एवं जल आपूर्ति या वाटरशेड की सुरक्षा आदि के लिए उपयुक्त रहती हैं।
4. इनको मृदा मानचित्र में जामुनी (Purple) रंग से दर्शाते हैं।

3. **भूमि क्षमता उपवर्ग (Land capability sub-class)** – यह भूमि क्षमता वर्ग का उपविभाजन है जो चार सीमितताओ (limitations) के आधार पर बने हैं। भूमि क्षमता उपवर्ग इस प्रकार है –

   अपरदन का जोखिम मुख्य सीमितता (e), गीलापन (w), उथलापन, सुखा या पथरीला, जड़ सीमितता (s) तथा जलवायु सीमितता (c)।

   ऊपर लिखित सीमितताओं के चिन्ह (symbol) भूमि क्षमता मानचित्र में अंकित करते हैं। सीमितता चिन्ह को क्षमता वर्ग के अंक के साथ जोड़कर उपवर्ग मानचित्र बनाये जाते है,

उदाहरण – यदि मृदा वर्ग–II में अपरदन की समस्या है तो इसे भूमि क्षमता मानचित्र में IIe से अंकित करते हैं।

4. **भूमि क्षमता इकाई (Land capability unit)** – यह भूमि क्षमता उपवर्ग का आगे उपविभाजन है। एक क्षमता इकाई वाली मृदायें जो अपने गुणों, संभाव्यताओं (Potentials) और सीमितताओं में काफी समान होती है उन्हे काफी हद तक समान संरक्षण उपायों एवं समान अन्य प्रबंधनो की आवश्यकता होती है। इस प्रकार की समान भूमि क्षमता इकाई किसान समान फसलोत्पादन एवं अन्य खेती के काम में ले सकते हैं।

प्रश्न कोष

वस्तुनिष्ठ प्रश्न

1. क्षमता उपवर्गों की संख्या होती है?
   (A) 3 (B) 4
   (C) 5 (D) 2
2. संयुक्त राज्य अमेरिका के कृषि विभाग ने भूमि क्षमता को कितने वर्गो में बांटा था?
   (A) 4 (B) 6
   (C) 2 (D) 8
3. भूमि क्षमता वर्गीकरण में वर्ग I की मृदाओं को मानचित्र में किस रंग से दर्शाई जाती है?
   (A) नीला (B) भूरा
   (C) लाल (D) हल्का हरा
4. भूमि क्षमता की II श्रेणी को रंग से दर्शाया जाता है?
   (A) भूरा (B) पिला
   (C) हरा (D) गुलाबी
5. क्षमता उपवर्ग में अपरदन के जोखिम को किस चिन्ह से प्रदर्शित करते हैं,
   (A) IIe (B) IIw
   (C) IIs (D) इनमें से कोई नही

रिक्त स्थानों की पूर्ति कीजिए

1. क्षमता उपवर्ग के उपविभाजन को ....कहते हैं।
2. क्षमता उपवर्ग में जलवायु के जोखिम को .... चिन्ह से प्रदर्शित करते हैं।
3. भूमि क्षमता वर्गीकरण में वर्ग V की मृदाओं को मानचित्र में .... रंग से दर्शाई जाती है।
4. भूमि क्षमता वर्गीकरण में वर्ग IV की मृदाओं मे ढलान .... प्रतिशत होता है।
5. क्षमता उपवर्ग में जड़ सीमितता को .... से प्रदर्शित करते हैं।

सत्य या असत्य कथन पर (√) का निशान लगाये

1. वर्ग I की मृदाओं में किसी विशेष प्रबंधन की आवश्यकता नही होती है। (सत्य / असत्य)

2. वर्ग III की मृदाओं को मृदा मानचित्र में हल्के नीले (Light blue) रंग से दर्शाते हैं। (सत्य / असत्य)
3. वर्ग VI की मृदाओं में ढलान की प्रतिशतता 18–30% तक होती है। (सत्य / असत्य)
4. वर्ग VIII की मृदायें मुख्यतः वन्य जीव संरक्षण, मनोरंजक पार्क एवं जल आपूर्ति या वाटरशेड की सुरक्षा आदि के लिए उपयुक्त रहती हैं। (सत्य / असत्य)
5. कृषि के लिए उपयुक्त मृदा वर्ग V है। (सत्य / असत्य)

लघु एवं विस्तृत उत्तरीय प्रश्न

1. भूमि क्षमता वर्गीकरण क्या है? विस्तार में वर्णन करे एवं उनके बेहतर उपयोग के लिए प्रबंधन के तरीको को सुझावे।
2. भूमि क्षमता वर्गीकरण को परिभाषित कीजिए। भूमि क्षमता वर्ग एवं उपवर्गों का वर्णन कीजिए।

उत्तरमाला

वस्तुनिष्ठ प्रश्न	1. (B)	2. (D)	3. (D)	4.(B)	5. (A)
रिक्त स्थानों की पूर्ति	1. क्षमता इकाई	2. C	3. गहरे हरे	4. 12–18%	5. s
सत्य या असत्य	1. सत्य	2. असत्य	3. सत्य	4. सत्य	5. असत्य

■■■■

अध्याय – 12

मृदा वर्गीकरण (SOIL CLASSIFICATION)

मृदा वर्गीकरण (Soil Classification)

मृदाओं का निर्माण विभिन्न मृदा निर्माणकारी कारकों एवं प्रक्रियाओं के संयोग से होता है। इसलिए मृदा अध्ययन को सुविधाजनक बनाने के लिए आवश्यक है कि उन्हें उनकी विभिन्नताओं और समानताओं के आधार पर एक व्यवस्थित एवं क्रमबद्ध व्यवस्था में वर्गीकृत किया जाये। इसमें एक वर्ग (Class) से दूसरे वर्ग के गुणों में भिन्नता होती है, जैसे–बुलई, दोमट अथवा क्ले मृदायें।

मृदा वर्गीकरण पद्धति का विकास (Evolution of Soil Classification System)

मृदा वर्गीकरण पद्धति के विकास को दो मुख्य भागों में बाँटते हैं–

(i) पूर्व मृदा वर्गीकरण पद्धतियाँ (Early systems of soil classification)

(ii) नवीन मृदा वर्गीकरण पद्धतियाँ (Recent systems of soil classification)

(A) पूर्व मृदा वर्गीकरण पद्धतियाँ (Early systems of soil classification)

1. **आर्थिक वर्गीकरण (Economic classification)** – वर्गीकरण का यह तरीका बहुत पुराना है, जो राजस्व विभाग (revenue department) द्वारा अपनाया जाता था। इसमें मृदा की उत्पादकता के आधार पर लगान (tax) लगाया जाता था। इसमें मृदा के रंग (colour), कणाकार (texture), सिंचाई (irrigation) की सुविधा आदि के आधार पर मृदा की उत्पादकता का निर्धारण किया जाता था तथा मृदाओं को उनकी फसल उत्पन्न करने की क्षमता जैसे– गेहूँ की मृदा, धान की मृदा, कपास की मृदा आदि के आधार पर वर्गीकृत किया जाता था।

2. **रासायनिक वर्गीकरण (Chemical classification)** – इस पद्धति में मृदाओं को उनके रासायनिक गुणों के आधार पर वर्गीकृत करते हैं; जैसे– केलकेरियस मृदायें (Calcareous soils), अम्लीय मृदाये (acidic soils), क्षारीय मृदायें (alkaline soils) एवं लवणीय मृदायें (saline soils) आदि।

3. **भौतिक वर्गीकरण (Physical classification)** – इसमें मृदा कणाकार को आधार मानकर उसकी उत्पादकता का निर्धारण करते हैं; जैसे–बलुई मृदायें, दोमट मृदायें, क्ले मृदायें

आदि। मृदा संरचना के आधार पर मृदाओं को एक कण वाली मृदायें (single grained soils), समुच्चयो वाली मृदायें (aggregated soils) आदि में बाँटा गया है।

4. **भूवैज्ञानिक वर्गीकरण (Geological classification)** – इस पद्धति में मृदाओं को उनके पैतृक पदार्थ (Parent material) के आधार पर वर्गीकृत किया गया है। इसके आधार पर मृदाओं को दो समूहों में बाँटा गया है– (i) अवशिष्ट मृदायें (Residual or sedentary soils) (ii) वाहित मृदायें (Transported soils)

5. **प्राकृतिक भूगोल वर्गीकरण (Physiographic classification)** – इसमें मृदाओं को उनकी भौगोलिक स्थिति के आधार पर वर्गीकृत किया गया है; जैसे–पहाड़ी मृदा, चरागाह मृदा, घाटी मृदा, उच्च मैदानी मृदा, निम्न मैदानी मृदा आदि।

6. **अन्य पद्धतियाँ (Other systems)**
   (i) कार्बनिक पदार्थ के आधार पर – कार्बनिक मृदायें एवं अकार्बनिक अथवा खनिज मृदायें
   (ii) मृदा की संरचना के आधार पर – एक कण वाली मृदायें (Single grained soils) एवं समुच्चयो वाली मृदायें (Aggregated soils)
   (iii) जलवायु के आधार पर – शुष्क मृदायें एवं नम मृदायें आदि।
   (iv) वनस्पति के आधार पर – चरागाह मृदा एवं वन वाली मृदायें आदि।

(B) नवीन मृदा वर्गीकरण पद्धतियाँ (Recent systems of soil classification)

मृदा वर्गीकरण का वैज्ञानिक प्रयास सर्वप्रथम सोवियत रूस के महान मृदा वैज्ञानिक वी॰वी॰ डॉक्यूचेव (V.V. Dokuchaev) व उनके साथियों द्वारा किया गया था। उन्होंने जलवायु, वनस्पति एवं मृदा विशिष्टताओं में एक सुनिश्चित सम्बन्ध को ध्यान में रखकर मृदा को वर्गीकृत किया। इसमें निम्न वर्गीकरण पद्धतियाँ आती हैं।

1. **डॉक्यूचेव की उत्पत्ति सम्बन्धी पद्धति (Dokuchaev's Genetic System)** – मृदा का प्रथम वर्गीकरण सन् 1900 में डॉक्यूचेव ने दिया तथा मृदाओं को तीन संवर्गों में विभाजित किया
   (i) सामान्य मृदायें (Normal soils or Zonal soils)
   (ii) परिवर्तनशील मृदायें (Transitional or Intrazonal soils)
   (iii) असामान्य मृदायें (Abnormal soils or Azonal soils)

जोनलिटी अवधारणा (Zonality concept)

- जोनल मृदायें वे मृदायें होती हैं जिनका प्रोफाइल पूरी तरह से विकसित (ABC संस्तर) होता है और वातावरणीय दशाओं जैसे जलवायु एवं वनस्पति के साथ साम्यवस्था में रहती है उदाहरण (Laterites)। सिरोजम (Sierozem), चेस्टनट (Chestnut), पोडजोल (Padzol) और लेटराइट आदि।
- ऐजोनल मृदायें वे होती है जिनके प्रोफाइल में समय की कमी के कारण संस्तरों का निर्धारण नहीं हो पाता है उदाहरण–जलोढ़ (Alluvial) एवं रेगोसोल (Regosols) मृदायें।

- इनट्राजोनल मृदायें – मृदायें जिनके विशिष्ट गुण क्षेत्रीय दशाओं जैसे–स्थलाकृति, विशेष पैतृक पदार्थ आदि से निर्धारित होते हैं, इनट्राजोनल मृदायें कहलाती हैं। उदाहरण–कैल्शिमॉर्फिक (Calcimorphic) और हाइड्रोमॉर्फिक मृदायें (Hydromorphic soils)।

2. **कोफी पद्धति (Coffey's system, 1912)** – इन्होंने मृदा को एक प्राकृतिक पिण्ड बताया और कहा की उनका वर्गीकरण उनके स्वयं के गणों (their own properties) के आधार पर होना चाहिए। इन्होंने मृदाओं को पाँच मुख्य वर्गों में रखा (i) शुष्क मृदायें (Arid soils) (ii) गहरे रंग वाली घास की मृदायें (Dark coloured Prairie soils) (iii) हल्के रंग वाली लकड़ी की मृदायें (Light coloured timbered soils) (iv) काली दलदली मृदायें (Black swamp soils) एवं (v) कार्बनिक मृदायें (Organic soils)।

3. **मारबट की उत्पत्ति आकारिकी पद्धति (Marbut's morphogenetic system, 1927)** – मारबट ने मृदाओं को मृदा निर्माणकारी कारकों की बजाये उनके गुणों के आधार पर वर्गीकरण करने की सिफारिश की थी। इनका मृदा वर्गीकरण आयरन एल्यूमिनियम और चूने की मात्रा के आधार पर था। उच्च संवर्ग में इन्होंने मृदाओं को दो वर्गों में विभाजित किया था।

   (i) पेडल्फर्स (Pedalfers) – इन मृदाओं में आयरन एल्यूमिनियम का संचयन होता है। ये ऐसे स्थानों पर पायी जाती है जहाँ पर वर्षा अधिक (आर्द्र जलवायु) होती है और लीचिंग के लिए जल प्रर्याप्त मात्रा में उपलब्ध रहता है। इनमें कैल्शियम कार्बोनेट की परत अनुपस्थित रहती है।

   (ii) पेडोकल्स (Pedocals) – इनमें कैल्शियम का संचयन कैल्शियम कार्बोनेट के रूप में होता है। और ऐसे स्थानों पर पायी जाती है जहाँ पर वाष्पीकरण अधिक होता है तथा पानी की कमी (शुष्क जलवायु) होती है। इन्होंने बताया कि मृदा वर्गीकरण मृदा आकारिकी के आधार पर होना चाहिए और मृदा के गुणों के लिए उसके परीक्षण की आवश्यकता पर जोर दिया जैसे मृदा रंग, कणाकार, संरचना, सघनता, संस्तर की मोटाई एवं क्रम, जल निकास स्थिति, पैतृक पदार्थ की प्रकृति, चूने या घुलनशील लवणों की उपस्थिति और कार्बनिक पदार्थ का प्रकार।

4. **बल्डवीन और साथियों का उत्पत्ति सिद्धान्त (Baldwin and Associates Genetic Approch, 1938)** – इन्होंने मारबट की पद्धति का पुनः निरीक्षण किया और वास्तविक व्यापक सिद्धान्त की शुरुआत की। इनकी पद्धति की मुख्य विशेषताएँ निम्नलिखित हैं–

- सोवियत संघ के कटिबन्धीय (Zonality) विचार को अपनाया।
- पेडोकल्स– पेडल्फर्स (Pedocal - Pedalfer) विचार को महत्त्व नहीं दिया।
- सबसे ज्यादा महत्त्व मृदा के त्रिआयामी पिण्ड (Three diamentional body) और उसके गुणों को दिया। बल्डवीन एवं साथियों (1938) तथा थोंप एवं स्मिथ (1949) द्वारा परिवर्तित मारबट की उत्पत्ति आकारिकी पद्धति तालिका 12.1 में दी गई ।

तालिका 12.1: Morpho-genetic system of soil classification (Baldwin et al., 1938 as modified by Throp and Smith, 1940)

गण	उपगण	वृहद् मृदा समूह
क्षेत्रीय (Zonal Soils)	ठण्डे क्षेत्रों की मृदायें	• टुण्ड्रा (Tundea) मृदायें
	शुष्क क्षेत्रों की मृदायें	• सिरोजम मृदायें • भूरी मृदायें • लाल–भूरी मृदायें • रेगिस्तानी मृदायें • लाल रेगिस्तानी मृदायें
	अर्द्धशुष्क अर्द्ध आर्द्र एवं आर्द्र क्षेत्रों की मृदायें	• चेस्टनट (Chestnut) मृदायें • लाल चेस्टनट मृदायें • चरनोजम (Chemozem) मृदायें • घास वाली मृदायें • लाल घास वाली मृदायें
	वनों एवं घास के मैदान क्षेत्रों की मृदायें	• तुच्छ (Degraded) चरनोजम मृदायें • चूना रहित भूरी मृदायें
	लकड़ी के क्षेत्रों की पोड जोल मृदायें	• पोडजोल मृदायें • धूसर पोडजोलिक मृदायें • भूरी पोडजोलिक मृदायें • अम्लीय जलीय मृदा • धूसर–भूरी पोडजोलिक मृदायें • लाल–पीली पोडजोलिक मृदायें
	गर्म तापक्रम एवं उष्ण क्षेत्रों की लेटराइट मृदायें	• लाल–भूरी लेटराइट मृदायें • पीली–भूरी लेटराइट मृदायें • लेटराइट मृदायें
अन्तःक्षेत्रीय (Intrazonal Soils)	हलोमार्फिक	• लवणीय मृदायें • क्षारीय मृदायें • तुच्छ (Degraded) क्षारीय मृदायें
	हाइड्रोमॉर्फिक	• काली–धूसर (Humic gley) मृदायें • ऊँची चरागाह मृदायें • दलदल एवं अर्द्धदलदल मृदायें • कम आर्द्र धूसर मृदायें • प्लनोसोल (Planosols)

गण	उपगण	वृहद् मृदा समूह
		• जमीनी पानी वाली (Ground water) पोडजोल मृदायें • जमीनी पानी लेटेराइट मृदायें
	कैल्शिमॉर्फिक	• भूरी वनीय मृदायें • रेंडजिना (Rendzina) मृदायें
अक्षेत्रीय (Azonal soils)	उपगण नहीं	• लिथोसोल (Lithosols) • जलोढ़ मृदायें • रीगोसोल (Regosols)

मृदा वर्गीकरण की उत्पत्ति पद्धति की सीमायें (Limitation of Genetic Systems of Soil Classification)

उत्पत्ति पद्धति की मुख्य कमियाँ निम्न प्रकार हैं –

1. दो उच्चतम संवर्गों के लक्षण (कारक) मृदा गुणों के आधार पर न होकर उत्पत्ति के आधार पर है।
2. वृहद मृदा समूह की परिभाषा और धारणा मृदा गुणों के आधार पर न होकर वातावरणीय कारकों के आधार पर है।
3. इस पद्धति में नामकरण का विकास कई भाषाओं की संज्ञा एवं विश्लेषण से होने के कारण Intergrades का नामकरण मुश्किल था।
4. खेती योग्य मृदाओं का वर्गीकरण अनिश्चित है क्योंकि virgin और खेती योग्य मृदाओं के गुणों में भिन्नता होती है।
5. गण की परिभाषा और धारणा का सम्बन्ध मृदा गुणों से साफ नहीं है।
6. निम्न संवर्ग की इकाईयों की परिभाषा बहुत कम मृदा गुणों के आधार पर होने के कारण सिर्फ एक व्याख्या के लिए महत्त्वपूर्ण है। जहाँ पर यह किया गया था वहाँ पर दूसरी व्याख्याओं के परिणामों के उपयोग की सम्भावना नहीं थी।
7. उच्चतम वर्ग के नामकरण में मृदा रंग अथवा वनस्पति को मृदा गुणों की अपेक्षा अधिक महत्त्व दिया गया है।

नवीन विस्तृत वर्गीकरण पद्धति (Soil Taxonomy; New Comprehensive System of Soil Classification)

उपरोक्त वर्गीकरण पद्धति की कमियों को दूर करते हुए अमेरिका के मृदा वैज्ञानिकों ने एक नई पद्धति विकसित की। यह पद्धति 1949 में परीक्षण तथा मूल्यांकन के कई चरणों या सन्निकटिनो (approximation) के परिणामस्वरूप विकसित की गई। इस मृदा वर्गीकरण पद्धति को संसार भर में एकरूप बनाने के प्रयास में 45 अन्य देशों के मृदा वैज्ञानिकों को सम्मिलित किया गया तथा एक सर्वमान्य वर्गीकरण पद्धति विकसित की गई। इस पद्धति को 1960 में 7 वां सन्निकटन (7th Approximation system of classification) नाम से जाना गया। सन् 1975 में यू०एस० मृदा सर्वेक्षण विभाग (Soil survey staff, 1975) ने मृदा वर्गीकरण की नवीन विस्तृत वर्गीकरण पद्धति (New comprehensive system of soil classification) प्रस्तुत की। यह पद्धति मूल रूप से 7वां सन्निकट वर्गीकरण प्रणाली का ही अल्प संशोधित रूप है। इस वर्गीकरण में मुख्य रूप से मृदा के गुणों को उसके नामकरण से सम्बन्ध किया गया है। पूर्व वर्गीकरण की भांति मृदा उत्पत्ति व निर्माणकारी कारकों को आधार नहीं बनाया गया है। यह विस्तृत वर्गीकरण पद्धति मृदा टैक्सोनॉमी (Soil taxonomy) कहलाती है।

मृदा वर्गीकरण का आधार (Basis of soil classification)

वर्तमान नवीन व्यापक पद्धति में मृदा वर्गीकरण उनके गुणों के आधार पर किया है। मृदा उत्पत्ति को आधार नहीं माना गया है। अप्रत्यक्ष रूप से मृदा उत्पत्ति का मृदा गुणों से सम्बन्ध होता है। इस प्रकार मृदा वर्गीकरण में मृदा उत्पत्ति को उपेक्षित नहीं किया है। वस्तुतः मृदा वर्गीकरण हेतु मृदा के भौतिक, रासायनिक व जैविक गुणों को आधार माना गया है। इसकी दो प्रमुख विशेषतायें हैं।

1. यह मृदा के क्षेत्रीय दशाओं में मापन योग्य गुणों पर आधारित है।
2. वर्गीकरण इकाइयों का नामकरण लैटिन एवं ग्रीक भाषा में है जिनको अंग्रेजी व अन्य भाषाओं में सरलता से समझा जा सकता है।

7वां सन्निकट वर्गीकरण पद्धति के लाभ (Importance of 7th Approximation of New Comprehensive System/Soil Taxonomy)

1. यह मृदा निर्माणकारी प्रक्रमों की अपेक्षा मृदा वर्गीकरण को स्वीकार करता है।
2. यह पद्धति मृदा से सम्बन्धित विज्ञानों, जैसे–भूगर्भ विज्ञान तथा जलवायु सम्बन्धी विज्ञान की अपेक्षा मृदा पर ही केन्द्रीभूत है।
3. यह अज्ञात उत्पत्ति वाली मृदाओं के वर्गीकरण का भी अनुमोदन करती है, इसके लिए केवल मृदा गुणों के ज्ञान की आवश्यकता होती है। यह पद्धति मृदा उत्पत्ति को प्रभावित करने वाले गुणों को मानती है जो इस प्रणाली की रीढ़ की हड्डी मानी जाती है।
4. यह पद्धति विभिन्न वैज्ञानिकों द्वारा प्रयुक्त वर्गीकरणों में अधिक समानता दर्शाती है।
5. इस पद्धति में एक नया संवर्ग उप समूह (Sub group) जोड़ा गया है।
6. इस पद्धति में नामकरण के लिए उपयोग किये गये अधिकांश शब्द ग्रीक और लैटिन भाषा के हैं जो उनकी व्याख्या के साथ–साथ उनके व्यवस्थित स्थान के बारे में भी जानकारी देते हैं।

नाम पद्धति (Nomenclature)

मृदा वर्गीकरण की नई प्रणाली में चार उच्च संवर्गों के लिए एक वर्गीकृत नाम पद्धति प्रयोग की जाती है। इन चार संवर्गों में प्रयुक्त नाम कल्पित शब्द (Coined words) हैं, जो कुछ मृदा गुणों को परिभाषित करने में सहायक होते हैं। इस नाम पद्धति में प्रत्येक संवर्ग स्तर पर इनके नाम से ही मुख्य मृदा गुणों को पहचाना जा सकता है। उदाहरण के लिए एरिडीसॉल (Aridisol order – Latin, aridus = शुष्क तथा solum = मृदा) की मृदायें विलक्षण रूप से शुष्क या सूखे स्थानों पर होती हैं। इस प्रकार गण का नाम (a) निर्माणक तत्वों (Formative elements) जो मृदा की विशेषताओं को बताते हैं तथा (b) अन्त में सॉल (ending sol) का संयोग होता है। निम्नलिखित तालिका 12.2 में नाम पद्धति का एक उदाहरण दिया गया है–

तालिका 12.2: नाम पद्धति

Category	Example	Method of Naming
Order	Mollisol	Name end with sol
Suborder	Udoll	Name end with a syllable from the order name
Great Group	Hapludoll	Name end with the suborder name
Subgroup	Typic Hapludoll	Adjective added to great group name
Family	Fine loamy, mixed mesic typic, Hapludoll or clarion family	Division of sub-group based on texture, mineralogy etc or division based on local name
Series	Clarion	Usually geographic names

उपर्युक्त तालिका के विश्लेषण से स्पष्ट है कि (Clarion) मृदाओं में Mollic ऐपीपेडॉन होते हैं तथा ये आर्द्र क्षेत्रों में मिलती है (Udolls combines the ud from udus, meaning humid, with oll from mollisol) तथा इनमें सरल प्रोफाइले (The hapl in hapludolls comes from haplons meaning simple) होती है। उप–समूह के नाम में विश्लेषण टिपिक (Typic) यह प्रदर्शित करता है कि ये टिपिकल (Hapludolls) होते हैं। कुल संवर्ग यह स्पष्ट करता है कि अवमृदा क्ले की मात्रा 18 से 35% के बीच होती है तथा किसी भी क्ले प्रकार की प्रधानता नहीं होती है तथा वार्षिक मृदा ताप 57° तथा 59°F के मध्य होता है।

पद्धति के संवर्ग (Category of the System)

इस पद्धति में वर्गीकरण के 6 संवर्ग है। जिनको दो समूहों में बाँटा गया है

(1) उच्च संवर्ग (Higher category) – इसमें निम्न तीन संवर्ग आते हैं – (i) गण, (ii) उपगण और (iii) वृहद समूह।

(2) निम्न संवर्ग (Lower category) – इसमें निम्न तीन संवर्ग आते हैं– (i) उपसमूह, (ii) कुल और (iii) श्रेणी

1. **गण (Order)** – गण संवर्ग मुख्यतः मृदा की आकारिकी पर आधारित है परन्तु मृदा उत्पत्ति एक प्रमुख कारक है। एक गण में सम्मिलित मृदायें अपनी उत्पत्ति में लगभग समान होती हैं। ये गण संख्या में बारह (12) है।
2. **उपगण (Suborder)** – उपगण, गणों के उपविभाजन है जो उत्पत्ति मूलक समांगता पर बल देते हैं। उपगणों में भेद मृदा नमी, जलवायु के वातावरण एवं वानस्पतिक अन्तरों से उत्पन्न मृदा गुणों के आधार पर किया जाता है अभी तक 63 उपगणों को पहचाना गया हैं।
3. **वृहद् समूह (Great group)** – ये उपगणों के उपविभाजन होते हैं। एक वृहद् मृदा समूह में निदान सूचक संस्तर एक ही प्रकार के तथा एक समान ही विन्यास के होते हैं। निदानसूचक संस्तरों के आधार पर 274 वृहद समूहों को पहचाना गया है।

4. **उपसमूह (Subgroup)** – ये वृहद् समूहों के उपविभाजन होते हैं। किसी एक वृहद समूह की प्रारुपिक या केन्द्रीय अवधारणा एक उपसमूह को निर्धारित करती है। अन्य उपसमूहों में ऐसी विशेषताएँ होती हैं, जो प्रधान धारणा तथा दूसरे वृहद् समूह के बीच अन्तर श्रेणी होती है।

5. **कुल (Family)** – इसके निर्धारण के लिए पादप वृद्धि से सम्बन्धित महत्त्वपूर्ण गुणों का प्रयोग किया जाता है। यह संवर्ग उप समूहों के सदस्यों, जिनकी समान विशेषताएं जैसे– कणाकार, खनिज की मात्रा, पी–एच, मृदा ताप तथा गहराई होती है, को वर्गीकृत करता है।

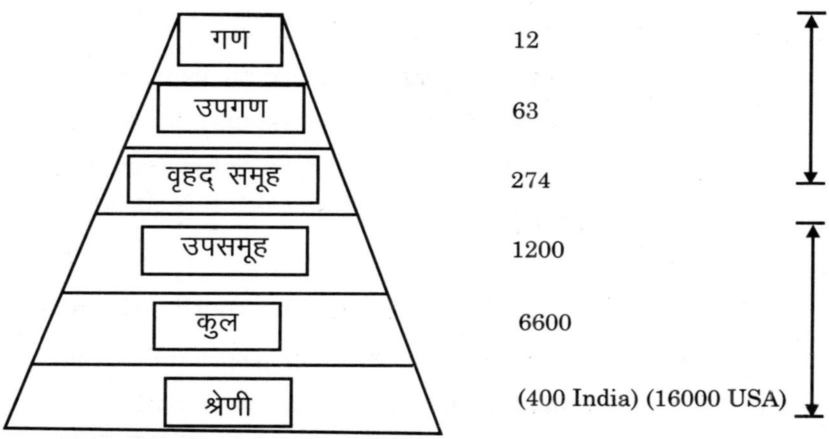

6. **श्रेणी (Series)** – प्रत्येक कुल में कई श्रेणियाँ होती हैं। श्रेणी का नाम स्थान जैसे नदी, कस्बा या वह क्षेत्र जहाँ पर श्रेणी सर्वप्रथम पहचानी गयी हो, को प्रदर्शित करता है। एक श्रेणी में सम्मिलित मृदायें सतह, कणाकार में भिन्न–भिन्न हो सकती है जिनके आधार पर एक श्रेणी के भीतर मृदा प्रकार का निर्धारण किया जाता है। श्रेणियों में अन्तर मृदा की विशेषताओं, जैसे–रंग, कणाकार, संरचना, गाढ़ता, मोटाई तथा प्रोफाइल में सस्तरों की संख्या से किया जाता है। श्रेणियों की स्थापना प्रोफाइल गुणों पर की जाती है। इसके लिए निम्न गुणों के लिए संस्तरों का गहन अध्ययन आवश्यक होता है – जैसे संख्या, गुण, मोटाई, संरचना, संहति, रंग, कार्बनिक पदार्थ की मात्रा, पी–एच आदि। अवमृदा की निचली सतहों में कंकड़ की कड़ी परत श्रेणी के अन्तर को स्पष्ट करने में सहायक होती है।

7. **प्रावस्था (Phase)** – सतह का कणाकार, अपरदन, मृदा ढाल, पथरीली एवं घुलनशील लवण मात्रा के आधार पर यह मृदा का पुनः विभाजन है। उपर्युक्त मृदा श्रेणी से यह अपना अलग अस्तिव रखता है। इस प्रकार 5–7 प्रतिशत ढाल वाली एक बलुई दोमट और पथरीली श्रेणी की एक सिल्टी दोमट मृदायें उदाहरण हैं। जहाँ श्रेणी और प्रावस्था में अन्तर स्पष्ट है। यद्यपि यह मृदा वर्गीकरण में स्वतन्त्र इकाई नहीं है।

तालिका 12.3: मृदा गणों के नाम व उनके निर्माणक तत्त्व (AVAMI HOUSE AG)

क्रमांक	गण	निर्माणक तत्व	निर्माणक तत्व के मूल शब्द की व्युत्पत्ति	निर्माणक तत्व के उच्चारण (Pronounciation) की रीति
1.	Alfisols	alf	meaningless syllable	Pedalfer
2.	Vertisols	ert	Latin verto, turn	Invert
3.	Aridisols	id	Latin, aridus, dry	Arid
4.	Mollisols	oll	Latin, mollis, soft	Mollify
5.	Inceptisols	ept	Latin, incepum, beginning	Inception
6.	Histosols	ist	Greek, histos, tissue	Histology
7.	Oxisols	ox	French oxide	Oxide
8.	Ultisols	ult	Latin ultimus, last	Ultimate
9.	Spodosols	od	Greek spodos, wood ash	Odd
10.	Entisols	ent	Ent, meaningless	Recent
11.	Andisols	and	Modified from ando	Ando
12.	Gelisols	el	Latin gelare, to freeze	Jell

तालिका 12.4: विभिन्न मृदा गण व उत्पत्ति पद्धति की समकक्ष मृदाएँ

क्रमांक	गण		भारत में स्थान	तुल्य मृदा वर्ग
1.	अल्फीसॉल	(Alfisols)	3	कैल्शियम रहित भूरी मृदायें, भूरी बादामी पोड्जोल निम्नीकृत चर्नोजेम
2.	वर्टीसॉल	(Vertisols)	4	ग्रुमूसॉल
3.	एरिडीसॉल	(Aridisols)	5	रेगिस्तानी मृदायें
4.	मोलीसॉल	(Mollisols)	6	चैस्टनट, चर्नोजेम
5.	इन्सेप्टीसॉल	(Inceptisols)	1	एन्डोसॉल
6.	हिस्टीसॉल	(Histosols)	9	कार्बनिक मृदायें
7.	ऑक्सीसॉल	(Oxisols)	8	लैटोसॉल
8.	अल्टीसॉल	(Ultisols)	7	लाल–पीली पोड्जोल, लाल बादामी लैटराइट
9.	स्पोडोसॉल	(Spodosols)	अनुपस्थित	पोड्जोल
10.	एन्टीसॉल	(Entisols)	2	जलोढ़ मृदायें, रेगोसॉल
11.	एन्डीसॉल	(Andisols)	अनुपस्थित	ऐलोफेन्स, Al–ह्युमिक मृदा
12.	गैलीसॉल	(Gelisols)	अनुपस्थित	जमी हुई टुन्ड्रा मृदा

तालिका 12.5: भारत में मृदा गणों का क्षेत्रफल एवं स्थान

क्रमांक	गण		क्षेत्रफल (Mha)	प्रतिशत	भारत में स्थान
1.	इन्सेप्टीसॉल	(Inceptisols)	95.8	29.14	1
2.	एन्टीसॉल	(Entisols)	80.1	24.37	2
3.	अल्फीसॉल	(Alfisols)	79.7	24.25	3
4.	वर्टीसॉल	(Vertisols)	26.3	8.02	4
5.	एरिडीसॉल	(Aridisols)	14.6	4.44	5
6.	मोलीसॉल	(Mollisols)	8.0	2.43	6
7.	अल्टीसॉल	(Ultisols)	0.8	0.24	7
8.	ऑक्सीसॉल	(Oxisols)	0.3	0.09	8
9.	गैर वर्गीकृत	(Non-classified)	23.1	7.02	
	कुल		**328.7**	**100**	

स्त्रोत: संजय अरोडा, 2017, केन्द्रीय मृदा लवणता अनुसंधान संस्थान, क्षेत्रीय अनुसंधान स्टेशन, लखनऊ

तालिका 12.6: मृदा गण एवं उपगण

क्रमांक	मृदा गण	उपगण
1.	एरिडीसॉल	क्राइड (Cryids), सालिड (Salids), डुरिड (Durids), जिप्सिड (Gypsids), आर्जिड (Argids), कैल्सिड (Calcids), कैम्बिड (Cambids)
2.	इन्सेप्टीसॉल	जिरेप्ट (Xerepts), ऐक्वेप्ट (Aquepts), क्रायेप्ट (Cryepts), एन्थ्रेप्ट (Anthrepts), उडेप्ट (Udepts)
3.	अल्फीसॉल	ऐक्वॉल्फ (Aqualfs), क्रायल्फ (Cryalfs), उडाल्फ (Udalfs), उस्टाल्फ (Ustalfs), जिराल्फ (Xeralfs)
4.	एन्टीसॉल	एक्वेंट (Aquents), एरेंट (Arents), फ्लुवेन्ट (Fluvents), ऑर्थेंट (Orthents), सामेंट (Psamments)
5.	ऑक्सीसॉल	ऐक्वोक्स (Aquox), टोरोक्स (Torrox), उस्टोक्स (Ustox), उडोक्स (Udox), पेरोक्स (Perox)
6.	मोलीसॉल	ऐल्बोल (Albolls), क्रायोल (Cryolls), रेंडोल (Rendolls), उडोल (Udolls), उसटोल (Ustolls), जिरोल (Xerolls), एक्वॉल्स (Aquolls)
7.	अल्टीसॉल	ऐक्विल्ट (Aquults), हुमुल्ट (Humults), उडल्ट (Udults), उस्टल्ट (Ustults), जिरूल्ट (Xerults)
8.	स्पोडोसॉल	ऐक्वोड (Aquods), क्रायोड (Cryods), हुमोड (Humods), ऑर्थोड (Orthods)
9.	वर्टीसॉल	टारेर्ट्स (Torrerts), उडर्ट्स (Uderts), उस्टर्ट्स (Usterts), जीरेर्ट्स (Xererts), क्रायेर्ट्स (Cryerts), एक्वेर्ट्स (Aquerts)

क्रमांक	मृदा गण	उपगण
10.	हिस्टोसॉल	फोलिस्ट (Folists), फिब्रिस्ट (Fibrist), हेमिस्ट (Hemists), सैप्रिस्ट (Saprists)
11.	एन्डोसॉल	एक्वांड्स (Aquands), क्राएन्ड्स (Cryands), टोरैन्ड्स (Torrands), ऊडान्ड्स (Udands), ऊस्टान्ड्स (Usrands), जीरॉन्ड्स (Xerands), विट्रान्ड्स (Vitrands)
12.	गैलीसॉल	हिस्टेल (Histels), ओर्थेल (Orthels), टुर्बेल (Turbels)

मृदा गणों के सामान्य गुण (Genaral characteristics of soil orders)

1. **एरिडीसॉल (Aridisols, L. aridus, शुष्क)** – ये खनिज मृदायें अधिकतर शुष्क और अर्द्ध–शुष्क जलवायु वाले क्षेत्रों में पायी जाती है। संसार में क्षेत्रफल के आधार पर एरिडीसॉल का प्रथम स्थान एवं भारत में 5 वाँ स्थान है। भारत में इसका 14.6 मिलियन हेक्टेयर क्षेत्रफल है। भूमिगत जल या सिंचाई वाले स्थानों को छोड़कर, ये मृदाये वर्ष के अधिकांश भागों में सुखी रहती है। इनमें कार्बनिक पदार्थ की कमी होती है और रंग हल्का होता है। इनमें कैल्शियम कार्बोनेट, जिप्सम (Gypsic) या अपेक्षाकृत अधिक विलेय लवणों (Salic) के संचयन से निर्मित संस्तर पाये जाते हैं। शुष्क और अर्द्ध–शुष्क जलवायु में कैल्सीकरण (Calcification), लवणीकरण (Salinization) मृदा निर्माण प्रक्रम महत्वपूर्ण है। एरिडीसॉल मृदाओं में सामान्यतः कई समस्यायें होती है जैसे – अधिक लवण के संचय से पौधो में जल अधिशोषण की दर कम हो जाती है परिणामस्वरूप पौधें मुरझा (विल्टिंग) जाते हैं। वायु अपरदन से मृदा का क्षरण होता रहता है जिसके परिणामस्वरूप मृदा की जैविक उत्पादकता में गिरावट आ जाती है। अत्यधिक तापमान और तेज हवायें पौधों के लिए हानिकारक होती है। कैल्शियम द्वारा मृदा में फॉस्फोरस का स्थिरीकरण होने से पौधों को उपलब्धता कम हो जाती है। तथा सोडियम की उच्च मात्रा मृदा संरचना को अस्थिर कर देती है। इनमें सिंचाई की सुविधा न होने पर खेती करना असम्भव होता है। एरिडीसॉल अमेरिका, सहारा रेगिस्तान, चीन में गोबी एवं दक्षिणी मध्य आस्ट्रेलिया, दक्षिणी अर्जेन्टिना, पश्चिमी पाकिस्तान में पायी जाती है। भारत में एरिडीसॉल, राजस्थान, गुजरात, हरियाणा, पंजाब आदि क्षेत्रों में पायी जाती हैं। इस गण में सात उपगण (क्राइड, सालिड, डुरिड, जिप्सिड, आर्जिड, कैल्सिड, कैम्बिड) पाये जाते हैं।

Cryids	(cold)
Salids	(saline)
Durids	(cemented)
Gypsids	($CaSO_4 . 2H_2O$)
Argids	(clay)
Calcids	($CaCO_3$)
Cambids	(weak B horizon)

2. **इन्सेप्टीसॉल (Inceptisols, L. inceptum, प्रारम्भ)** – मृदा परिच्छेदिकाओं में शीघ्र बनी संस्तरे पायी जाती हैं जो पैतृक पदार्थों के परिवर्तन से बनी होती हैं। संस्तरों की बनावट पूर्ण अपक्षय प्रदर्शित नहीं करती हैं। क्षेत्रफल के आधार पर संसार में ये दूसरे स्थान पर आती है जबकी भारत में क्षेत्रफल के दृष्टिकोण से प्रथम स्थान पर आती है। इसका भारत में कुल क्षेत्रफल 95.8 मिलियन हेक्टेयर है। संस्तरों में आयरन एल्यूमिनियम ऑक्साइड एवं क्ले स्थिरीकरण अनुपस्थित होता है। इस गण की मृदाओं में परिच्छेदिका का निर्माण एन्टीसॉल गण की अपेक्षा अधिक पूर्ण एवं विकसित होता है। लेकिन अन्य गणों की अपेक्षा कम विकसित होता है। इस गण में भूरी जंगली एवं एन्डो मृदायें आती हैं। बहुत सी कृषि योग्य मृदायें जिनमें जल निकास की सुविधा नही होती है, इसके अन्तर्गत आती हैं। ये मृदायें अमेरिका, आस्ट्रेलिया, अफ्रीका, दक्षिणी–पश्चिमी भारतवर्ष एवं ब्राजील में पायी जाती हैं। अमेजन एवं गंगा नदियों के किनारे भी इस गण की मृदायें पायी जाती हैं। इननें प्रायः सभी फसलें उगायी जा सकती हैं। इसमें पाँच उपगण (जिरेप्ट, ऐक्वेप्ट, क्रायेप्ट, एन्थ्रेप्ट, उडेप्ट) पाये जाते हैं।

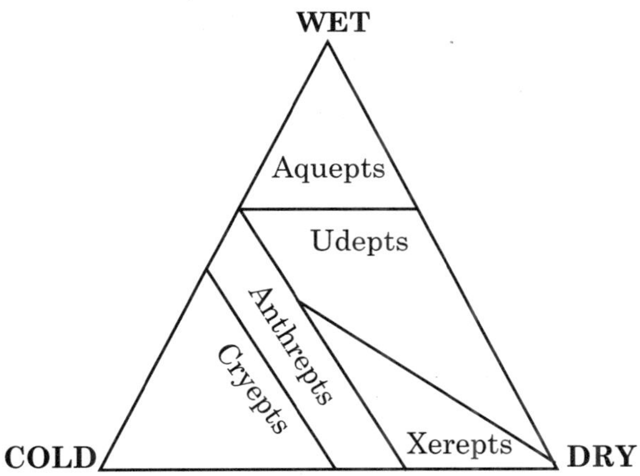

3. **अल्फीसॉल** (Alfiisols) – ये नम खनिज मृदायें होती हैं जिनमें मौलिक ऑक्सिक या स्पोडिक संस्तर नहीं पाये जाते हैं। ये अधिकतर आर्द्र उष्ण क्षेत्रों में प्राकृतिक पर्णपाती (deciduous) वनों से निर्मित होती है। कुछ दशाओं में घास के मैदानों में भी ये मृदायें पायी जाती हैं। भारत में क्षेत्रफल (79.7 मिलियन हेक्टेयर) के दृष्टिकोण से इसका तीसरा स्थान है। इनमें क्षारों की बाहुल्यता होता है। इनकी संरचना प्रिज्मीय या स्तम्भकार होती है। इनमें प्रायः 35 प्रतिशत से अधिक क्षार संतृप्त होते हैं। अल्फीसॉल के विकास में मृदा निर्माण प्रक्रमों जैसे – विकैल्सीकरण (Decalcification), निक्षालन (Eluviation) एवं निक्षेपण (Illuviation) आदि का महत्वपूर्ण योगदान होता है। ये अल्टीसॉल की अपेक्षा कम तथा इनसेप्टिसॉल की अपेक्षा अधिक अपक्षयित (Weathered) होती है। सामान्य तौर पर, अल्फीसॉल मृदायें अत्यन्त उत्पादक होती हैं। कृषि की कुछ अत्यधिक महत्त्वपूर्ण मृदायें इस गण में पायी जाती है। अमेरिका, उत्तरी यूरोप, साइबेरिया पश्चिमी रूस, दक्षिणी अफ्रीका, भारत, पूर्वी ब्राजील, दक्षिणी एशिया, मध्य चीन, दक्षिणी आस्ट्रेलिया आदि देशों में ये मृदायें पायी जाती हैं। भारत में ये मृदायें असम, आन्ध्र प्रदेश, अरुणाचल प्रदेश, हिमाचल प्रदेश, बिहार, महाराष्ट्र, कर्नाटक,

तमिलनाडू, उड़ीसा तथा मध्य प्रदेश के कुछ भागों में पायी जाती है। भारत में अल्फीसॉल मृदायें गेहूं, मक्का, धान, ज्वार, आम, लीची, काजू और कटहल आदि फसलों के लिए उपयुक्त है। मृदा नमी और तापक्रम रेजिमस (Soil moisture and temperature regimes) के आधार पर अल्फीसॉल को पाँच उपगणों (ऐक्वॉल्फ, क्रायल्फ, उडाल्फ, उस्टाल्फ, जिराल्फ) में विभाजित किया गया है

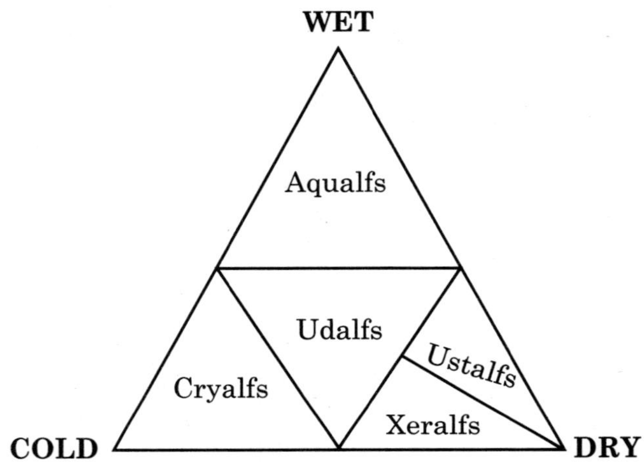

4. **एन्टीसॉल (Entisols)** – ये बिना प्राकृतिक आनुवंशिक संस्तरों की खनिज मृदायें होती हैं जिनमें संस्तरों का निर्माण केवल प्रारम्भ हुआ होता है। इन मृदाओं में अत्यधिक गहरा रिगोलिथ बिना संस्तर के पाया जाता है। नवीन (Recent) जलोढक पर अत्यधिक उपजाऊ एवं बंजर भूमि पर अनुपजाऊ तथा पैतृक चट्टानों पर उथली मृदायें इसके अन्तर्गत आती है। इनमें परिच्छेदिका का अभाव होता है। इस प्रकार की मृदायें विभिन्न जलवायुवीय दशाओं में पायी जाती है। स्थान एवं गुणों के आधार पर इन मृदाओं के उपजाऊपन में अन्तर होता है। ये मृदायें अमेरिका, सऊदी अरब, अफ्रीका, आस्ट्रेलिया, पाकिस्तान एवं भारत के कुछ भागों में पायी जाती है। क्षेत्रफल (80.1 मिलियन हेक्टेयर) की दृष्टिकोण से इसका भारत में दुसरा स्थान है। भारत में ये हिमाचल, राजस्थान, हरियाणा, पंजाब एवं उत्तर प्रदेश के गंगा के मैदानों में पायी जाती है। मृदा कणाकार मोटा होने के कारण जल धारण क्षमता एवं पोषक तत्व धारण क्षमता कम होती है। लेकीन प्रयाप्त उर्वरक एवं खाद डालकर जलोढ़ मृदाओं से अधिक पैदावार लिया जा सकता है। अतः यह मृदा कृषि (मोटे अनाजों, गेहूँ, मक्का, धान, दलहन, तिलहन, जूट, कपास, गन्ना और सब्जियों की खेती) के लिए बहुत उपयोगी है। इस गण में पाँच उपगण (एक्वेट, एरेंट, फ्लुवेन्ट, ऑर्थेंट, सामेंट) पाये जाते हैं।

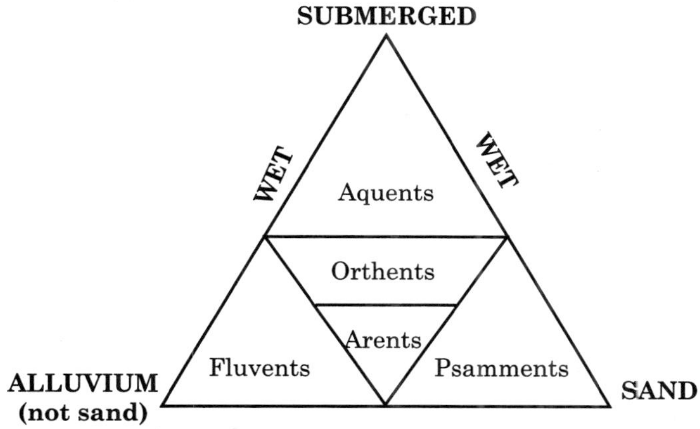

5. **ऑक्सीसॉल (Oxisol, French, Oxide, ऑक्साइड)** – ऑक्सीसॉल सबसे अधिक एवं गहरी अपक्षयित मृदायें होती हैं, जो आर्द्र उष्ण–कटिबन्धीय प्रदेशों में पायी जाती हैं। इनकी मुख्य विशेषता इनमें एक ऑक्सिक (Oxic) संस्तर का गहराई में पाया जाना है। सामान्यतः इनका रंग लाल होता है लेकिन कभी–कभी ये पीली या भूरे रंग की भी होती है। इनके पृष्ठ मृदा में आयरन एवं एल्यूमीनियम हाइड्रस ऑक्साइड की अत्यधिक प्रधानता होती है। अत्यधिक अपक्षय एवं निक्षालन द्वारा इस संस्तर से अधिक मात्रा में सिलिकेट खनिजों से सिलिका निष्कासित हो जाती है जिसके परिणामस्वरूप इस संस्तर में Fe और Al के ऑक्साइड का उच्च अनुपात बना रहता है। दक्षिणी अमेरिका, अफ्रीका, ब्राजील आदि देशों में ऑक्सीसॉल मृदायें पायी जाती हैं। भारत में ये मृदायें केरल, तमिलनाडु, कर्नाटक एवं उड़ीसा के कुछ भागों में पायी जाती है। इन मृदाओं में क्ले की उच्च मात्रा होती है एवं इनकी उर्वरता बहुत कम होती है। इन मृदाओं में फॉस्फोरस स्थरीकरण तथा मृदा पपड़ी (crusting) की समस्या रहती है। वे मृदायें मुख्य रूप से गहन चराई (intensive grazing) और वानिकी (forestry) के लिए उपयोग कि जाती है। इनमें अत्यधिक उर्वरकों का प्रयोग एवं जल निकास का उचित प्रबन्ध करके खेती की जाती है। इस गण में पाँच उपगण – ऐक्वोक्स (Aquox), टोरोक्स (Torrox), उस्टोक्स (Ustox), उडोक्स (Udcx), पेरोक्स (Perox) पाये जाते हैं।

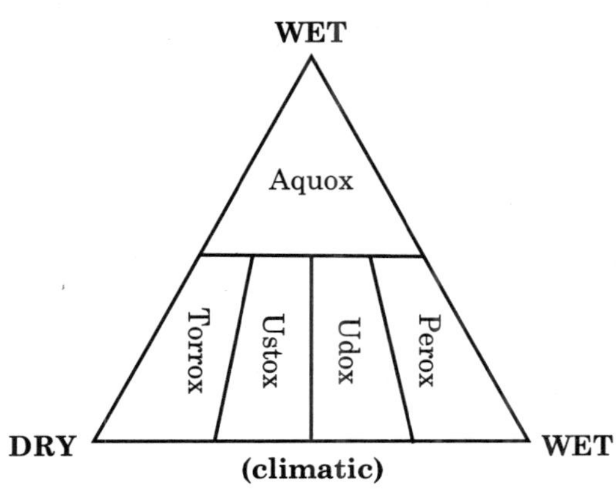

6. **मोलीसॉल (Mollisols, L. mollis, नरम)** – संसार की कुछ अत्यन्त महत्त्वपूर्ण कृषि मृदायें इसके अन्तर्गत आती हैं। इस गण की प्रमुख विशेषता इनमें मॉलिक इपीपैडान (Mollic epipedon) की उपस्थिति है जो मोटी, गहरी, काली तथा द्विसंयोजी धनायनों की प्रधानता वाली होती है। पृष्ठ संस्तरों की संरचना प्रायः दानेदार या कम्ब्री (Granular/Crumby) तथा सूखने पर ये कठोर नहीं होती है इसलिए इन्हें मौलिस (Mollis) अर्थात् नरम शब्द से सम्बोधित किया जाता है। मोलीसॉल कृषि के लिए संसार में सर्वोत्तम मृदायें हैं। पहली बार जब खेती के लिए इन्हें साफ किया जाता है तो मृदा में कार्बनिक पदार्थ, नाइट्रोजन एवं अन्य तत्वों की इतनी पर्याप्त मात्रा होती है कि बिना उर्वरक प्रयोग के बहुत अच्छी फसल होती है। ये मृदायें रूस, अमेरिका, मंगोलिया, चीन, अर्जेन्टीना एवं भारत के कुछ भागों में पायी जाती है। भारत में मालीसॉल गण के अन्तर्गत उत्तराखण्ड व उत्तर प्रदेश के तराई की कुछ मृदायें तथा हिमाचल प्रदेश और उत्तर पूर्व हिमालय के जंगलो की मृदायें आती हैं। मृदा नमी और तापक्रम रेजिमस (Soil moisture and temperature regimes), निदान सूचक संस्तर (Diagnostic horizons) एवं कैल्शियम कार्बोनेट की मात्रा के आधार पर मोलीसॉल को सात उपगणों (ऐल्बोल, क्रायोल, रेडोल, उडोल, उसटोल, जिरोल, एक्वॉल्स) में विभाजित किया गया है।

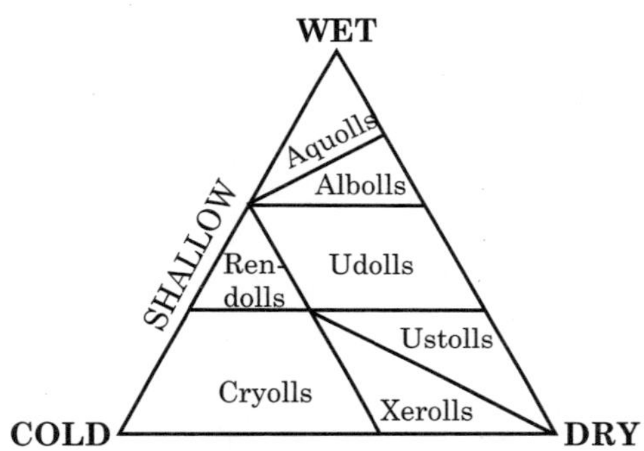

7. **अल्टीसॉल (Ultisols, Latin - ultimus, अन्तिम)** – ये प्रायः आर्द्र मृदायें होती हैं, जो गर्म उष्ण कटिबंधीय जलवायु में उत्पन्न होती है। इनमें आर्जिलिक संस्तर पाये जाते हैं जिनमें क्षार संतृप्ता (base saturation) 35% से कम होती हैं। ये अत्यधिक अपक्षयित और अल्फीसॉल की अपेक्षा अधिक अम्लीय लेकिन स्पोडोसॉल से कम अम्लीय होती हैं। इनकी अवमृदा प्रायः लाल या पीली होती है जिससे आयरन ऑक्साइड एकत्रीकरण स्पष्ट होता है। इनमें ऑक्सीसॉल के विपरीत कुछ अपक्षयित खनिज पाये जाते हैं। ये मृदायें ऑस्ट्रेलिया, अमेरिका, दक्षिणी पूर्वी एशिया, ब्राजील एवं चीन में पायी जाती है। भारत में ये मृदायें केरल, कर्नाटक, तमिलनाडु, उड़ीसा, बिहार, आसाम तथा हिमाचल प्रदेश में पायी जाती है। ये मृदाये अल्फीसॉल और मोलीसॉल की अपेक्षा कम उपजाऊ होती है। कम क्षार संतृप्ता एवं कम उर्वरता के कारण इन मृदाओं की कृषि में सीमिततायें है। यें मृदायें प्रायः वानिकी (forestry) के लिए उपयोग कि जाती है। अतः इनमें मृदा प्रबन्धन की अधिक आवश्यकता होती है। इनमें आयरन, एल्यूमिनियम ऑक्साइड सहित 1:1 क्ले पायी जाती है। उर्वरकों के प्रयोग से इन मृदाओं से अच्छी पैदावार ली जा सकती है। इस गण में पाँच उपगण – ऐक्विल्ट (Aquults), हुमुल्ट (Humults), उडल्ट (Udults), उस्टल्ट (Ustults), जिरूल्ट (Xerults) पाये जाते हैं।

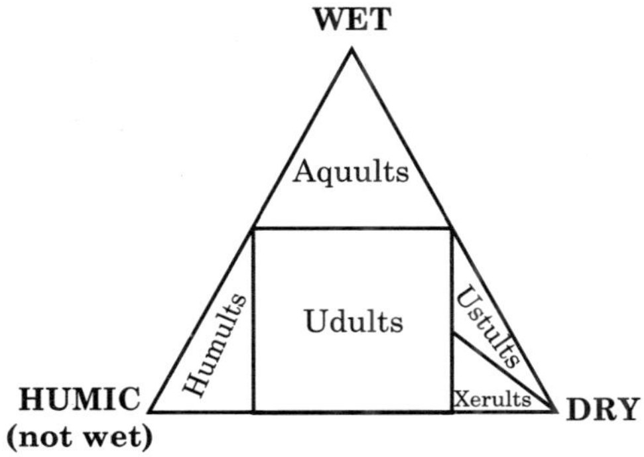

8. **स्पोडोसॉल (Spodsols, Greek, Spodos, लकड़ी की राख)** – इस गण की मृदायें केवल आर्द्र जलवायु में पायी जाती हैं जहाँ वर्षा एवं ठण्ड़क अधिक पड़ती है। इस गण की खनिज मृदाओं में स्पोडिक संस्तर (Spodic horizon) पाया जाता है जिनके अवमृदा में ह्यूमस एवं आयरन–एल्यूमिनियम ऑक्साइड (sesquioxide) का संचयन होता है। ये हल्के भूरे रंग के राख जैसे होती हैं। ये मृदायें प्रायः मोटी संरचना वाली अम्लीय पैतृक पदार्थों पर बनी होती हैं जहाँ निक्षालन तीव्र होता है। ऊपरी भाग में उपस्थित कार्बनिक पदार्थ सड़कर अम्ल पैदा करता है। यह अम्ल ऊपरी संस्तर में उपस्थित आयरन एवं एल्यूमीनियम ऑक्साइड एवं अन्य खनिजों को अपने में घोलकर वर्षा जल के साथ नीचे अवमृदा में ले जाता है और ऊपर कठोर सिलिका बचा रह जाता है। नीचे आयरन, एल्यूमीनियम ऑक्साइड, कार्बनिक पदार्थ एवं अम्ल अवक्षेपित होकर स्पोडोसॉल परिच्छेदिका का निर्माण करते हैं। अमेरिका, कनाडा, रूस, उत्तरीय यूरोप एवं साइबेरिया में ये मृदायें पायी जाती हैं। उष्ण कटिबन्धीय प्रदेशों के पर्वतीय ठंडे स्थानों में भी ये मृदायें पायी जाती हैं। ये मृदायें प्रायः प्राकृतिक वनस्पति (जंगल) में पायी जाती हैं। मृदायें उपजाऊ नहीं होती हैं। इसके निर्माण में आवश्यक पैतृक पदार्थ एवं वातावरणीय दशाओं की कमी के कारण भारत में वास्तविक स्पोडोसॉल नही पायी जाती है। स्पोडोसॉल की प्रमुख समस्या – मृदा कणाकार का मोटा, पैतृक पदार्थ का अम्लीय प्रकृति का होना तथा कम जल एवं कम पोषक तत्व धारण क्षमता होना है। मृदा नमी और तापक्रम रेजिमस (Soil moisture and temperature regimes) तथा ह्यूमस के मिश्रण के आधार पर स्पोडोसॉल को चार उपगणों (ऐक्वोड, क्रायोड, हुमोड, ऑर्थोड) में विभाजित किया गया है।

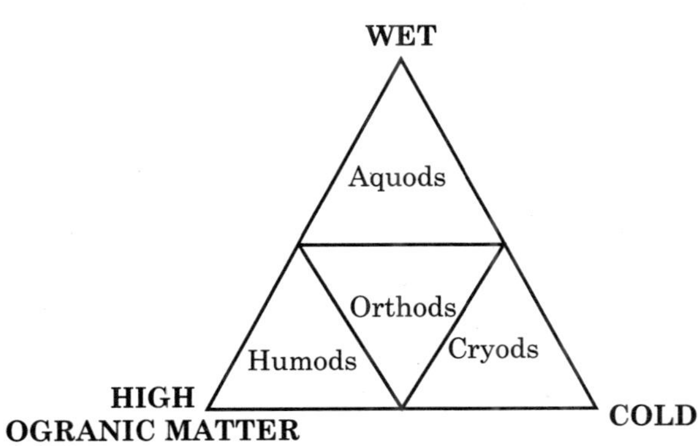

9. **वर्टीसॉल (Vertisols, L. Verto, पलटना)** – खनिज मृदाओं के इस गण की विशेषता इनमें फूलने वाली क्ले की अधिक मात्रा (30%) का उपस्थित होना है। जिसके कारण शुष्क होने पर इनमें बड़ी–बड़ी एवं गहरी दरारे पड़ जाती हैं। जिससे मृदा के शुष्क भाग का कुछ अंश इन दरारो में नीचे चला जाता है। इस प्रकार ये मृदायें अपनी जुताई स्वयं करती रहती हैं एवं ऊपर की मृदा नीचे और नीचे की मृदा ऊपर आ जाती है। चर्निंग (Churning) के कारण ये मृदायें निक्षालन (Eluviation) एवं निक्षेपण (Illuviation) प्रक्रम प्रदर्शित नहीं करती है। मृदा का यह गुण इस गण की सर्वोत्तम पहचान है। इनमें स्मेक्टाईट (Smectitic) खनिज की प्रधानता (dominant) होने के कारण इनकी धनायन विनिमय क्षमता अधिक होती है। इनकी जलधारण क्षमता एवं पोषक धारण क्षमता (Nutrient holding capacity) उच्च होती है। स्मेक्टाईट (Smectitic) खनिज की उच्च मात्रा के कारण काली मृदाओं की पारगम्यता कम हो जाती है जिससे इनमें जल निकास की समस्या रहती है। ये मृदायें गीली अवस्था में चिपचिपी और सूखने पर कठोर हो जाती है। वर्षा के बाद जुताई योग्य होने में मृदा बहुत कम समय लेती है। ये मृदायें अति सूक्ष्म कणाकार तथा अधिक सिकुड़ने एवं फूलने के कारण इनमें कृषि कार्य करने में कठिनाई होती है। इन मृदाओं के लिए उपयुक्त फसलें निम्नलिखित है – कपास, ज्वार, बाजरा, गेहूँ, गन्ना, रागी, तम्बाकू एवं मिलेट्स। ये दक्षिण भारत, ऑस्ट्रेलिया, अमेरिका एवं सूडान में बहुतायत में पायी जाती है। भारत में वर्टीसॉल, मध्यप्रदेश, महाराष्ट्र, गुजरात, आन्ध्रप्रदेश, तमिलनाडु एवं राजस्थान आदि क्षेत्रों में पायी जाती हैं। इनका क्षेत्रफल संसार के कुल क्षेत्रफल के आधार पर 9 वाँ स्थान है। इस गण में छः उपगण क्रमशः टारेर्ट्स (Torrerts), उडर्ट्स (Uderts), उस्टर्ट्स (Usterts), जीरेर्ट्स (Xererts), क्रायेर्ट्स (Cryerts), एक्वेर्ट्स (Aquerts) पाये जाते हैं।

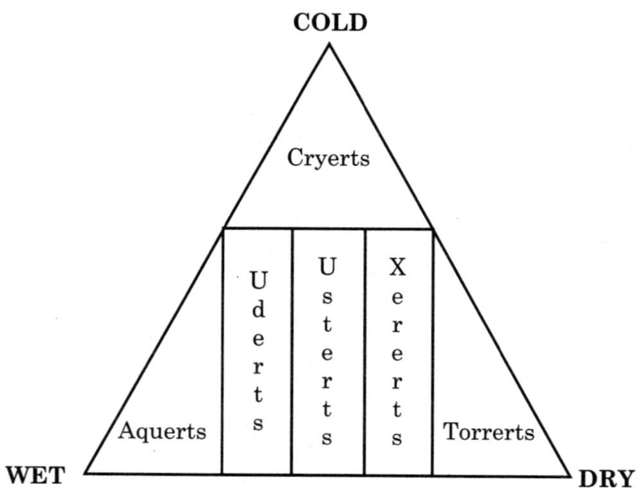

10. **हिस्टोसॉल (Histosols, Greek Histus, उत्तक)** – इस गण में कार्बनिक एवं अर्द्ध – दलदली मृदायें आती है। इनमें हिस्टिक (Histic epipedon) पृष्ठ संस्तर पाया जाता है। ये मृदायें जल संतृप्त वातावरण में उत्पन्न होती हैं। हिस्टोसॉल्स में विशिष्ट गुण जैसे – कम स्थूल घनत्व, कोलाइडल प्रकृति और विशिष्ट उष्मा (Specific thermal) होते हैं जो खनिज

मृदा से अलग होती हैं। इस गण की मृदाओं का स्थूल घनत्व कम (0.15 से 0.4 Mg m^{-3}) एवं जल धारण क्षमता तथा धनायन विनिमय क्षमता अधिक होती है। हिस्टोसॉल आमतौर पर काले से गहरे भूरे रंग की होती हैं। इन मृदाओं में कार्बनिक पदार्थ 20 से 30% तक पाया जाता है। क्ले भाग में वृद्धि होने पर कार्बनिक पदार्थ की मात्रा में भी वृद्धि होती है। ये मृदायें बहुत उपजाऊ होती है। इस गण की मृदाओं का निर्माण पीट के संचयन होने से होता है। अतः इन्हें पीट, मक एवं बोग मृदा भी कहते हैं। ये मृदायें कनाडा, अमेरिका, रूस, यूरोप के देशों व अन्य स्थानों पर अधिक पाई जाती हैं। भारत में ये बहुत कम क्षेत्रफल में केरल, त्रिपुरा, आसाम एवं अण्डमान और निकोबार द्वीप समूह में पायी जाती। इस गण में चार उपगण फोलिस्ट (Folists), फिब्रिस्ट (Fibrist), हेमिस्ट (Hemists), सैप्रिस्ट (Saprists) पाये जाते हैं।

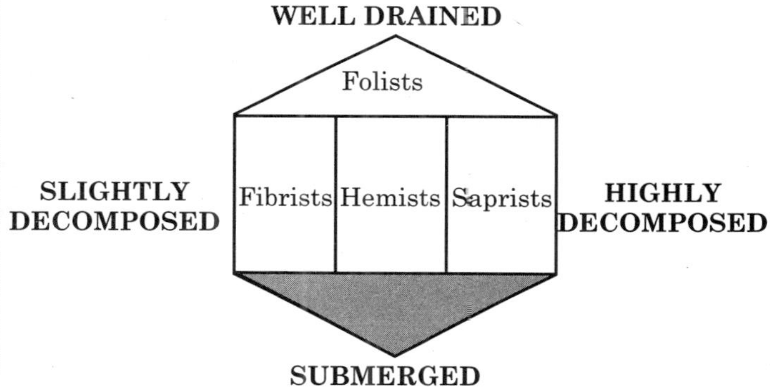

11. **एन्डीसॉल (Andisols, Japanese, काली मृदा)** – एन्डीसॉल मृदायें सर्वप्रथम जापान में पहचानी गयी थी। इन मृदाओं का निर्माण ज्वालामुखी के मुहानों पर उसके विस्फोट से निकली राख (Ash) से होता है। इनका रंग काला और स्थूल घनत्व (<0.9 Mg m^{-3}) कम होता है। इनमें एल्बिक (Albic) संस्तर नहीं होता है लेकिन कैम्ब्रिक संस्तर के ऊपर एण्डिक (Andic) गुण (मोलिक या अम्ब्रिक) पृष्ठ संस्तर पाये जाते हैं। इनमें सिलिकेट खनिज एलोफेन तथा एल्यूमिनियम–ह्यूमस कॉम्पलैक्स की अधिकता होती है। इनमें प्रोफाइल का विकास कम होता है। ये मृदायें अधिक उपजाऊ होती है। विश्व में ये मृदायें इण्डोनेशिया, जापान, फिलिपिन्स, न्यूजीलैण्ड, अफ्रीका में विशेषतः कीनिया, दक्षिणी अमेरिका आदि में पायी जाती है। भारत में इस तरह की मृदायें अण्डमान और निकोबार द्वीप समूह में हो सकती है, लेकिन अभी तक रिर्पोट नही की गयी है अतः इसे भारत में अनुपस्थित माना गया है। इस गण में सात उपगण क्रमशः एक्वांड्स (Aquands), क्राएन्ड्स (cryands), टोरैन्ड्स (Torrands), जीरॉन्ड्स (Xerands), विट्रान्ड्स (Vitrands), ऊडान्ड्स (Udands), ऊस्टान्ड्स (Ustrands) पाये जाते हैं। इसमें प्रमुख समस्या फॉस्फोरस स्थिरीकरण है, जो पौधों की वृद्धि के लिए फॉस्फोरस को अनुपलब्ध कर देता है।

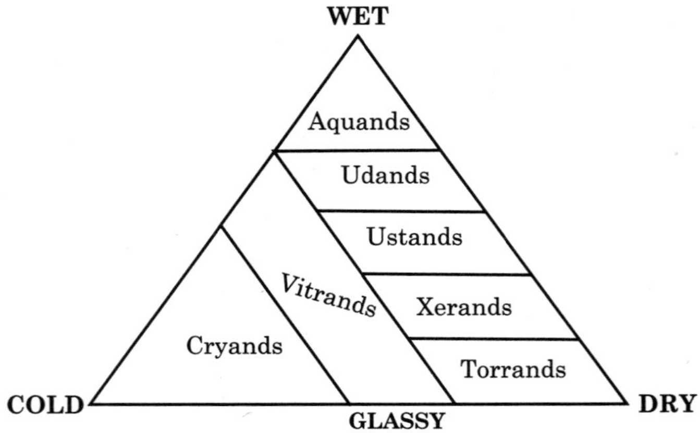

12. **गैलीसॉल (Gelisols, L. gelare, जमी हुई)** – यह हाल ही में प्रचलित मृदा गण है जिसकी पहचान 1999 (Soil Survey Staff, 1999) में हुई। गैलीसॉल बहुत ठण्डी जलवायु की मृदायें हैं जो उत्तरी गोलार्द्ध (Northern Hemisphere) में पायी जाती है। इन मृदा की मुख्य विशेषता परमाफ्रॉस्ट (Permafrost) परत की उपस्थिति है, जो सतह से 2 मीटर की गहराई तक परमाफ्रॉस्ट पाया जाता है। ये मृदायें भौगोलिक दृष्टि से उच्च अक्षांश ध्रुवीय क्षेत्रों एवं ऊँचे पहाड़ी क्षेत्रों में पायी जाती है। इनका क्षेत्रफल अन्य सभी मृदा गणों में सबसे कम है। आकारिकी में ये अपेक्षाकृत कम विकसित होती है। कम तापमान में पाये जाने के कारण इनमें कार्बनिक पदार्थ का विघटन धीरे–धीरे होता है। अधिकतर गैलीसॉल में जैविक कार्बन अधिक पाया जाता है। जबकि अंटार्कटिका की घाटियों में पायी जाने वाली मृदायें इसका अपवाद है क्योंकि ये रेगिस्तानी क्षेत्र में बिना किसी वनस्पति के पायी जाती है अतः इनमें बहुत कम जैविक कार्बन पाया जाता है। गैलीसॉल मृदाओं की उत्पत्ति में विगलन (thawing) तथा जमने (freezing) का महत्वपूर्ण गुण होता है। ठंडा तापमान और जमी हुई स्थितियां मृदा के निर्माण की प्रक्रिया को धीमा कर देती हैं। ये मृदायें उत्तरी अमेरिका, कनाड़ा, ग्रीन लैण्ड, रूस, मंगोलिया आदि देशों में पाया जाती है। भारत में अभी तक इन मृदाओं की पहचान नहीं हुई है जो बर्फ से ढके क्षेत्रों लेह, लद्दाख, सिक्किम और उच्च हिमालय क्षेत्रों में हो सकती है। कार्बनिक पदार्थ और क्रायोटर्बेशन (Cryoturbation) के आधार पर गैलीसॉल को तीन उपगणों (हिस्टेल, ओर्थेल, टुर्बेल) में विभाजित किया गया है।

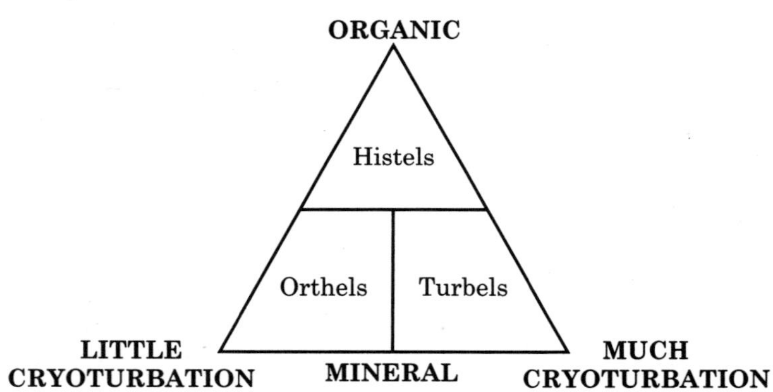

निदान सूचक संस्तर (Diagnostic Horizons)

नयी मृदा वर्गीकरण पद्धति में मृदा गुणों के अध्ययन को सर्वाधिक प्राथमिकता दी गयी है। निदान सूचक वह है, जिसका निर्माण मृदा निर्माणकारी प्रक्रियाओं के परिणामस्वरूप होता है और जिसमें भिन्न गुण होते हैं जिनको मृदा के मापन योग्य गुणो के रूप में माप सकते हैं। मृदा वर्गीकरण विज्ञान (Soil taxonomy) में बहुत से निदान सूचक संस्तरों को परिभाषित किया गया है। इन संस्तरों को प्रोफाइल में उनकी स्थति के आधार पर दो भागों में बाँटा गया है, जो सतह/पृष्ट (Surface) और अधोसतह/अवपृष्ट (Subsurface) है। निदान सूचक सतह संस्तरो को इपीपैडान्स (Epipedons, Greek, epi = over, pedon = soil) कहते हैं। अर्थात् ऊपरी मृदा। इपीपैडान के अन्तर्गत मृदा पृष्ट का ऊपर काला जैव संस्तर तथा ऊपरी निक्षालित (Eluvial) संस्तर या दोनों सम्मिलित होते हैं। कार्बनिक पदार्थ युक्त 'बी' (B) संस्तर का कुछ भाग भी इसमें सम्मिलित हो सकता है। अभी तक 9 इपीपैडॉन पहचाने गये हैं।

निदान सूचक अधोसतह (Subsurface) संस्तरों को ऐन्डोपैडॉन्स (Endopedons, Greek, endo = subsurface/deep seated, pedon = soil) कहते हैं। इसके अन्तर्गत मृदा की निचली सतह जहाँ मृदा पदार्थ एकत्रित होता है सम्मिलित है। जिनमें एकत्रित पदार्थ जैसे कैल्शियम, मैग्नीशियम, कार्बोनेट, जिप्सम, लवण, क्ले आदि हो सकता है। अभी तक 19 ऐन्डोपैडॉन्स पहचाने गये हैं। निदान सूचक संस्तरों का संक्षेप में वर्णन तालिका 12.7 मे दिया गया है।

तालिका 12.7: निदान सूचक संस्तरों के मुख्य लक्षण

	निदान सूचक संस्तर	**मुख्य विशेषतायें**
	पृष्ठ संस्तर (Epipedon)	
1.	मौलिक (Mollic, Latin, mollis = soft)	मोटा, गहरा रंग, कोमल खनिज संस्तर, उच्च क्षार (Base) संतृप्ति (> 50%), प्रबल संरचना, कार्बनिक पदार्थ (>1%)।
2.	अम्ब्रिक (Umbric, Latin umbra = shade/dark)	निम्न क्षार संतृप्ति (< 50%) एवं उच्च कार्बन : नाइट्रोजन के अतिरिक्त शेष मौलिक जैसी विशेषतायें (मोटा, गहरा रंग, कोमल खनिज संस्तर, कार्बनिक पदार्थ > 1%)।
3.	एन्थ्रोपिक (Anthropic)	मानव द्वारा रूपान्तरित, मौलिक संस्तर की भाँति, सुलभ फॉस्फोरस अधिक।
4.	ऑक्रिक (Ochric, Greek, ochrus = pale)	हल्का रंग, निम्न कार्बनिक पदार्थ (< 1%), शुष्क होने पर पुंजीय और कठोर होना सम्भव, वर्ष में 3 महीनों से अधिक शुष्क सहना।
5.	हिस्टिक (Histic, Greek, histos = tissue)	कार्बनिक पदार्थ की अधिकता (12–30%) वर्ष के कुछ समय में गीला/संतृप्त।
6.	प्लेगिन (Plaggen, Greek, plaggen = Sod)	मानव निर्मित पृष्ठ संस्तर, सोड (क्षारीय) संस्तर जो वर्षों तक निरन्तर उर्वरक उपयोग से बनता है, ह्यूमस की मात्रा अधिक।
7.	मैलेनिक (Melanic)	मोटा, काला संस्तर, 6 प्रतिशत अथवा अधिक जैविक कार्बन।
8.	ग्रोसारेनिक (Grossarenic)	आर्जिलिक (Argillic) के ऊपर बुलई संस्तर, 100 सेमी० या अधिक मोटाई
9.	फोलिस्टिक (Folistic)	75% या अधिक कार्बनिक पदार्थ (आयतन से), आभासी घनत्व (< 0.1 Mg m^{-3}), एक महीने से कम समय तक गीला (संतृप्त)

	निदान सूचक संस्तर	मुख्य विशेषतायें
		अवपृष्ठ संस्तर (Endopedon)
1.	आर्जिलिक (Argillic, Latin, argilla = white clay)	सिलिकेट क्ले संचयन, क्ले के निक्षेपण (Illuviation) से संस्तर बनना।
2.	नैट्रिक (Natric)	सोडियम की अधिकता, स्तम्भकार या प्रिज्मीय संरचना, विनिमय सोडियम 15 प्रतिशत से अधिक।
3.	कैम्बिक (Cambic, Latin, cambiare = to exchange)	भौतिकी संचालन या रासायनिक अभिक्रियाओं द्वारा परिवर्तन।
4.	स्पोडिक (Spodic, Greek, spodos = ash)	कार्बनिक पदार्थ, आयरन और एल्यूमिनियम ऑक्साइड का संचयन, ठंडें एवं आर्द्रक्षेत्र में बनती है।
5.	सोम्ब्रिक (Sombric)	जैव द्रव्य का संचय, निम्न क्षार संतृप्ति ($<$ 50%), ह्यूमस के निक्षेपण (Illuviation) से संस्तर बनना।
6.	कैन्डिक (Kandic)	निष्क्रिय क्ले का संचय, गहराई के बढने से कार्बनिक पदार्थ की मात्रा कम होना, धनायन विनिमय क्षमता $>$ 16 Cmol (P^+)/kg ।
7.	ऑक्सिक (Oxic)	ठन्डे क्षेत्र में पाई जाती है, Fe एवं Al धनी संस्तर तथा 1:1 प्रकार के खनिज की प्रबलता, महीन कणाकार।
8.	सल्फ्यूरिक (Sulphuric)	अत्यधिक अम्लीय संस्तर।
9.	सैलिक (Salic)	विलेय ($NaCl$, Na_2SO_4) लवणों का संचय, 15 से.मी. मोटी संस्तर ।
10.	एल्बिक (Albic, Greek, albus = white)	हल्का रंग, क्ले एवं सेस्क्वी ऑक्साइड रहित।
11.	ग्लोसिक (Glossic, Greek, glossa = tounge)	एल्बिक संस्तर के विशेषताओं के जैसे एवं आंशिक रूप से आर्जिलिक, कैन्डिक या नैट्रिक में परिवर्तित संस्तर।
12.	कैल्सिक (Calcic)	कैल्शियम कार्बोनेट व मैग्नीशियम कार्बोनेट का संचयन, 15 से.मी. या और अधिक मोटी संस्तर, निचे की संस्तर की तुलना में 15 प्रतिशत या अधिक कैल्शियम कार्बोनेट व मैग्नीशियम कार्बोनेट का संचयन।
13.	जिप्सिक (Gypsic)	कैल्शियम व मैग्नीशियम सल्फेट का संचयन, 15 से.मी. से अधिक मोटी संस्तर, निचे की संस्तर की तुलना में 5 प्रतिशत अधिक कैल्शियम सल्फेट का संचयन।
14.	पैट्रोकैल्सिक (Petrocalcic)	सिमेन्टिड केल्शिक संस्तर, 10 से.मी. या अधिक मोटाई, कठोरता 3 या अधिक (mho's scale), इनके शुष्क टुकडें (dry fragments) जल मे घुलनशील (slake) नही लेकिन अम्ल मे घुलनशील।
15.	पैट्रोजिप्सिक (Petrogypsic)	सिमेन्टिड जिप्सम संस्तर, 10 से.मी. या अधिक मोटाई, 5 प्रतिशत या अधिक कैल्शियम सल्फेट का संचयन, इनके शुष्क टुकडें (dry fragments) जल मे घुलनशील नही।
16.	प्लेसिक (Placic, Greek, plax = thin cemented pan)	Fe अथवा Mn अथवा जैविक पदार्थ द्वारा बनी सिमेन्टिड परत, मोटाई ($<$ 10 mm), न्युनतम मोटाई (1 mm)।

	निदान सूचक संस्तर	मुख्य विशेषतायें
17.	एग्रिक (Agric)	जुताई संस्तर के ठीक नीचे कार्बनिक पदार्थ तथा क्ले संचयन, मोटाई (10 cm or more)।
18.	ड्यूरीपान (Duripan, Latin, hard & pan = hard pan)	कठोर सतह, सिलिका के आधिक्य से सीमेन्ट की तरह, सामान्यतः शुष्क क्षेत्रों मे पाया जाता है, जल मे घुलनशील (slake) नही लेकिन गर्म KOH में घुलनशील।
19.	फ्रेजीपान (Fragipan, Latin, fragilus & pan = brittle pan)	अधिक स्थूल घनत्व, भीगने पर भंगुर (brittle) एवं सूखने पर कठोर।

प्रश्न कोष

वस्तुनिष्ठ प्रश्न

1. निम्न में से कौनसा, मृदा गण भारत में नहीं पाया जाता है?
   (A) ऑक्सीसॉल (B) एल्फीसॉल
   (C) स्पोडोसॉल (D) हिस्टोसॉल
2. सातवें सन्निकट वर्गीकरण में मृदा गणों की संख्या है?
   (A) 8 (B) 9
   (C) 11 (D) 12
3. वह मृदा गण जो मृदा विकास की आरम्भिक अवस्था का प्रतिनिधित्व करता है?
   (A) हस्टोसॉल (B) ऑक्सीसॉल
   (C) स्पोडोसॉल (D) इन्सेप्टिसॉल
4. कार्बनिक मृदायें किस गण में आती है?
   (A) हिस्टोसॉल (B) मौलिसॉल
   (C) वर्टीसॉल (D) किसी में नहीं
5. वैज्ञानिक जिसने मृदा को उसके स्वयं के गुणों के आधार पर वर्गीकृत किया?
   (A) कोफे (B) बल्डविन एवं साथी
   (C) डॉक्यूचेव (D) मारबट
6. जलोढ़ मृदायें किस मृदा गण में आती है?
   (A) एल्फिसॉल (B) एन्टीसॉल
   (C) मौलियॉल (D) वर्टीसॉल
7. मृदा टैक्सोनोमी में निम्नतम वर्गीकरण इकाई है?
   (A) गण (B) उपगण
   (C) कुल (D) श्रेणी
8. निम्न में से भारत मे मृदा गण नही पाया जाता है?
   (A) गैलीसॉल (B) एण्डीसॉल
   (C) स्पोडोसॉल (D) उपरोक्त सभी
9. मृदा वर्गीकरण में सम्मिलित अन्तिम गण है?
   (A) अल्टीसॉल (B) वर्टीसॉल
   (C) गैलीसॉल (D) एण्डीसॉल
10. नवीन विस्तृत मृदा वर्गीकरण में कितने संवर्ग हैं?
   (A) 9 (B) 11
   (C) 12 (D) 10

रिक्त स्थानों की पूर्ति कीजिए

1. मृदा का सर्वप्रथम वैज्ञानिक वर्गीकरण .... ने दिया था।
2. मृदा वर्गीकरण विज्ञान (टैक्सोनोमी) का उच्चतम संवर्ग .... है।
3. मृदा टैक्सोनोमी में नया सम्मिलित गण................................है।
4. मृदा टैक्सोनोमी में गणों की संख्या ....है।
5. हिस्टोसॉल्स .... मृदाएँ होती हैं।
6. एरिडीसॉल की मृदायें ....क्षेत्र से सम्बन्धित है।
7. पृष्ठ निदान सूचक संस्तर को .... कहते हैं।
8. पृष्ठ निदान सूचकों की संख्या ....है।
9. अवपृष्ठ निदान सूचक संस्तर को .... कहते हैं।
10. .... मृदा गण के क्ले खनिज में दरारे पड़ने के साथ फूलने एवं सिकुड़ने के गुण है।

सत्य या असत्य कथन पर (√) का निशान लगाये

1. मृदा टैक्सोनॉमी मृदा वर्गीकरण का विज्ञान है। (सत्य / असत्य)
2. जिप्सिक संस्तर में कैल्शियम सल्फेट पाया जाता है। (सत्य / असत्य)
3. मृदा वर्गीकरण की उत्पत्ति पद्धति वी॰वी॰ डोकूचेव ने दी थी। (सत्य / असत्य)
4. एन्थ्रोपिक मानव द्वारा रूपान्तरित सतह संस्तर है। (सत्य / असत्य)
5. एरिडीसॉल गण में रेगिस्तानी मृदाएँ वर्गीकृत हैं। (सत्य / असत्य)

लघु एवं विस्तृत उत्तरीय प्रश्न

1. पेडोक्लस एवं पेडलफर्स में अंतर लिखें।
2. संक्षेप में निदान संस्तर का वर्णन कीजिए।
3. सभी मृदा गणों के नाम सही वर्तनी सहित सूचीबद्ध कीजिए।
4. मृदा वर्गीकरण की नई व्यापक पद्धति की प्रमुख विशेषताओं को लिखिए।
5. मृदा वर्गीकरण पद्धति का वर्णन कीजिए।
6. मृदा वर्गीकरण (7वां सन्निकटन) पद्धति के संवर्गों का विस्तारपूर्वक वर्णन कीजिए।
7. इन्सेप्टिसॉल एवं मोलिसॉल मृदा गणों का विस्तारपूर्वक वर्णन कीजिए।
8. नीचे दिये गये गणों की महत्त्वपूर्ण विशेषताएँ लिखो।
   - वर्टीसॉल
   - मोलीसॉल
   - गैलीसॉल
   - इन्सेप्टिसॉल

9. मृदा वर्गीकरण पद्धति के अनुसार मृदा गणों के नाम लिखो तथा किन्ही चार गणों की मुख्य विशेषताओं का वर्णन करो।

उत्तरमाला

वस्तुनिष्ठ प्रश्न	1. (C)	2. (D)	3. (D)	4. (A)	5. (A)
	6. (B)	7. (C)	8. (D)	9. (C)	10. (C)
रिक्त स्थानों की पूर्ति	1. वी॰वी॰ डॉक्यूचेव	2. गण	3. एन्डीसॉल / गैलीसॉल	4. 12	5. कार्बनिक
	6. शुष्क	7. इपीपैडोन	8. 09	9. इण्डोपैडोन	10. वर्टीसॉल
सत्य या असत्य	1. सत्य	2. सत्य	3. सत्य	4. सत्य	5. सत्य

■■■■

अध्याय – 13

भारत की मृदायें (SOILS OF INDIA)

मृदा पृथ्वी की सबसे ऊपरी परत होती है। इसका निर्माण टूटी चट्टानों के छोटे महीन कणों, खनिज, जैविक पदार्थों, सूक्ष्मजीवों आदि के मिश्रण से होता है। भारत देश में विविध प्रकार की जलवायु, स्थलाकृति (Relief) एवं वनस्पतियों के कारण अनेक प्रकार की मृदाएँ पाई जाती हैं। इन मृदाओं की प्रकृति एवं गुण, मृदा निर्माण के विभिन्न कारकों (soil forming factors) एवं मृदा निर्माण के प्रक्रमों (soil forming processess) पर निर्भर करती है। इसलिए, भारत में विभिन्न प्रकार की मृदा समूह पायी जाती है जो आपस में एक दूसरे से अलग प्रकृति की होती है एवं विशिष्ट भौतिक, रासायनिक और जैविक विशेषताओं के माध्यम से विभिन्न प्रकार की फसलों को लाभ प्रदान करती है। भारतीय मृदाओं को विभिन्न मापदंड के आधार पर वर्गीकृत किया गया है। भारतीय कृषि अनुसंधान परिषद (Indian Council of Agricultural Research) ने भारतीय मृदाओं को 8 भागों में बांटा है –

1. जलोढ़ मृदायें (Alluvial soils)
2. काली मृदायें (Black soils)
3. लाल मृदायें (Red soils)
4. लैटेराइट एवं लेटराइटिक मृदायें (Laterite and lateritic soils)
5. शुष्क एवं रेगिस्तानी मृदायें (Arid and Desert soils)
6. वन एवं पर्वतीय मृदायें (Forest and Hill soils)
7. पीट एवं दलदली मृदायें (Peaty and marshy soils)
8. लवणीय एवं क्षारीय मृदायें (Saline and Alkaline soils)

यह भारतीय मृदाओं का बहुत तार्किक वर्गीकरण है और व्यापक रूप से स्वीकार किया गया है। इन आठ मृदाओं का संक्षिप्त विवरण निम्नानुसार दिया गया है :–

1. **जलोढ़ मृदायें (Alluvial soils)** – इन मृदाओं का विकास विभिन्न नदियों द्वारा बहाकर लाये गये तलछटों (sediments) के जमा होने से होता है जिसे जलोढ़ (Alluvium) कहते है इसलिए इन्हें जलोढ़ मृदायें कहते हैं। अधिकांश जलोढ़ मृदाओं की उत्पत्ति नदियों द्वारा तलछटों (sediments) के इंडो–गंगा के मैदानी भागों में जमा (deposite) होने से होता है अतः इस प्रकार की मृदाओं का पैतृक पदार्थ (Parent material) स्थानांतरित मूल का होता है। इन मृदाओं का पैतृक पदार्थ नवीन उत्पत्ति (Recent origin) का होता है। जलोढ़ मृदा

को बाँगर (पुरानी जलोढ़ मृदा) एवं खादर (नयी जलोढ़ मृदा) के नाम से भी जाना जाता है। जलोढ़ मृदा में कम विकसित प्रोफाईल (A-C) से अच्छी विकसित प्रोफाईल (A-B-C) पायी जाती है। जलोढ़ मृदाएँ राजस्थान के उत्तरी भाग, पंजाब, हरियाणा, उत्तर प्रदेश, उत्तराखण्ड, बिहार, पश्चिमी बंगाल, असम तथा समुद्र तटीय क्षेत्रों में पायी जाती है। क्षेत्रफल के दृष्टिकोण से भारत में सबसे अधिक क्षेत्रफल पर जलोढ़ मृदा पायी जाती है। भारत में ये लगभग 75 मिलियन हैक्टेयर क्षेत्र में फैली हैं। ये सामान्यतः हल्की से गहरी रंग की मृदा होती है। सामान्यतः इन मृदाओं के रंग व कणाकार में विभिन्नता पायी जाती है। पैतृक पदार्थ के स्त्रोत एवं जमा होने के स्थान पर निर्भर करते हैं। इनकी प्रकृति परतदार (Stratified) होती है जो इनके कणाकार द्वारा प्रतिबिम्बित होती है तथा इनमें कार्बनिक पदार्थ का अनियमित वितरण पाया जाता है। इन मृदाओं में नाइट्रोजन, फॉस्फोरस और ह्यूमस की कमी पाई जाती है। जलोढ़ मिट्टी अलग–अलग क्षेत्रों में अलग–अलग स्वरूप लिए हुए है और इसका कारण जलवायु, वनस्पतियाँ तथा सतही परिस्थितियाँ हैं। जलोढ़ मृदाओं को मुख्य रूप से एन्टीसॉल (Entisols), इन्सेप्टीसॉल (Inceptisols), अल्फीसॉल (Alfisols) व एरीडिसॉल (Aridisols) गण में रखते हैं। जलोढ़ मृदायें गेहूँ की फसल के लिए उत्तम मानी जाती है। मोटे अनाजों, मक्का, धान, दलहन, तिलहन, जूट, कपास, गन्ना और सब्जियों की खेती के लिए उपयुक्त है। अतः यह मृदा कृषि के लिए बहुत उपयोगी है।

2. **काली मृदायें (Black soils)** – काली मृदा क्षेत्रफल की दृष्टिकोण से भारत में दूसरा स्थान रखती है। इन मृदाओं का काला रंग ना केवल कार्बनिक पदार्थ एवं ह्यूमस से होता है अपितु कुछ वैज्ञानिकों के अनुसार क्ले ह्यूमस जटिल (Clay-humus complexes), टिटैनिफेरस मैग्नेटाइट (Titaniferous magnetite) खनिज, आयरन एवं पैतृक चट्टानों के कुछ काले घटकों (black constituents) की उपस्थिति के कारण होता है। इसे रेगुर (regur) या काली कपास मृदा भी कहते हैं। काली मृदा बेसाल्ट (क्षारीय) चट्टानों से विकसित होती है। भारत के मध्य, पश्चिमी और दक्षिणी राज्यों (महाराष्ट्र, मध्य प्रदेश, कर्नाटक के कुछ हिस्सों, आंध्र प्रदेश, गुजरात और तमिलनाडु) में इस मृदा का बहुत बड़ा हिस्सा पाया जाता हैं। यह राजस्थान में बूंदी, टोंक और झालावाड़ क्षेत्र में भी मिलती है। भारत में इन मृदाओं का क्षेत्रफल 74 मिलियन हैक्टेयर है। इन मृदाओं में क्ले 30 से 80 प्रतिशत तथा पीएच मान 7.8 से 8.7 होता है। इनमें स्मैक्टाईट (Smectitic) खनिज की प्रधानता (dominant) होने के कारण इनकी धनायन विनिमय क्षमता 30–60 cmol(P+)/kg होती है। इनकी जलधारण क्षमता (Water holding capacity) एवं पोषक धारण क्षमता (Nutrient holding capacity) उच्च होती है। स्मैक्टाईट (Smectitic) खनिज की उच्च मात्रा के कारण काली मृदाओं की पारगम्यता कम हो जाती है जिससे इनमें जल निकास की समस्या रहती है। चर्निंग (Churning) के कारण ये मृदायें निक्षालन (Eluviation) एवं निक्षेपण (Illuviation) प्रक्रम प्रदर्शित नहीं करती है। फैलने–सुकड़ने की प्रकृति के कारण इनका स्थूल घनत्व (1.5 से 1.8 Mg/m^3) होता है। आर्द्र रहने पर काली मृदायें बहुत अधिक चिपचिपी एवं सूखने पर इसमें बड़ी–बड़ी दरारें पड़ जाती हैं जिसके कारण इनमें कृषि कार्य करना मुश्किल होता है। काली मृदाओं में कैल्शियम, पोटेशियम और मैग्नीशियम प्रचुर मात्रा में पाया जाता है लेकिन इसमें नाइट्रोजन, फॉस्फोरस एवं सल्फर की कम होती है। मृदा वर्गीकरण में वर्टीसॉल (vertisols) के अन्तर्गत काली मृदायें आती हैं। इन मृदाओं की मुख्य विवशता काम करने योग्य नमी का कम विस्तार (narrow workable moisture range), कम अन्तः स्यंदन (Infiltration) दर, खराब जल निकास, पौधों की वृद्धि के लिए कम

जल एवं पोषक तत्वों की पूर्ति, नाइट्रोजन, फॉस्फोरस एवं सल्फर की कमी इत्यादि है। उर्वरता के सन्दर्भ से ये मृदायें सर्वोत्तम हैं। इन मृदाओं में हल्की सिंचाई और अच्छे जल निकास की अत्यन्त आवश्यकता होती है। काली मृदाओं के लिए उपयुक्त फसलें निम्नलिखित है – कपास, ज्वार, बाजरा, गेहूँ, गन्ना, रागी, तम्बाकू एवं मिलेट्स।

3. **लाल मृदायें (Red soils)** – मृदा का लाल रंग सेस्क्वी ऑक्साइड्स (Sesquioxides) अर्थात् आयरन एल्यूमिनियम ऑक्साइड की अधिकता के कारण होता है। इन मृदाओं का निर्माण चट्टानों जैसे (Granite, Gneiss) के अपक्षय के द्वारा होता है। भारत में लाल मृदायें अधिकांशतः आंध्र प्रदेश, तमिलनाडु, कर्नाटक, महाराष्ट्र, उड़ीसा, गोवा और पूर्वोत्तर राज्यों में पायी जाती है। ये लगभग 70 मिलियन हैक्टेयर क्षेत्र में फैली हुई है। इन मृदाओं का रंग लाल से पीला होता है। लाल, पीली मृदायें हल्के कणाकार, सरन्ध्र एवं भुरभुरी संरचना वाली होती है। ये कणाकार दोमट बलुई से भारी क्ले लेकिन सामान्यतः ये दोमट से क्ले दोमट होती है। ये अभिक्रिया में सामान्यतः उदासीन से अम्लीय होती है। लाल मृदा आग्नेय (अम्लीय) चट्टानों से विकसित होती है। इनकी धनायन विनिमय क्षमता एवं क्षार संतृप्ति (Base saturation) जलोढ़ एवं काली मृदाओं से कम होती है। इनमें सामान्यतः नाइट्रोजन, फॉस्फोरस, कैल्शियम, जिंक एवं सल्फर पोषक तत्वों की कमी के साथ कार्बनिक पदार्थ एवं चूने की मात्रा भी कम पायी जाती है। इन मृदाओं में केओलिनाइट (1:1) की सामान्य उपस्थिति के साथ इलाईट एवं क्लोराइट क्ले खनिज की प्रधानता होती है। पहाड़ों एवं ढालदार स्थानों पर इनकी गहराई बहुत कम होती है एवं अधोसतह सघन होने के कारण जड़ों के विकास को अवरुद्ध करती है। इन मृदाओं को एल्फीसॉल व अल्टीसॉल गण के अन्तर्गत रखते हैं। ये अत्यन्त अपक्षयित मृदायें हैं। इनमें आयरन एवं एल्यूमीनियम हाइड्रस ऑक्साइड मृत्तिकाओं की बाहुल्यता होती है। इनका अच्छी तरह से प्रबन्ध करने पर इनमें बहुत सी फसले जैसे–धान, सोयाबीन अरहर (Pigeonpea), मूँग (Green gram), जूट, चाय, काजू, मूंगफली, मक्का, कोका, अंगूर, केला, पपीता, आम आदि उगायी जा सकती है।

4. **लैटेराइट एवं लेटराइटिक मृदायें (Laterite and Lateritic soils)** – लेटराइट (Laterite) शब्द की उत्पत्ति लैटिन भाषा के शब्द Later = Brick से हुई है जिसका अर्थ ईट के समान लाल एवं कठोर है। लेटराइट (Laterite) शब्द का प्रयोग सर्वप्रथम बुचनन (Buchanan, 1807) ने दक्षिण भारत की मालाबार पहाड़ियों में पाये गये अत्यधिक आयरन युक्त (Ferruginous), फफोलेदार (Vesicular) एवं परतहीन (Unstraitified) पदार्थ के लिये किया था। एक आदर्श लेटराइट उष्ण जलवायु में एकान्तर भीगने – सूखने एवं अधिक वर्षा की स्थितियों में बनती है। यह एक सघन से फफोलेदार चट्टान की तरह के पदार्थ आयरन एवं एल्यूमिनियम हाइड्रेटिड ऑक्साइड्स के साथ कम मात्रा में उपस्थित मैंगनीज ऑक्साइड्स एवं टिटेनिया (Titania) के मिश्रण से बनी होती है। भारत में क्षेत्रफल के दृष्टिकोण से लैटेराइट एवं लेटराइटिक मृदाओं का चौथा स्थान है। भारतवर्ष में इस प्रकार की मृदाओं का क्षेत्रफल लगभग 40 मिलियन हैक्टेयर है। लेटराइट और लेटराइटिक मृदायें सामान्यतः उड़ीसा, केरल, तमिलनाडू, महाराष्ट्र, कर्नाटक, आन्ध्र प्रदेश आदि राज्यों में पहाड़ों की चोटियों एवं पठारों पर पायी जाती है। प्रायः इन मृदाओं का रंग लाल होता है। ये अत्यधिक अपक्षयित मृदायें है तथा अपक्षय की गहराई कुछ मीटर तक होती है। इन मृदाओं में क्ले की मात्रा अधिक पायी जाती है जिसका कारण निक्षेपण (Illuviation) नहीं बल्कि अपक्षयित खनिजों का परिवर्तन है। क्ले की अधिक मात्रा के बावजूद भी यें मृदायें अचिपचिपी होती है। इनमें सिलिका : सैस्क्वी ऑक्साइड्स अनुपात कम (< 2.0) होता है।

इनमें क्षार एवं सिलिका लीचिंग द्वारा नीचे चले जाते हैं जबकि ऊपरी संस्तर में सेस्क्वी ऑक्साइड्स का संचय होने से मृदा अम्लीय हो जाती है। इन मृदाओं में केओलिनाईट (1:1 प्रकार) खनिज की प्रचूर मात्रा पाई जाती है। इन मृदाओं में एल्यूमिनियम एवं मैंगनीज की विषाकता (Toxicity) और P, K, Ca, Zn एवं B पोषक तत्वों की कमी पायी जाती है। लेटराइट को ऑक्सीसोल्स (Oxisols) एवं लेटराइटिक को अल्टीसोल्स (Ultisols) गणों में रखा गया है। अच्छे उत्पादन के लिये इन मृदाओं में उचित खाद एवं उर्वरक की आवश्यकता होती है। भारत में लेटराइटिक मृदायें धान, केला, कोका, काजू, चाय, रबर, नारियल एवं कॉफी आदि के लिए उपयुक्त मानी जाती है।

5. **शुष्क एवं रेगिस्तानी मृदायें (Arid and Desert soils)** – शुष्क एवं अर्द्धशुष्क प्रदेशों में पायी जाने वाली मृदायें इसके अन्तर्गत आती हैं। रेगिस्तानी मृदाओं का विकास उन क्षेत्रों में होता है जो वर्ष के अधिकतर समय शुष्क रहते हैं तथा वाष्पोत्सर्जन (Evapotransp-iration) की दर वर्षा (precipitation) से अधिक होती है। भारत में यह पश्चिमी राजस्थान, पंजाब, हरियाणा एवं गुजरात राज्यों में पायी जाती है। ये लगभग 29 मिलियन हैक्टेयर क्षेत्रफल में फैली हुई है। राजस्थान में ये मृदायें जैसलमेर, नागौर, जोधपुर, जालोर, बाड़मेर, हनुमानगढ़, श्रीगंगानगर, चुरु, झुन्झुनु और सीकर जिले में पायी जाती है। इनमें कार्बनिक पदार्थ एवं जल की अल्प मात्रा पायी जाती है तथा $CaCO_3$ विभिन्न मात्राओं में पाया जाता है। इनका रंग हल्का पीला, भूरे से गहरा पीला भूरा होता है। इनकी संरचना एकल कण या कमजोर, महीन, उपकोणिय ब्लोकी (Subangular blocky) होती है। इन मृदाओं का कणाकार बलुई से महीन बलुई दोमट होता है जिसमें क्ले की मात्रा 3.5 से $<10\%$ होती है। इनकी पोषक एवं जल अधिशोषण क्षमता कम होती है। इनमें N, P, K, S एवं Zn आदि पोषक तत्वों की कमी पायी जाती है। इनमें कैल्शियम की उपस्थिति के कारण इनका pH कम क्षारीय (7.8–9.0) होता है। इनमें क्वार्टज (Quartz) की अधिकता एवं जैविक क्रियाशीलता कम होने के कारण इनकी उर्वरता कम होती है। इनकी अवमृदा (Subsurface) में सोडियम की मात्रा के कारण क्ले विखण्डित (Disperse) हो जाती है जिससे इनकी पारगम्यता कम हो जाती है। अत्यधिक शुष्क क्षेत्रों जैसे बीकानेर, जैसलमेर (राजस्थान) में इनकी अवमृदा में जिप्सिक संस्तर पाया जाता है। इन मृदाओं की ऊपरी सतह हमेशा शुष्क रहती है जिससे निक्षालन क्रिया अत्यल्प मात्रा में होती है। इन मृदाओं को एरीडिसॉल्स (Aridisols) तथा ऐन्टीसॉल (Entislos) गण में रखा गया। इन मृदाओं का कणाकार बुलई होने के कारण इनमें अत्यधिक अन्तःस्राव या लीचिंग एवं जलनिकास होता है। इनकी जल अधिशोषण एवं पोषक अधिशोषण क्षमता कम होती है। ज्वार, बाजरा, बेर एवं अनार आदि की खेती के लिए उपयुक्त है।

6. **वन एवं पर्वतीय मृदायें (Forest and Hill soils)** – इन मृदाओं का निर्माण वनस्पतियों एवं पौधों के अवशेष से प्राप्त कार्बनिक पदार्थों के संचय से होता है। इनकी संरचना, प्रकृति, भू–संरचना, पारिस्थितिकी, जलवायु, पर्वतीय क्षेत्र की वनस्पतियों एवं अन्य कारकों से नियंत्रित होती है। वन एवं पर्वतीय मृदायें जम्मू एवं कश्मीर, हिमाचल प्रदेश, उत्तराखण्ड, सिक्किम एवं उत्तर पश्चिमी राज्यों में पायी जाती है। राजस्थान में ये मृदायें सिरोही, पाली, उदयपुर, चित्तौडगढ़, राजसमन्द एवं अजमेर जिले में पायी जाती है। ये मृदायें घाटी में गहरी तथा ढ़लानों पर उथली होती है। इनका रंग लाल से पीला भूरा होता है। इन मृदाओं मे कार्बनिक पदार्थ एवं नाइट्रोजन की पर्याप्त मात्रा पायी जाती है और ये मृदायें रासायनिक एवं यांत्रिक सम्मिश्रण को प्रदर्शित करती हैं। सामान्यतः इनमें पोटाश,

फॉस्फोरस एवं चुने की कमी पायी जाती है। मृदा वर्गीकरण में ये मृदायें स्पोडोसॉल, हिस्टोसॉल तथा कुछ मृदायें एल्फीसॉल एवं अल्टीसॉल वर्ग के अन्तर्गत आती हैं। ये प्रायद्वीपीय (Peninsular) वन क्षेत्र में चाय, कॉफी, मसालों और उष्णकटिबंधीय (tropical) फलों के पौधों के लिए उपयुक्त हैं तथा हिमालय वन क्षेत्र में गेहूं, मक्का, जौ और समशीतोष्ण (temperate) फलो के उत्पादन के लिए उपयुक्त हैं।

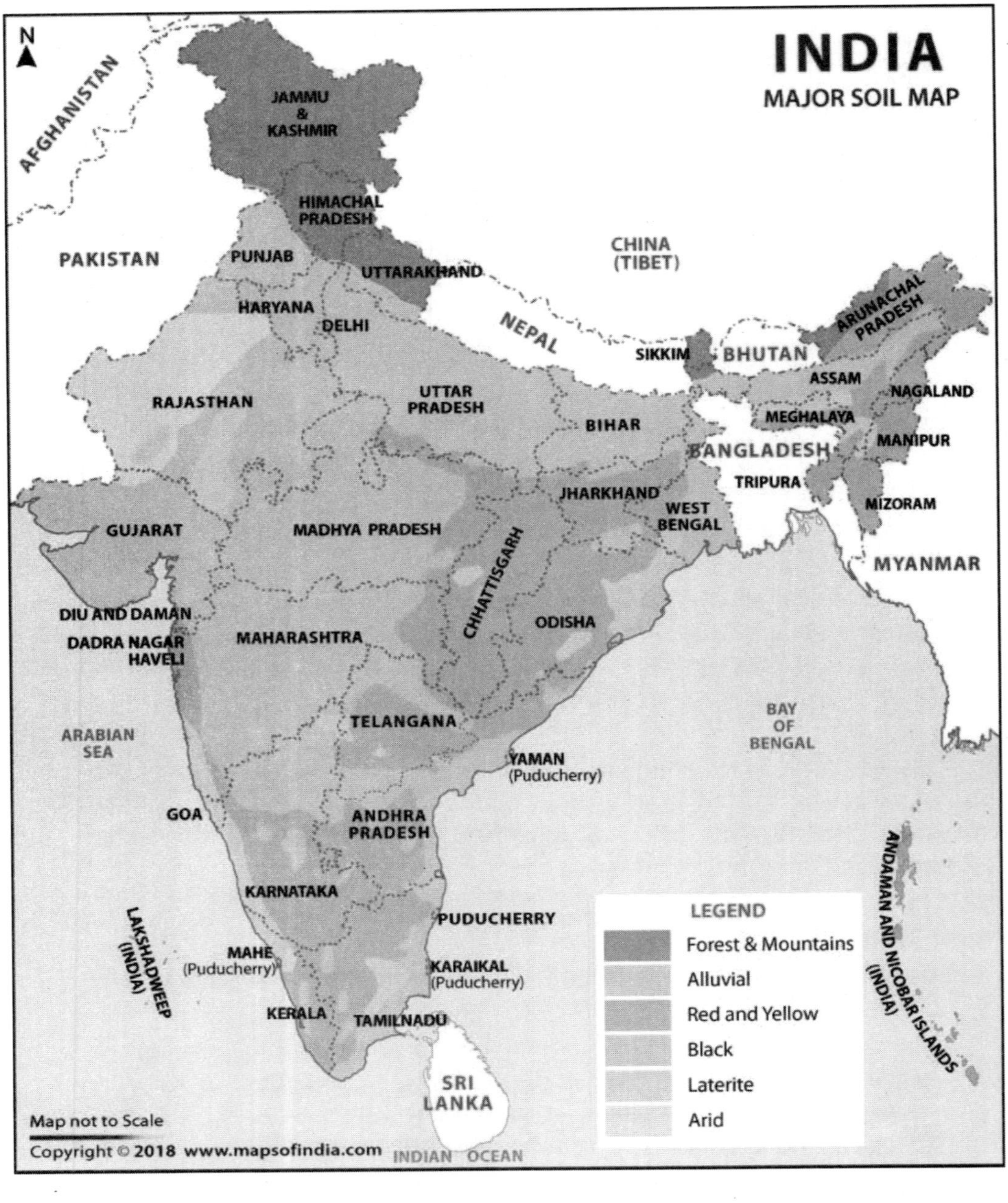

7. **पीट एवं दलदली मृदायें (Peaty and Marshy soils)** – भारत में इस प्रकार की मृदायें कम पायी जाती हैं। इन मृदाओं का निर्माण आर्द्र (Humid) जलवायु एवं निचले स्थानों पर अधिक मात्रा में कार्बनिक पदार्थ के इकट्ठा होने से होता है। इनमें कार्बनिक पदार्थ की मात्रा 10–40% तक होती है जिससे इनका पी. एच. लगभग 4 या इससे कम होता है। उच्च घुलनशील लवण एवं जैविक पदार्थों से युक्त पीट मृदा केरल के अलापुझा (Alappuzha) और कोट्टायम (Kottayam) जिला, उड़ीसा, सुन्दर वन (पश्चिमी बंगाल), दक्षिण पूर्व तमिलनाडु तथा उत्तर पूर्वी राज्यों विशेषतः त्रिपुरा में पायी जाती है। इन मृदाओं में केओलिनाईट एवं स्मैकटाईट क्ले खनिज पाये जाते हैं। फेरस आयरन की उपस्थिति में मृदाओं का रंग नीला तथा कार्बनिक पदार्थ की मात्रा अधिक होने पर काला होता है। दलदली मृदाओं का निर्माण नदियों और झीलों के निचले क्षेत्रों में जलाक्रान्ति (Waterlogged) तथा अवायुवीय (Anaerobic) दशाओं में होता है। इन मृदाओं में पोटाश एवं फॉस्फोरस की कमी पायी जाती है। इन मृदाओं में पाइराइट ऑक्सीकृत होकर सल्फ्युरिक अम्ल बनाता है जो मृदा को ओर अधिक अम्लीय बनाता है। इनमें आयरन एवं एल्यूमिनियम की विषाक्त्ता (toxicity) पायी जाती है। ऐसी मृदाओं में विलेय लवणों की पर्याप्त मात्रा पायी जाती है। केरल में इन्हें करी मृदायें भी कहते हैं। मानसून के मौसम में ये मृदायें पानी में डूबी रहती है। दक्षिण पश्चिम एशिया में इनको कैट क्ले (Cat clay) या अम्लीय सल्फेट मृदायें (Acid sulphate soils) भी कहते हैं। इन मृदाओं को हिस्टोसॉल गण के अन्तर्गत रखते हैं। इन मृदाओं में धान की फसल ली जाती है।

8. **लवणीय एवं क्षारीय मृदायें (Saline and Alkaline soils)** – भारत में लवणीय एवं क्षारीय मृदाओं का क्षेत्रफल लगभग 7.0 मिलियन हैक्टेयर है। लवणीय क्षारीय मृदायें मुख्य रूप से शुष्क और अर्द्धशुष्क क्षेत्रों–पंजाब, उत्तर प्रदेश, हरियाणा, राजस्थान, गुजरात, महाराष्ट्र और बिहार के कुछ हिस्सों एवं समुद्र के तटवर्ती क्षेत्रों में पायी जाती है। लवणीय एवं क्षारीय मृदाओं को विभिन्न स्थानों पर अलग–अलग नामों जैसे– रेह, थूर (Thur), ऊसर एवं कल्लर के नाम से भी जाना जाता है। मुख्य रूप से इन मृदाओं को 3 वर्गों में विभक्त कर सकते हैं जिसे तालिका 13.1 में दिया गया है। लवणीय मृदा – इन मृदाओं के संतृप्त घोल की वैद्युत चालकता 4.0 डेसीसाइमन प्रति मीटर से अधिक, पी.एच.मान 8.5 से कम तथा विनिमय योग्य सोडियम की मात्रा 15.0 प्रतिशत से कम होती हैं। लवणीय भूमि मे सोडियम, कैल्शियम तथा मैग्नीशियम एवं उनके क्लोराइड एवं सल्फेट अधिक मात्रा में पाये जाते हैं जो आसानी से जल में घुल जाते हैं। गर्मियों में तापमान बढ़ने पर वाष्पीकरण दर बढ़ने से घुलनशील लवण मृदा सतह पर आ जाते हैं। जल तो वाष्प बनकर आसमान में उड़ जाता है और भूमि की ऊपरी सतह पर सफेद रंग की लवण पपड़ी बन जाती है। इसी कारण से ऐसी मृदाओं को कभी–कभी सफेद कल्लर भी कहा जाता है। इन मृदाओं में नमी तो बनी रहती है परन्तु अधिक परासरणीय दाब के कारण पौधों को आवश्यकतानुसार जल की उपलब्धता नहीं हो पाती है, जिसके कारण उनकी बढ़वार एवं उत्पादन क्षमता पर विपरीत असर पड़ता हैं।

क्षारीय मृदा – मृदायें जिनके संतृप्त घोल की वैद्युत चालकता 4.0 डेसीसाइमन प्रति मीटर से कम, पी.एच. मान 8.5 से अधिक तथा विनिमय योग्य सोडियम की मात्रा 15.0 प्रतिशत से अधिक होती है, क्षारीय मृदायें कहलाती हैं। क्षारीय मृदाओं में सोडियम के कार्बोनेट तथा बाईकार्बोनेट लवण से सफेद परत बन जाती है। विनिमय योग्य सोडियम की मात्रा अधिक होने के कारण इन मृदाओं की भौतिक संरचना खराब हो जाती है, परिणामस्वरूप जल सोखने की क्षमता एवं उसकी उपलब्धता काफी कम हो जाती हैं। क्षारीय मृदाओं के कारण प्राकृतिक

वनस्पति कम या टुकडों (patchy) में होती है। खराब जल निकास के कारण इन मृदाओं का रंग भूरा होता है एवं पौधों के जड़ क्षेत्र में वायु का आवागमन सही ढंग से नहीं हो पाता हैं। इसके कारण जड़ों की श्वसन क्रिया एवं विकास कम हो जाता है और पौधों के लिए आवश्यक पोषक तत्वों की भी कमी हो जाती हैं। जिससे पौधों की बढ़वार, फसल की वृद्धि एवं उत्पादन क्षमता पर विपरीत प्रभाव पड़ता हैं। क्षारीय मृदाओं में पी.एच. मान अधिक होने के कारण उनमें विद्यमान जैविक तत्व घुल जाते हैं और वाष्पन द्वारा मृदा सतह पर जमा हो जाते हैं। इसके कारण भूमि की सतह गहरे भूरे रंग से काली रंग की हो जाती है तथा सूखने पर भूमि की ऊपरी सतह पर दरारें पड़ जाती हैं। इन मृदाओं को ऐरेडीसॉल एवं मोलीसॉल गण में रखा गया है। लवणीय एवं क्षारीय मृदाओं को सुधार कर गेहूँ या जौ, बेर, अनार आदि फसले उगा सकते हैं।

तालिका 13.1: लवण प्रभावित मृदाओं के लक्षण

मृदा प्रकार (Soil types)	EC (dsm^{-1})	pH	ESP (%)	स्थानीय नाम (Local name)
लवणीय मृदा	> 4.0	< 8.5	< 15.0	थुर, शोरा, खाद, करी, लोना, पोकाती
क्षारीय मृदा	< 4.0	> 8.5	> 15.0	राकर, बारा, ऊसर, कारी, चौपन
लवणीय– क्षारीय मृदा	> 4.0	> 8.5	> 15.0	ऊसर, कल्लर, कार्ल, चौपन, रेड, क्षार, बारी

तलिका 13.2: भारत में लवण प्रभावित मृदा

क्र.स.	राज्य	लवणीय मृदा (हैक्टेयर)	क्षारीय मृदा (हैक्टेयर)	कुल (हैक्टेयर)	कुल (लाख हैक्टेयर)
1.	आंध्रप्रदेश	77,598	196,609	274,207	2.74
2.	अंडमान और निकोबार द्वीप	77,000	0	77,000	0.77
3.	बिहार	47,301	105,852	153,153	1.53
4.	गुजरात	1,680,570	541,430	2,222,000	22.22
5.	हरियाणा	49,157	183,399	232,556	2.32
6.	कर्नाटक	1,893	148,136	150,029	1.50
7.	केरल	20,000	0	20,000	0.20
8.	महाराष्ट्र	184,089	422,670	606,759	6.07
9.	मध्यप्रदेश	0	139,720	139,720	1.40
10.	ओडिशा	147,138	0	147,238	1.47
11.	पंजाब	0	151,717	151,717	1.52
12.	राजस्थान	195,571	179,371	374,942	3.75
13.	तमिलनाडु	13,231	354,784	368,015	3.68
14.	उत्तरप्रदेश	21,989	1,346,971	1,368,960	13.69
15.	पश्चिम बंगाल	441,272	0	441,272	4.41
	कुल	**2,956,809**	**3,770,659**	**6,727,468**	**67.27**

Source: NRSA & Associates (1996)

तालिका 13.3: लवण प्रभावित मृदाओं में अन्तर

विशेष / विवरण	**लवणीय मृदा**	**क्षारीय मृदा**	**लवणीय–क्षारीय मृदा**
वैद्युत चालकता (dsm^{-1})	> 4.0	< 4.0	> 4.0
पी.एच. (pH)	< 8.5	> 8.5	> 8.5
विनिमय सोडियम प्रतिशत (%)	< 15.0	> 15.0	> 15.0
अन्तःस्पंदन दर	अच्छा	खराब	अच्छा
मृदा वातन	अच्छा	खराब	अच्छा
कार्बनिक कार्बन की मात्रा	सामान्य मृदा से कम	बहुत कम	अस्थिर
मृदा संरचना	अच्छा	खराब	अच्छा
रंग	सफेद	काला	सफेद
सोडियम अधिशोषण अनुपात	< 13	> 13	> 13
भौतिक दशा	अच्छी	खराब	अच्छी
प्रबन्धन	आसान	कठिन	प्रबन्धन किया जा सकता है
शब्द (रसियन)	सोलोनचक	सोलनट्ज	––

भारतीय मृदाओं का तालिका रूप में वर्णन

तालिका 13.4: जलोढ़ मृदा का संक्षिप्त रूप में वर्णन

मृदा का प्रकार एवं संकल्पना (Types of Soil & Concept)	**वितरण एवं क्षेत्र (Occurrence & Area)**	**विशिष्ट गुण (Salient characteristics)**	**मृदा गण (Soil order)**	**क्षमता एवं बाधाएँ (Potential & constraints)**
जलोढ़ मृदा (Alluvial soil) जलोढ़ मृदा का निर्माण नदियों के निक्षेपण से होता है।	राजस्थान के उत्तरी भाग, पंजाब, हरियाणा, उत्तर प्रदेश, उत्तराखण्ड, बिहार, पश्चिमी बंगाल, असम तथा समुद्र तटीय क्षेत्र (क्षेत्रफल– 75 मिलियन हैक्टेयर)	• अधिकांश जलोढ़ मृदाओं की उत्पत्ति नदियों द्वारा तलछटों (sediments) के इंडो–गंगा के मैदानी भागों में जमा (deposi-te) होने से होता है अतः इस प्रकार की मृदाओं का पैतृक पदार्थ (parent material) स्थानांतरित मूल का होता है। • ये सामान्यतः हल्की से गहरी रंग की मृदा होती है। • इनकी प्रकृति परतदार (stratified) होती है।	एन्टीसॉल (Entisols), इन्सेप्टीसॉल (Inceptisols), अल्फीसॉल (Alfisols), एवं एरीडिसॉल (Aridisols)	• स्तरीकरण / परतदार (stratification) प्रमुख बाधा हैं जो लीचिंग और जल निकास को प्रतिबंधित करती हैं। • कृत्रिम सिंचाई की अधिकता या क्षारीय जल के अनुचित उपयोग से इन मृदाओं में लवणीयता व क्षारीयता की समस्या पैदा हो जाती है। • मृदाओं में नाइट्रोजन, फॉस्फोरस और ह्यूमस की कमी पाई जाती है इसलिए उचित मात्रा में खाद एवं उर्वरकों की आवश्यकता होती है।

		• यह मृदा कृषि के लिए बहुत उपयोगी है। • पोटेशियम की उपयुक्त मात्रा होती है • नदी के मुहाने पर प्रायः इनका कणाकार महीन होता है। • जलोढ़ मृदा में कम विकसित प्रोफाईल (A-C) से अच्छी विकसित प्रोफाईल (A-B-C) पायी जाती है।		• **उपयुक्त फसलें** – मोटे अनाजों, मक्का, गेंहू, धान, दलहन, तिलहन, जूट, कपास, गन्ना और सब्जियों की खेती के लिए उपयुक्त है।

तालिका 13.5: काली मृदा का संक्षिप्त रूप में वर्णन

मृदा का प्रकार एवं संकल्पना (Types of Soil & Concept)	**वितरण एवं क्षेत्र (Occu-rrence & Area)**	**विशिष्ट गुण (Salient characteristics)**	**मृदा गण (Soil order)**	**क्षमता एवं बाधाएँ (Potential & constraints)**
काली मृदायें (Black soils) मृदाओं का काला रंग ना केवल कार्बनिक पदार्थ एवं ह्यूमस से अपितु क्ले ह्यूमस जटिल (Clay-humus complexes), टिटैनिफरस मैग्नेटाईट (Titaniferous magnetite) खनिज, आयरन एवं पैतृक चट्टानों के कुछ काले घटकों (black constituents) की उपस्थिति के कारण होता है।	भारत के मध्य, पश्चिमी और दक्षिणी राज्यों (महाराष्ट्र, मध्य प्रदेश, कर्नाटक के कुछ हिस्सों, आंध्र प्रदेश, गुजरात और तमिलनाडु) तथा राजस्थान में बूंदी, टोंक और झालावाड़ क्षेत्र में भी मिलती है। (क्षेत्रफल– 74 मिलियन हैक्टेयर)	• क्ले 30 से 80 प्रतिशत • पीएच मान 7.8 से 8.7 • इनमें स्मैक्टाईट (Smectitic) खनिज की प्रधानता (dominant) होती है। • धनायन विनिमय क्षमता 30–60 cmol (P^+)/kg • इनकी जलधारण क्षमता (Water holding capacity) एवं पोषक धारण क्षमता (Nutrient holding capacity) उच्च होती है। • स्मैक्टाईट (Smec-titic) खनिज की उच्च मात्रा के कारण काली मृदाओं की पारगम्यता कम हो जाती है जिससे इनमें जल निकास की समस्या रहती है।	वर्टीसॉल (vertisols)	• इन मृदाओं की मुख्य विवशता काम करने योग्य नमी का कम विस्तार (narrow workable moisture range), • कम अन्तःस्पंदन (Infiltration) दर • खराब जल निकास, पौधों की वृद्धि के लिए कम जल एवं पोषक तत्वों की पूर्ति • नाइट्रोजन, फॉस्फोरस एवं सल्फर की मात्रा कम। • **उपयुक्त फसलें** – मुख्य फसल कपास, ज्वार, बाजरा, गेहूँ गन्ना, रागी, तम्बाकू एवं मिलेट्स हैं।

		• चर्निंग (Churning) के कारण ये मृदायें निक्षालन (Eluviation) एवं निक्षेपण (Illuviation) प्रक्रम प्रदर्शित नहीं करती है। • इनका स्थूल घनत्व (1.5 से 1.8 Mg /m3) होता है। • आर्द्र रहने पर काली मृदायें बहुत अधिक चिपचिपी एवं सूखने पर इसमें बड़ी–बड़ी दरारें पड़ जाती हैं जिसके कारण इनमें कृषि करना मुश्किल होता है। • काली मृदाओं में कैल्शियम, पौटेशियम और मैग्निशियम प्रचुर मात्रा में पाया जाता है। • इन मृदाओं में हल्की सिंचाई और अच्छे जल निकास की अत्यन्त आवश्यकता होती है।		

तालिका 13.6: लाल मृदा का संक्षिप्त रूप में वर्णन

मृदा का प्रकार एवं संकल्पना (Types of Soil & Concept)	वितरण एवं क्षेत्र (Occurrence & Area)	विशिष्ट गुण (Salient characteristics)	मृदा गण (Soil order)	क्षमता एवं बाधाएँ (Potential & constraints)
लाल मृदा (Red soil) मृदा का लाल रंग सेस्क्वी ऑक्साइड्स (Sesquioxides) अर्थात् आयरन एल्यूमिनियम ऑक्साइड की अधिकता के कारण होता है। इन मृदाओं का निर्माण चट्टानों जैसे (Granite, Gneiss) के अपक्षेय के द्वारा होता है।	आंध्र प्रदेश, तमिलनाडु, कर्नाटक, महाराष्ट्र, उड़ीसा, गोवा और पूर्वोत्तर राज्यों (क्षेत्रफल– 70 मिलियन हैक्टेयर)	• इन मृदाओं का रंग लाल से पीला होता है। • कणाकार, सरन्ध्र एवं भुरभुरी संरचना होती है। • ये उदासीन से अम्लीय होती है। • यें आग्नेय (अम्लीय) चट्टानों से विकसित होती है। • इनकी धनायन विनिमय क्षमता एवं क्षार संतृप्ति (Base saturation) जलोढ़ एवं काली मृदाओं	एल्फीसोल्स अल्टीसोल्स	• पहाड़ों एवं ढालदार स्थानों पर इनकी गहराई बहुत कम होती है • अधोसतह सघन होने के कारण जड़ों का विकास अवरुद्ध होता है। • अधिक जल निकास • इनमें सामान्यतः नाइट्रोजन, फॉस्फोरस, कैल्शियम, जिंक एवं सल्फर पोषक तत्वों की कमी के साथ कार्बनिक

		से कम होती है। • इन मदाओं में केओलिनाइट (1:1) की सामान्य उपस्थिति के साथ इलाईट एवं क्लोराइट क्ले खनिज की प्रधानता होती है।		पदार्थ एवं चूने की मात्रा भी कम पायी जाती है। • **उपयुक्त फसलें** – धान, सोयाबीन अरहर, मूँग, जूट, चाय, काजू, मूंगफली, मक्का कोका, अंगूर, केला, पपीता, आम आदि।

तालिका 13.7: लैटेराइट एवं लेटराइटिक मृदा का संक्षिप्त रूप में वर्णन

मृदा का प्रकार एवं संकल्पना (Types of Soil & Concept)	वितरण एवं क्षेत्र (Occurrence & Area)	विशिष्ट गुण (Salient characteristics)	मृदा गण (Soil order)	क्षमता एवं बाधाएँ (Potential & constraints)
लैटेराइट एवं लेटराइटिक मृदायें – लेटराइट (Laterite) शब्द की उत्पत्ति लैटिन भाषा के शब्द Later = Brick से हुई है जिसका अर्थ ईट के समान लाल एवं कठोर है।	उड़ीसा, केरल, तमिलनाडू, महाराष्ट्र, कर्नाटक, आन्ध्रप्रदेश आदि राज्यों में पहाड़ों की चोटियों एवं पठारों पर पायी जाती है (क्षेत्रफल– 40 मिलियन हैक्टेयर)	• इन मृदाओं का रंग लाल होता है। • ये अत्यधिक अपक्षयित मृदायें है तथा अपक्षय की गहराई कुछ मीटर तक होती है। • इन मृदाओं में क्ले की मात्रा अधिक होने पर भी अचिपचिपी होती है। • इनका सिलिका : सेस्क्वी ऑक्साइड्स अनुपात कम (< 2.0) होता है। • यें अम्लीय प्रकृति की हाती है। • इन मृदाओं में केओलिनाईट खनिज की प्रचूर मात्रा पाई जाती है।	ऑक्सीसोल्स (Oxisols) एवं अल्टीसोल्स (Ultisols)	• इन मृदाओं में एल्यूमिनियम एवं मैंगनीज की विषाकता (Toxicity) और P, K, Ca, Zn एवं B पोषक तत्वों की कमी पायी जाती है। • यें अत्यधिक अम्लीय होती है। • अच्छे उत्पादन के लिये इन मृदाओं में उचित खाद एवं उर्वरक की आवश्यकता होती है। • **उपयुक्त फसलें** – धान, केला, कोका, काजू, चाय, रबर, नारियल एवं कॉफी।

तालिका 13.8: शुष्क एवं रेगिस्तानी मृदा का संक्षिप्त रूप में वर्णन

मृदा का प्रकार एवं संकल्पना (Types of Soil & Concept)	वितरण एवं क्षेत्र (Occurrence & Area)	विशिष्ट गुण (Salient characteristics)	मृदा गण (Soil order)	क्षमता एवं बाधाएँ (Potential & constraints)
शुष्क एवं रेगिस्तानी मृदायें – शुष्क एवं अर्द्धशुष्क प्रदेशों में पायी जाने	पश्चिमी राजस्थान, पंजाब, हरियाणा एवं गुजरात राज्यों में पायी जाती है।	• इनका रंग हल्का पीला भूरे से गहरा पीला भूरा होता है।	एरीडिसॉल्स (Aridisols) तथा ऐन्टीसॉल (Entislos)	• इन मृदाओं में निक्षालन की अपेक्षा वाष्पीकरण अधिक होने से घुलनशील लवण मृदा

वाली मृदायें इसके अन्तर्गत आती हैं।	(क्षेत्रफल– 29 मिलियन हैक्टेयर)	• इनकी संरचना एकल कण या कमजोर, महीन, उपकोणिय ब्लाकी (Subangular blocky) होती है। • इन मृदाओं का कणाकार बुलई से महीन बुलई दोमट होता है जिसमें क्ले की मात्रा 3.5 से < 10.0 होती है। • इनमें क्वार्टज (Quartz) की अधिकता एवं जैविक क्रियाशीलता कम होने के कारण इनकी उर्वरता कम होती है। • इनकी पारगम्यता कम होती है। • इन मृदाओं की ऊपरी सतह हमेशा सुखी रहती है जिससे निक्षालन क्रिया अत्यल्प मात्रा में होता है। • इनमें अत्यधिक अन्तःस्राव या लीचिंग एवं जलनिकास होता है। • इनकी जल अधिशोषण एवं पोषक अधिशोषण क्षमता कम होती है।		की ऊपरी सतह पर एकत्रित रहते हैं जिससे मृदा पी–एच अधिक होता है। • इनकी पोषक एवं जल अधिशोषण क्षमता कम होती है। • कार्बनिक पदार्थ की मात्रा कम पायी जाती है। • इनमें N, P, K, S एवं Zn आदि पोषक तत्वों की कमी पायी जाती है। इनमें कैल्शियम की उपस्थिति के कारण इनका pH कम क्षारीय से मध्यम भाग (7.8–9.0) होता है। • **उपयुक्त फसलें** – ज्वार, बाजरा, बेर एवं अनार आदि की खेती के लिए उपयुक्त है।

तालिका 13.9: वन एवं पर्वतीय मृदा का संक्षिप्त रूप में वर्णन

मृदा का प्रकार एवं संकल्पना (Types of Soil & Concept)	**वितरण एवं क्षेत्र (Occurrence & Area)**	**विशिष्ट गुण (Salient characteristics)**	**मृदा गण (Soil order)**	**क्षमता एवं बाधाएँ (Potential & constraints)**
वन एवं पर्वतीय मृदायें	जम्मू एवं कश्मीर, हिमाचल प्रदेश, उत्तराखण्ड, सिक्किम, असम, अरूणाचल प्रदेश, नागालैण्ड, मेघालय, मिजोरम, मणिपुर	• इन मृदाओं का कणाकार महीन (thin) होता है। • इनका रंग लाल से पीला भूरा होता है। • ये मृदायें घाटी में गहरी तथा ढलानों पर उथली होती है। • इन मृदाओं में ह्यूमस की मात्रा अधिक होती है।	स्पोडोसॉल एवं हिस्टोसॉल एवं कुछ मृदायें एल्फीसॉल, व अल्टीसॉल वर्ग में भी रखी गई हैं।	• इन मृदाओं में जल अपरदन की मुख्य समस्या रहती है। • सामान्यतः इनमें पोटाश, फॉस्फोरस एवं चुने की कमी पायी जाती है। • **उपयुक्त फसलें** – चाय, कॉफी, मसाले, उष्ण कटिबंधीय फल, गेहूं, मक्का, जौ एवं समशीतोष्ण फल (temperate)

तालिका 13.10: पीट एवं दलदली मृदा का संक्षिप्त रूप में वर्णन

मृदा का प्रकार एवं संकल्पना (Types of Soil & Concept)	वितरण एवं क्षेत्र (Occurrence & Area)	विशिष्ट गुण (Salient characteristics)	मृदा गण (Soil order)	क्षमता एवं बाधाएँ (Potential & constraints)
पीट एवं दलदली मृदा (peat and marsh soil)	ये मृदायें केरल, उड़ीसा, सुन्दर वन (पश्चिमी बंगाल), दक्षिण पूर्व तमिलनाडु तथा उत्तर पूर्वी राज्यों विशेषतः त्रिपुरा में पायी जाती है।	• फेरस आयरन की उपस्थिति में मृदाओं का रंग नीला तथा कार्बनिक पदार्थ की मात्रा अधिक होने पर काला होता है। • इनमें कार्बनिक पदार्थ की मात्रा 10–40% तक होती है। • इनका पी–एच लगभग 4 या इससे कम होता है। • कणाकार महीन होता है। • मुख्य क्ले खनिज केओलिनाईट एवं स्मैकटाईट पाये जाते हैं।	हिस्टोसॉल	• इन मृदाओं में पोटाश एवं फॉस्फोरस की कमी पायी जाती है। • पाइराइट ऑक्सीकृत होकर सल्फ्युरिक अम्ल बनाता है जो मृदा को और अधिक अम्लीय बनाता है। • आयरन एवं एल्यूमिनियम की विषाक्ता (toxicity) • जल निकास की समस्या। • **उपयुक्त फसलें** – इन मृदाओं में धान की फसल ली जाती है।

तालिका 13.11: लवणीय एवं क्षारीय मृदा का संक्षिप्त रूप में वर्णन

मृदा का प्रकार एवं संकल्पना (Types of Soil & Concept)	वितरण एवं क्षेत्र (Occurrence & Area)	विशिष्ट गुण (Salient characteristics)	मृदा गण (Soil order)	क्षमता एवं बाधाएँ (Potential & constraints)
लवणीय एवं क्षारीय मृदायें रेह, थूर (Thur), ऊसर एवं कल्लर के नाम से भी जाना जाता है।	लवणीय एवं क्षारीय मृदायें मुख्य रूप से शुष्क और अर्द्धशुष्क क्षेत्रों–पंजाब, उत्तर प्रदेश, हरियाणा, राजस्थान, गुजरात, महाराष्ट्र और बिहार के कुछ हिस्सों एवं समुद्र के तटवर्ती क्षेत्रों में पायी जाती है। (क्षेत्रफल– 7.0 मिलियन हैक्टेयर)	• लवणीय भूमि में सोडियम, कैल्शियम तथा मैग्नीशियम एवं उनके क्लोराइड एवं सल्फेट अधिक मात्रा में पाये जाते हैं। • जल सुखने के बाद भूमि की ऊपरी सतह पर सफेद रंग की लवण पपड़ी या तह दिखाई देती है। • क्षारीय मृदाओं में सोडियम के कार्बोनेट तथा बाईकार्बोनेट लवण से सफेद परत बन जाती है।	ऐरेडीसॉल एवं मोलीसॉल	• प्राकृतिक वनस्पति कम या टुकडों (patchy) में होती है। • परासरणीय दाब के कारण पौधों को आवश्यकतानुसार जल की उपलब्धता नहीं हो पाती है। • जल निकास की समस्या • मृदा की भौतिक संरचना का खराब होना • भुमि की ऊपरी सतह पर दरारें पड़ना आदि।

	• पौधों की पत्तियों का रंग गहरा नीला हो जाता है तथा पत्तियों के किनारे झुलसे हुए दिखाई देते हैं। • क्षारीय मृदाओं में सोडियम के कार्बोनेट तथा बाईकार्बोनेट लवण से सफेद परत बन जाती है। • विनिमय योग्य सोडियम की मात्रा अधिक होने के कारण इन मृदाओं की भौतिक संरचना खराब हो जाती है। • क्षारीय मृदाओं में पी.एच. मान अधिक होने के कारण उनमें विद्यमान जैविक तत्व घुल जाते हैं और वाष्पन द्वारा मृदा सतह पर जमा हो जाते हैं जिससे भूमि की सतह गहरे भूरे रंग से काली की हो जाती है तथा सूखने पर भुमि की ऊपरी सतह पर दरारें पड़ जाती हैं।	• **उपयुक्त फसलें** – लवणीय एवं क्षारीय मृदाओं को सुधार कर गेहूँ या जौ, बेर, अनार आदि फसले उगा सकते हैं।

प्रश्न कोष

वस्तुनिष्ठ प्रश्न

1. भारत में किस गण की मृदाओं का क्षेत्रफल सबसे अधिक है–

   (A) एन्टीसॉल (B) एल्फीसॉल

   (C) एन्सेप्टीसॉल (D) वर्टीसॉल

2. काली मृदाओं को सामान्यतः किस मृदा गण में रखा जाता है–

   (A) इन्सेप्टिसॉल (B) एल्फीसॉल

   (C) वर्टीसॉल (D) एरिडीसॉल

3. जलोढ़ मृदाओं का क्षेत्रफल (मिलियन हैक्टेयर) है–

   (A) 75 (B) 74

   (C) 70 (D) 40

4. पीट एवं दलदर्ल मृदाओं को किस गण के अन्तर्गत रखा गया है–

   (A) एल्फीसॉल (B) हिस्टोसॉल

   (C) ऐन्टीसॉल (D) एरीडिसॉल्स

5. भारत में कौन सी मृदा का क्षेत्रफल सबसे अधिक है–

   (A) लाल

   (B) काली

   (C) लवणीय एवं क्षारीय

   (D) जलोढ़

रिक्त स्थानों की पूर्ति कीजिए

1. पीट एवं दलदली मृदाओं का पी एच .... होती है।
2. भारत में लेटराइट शब्द का प्रयोग सर्वप्रथम ....किया।
3. भारत में लवणीय एवं क्षारीय मृदाओं का क्षेत्रफल .... मिलियन हैक्टेयर है।
4. भारत में जलोढ़ मृदाओं का क्षेत्रफल .... मिलियन हैक्टेयर है।
5. पीट एवं दलदली मृदाओं को मृदा गण .... में रखते हैं।
6. .... मृदा का पैतृक पदार्थ नवीन उत्पत्ति का होता है।
7. मृदायें जिनके संतृप्त घोल की वैद्युत चालकता 4.0 डेसीसाइमन प्रति मीटर से कम, पी.एच. मान 8.5 से अधिक तथा विनिमय योग्य सोडियम की मात्रा 15.0 प्रतिशत से अधिक होती है ... .मृदायें कहलाती हैं।
8. भारत में लाल मृदाओं का क्षेत्रफल .... मिलियन हैक्टेयर होता है।
9. मृदायें जिनके संतृप्त घोल की वैद्युत चालकता 4.0 डेसीसाइमन प्रति मीटर से अधिक, पी.एच. मान 8.5 से कम तथा विनिमय योग्य सोडियम की मात्रा 15.0 प्रतिशत से कम होती हैं .... मृदा कहलाती है।
10. बाँगर एवं खादर .... मृदा से सम्बन्धित है।

सत्य या असत्य कथन पर (√) का निशान लगाये

1. लेटराइट मृदाओं का सिलिका : सेस्क्वी ऑक्साइड्स अनुपात < 2.0 होता है। (सत्य / असत्य)
2. भारत में पीट एवं दलदली मृदायें अन्य मृदाओं की अपेक्षा अधिक पायी जाती हैं। (सत्य / असत्य)
3. भारत में एल्फीसॉल गण की मृदाओं का क्षेत्रफल सबसे अधिक है। (सत्य / असत्य)
4. रेगिस्तानी मृदाओं का पी एच सामान्यतः अधिक होता है। (सत्य / असत्य)
5. काली मृदाओं में क्ले की मात्रा अन्य मृदाओं की अपेक्षा अधिक होती है। (सत्य / असत्य)
6. शुष्क एवं रेगिस्तानी मृदायें एरीडिसॉल्स गण के अन्तर्गत आती है। (सत्य / असत्य)
7. क्षारीय मृदाओं को ऊसर एवं चौपन नाम से भी जाना जाता है। (सत्य / असत्य)
8. काली मृदाओं का काला रंग केवल कार्बनिक पदार्थ के द्वारा ही होता है। (सत्य / असत्य)
9. भारत में जलोढ़ मृदाओं का क्षेत्रफल अधिक है। (सत्य / असत्य)
10. भारत में हिस्टोसॉल गण की मृदायें–सामान्यतः पायी जाती है। (सत्य / असत्य)

लघु एवं विस्तृत उत्तरीय प्रश्न

1. वनों एवं पर्वतीय क्षेत्रों की मृदाओं पर टिप्पणी लिखों।
2. लवणीय एवं क्षारीय मृदाओं में अन्तर लिखिए।

3. शुष्क एवं रेगिस्तानी मृदाओं पर संक्षिप्त में टिप्पणी लिखिए।
4. भारत में पायी जाने वाली मुख्य मृदाओं को सुचीबद्ध किजिए तथा उनमें से किन्हीं दो पर विस्तृत मे वर्णन लिखिए।
5. भारत में उपलब्ध प्रमुख मृदा समूहों को सूचीबद्ध कीजिए। तालिका रूप में मृदा समूहों की अवधारणा, क्षेत्रफल, विशिष्ट गुण, समस्याएँ एवं क्षमता के बारे में ज़िखें।

उत्तरमाला

वस्तुनिष्ठ प्रश्न	1. (C)	2. (C)	3. (A)	4. (B)	5. (D)
रिक्त स्थानों की पूर्ति	1. 4 या कम	2. बुचनन	3. 7.0	4. 75	5. हिस्टोसॉल
	6. जलोढ़	7. क्षारीय	8. 70	9. लवणीय	10. जलोढ़
सत्य या असत्य	1. सत्य	2. असत्य	3. असत्य	4. सत्य	5. सत्य
	6. सत्य	7. सत्य	8. असत्य	9. सत्य	10. असत्य

■■■■

अध्याय – 14

मृदा जल
(SOIL WATER)

जल एक सार्वभौमिक विलायक है जो पादप वृद्धि के लिये प्राथमिक आवश्यकता हैं। मृदा के ठोस कणों के मध्य रन्ध्रो में पाया जाने वाला जल, मृदा जल कहलाता हैं अर्थात् मृदा कणों के बीच रन्ध्रावकाशों में उपस्थित जल को मृदा जल कहते हैं। भारत वर्ष में भूजल एक महत्त्वपूर्ण प्राकृतिक संसाधन है। सिंचाई के साथ–साथ पेयजल आपूर्ति एवं उद्योग भी मुख्य रूप से भूजल पर निर्भर है। इस महत्त्वपूर्ण प्राकृतिक सम्पदा के समुचित प्रबंधन हेतु मृदा जल के अध्ययन की आवश्यकता है। मृदा सतह के नीचे मृदा नमी की जानकारी के अभाव में फसलों की कम सिंचाई से फसलोत्पादन पर विपरीत प्रभाव पड़ता है एवं ज्यादा सिंचाई से पोषक तत्वो का निक्षालन (leaching) हो जाता हैं। इस प्रकार मृदा नमी/जल का सही अनुमान होने से सही समय पर उचित मात्रा में उपयोग न केवल फसलों द्वारा पानी उपयोग की उच्च दक्षता सुनिश्चित करता है बल्कि पोषक तत्वों के निक्षालन को भी कम करता हैं अतः जल का आवश्यकतानुसार उपयोग करके फसल लागत में कमी लाई जा सकती है।

मृदा जल का महत्व

1. जल एक सार्वभौमिक विलायक है।
2. मृदा जल पौधों का एक मुख्य अवयव है।
3. मृदा जल, मृदा रंग एवं तापक्रम संधारण के लिए आवश्यक है।
4. यह मृदा संरचना एवं निर्माण में सहायता करता है।
5. यह मृदा को अधिक ठण्डा एवं अधिक गर्म होने से रोकता है।
6. यह मृदा में विघटित ऑक्सीजन के वाहक का कार्य करता है।
7. सूक्ष्म जीवाणुओं की वृद्धि, विकास एवं क्रियाशीलता के लिये सहायता करता है।
8. चट्टानों के भौतिक, रासायनिक एवं जैविक अपक्षय से लेकर मृदा के विकास एवं उपयोग तक की समस्त अभिक्रियाएँ जल पर आधारित है।
9. प्रकाश संश्लेषण प्रक्रिया में एक कर्मक का कार्य करता है।
10. कार्बनिक पदार्थो के विच्छेदन एवं सभी भौतिक, रासायनिक तथा जैविक क्रियाओ को प्रोत्साहित करता है।
11. यह पौधों के आवश्यक पोषक तत्वों को विलय एवं वाहक के रूप में कार्य करता है।

12. पौधों की कोशिकाओं में तनाव बनाए रखने हेतु पौधों की जड़े मृदा से जल अवशोषित करती है।
13. वाष्पन, वाष्पोत्सर्जन, ताप नियन्त्रण, कोशा स्फीति इत्यादि के लिए जल आवश्यक है।
14. पौधों में होने वाली जल–विश्लेषण अभिक्रियाओं के लिए आवश्यक है।

जल संरचना (Structure of water)

जल हाइड्रोजन (H) तथा ऑक्सीजन (O_2) के परमाणुओं से बना एक साधारण यौगिक है जिसमें H-O-H का रेखीय न्यास (Linear arrangement) न होकर 104.5° कोण पर हाइड्रोजन – ऑक्सीजन का रेखीय आकार का न्यास होता है। जिसके फलस्वरूप हाइड्रोजन की अपेक्षा ऑक्सीजन के निकटवर्ती इलेक्ट्रॉन का सहभजन कर यह एक असममितिक अणु (Assymetrical molecule) बन जाता है। इसके साथ–साथ अणु पार्श्व जिस पर हाइड्रोजन स्थित होते हैं धन विद्युती होने लग जाते हैं तथा अगर अणु पार्श्व विपरीत दिशा में होते हैं तो ऋण विद्युती। जिन अणुओं का धन एवं ऋण आवेश संपात नहीं होते हैं, उन्हें ध्रुवीय अणु (Polar Molecule) कहते हैं।

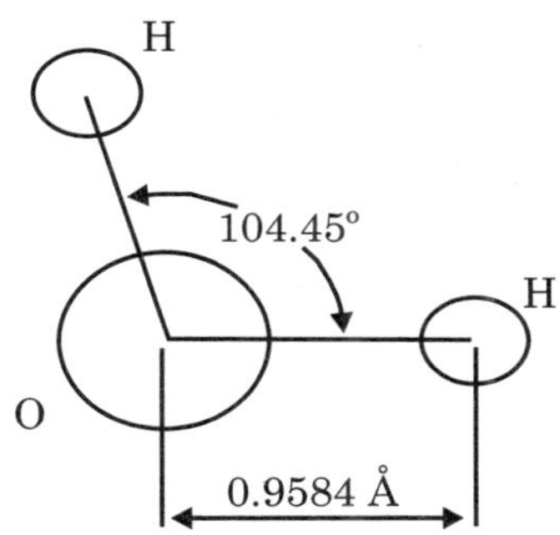

चित्र 14.1: पानी के अणु का दो विमीय निरूपण, जो ध्रुवता अंकित करता है।

जल को H_2O द्वारा दर्शाया जाता है न तो अकेला अणु के रूप में होता है और ना ही ये स्वतंत्र रूप से क्रिया करता है। H_2O में उपस्थित हाइड्रोजन के एक अणु का धन छोर और दूसरे छोर पर ऋण छोर (ऑक्सीजन) को आकर्षित करने के फलस्वरूप एक श्रृंखला के समान बहुघटकी (Polymer) में समूहित होता है। अर्थात् H_2O का कोई पृथक अस्तित्व नहीं होता है। जल का यह गुण पूर्ण है इसको ध्रुवीय गुण कहते हैं। ऑक्सीजन के ऋण छोर द्वारा धनायन आकर्षित होते हैं। H^+, K^+, Ca^{++} तथा Mg^{++} जैसे धनायन आकर्षित होते हैं। इसी प्रकार ऋण आवेशित मृदा जल हाइड्रोजन के धन आवेश के कारण आकर्षित होते हैं। जब जल के अणु हाइड्रोजन के अणुओं से जुड़ते हैं तो उसे बंधन (Hydrogen Bonding) कहते हैं। यह सापेक्षित निम्न ऊर्जा युग्मन है जिससे हाइड्रोजन का परमाणु ऑक्सीजन के दो ऋण विद्युती परमाणु द्वारा सहभाजित होते हैं। हाइड्रोजन बंधन के कारण आपेक्षित ऊष्मा, श्यानता, क्वथनांक, गलनांक आदि अम्ल हाइड्रोजन युक्त यौगिको से अधिक होते हैं।

जल चक्र (Hydrology)

जल प्रकृति में मृदा, पादप, जीव–जन्तु एवं वायुमण्डल में निरन्तर ठोस, द्रव एवं गैस रूप में एक स्थान से दूसरे स्थान पर प्रवाहित होता रहता है। प्रकृति (Nature) में जल चक्र के अध्ययन को जल

विज्ञान (Hydrology) कहते हैं। जल चक्र में क्रमशः (step by step) महासागर, भूमी, पौधों से जल वाष्प बनकर ऊपर उठता है, जो बाद में बादल, बादल से भूमि (वर्षा, हिमपात के रूप) में प्राप्त होता है और फिर पृथ्वी से नदिओं से होता हुआ समुद्र में चला जाता है। यह सारी प्रकृति (Nature) में भौतिक तथा रासायनिक नियमों के अनुसार होता है। जल के इस क्रमिक रूप को जल विज्ञान चक्र (Hydrologic cycle) कहते हैं। मृदा के रन्ध्रावकाश, कलिलीय, खनिजीय संगठन में धारित जल वाष्पन एवं पौधों द्वारा वाष्पोत्सर्जन के परिणामस्वरूप वायुमण्डल में पहुँचता रहता है जहाँ वाष्प रूप में उपस्थित जल कम तापक्रम से संघनित (Condensation) होकर वर्षा के रूप में पृथ्वी पर पहुँच जाता है। तथा अतिरिक्त जल पुनः समुद्र में पहुँच जाता है। इस प्रकार स्थलमण्डल को जल की प्राप्ति महासागरों एवं सागरों द्वारा होती है। जल–चक्र को चित्र 14.2 द्वारा प्रदर्शित किया गया है।

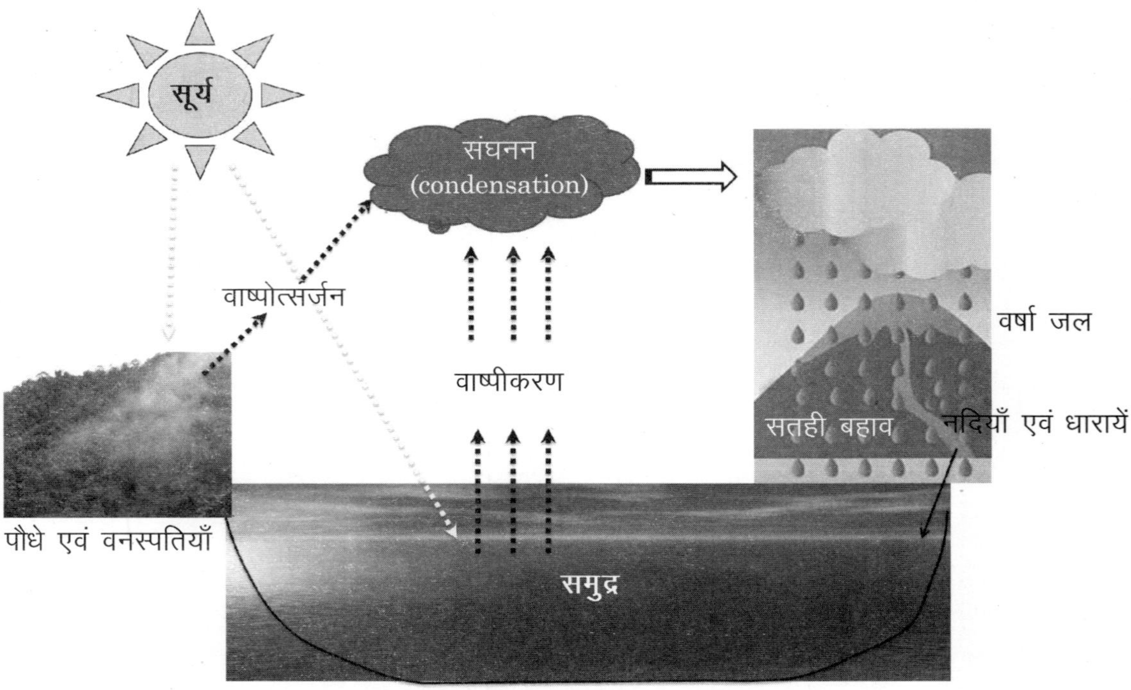

चित्र 14.2: मृदा, पादप एवं वायुमण्डल में जल–चक्र (Hydroglogic cycle)

मृदा जल का धारण (Retention of soil moisture)

मृदा में जल धारण, मृदा कणों तथा उनके समुच्चयन के परिणामस्वरूप निर्मित कोशिकाओं के अन्तर्गत होता है। मृदा द्वारा जल लगिष्णुता (tenacity) या खिंचाव (pull) की एक निश्चित मात्रा से धारित रहता है। पौधों द्वारा मृदा से जल ग्रहण करने के लिये इस खींचाव के विपरीत कार्य करना पड़ता है। पौधों की जडों का चूषण बल (suction force) मृदा के धारित बल की तुलना मे अधिक होने पर ही पौधे मृदा जल को शोषित कर सकते हैं। मृदा में जल आसंजन एवं ससंजन बलो के द्वारा धारित रहता है। जल अणुओं के प्रति ठोस कणों/मृदा सतह का आकर्षण होना आसंजन बल (force of adhesion) कहलाता है। इसके विपरीत ठोस सतह पर अधिशोषित जल के अणु समान आकार के अन्य जल के अणुओं को अपनी ओर आकर्षित करते हैं उसे ससंजन बल (force of cohesion) कहते हैं।

मृदा जल ऊर्जा संकल्पना (Soil water energy concept)

मृदा में जल धारण, संचालन, पौधों द्वारा जल का ग्रहण करना तथा पौधों से वायुमण्डल में गति करना आदि सभी ऊर्जा सम्बन्धित प्रक्रम हैं। इनमें विभिन्न ऊर्जा का योगदान होता है जैसे स्थितिज ऊर्जा (potential energy), गतिज ऊर्जा (kinetic energy) तथा विद्युतीय ऊर्जा (electrical energy)। इन सभी ऊर्जा प्रकारों को सम्मिलित रूप से स्वतन्त्र ऊर्जा (free energy) द्वारा व्यक्त किया जाता है। जल संतृप्त मृदा से शुष्क मृदा की ओर जल का संचारण तथा मृदा जल एवं पादप कोशिका जल के बीच रसाकर्षण की क्रिया, स्वतन्त्र ऊर्जा अन्तर के कारण होती है। मृदा जल के ऊर्जा स्तरों को कई इकाईयों द्वारा व्यक्त किया जा सकता है। चूषण (suction), ऋणात्मक विभव अथवा तनाव (tension) को व्यक्त करने की एक सामान्य ढंग, इकाई जल स्तम्भ की सेन्टीमीटर में ऊँचाई है। मृदा के चूषण को इकाई जल स्तम्भ की सेन्टीमीटर में ऊँचाई के रूप में व्यक्त किया जाता है जिसका भार चूषण के बराबर होता है। जल स्तम्भ की ऊँचाई तथा चूषण में अनुक्रमानुपात होता है। इस प्रकार मृदा जल जिस तनाव से धारित होता है उसे सेन्टीमीटर में व्यक्त किया जा सकता है। मृदा जल के ऊर्जा स्तर को व्यक्त करने का सबसे अच्छा ढंग, बार (bar) अथवा वायुमण्डल (atmosphere) है। इसे निम्नलिखित सारणी द्वारा प्रदर्शित किया जा सकता है।

तालिका 14.1: मृदा जल की ऊर्जा स्तरों में अन्तर को व्यक्त करने में उपयुक्त सामान्य इकाइयों का लगभग तुल्यांक

क्रमांक	इकाई जल स्तम्भ की ऊँचाई (से. मी.)	दाब (वायुमण्डल/बार)	पी. एफ. मान
1.	1	0.001	0 संतृप्त मृदा (saturated soil)
2.	10	0.01	1
3.	10^2	0.1	2
4.	346	1/3	2.5 क्षेत्र क्षमता (Field capacity)
5.	10^3	1.0	3
6.	10^4	10	4
7.	15849	15	4.18 मुरझान बिन्दु (Wilting point)
8.	31623	31	4.50 आद्रताग्राही बिन्दु (Hygroscopic point)
9.	10^5	100	5
10.	10^6	1000	6
11.	10^7	10000	7 शुष्क ओवन मृदा (Oven dry soil)

मृदा जल का वर्गीकरण (Classification of soil water)

मृदा जल का वर्गीकरण अनेक दृष्टिकोणों से किया जाता है जिसमें से कुछ प्रमुख प्रकार के वर्गीकरण निम्नलिखित प्रकार है –

मृदा जल

मृदा जल का भौतिक वर्गीकरण	मृदा जल का जैविक वर्गीकरण
1. आद्रताग्राही (Hygroscopic water)	1. प्राप्य जल (Available water)
2. केशिका जल (Capillary water)	2. अप्राप्य जल (Unavailable water)
3. गुरुत्वाकर्षण जल (Gravitational water)	3. आवश्यकता से अधिक जल (Superfluous water)

A. मृदा जल का भौतिक वर्गीकरण (Physial classification of soil water) – मृदा की जल धारण मात्रा के आधार पर मृदा जल को मुख्यतया तीन भागों में विभाजित किया जाता है।

1. आद्रताग्राही जल (Hygroscopic water)
2. केशिका जल (Capillary water)
3. गुरुत्वाकर्षण जल (Gravitational water)

(1) आद्रताग्राही जल (Hygroscopic water) – वह जल जो मृदा कणों द्वारा जल के अणुओं के द्विध्रुवीय विन्यास (Dipole orientation) के कारण धारित होता है, आद्रताग्राही जल कहलाता है। इस जल को आसंजन जल (Waters of adhesion) भी कहते हैं क्योंकि यह जल ठोस–द्रव अंतःपृष्ठों (Solid-liquid-interfaces) पर धारित होता है। ठोस–द्रव अन्तःसीमा पर जल की निचली परत 10,000 वायुमण्डल या पी॰एफ॰ 7 पर तथा बाहरी सतह 31 वायुमण्डल या पी॰एफ॰ 4.5 पर आधारित होती है। यह जल अधिकतर वाष्पावस्था में पाया जाता है। यह जल मृदा कलिल कणों पर इस दृढ़ता से धारित होता है कि इसे अलग करना बहुत कठिन है। यही कारण है कि इस जल का उपयोग पौधे नही कर पाते हैं, लेकिन कुछ सुक्ष्मजीवाणु इस जल का उपयोग कर पाते हैं। आर्द्रताग्राही जल मृदा को 105-110°C ताप पर 8–10 घण्टे तक गर्म करने पर कुछ मात्रा में बाहर निकलता है।

(2) केशिका जल (Capillary water) – केशिका जल वह जल होता है जो आर्द्रताग्राही जल एवं गुरुत्वाकर्षण जल के मध्य पाया जाता है। मृदा में यह जल 31 से $1/3$ वायुमण्डल तनाव व 2.54–4.5 पी॰एफ॰ पर धारित होता है। द्रव अवस्था में उपलब्ध होने के कारण प्रायः सभी दिशाओं में गति कर सकता है। आन्तरिक केशिका जल जो 15–31 वायुमण्डलीय तनाव (4.2–4.5 पी॰एफ॰) द्वारा धारित होता है, अत्यन्त कठिनाई से गति करता है, यही कारण है कि आन्तरिक केशिका जल का उपयोग फसलें अत्यन्त कठिनाई से कर पाती हैं और जल के अभाव में पौधे मुरझाने लगते हैं जो प्लान बिन्दु कहलाता है। इसका मान 15 वायुमण्डल (4.2 पी॰एफ॰) होता है। इस प्रकार जो केशिका जल $1/3$ से 15 वायुमण्डलीय तनाव पर धारित होता है उसकी गति सरलतापूर्वक होती है और पौधे सरलता से ग्रहण कर लेते हैं। सरलतापूर्वक गति करने वाले जल का मान 4.27 पी॰एफ॰ होता है। केशिका जल में पौधों के

समस्त पोषक तत्त्व एवं आयन घुले रहते हैं अतः यह जल मृदा जल (Soil water) कहलाता है। यह जल मृदा केशिकाओं (Soil capaillaries) में गुरुत्वाकर्षण के विरुद्ध मुख्यतया पृष्ठ तनाव (Surface tension) द्वारा मृदा में धारित होता है।

(3) गुरुत्वाकर्षण जल (Gravitational water) – मृदा में जल की वह मात्रा है जिसका तनाव बल $\frac{1}{3}$ वायुमण्डलीय तनाव या इससे भी कम होता है तथा मृदा के रन्ध्रावकाश में पृथ्वी के गुरुत्वाकर्षण बल के कारण नीचे की ओर बहने अथवा गति करने लगता है एवं पौधों को प्राप्य नही होता है, गुरुत्वाकर्षण जल कहलाता है। इस प्रकार का जल दीर्घ रन्ध्रों में स्वतन्त्र रूप से बहता है इसलिये स्वतन्त्र जल भी कहलाता है। इस जल से संतृप्त रन्ध्रावकाश से मृदा वायु बाहर निकल जाती है जिससे वायु का आवागमन अवरूद्ध हो जाता है और ऑक्सीजन के अभाव में पौधों की श्वसन एवं अन्य जैविक क्रियाओं की गति में बाधा पड़ती है। इस जल का संचार मृदा कणाकार, कार्बनिक पदार्थ की मात्रा तथा मृदा संरचना से प्रभावित होता है।

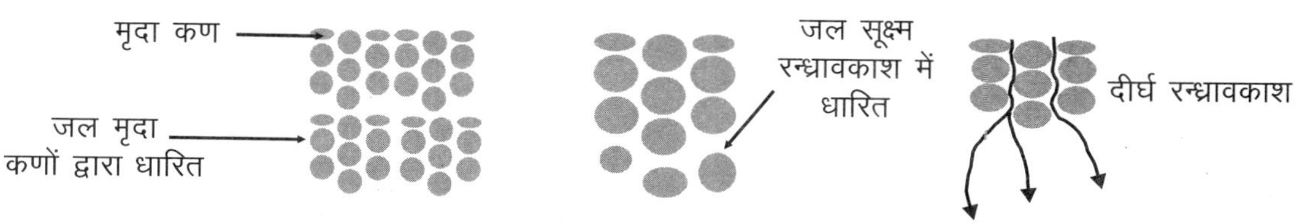

आद्रताग्राही जल (Hygroscopic water) **केशिका जल (Capillary water)** **गुरुत्वाकर्षण जल (Gravitational water)**

B. मृदा जल का जैविक वर्गीकरण (Biological classification of soil water) – पौधों को आवश्यकतानुसार जल की उपलब्धता को आधार मानकर इसे निम्नलिखित भागों में विभाजित किया जा सकता है – (1) प्राप्य जल (Available water), (2) अप्राप्य जल (Unavailable water) एवं (3) आवश्यकता से अधिक जल (Superfluous water)

1. **प्राप्य जल (Available water)** – जल की वह मात्रा जो नुरझान गुणाँक (wilting coefficient) और क्षेत्र क्षमता (Field capacity) के बीच में पाया जाता है और पौधों को प्राप्य होता है, प्राप्य जल कहलाता हैं। कृषि के दृष्टिकोण से इस जल का महत्त्वपूर्ण स्थान है।

2. **अप्राप्य जल (Unavailable water)** – वह जल जो मृदा में स्थायी मुरझान बिन्दु (permanent wilting point) पर उपस्थित रहता है और पौधों को अप्राप्य होता है। इस जल में आर्द्रताग्राही (Hygroscopic) तथा केशिका (Capillary) जल का कुछ भाग जो दृढ़ता से धारित होता है, सम्मिलित है। बैक्टीरिया तथा फंजाई इस जल का उपयोग कर लेते हैं।

3. **आवश्यकता से अधिक जल (Superfluous water)** – मृदा में क्षेत्र क्षमता के ऊपर पाये जाने वाले जल को आवश्यकता से अधिक जल (Superfluous water) कहते हैं। आवश्यकता से अधिक जल की उपस्थिति से मृदा में वायु की मात्रा कम हो जाती है जिसके कारण पौधों की जड़ों को ऑक्सीजन नहीं मिल पाती है तथा लाभप्रद जैविक क्रियायें (नाइट्रीकरण, नाइट्रोजन स्थिरीकरण और अमोनीकरण) कम हो जाती हैं साथ ही प्रतिकूल

जैव–रासायनिक प्रक्रियायें उत्तेजित हो जाती हैं। इस जल से मृदा में उपस्थित आवश्यक पोषक तत्त्व भी जल निकास द्वारा नष्ट हो जाते हैं।

Soil water potential (bar)

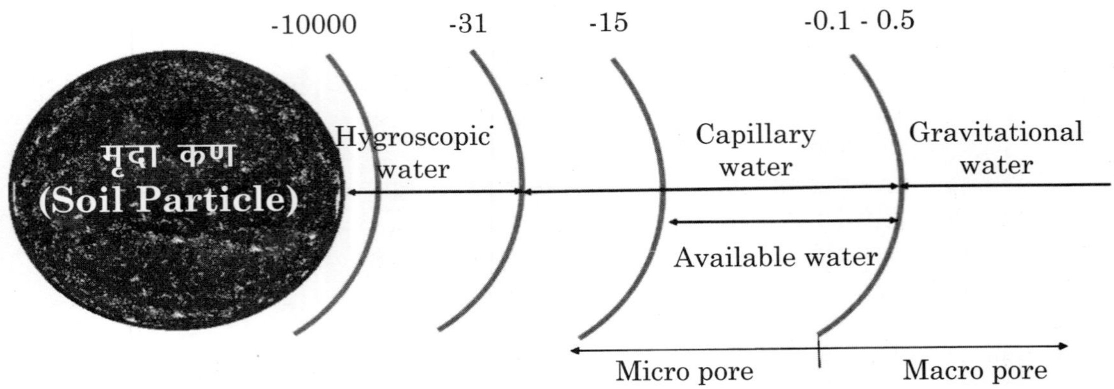

मृदा जल का संचालन (Movement of soil water)

मृदा जल की उपयोगिता उसके संचलन (Movement) अथवा गति पर आधारित है। मृदा तंत्र में एक स्थान से दूसरे स्थान पर मृदा जल का संचलन (movement of soil water) विभव में प्रणवता (gradient) के कारण होता है। इसके प्रवाह की दिशा उच्च मैट्रिक विभव से न्यून विभव की तरफ होता है। मृदा जल संचयन के द्वारा ही पौधों के जड़ तन्त्र के सम्पर्क में पहुँचता है। मृदा जल का संचलन द्रव एवं गैस दोनों रूपों में होता है। मृदा जल के संचलन को निम्नलिखित रूप में वर्गीकृत किया जा सकता है–

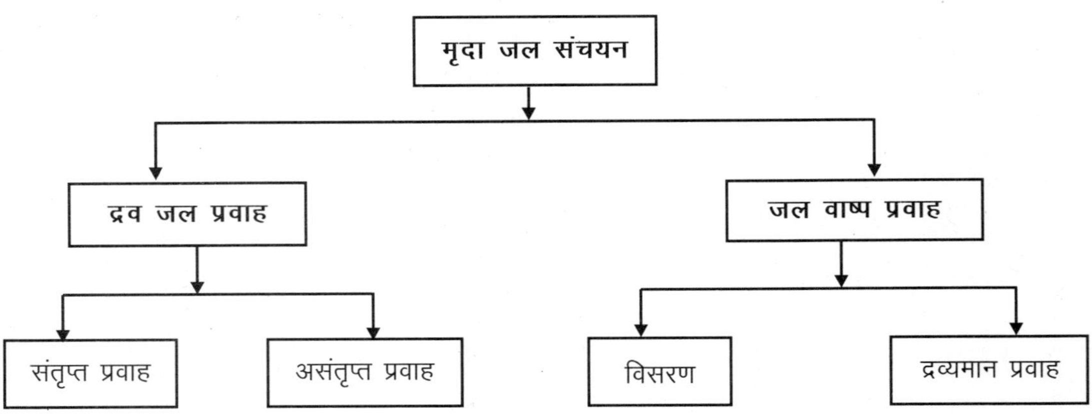

1. द्रव जल प्रवाह (Liquid water movement) – जब मृदा में उपस्थित जल का संचयन/प्रवाह द्रव अवस्था में होता है तो उसे द्रव जल प्रवाह कहते हैं। द्रव रूप में जल का मृदा में प्रवाह दो प्रकार से होता है – संतृप्त प्रवाह एवं असंतृप्त प्रवाह।

(अ) संतृप्त प्रवाह (Saturated flow) – जब मृदा के सारे रन्ध्रावकाश जल से परिपूर्ण होते हैं तो मृदा तनाव नगण्य होता है तथा गुरुत्व एवं द्रवस्थैतिक विभवों की प्रवणता के कारण विभव उत्पन्न होता है। यह प्रवाह भारी वर्षा के बाद या सिंचाई के दौरान होता है। इस अवस्था में जल तनाव मुक्त (tension free) होता है।

(ब) असंतृप्त प्रवाह (Unsaturated flow) – जब मृदा के रन्ध्रावकाश आर्द्रता की अवस्था में भी आंशिक रूप से भरे होते हैं, इस दशा में जल तनावमुक्त होता है। संतृप्त प्रवाह एवं असंतृप्त प्रवाह में अन्तर तालिका 14.2 में दिया गया है।

तालिका 14.2: संतृप्त प्रवाह एवं असंतृप्त प्रवाह में अन्तर

क्र.सं.	संतृप्त प्रवाह (Saturated Flow)	असंतृप्त प्रवाह (Unsaturated Flow)
1.	ज्यादा रन्ध्र जल से भरे होते हैं।	बहुत सारे रन्ध्र जल से नहीं भरे होते हैं।
2.	मृदा जल का तनाव (Tension) 0 (शून्य) होता है।	मृदा जल बहुत ज्यादा तनाव (Unsaturated Flow) पर होता है।
3.	इसमें बहाव दबाव धनात्मक होता।	इसमें बहाव ऋणात्मक दबाव क्षमता में होता है।
4.	पौधों को संतृप्त अवस्था में ज्यादा जल नही मिलता है।	पौधे असंतृप्त जल का उपयोग भली प्रकार से करते हैं।
5.	हाइड्रोजन चालकता संतृप्त अवस्था में निम्न प्रकार होती है। रेत > दोमट > क्ले	हाइड्रोलिक चालकता असंतृप्त अवस्था में निम्न प्रकार होती है। क्ले > दोमट > रेत

2. जल वाष्प प्रवाह (Water vapour movement) – जल का वाष्प के रूप में प्रवाह जल वाष्प प्रवाह कहलाता है। मृदा में वाष्प अवस्था में द्रव्यमान प्रवाह के रूप में संचालित होता है क्योंकि तापक्रम या सांद्रता की प्रवणता के कारण मृदा के अन्दर तथा मृदा के ऊपर के कुल दबाव में अन्तर होता है। वाष्प रूप में जल का मृदा में प्रवाह दो प्रकार से होता है – (i) विसरण (diffusion) (ii) द्रव्यमान प्रवाह (mass flow)।

(अ) विसरण (diffusion) – मृदा के विभिन्न भागों में वाष्पदाब में अन्तर पाये जाने के कारण जल वाष्प का प्रवाह विसरण द्वारा होता है।

(ब) द्रव्यमान प्रवाह (mass flow) – मृदा के कुल दाब में अन्तर के कारण प्रणाली की अन्य गैसों के साथ जल वाष्प द्रव्यमान में प्रवाहित होता है।

मृदा जल स्थिरांक (Soil water constants)

मृदा जल एवं मुख्य मृदा जल स्थिरांक में सम्बन्ध तथा उनके तनाव (Tension) तालिका 14.3 में दिये गये हैं। मृदा जल स्थिरांक का संक्षेप में वर्णन इस प्रकार हैः–

1. **आद्रताग्राही जल (Hygroscopic water)** – वह जल जो मृदा कणों द्वारा जल के अणुओं के द्विध्रुवीय विन्यास (Dipole orientation) के कारण धारित होता है, आद्रताग्राही जल कहलाता है। ठोस–द्रव अन्तःसीमा पर जल की निचली परत 10,000 वायुमण्डल या पी०एफ० 7 पर तथा बाहरी सतह 31 वायुमण्डल या पी०एफ० 4.5 पर आधारित होता है।

तालिका 14.3: मृदा जल एवं मृदा जल स्थिरांक में सम्बन्ध तथा उनके तनाव

मृदा जल स्थिरांक	**तनाव के परिसर जिस पर जल धारण होता है (ऐटमॉस्फेयर)**	**समतुल्य पी.एफ. परिसर**
आर्द्रताग्राही जल (Hygroscopic water)	31–10000	4.5 से 7.0
आर्द्रताग्राही गुणाँक (Hygroscopic coefficient)	31	4.5
मुरझान बिन्दु/गुणाँक (Wilting point/coefficient)	15	4.2 (4.18)
केशिका जल (Capillary water)	1/3 से 31	2.54 से 4.5
नमी तुल्याँक (Moisture equivalent)	1/3 से 1	2.7 से 3.0
क्षेत्र क्षमता (Field capacity)	1/3	2.54
असलांग बिन्दु (Sticky Point)	1/4 (कम या अधिक)	2.54
गुरुत्वाकर्षण जल (Gravitational water)	शून्य या 1/3 से कम	2.54 से कम
जल धारण क्षमता (Water holding capacity)	लगभग शून्य	–

2. **आर्द्रताग्राही गुणाँक (Hygroscopic coefficient)** – शुष्क मृदा को जब जल संतृप्त वायुमण्डल में रखा जाता है तो मृदा वायुमण्डल की जल वाष्प से कुछ नमी ग्रहण कर लेती है उस अधिकतम जल को जिसे मृदा जल संतृप्त वायुमण्डल से किसी तापक्रम पर अधिशोषित कर लेती है, आर्द्रताग्राही गुणाँक कहलाता है। इस पर मृदा धारिता जल का तनाव दाब लगभग 31 वायुमण्डलीय दाब (4.5 पी॰एफ॰) होता है।

3. **मुरझान गुणाँक (Wilting coefficient)** – पौधों को स्थाई रूप से मुरझा जाने के समय अथवा पौधों के सूख जाने के समय मृदा में नमी की जितनी प्रतिशत मात्रा उपस्थित रहती है, उसे मुरझान गुणाँक (wilting coefficient) या क्रांतिक नमी बिन्दु (critical moisture point) कहते हैं। इसका मान 15 वायुमण्डलीय दाब एवं समतुल्य पी. एफ. 4.2 होता है।

4. **केशिका जल (Capillary water)** – केशिका जल, वह जल होता है जो आर्द्रताग्राही जल एवं गुरुत्वाकर्षण जल के मध्य पाया जाता है। मृदा में यह जल 31 से $\frac{1}{3}$ वायुमण्डल तनाव व 2.54-4.5 पी॰एफ॰ पर धारित होता है।

5. **नमी तुल्याँक (Moisture equivalent)** – मृदा की क्षेत्र क्षमता के निर्धारण के लिये यह लाभप्रद स्थिरांक है। गुरुत्व (gravity) की एक हजार गुनी शक्ति के विपरीत किसी मृदा द्वारा धारण किये हुये जल की प्रतिशत मात्रा को भूमि विशेष की नमी तुल्याँक कहते हैं। इस जल मात्रा पर उस समय तनाव $\frac{1}{3}$ या 0.33 वायुमण्डलीय दाब तथा 2.7 पी॰एफ॰ के बराबर होता है।

6. **क्षेत्र क्षमता (Field capacity)** – मृदा में जल की वह मात्रा है जिसे जल निकास की उचित व्यवस्था होते हुए भी गुरुत्वाकर्षण बल के विरुद्ध कार्य करके नीचे जाने से रोक लेती

है। यह जल की वह मात्रा है जिसका तनाब बल $1/3$ या 0.33 वायुमण्डलीय दाब से कम होता है और गुरुत्वाकर्षण बल के अधिक हो जाने के कारण स्वतन्त्र रूप से बड़े रन्ध्रों द्वारा नीचे की ओर रिसने लगता है।

7. **असलांग बिन्दु (चिपचिपा बिन्दु) (Sticky Point)** – मृदा में नमी की वह प्रतिशतता जिस पर मृदा और पानी का लेप (paste) किसी दूसरे पदार्थ से चिपकना बन्द कर देता है।
8. **गुरुत्वाकर्षण जल (Gravitational water)** – मृदा में जल की वह मात्रा है जिसका तनाव बल $1/3$ वायुमण्डलीय तनाव या इससे भी कम होता है तथा मृदा के रन्ध्रावकाश में पृथ्वी के गुरुत्वाकर्षण बल के कारण नीचे की ओर बहने अथवा गति करने लगता है एवं पौधों को प्राप्य नही होता, गुरुत्वाकर्षण जल कहलाता है।

मृदा जल की माप (Measurement of soil moisture)

मृदा जल की माप निम्न विधियों से की जाती है –

1. भारात्मक विधि (Gravimetric method) – यह विधि कुल मृदा जल मात्रा निकालने की प्रत्यक्ष एवं सरल तकनीक है। इसमें मृदा जलांश ज्ञात करने के लिए नम मृदा का भाग लेते हैं। इस विधि में मृदा नमूनों को सिलिका डिश में लेकर प्रारम्भिक वजन ज्ञात कर, ओवन में 105°C पर 24 घंटे तक या स्थिर भार प्राप्त होने तक शुष्क (dry) करते हैं। पुनः सुखने के बाद इसका भार (weight) लेते हैं। मृदा के प्रारम्भिक वजन से सूखे वजन को घटाकर मृदा जल का वजन ज्ञात किया जाता है। मृदा जल के वजन को सूखी मृदा के वजन से भाग देने पर मृदा जल भार को प्रतिशत (%) रूप में व्यक्त करते हैं। इस विधि से मृदा में जल माप के निर्धारण के लिए अधिक समय लगता है और कार्य भी अधिक करना पड़ता है। मृदा जल, भार (weight) व आयतन (Volume) के आधार पर निम्न सूत्र द्वारा ज्ञात करते हैं –

$$\text{प्रतिशत (\%) मृदा जल} = \frac{\text{नम मृदा का भार} - \text{शुष्क मृदा का भार}}{\text{शुष्क मृदा का भार}} \times 100$$

$$\text{Moisture (\%)} = \frac{\text{Weight of wet soil} - \text{Weight of dry soil}}{\text{Weight of dry soil}} \times 100$$

खाली सिलिका डिश का वजन | नम मृदा एवं सिलिका डिश का वजन | शुष्क मृदा एवं सिलिका डिश का वजन

मृदा जल के प्रतिशत आयतन का निर्धारण निम्नलिखित प्रकार से स्थूल घनत्व द्वारा किया जा सकता है –

प्रतिशत जल का आयतन = प्रतिशत जल भार × स्थूल घनत्व

2. आयतनी विधि (Volumetric method) – एक ज्ञात आयतन (vs_1) वाले ट्यूब आगर (Tube auger) या कोर सेम्पलर (Core sampler) की सहायता से मृदा नमूना लेकर उस मृदा के नमूने को एक किन बॉक्स (Keen box) या नमी बॉक्स (moisture cane) मे रख कर भार ज्ञात (ws_1) कर लेवे। इसे ओवन में 105°C पर स्थिर भार प्राप्त होने तक गर्म करते हैं एवं डेसीकेटर में ठण्डा कर भार ज्ञात (ws_2) कर लेते हैं। जल की मात्रा निम्न सूत्र द्वारा ज्ञात करते हैं।

$$\text{Moisture } (\%) = \frac{ws_1 - ws_2}{\text{Density of water} \times vs_1} \times 100$$

जहाँ पर

ws_1 = नम मृदा का भार ws_2 = शुष्क मृदा का भार
vs_1 = ट्यूब आगर या कोर सेम्पलर का आयतन d = जल का घनत्व

3. विद्युतीय चालक विधि (Electrical Conductivity method) – यह विधि इस सिद्धान्त पर आधारित होती है कि मृदा नमी में परिवर्तन होने के साथ – साथ विद्युत चालकता में भी परिवर्तन होता है। इस विधि में जिप्सम ब्लॉक का प्रयोग किया जाता हैं जिसके भीतर निश्चित दूरी पर दो इलेक्ट्रोड्स (electrodes) लगे होते हैं। एक समानता (uniformity) के लिए इन जिप्सम ब्लॉकों को पहले अंशशोधन (calibration) कर लिया जाता है। इन जिप्सम ब्लॉकों को मृदा में एक ऐच्छिक गहराई में दबा दिये जाते हैं जिससे ये मृदा से नमी शोषित करते हैं और संचालकता रूपान्तरित व्हिट स्टोन ब्रिज (modified wheat store bridge) की सहायता से माप ली जाती हैं। इस प्रकार प्राप्त व्हीट स्टोन ब्रिज रीडिंग्स और मृदा नमी की मात्रा के बिच एक ग्राफ बना लेते हैं। इस विधि द्वारा 1–15 बार (100 kPa – 1500 kPa) तक मृदा जलांश का मापन करते हैं। जिप्सम ब्लॉक नमी तनाव या प्रतिशतता मापने के लिए प्रयोग किये जाते हैं। इस विधि में अक्सर जिप्सम के ब्लॉक (block) मृदा के अधिक अम्लीय व क्षारीय गुण के कारण शीघ्रता से खराब हो जाते हैं।

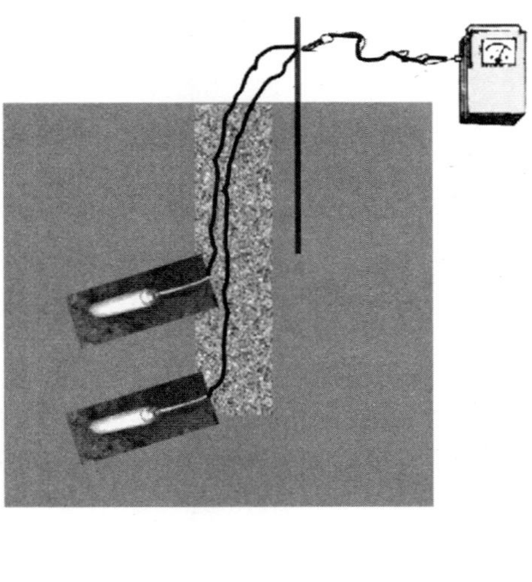

4. पृष्ठ तनाव मापी विधि (Tensiometer Method) – इस विधि में मृदा नमी का निर्धारण मैट्रिक विभव (matric potential) द्वारा मृदा की यथास्थिति में ही किया जाता है। इसमें प्रयोग किये जाने वाला यंत्र टेन्सियोमीटर कहलाता है। जिसे मृदा में स्थापित करके तुलनात्मक नमी का निर्धारण किया जाता है। इसमें एक सरन्ध्र कप (porous cup) होता है जो जल से भरा रहता है। यह कप एक गेज या पारद दाबांतर मापी (मेनोमीटर) से जुड़ा रहता है। इसका प्रयोग करते समय इसको एक इच्छित गहराई पर गाढ़ देते हैं। सरन्ध्र कप का जल तब तक मृदा में जाता रहता है जब तक सरन्ध्र कप के जल और मृदा जल में साम्यता नहीं हो जाती है। मृदा के सूखने पर जल कप से बहार गुजरने लगता है और एक निर्वात पैदा हो जाता है जो कि गेज (gauge) की सहायता से माप लिया जाता है। इस प्रकार प्राप्त तनाव रीडिंग्स (tension reading) और नमी की प्रतिशतता के बीच एक ग्राफ बना लेते हैं। इसकी सहायता से अन्य किसी मृदा नमूने में जल की प्रतिशतता ज्ञात कर सकते हैं। टेन्सियोमीटर का बलुई मृदाओं में सफलतापूर्वक प्रयोग किया जा सकता हैं। टेन्सियोमीटर के प्रयोग करने मे मुख्य कमी यह है कि इसके द्वारा मापी गई तनाव की श्रेणी (range of tension) बहुत कम होती है। टेन्सियोमीटर 0 से –0.85 बार की सीमा में काम करता हैं, जबकि मृदा में प्राप्य नमी की तनाव की माप 15 बार तक होता है। एक बार, 100 सेंटीबार्स के बराबर है। मृदा जल तनाव आमतौर पर बार या सेंटीबार्स में व्यक्त किया जाता है।

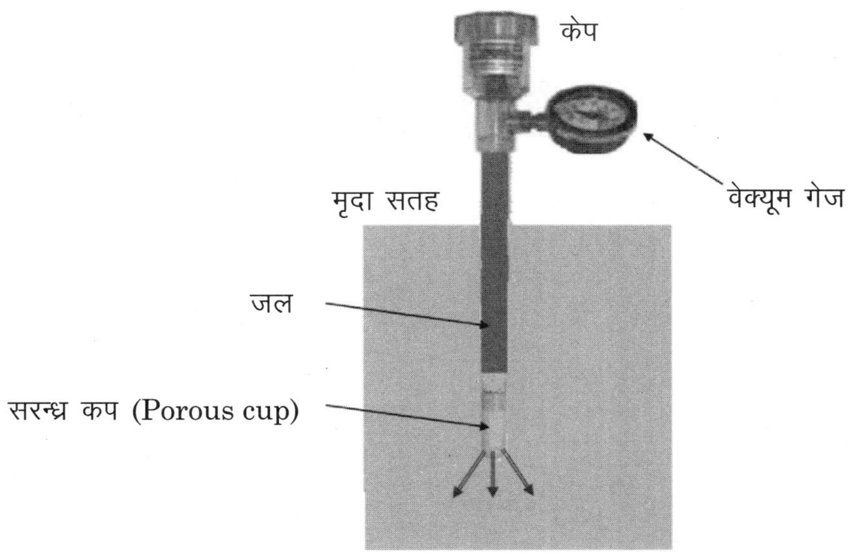

5. न्यूट्रॉन प्रकीर्णन विधि (Neutron scattering method) – यह एक आधुनिक एवं सर्वाधिक प्रचलित विधि है। यह एक प्रोब (probe) है, इसकी लम्बाई 50–100 से. मी. तक होती है। जिसमें द्रुत न्यूट्रॉनों का एक स्त्रोत (रेडियम एवं बेरीलियम या अमरीसियम एवं बेरीलियम का मिश्रण) तथा मन्द न्यूट्रॉन डिटेक्टर (slow neutron detector) होता है। इस विधि का सिद्धान्त यह है कि पानी तेज गति से चलने वाले न्यूटॉन को तो सोख लेते हैं किन्तु मन्द गति वाले न्यूट्रॉन को वापिस ड़िटेक्टर के पास भेज देते हैं। इस प्रोब को एक सहायक नली के सहारे मृदा में नीचे इच्छित गहराई तक उतार देते हैं एवं न्यूट्रॉन स्त्रोत से बहुत तीव्र गति से न्यूट्रॉन उत्सर्जित होते हैं। जब ये न्यूट्रॉन लघु परमाणु जैसे हाइड्रोजन (जो जल में उपस्थित रहते है) से टकराते (collide) हैं तो उनकी गति मन्द पड़ जाती है एवं

इनका पथ बदल जाता है तथा वे अपनी ऊर्जा को खो देते हैं। ये मन्द न्यूट्रॉन डिटेक्टर नली एवं स्केलर द्वारा माप लिये जाते हैं। स्केलर मन्द न्यूट्रॉन की गणना करता है जो पानी के अणु के समानुपाती होते है। अर्थात जितने मन्द गति से न्यूट्रॉन स्केलर द्वारा मापे जायेगें उतनी ही अधिक मृदा में जल की मात्रा होगी। इस विधि का लाभ यह है की मृदा को बाधित (disturb) किये बिना लगातार शीघ्र मृदा नमी का पता लगाया जा सकता है। इसका एक ओर फायदा यह है कि मृदा के बड़े आयतन में भी नमी ज्ञात की जा सकती है।

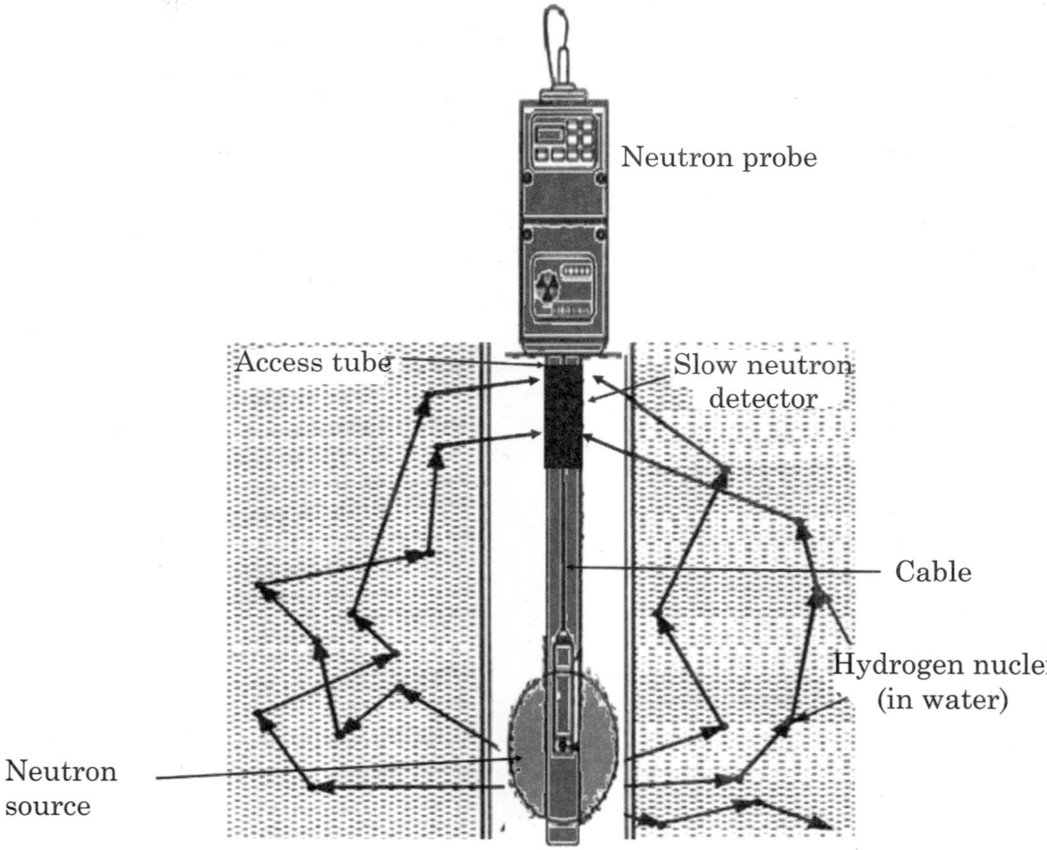

6. दाब झिल्ली उपकरण विधि (Pressure membrane apparatus method) – दाब झिल्ली उपकरण विधि उच्च चूषण मान (100 बार) पर मैट्रिक चूषण – जल मात्रा सम्बन्धों को मापने के लिए प्रयोग किया जाता है। इसमें एक दाब कक्ष होता है जिसमें सिरेमिक पट्टिका (ceramic plate) पर मृदा नमूनों को रख दिया जाता है। अब इसमें वायुमण्डलीय दाब डाला जाता है जिससे मृदा में उपस्थित जल सरन्ध्र प्लेट के महीन छिद्रों से होकर वायुमण्डलीय दाब वाले कक्ष में आ जाता है। सिरेमिक प्लेटें ऐसी होती है जिनके द्वारा मृदा विलय (जल) का तो गमन होता है। लेकिन मृदा वायु व मृदा कणों का गमन नहीं होता है। अतः मृदा जल मृदा से तब तक बहता रहेगा जब तक कि असंतृप्त प्रवाह का मैट्रिक विभव अनुपयुक्त वायु दाब के बराबर नहीं हो जाता। इसके बाद वायुदाब को खोल दिया जाता है तथा मृदा का जलांश भारात्मक विधि से ज्ञात कर लिया जाता है।

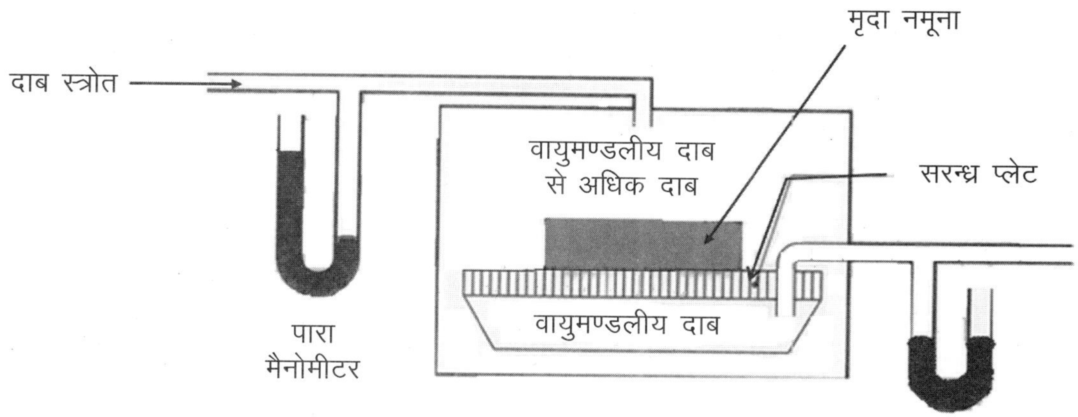

मृदा जल से सम्बन्धित कुछ अन्य ध्यान देने योग्य बाते

अन्तःस्पंदन (Infitration) – मृदा के अन्दर पानी के प्रवेश को अन्तःस्पंदन कहते हैं। अन्तःस्पंदन दर (मिली मीटर प्रति घंटा) मृदा के अन्दर पानी के प्रवेश करने की दर को कहते हैं। अन्तःस्पंदन क्षमता दी हुई दशाओं में सम्भावित अधिकतम अन्तःस्पंदन दर है। अन्तःस्पंदन को निम्नलिखित कारक प्रभावित करते हैं – कार्बनिक पदार्थ, सघनता (compaction), पारगम्यता (perm-eability), केशिकत्व (capillarity), सरन्ध्रता (porosity), वनस्पति (vegetation), प्रारम्भिक नमी की मात्रा, वर्षा की मात्रा, मृदा कणाकार, मृदा संरचना, भूतल सीलिंग एवं क्रस्टिंग (surface sealing and crusting) इत्यादि। मृदा की अन्तःस्पंदन दर निम्न विधियों द्वारा ज्ञात कि जा सकती है – यान्त्रिक विधि (एकल एवं डबल रिंग इन्फील्ट्रोमिटर), हाइड्रोग्राफ विधि (Hydrograph method), वर्षा सिम्युलेटर (rainfall simulator), बेसिन पोंडिंग विधि (basin ponding method), प्रवाह और बहिर्वाह विधि (inflow outflow method), ब्लॉक फ्यूरो विधि (block furrow method), रीसाइकलिंग फर्रो विधि (recycling furrow method) और फव्वारा अन्तःस्पंदन विधि (sprinkler infiltration method)।

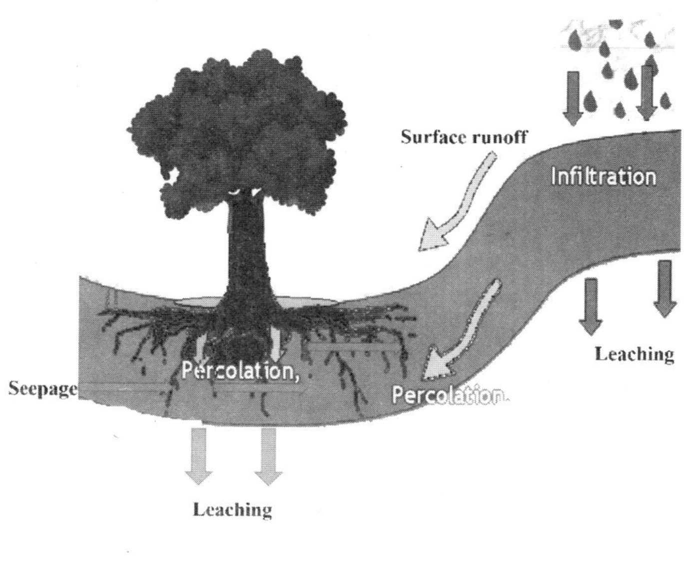

अन्तःस्रवण (Percolation) – मृदा कॉलम से होकर पानी का संचलन अन्तःस्रवण कहलाता है। अन्तःस्रवित जल भौम जल का पुनःभरण (recharge) करने के लिये एक मात्र मुख्य स्रोत है तथा यह जल पादप पोषकों को मृदा में नीचे की ओर पेड़–पौधों की जड़ों की पहुंच से दूर ले जाता है।

सतह अपवाह (Surface runoff) – मृदा में किसी खास सीमा तक प्रवेश किये बिना मृदा सतह पर बढ़ रहे जल को 'सतह अपवाह' कहते हैं। सतह अपवाह को कम करने के लिये मृदा से जल हानी अन्तःस्पंदन, अन्तःस्त्रवण, वाष्पन तथा वाष्पोत्सर्जन में वृद्धि आवश्यक है।

सतह अपवाह = जल लाभ–जल संचय

जहाँ जल लाभ वर्षण, संघनन तथा अधिशोषण से होता है जबकी जल ह्रास अन्तःस्त्रवण, वाष्पन तथा वाष्पोत्सर्जन द्वारा होता है तथा जल संचय (water storage) अवरोध संचय, पृष्ठसंचय तथा मृदा जल की मात्रा में वृद्धि होने पर होता है। सतह अपवाह को वर्षा की तीव्रता एवं अवधि, वर्षा का प्रकार, वर्षा का वितरण, प्रचलित हवा की दिशा एवं सापेक्षित आर्द्रता (relative humidity) आदि प्रभावित करते है।

जल निकास (Drainage) – वह प्रक्रिया जिसके द्वारा मृदा सतह या पौधों के जड़ क्षेत्र के अतिरिक्त पानी को प्राकृतिक या कृत्रिम रूप से हटाना जल निकास कहलाता है।

सीपेज (Seepage) – वह प्रक्रिया जिसके परिणामस्वरूप मृदा में जल का क्षैतिज दिशा (horizontal direction) में प्रवाह होता है, सीपेज कहलाता है।

निक्षालन (Leaching) – वह प्रक्रिया जिसके द्वारा मृदा में विद्यमान घुलनशील संघटक जल में घुल जाते है एवं पौधे के जड़ क्षेत्र से रिसते हुए जल के साथ मृदा में से होकर नीचे के स्तरों में पहुँच जाते हैं निक्षालन कहलाता है।

पारगम्यता (Permeability) – वह सुगमता जिससे गैसें, द्रव या पौधों की जड़ें मृदा द्रव्यमान या मृदा स्तर में प्रवेश करती हैं या उससे गुजरती हैं, पारगम्यता कहलाती हैं। या मृदा की वह क्षमता जो जल एवं वायु को संचरित (transmit) करे। मृदा पारगम्यता का मृदा में उपस्थित जल से ही प्रत्यक्ष सम्बन्ध है। असंतृप्त मृदाओं में संतृप्त मृदाओं की अपेक्षा पारगम्यता अधिक होती है।

क्रमांक	मृदा	पारगम्यता K(cm/sec)
1.	कंकड़ (gravel)	10^{0}
2.	मोटी बालू (coarse sand)	$10^{0} – 10^{-1}$
3.	मध्यम बालू (medium sand)	$10^{-1} – 10^{-2}$
4.	महीन बालू (fine sand)	$10^{-2} – 10^{-3}$
5.	सिल्ट बालू (silt sand)	10^{-3} -10^{-4}
6.	सिल्ट (silt)	$1x10^{-5}$
7.	क्ले (clay)	10^{-7} -10^{-9}

प्रश्न कोष

वस्तुनिष्ठ प्रश्न

1. वह जल जो मृदा कणों द्वारा जल के अणुओं के द्विध्रुवीय विन्यास (Dipole orientation) के कारण धारित होता है, कहलाता है?
   (A) आद्रताग्राही जल
   (B) केशिका जल
   (C) गुरुत्वाकर्षण जल
   (D) इनमें से कोई नही
2. जिप्सम ब्लाक उपयोग किया जाता है?
   (A) भारात्मक विधि (B) पृष्ठ तनाव मापी
   (C) विद्युतीय चालकता
   (D) इनमें से कोई नही
3. पौधे के लिए सबसे महत्वपूर्ण जल है?
   (A) सामान्य जल (B) गुरुत्वाकर्षण जल
   (C) केशिका जल (D) आर्द्रताग्राही जल
4. उच्च चूषण मान पर जल मात्रा मापने के लिए प्रयोग में ली जाती है?
   (A) विद्युतीय चालकता विधि
   (B) न्यूट्रॉन प्रकीर्णन विधि
   (C) दाब झिल्ली उपकरण विधि
   (D) इनमें से कोई नही
5. प्रकृति में जल चक्र के अध्ययन को कहते हैं?
   (A) पारगम्यता (B) जल विज्ञान
   (C) वायुमण्डल (D) इनमें से कोई नही
6. टेन्सियोमीटर की काम करने की सीमा है?
   (A) 2.1–2.2 वायुमण्डल
   (B) 1–1.1 वायुमण्डल
   (C) 0.0–0.85 वायुमण्डल
   (D) 1.1–2.1 वायुमण्डल
7. क्षेत्र धारिता पर पी. एफ. मान होता है?
   (A) 4.5 (B) 2.5
   (C) 0 (D) 4.18
8. निम्न में से स्वतन्त्र जल भी कहलाता है?
   (A) केशिका जल
   (B) आर्द्रताग्राही जल
   (C) गुरुत्वाकर्षण जल
   (D) प्राप्य जल
9. विद्युतीय चालक विधि द्वारा मृदा जलांश की कितनी मात्रा तक मापन किया जाता है?
   (A) 50 - < 100 kPa
   (B) 100 - 500 kPa
   (C) 10 - 500 kPa
   (D) 100 -1500 kPa
10. न्यूट्रॉन प्रकीर्णन में प्रोब की लम्बाई होती है?
   (A) 10-20 cm (B) 20-30 cm
   (C) 50-100 cm (D) 30-45 cm

रिक्त स्थानों की पूर्ति कीजिए

1. मृदा जल स्तम्भ की ऊँचाई 346 से.मी. है तो पी. एफ. मान ....होगा।
2. मृदा में जल वाष्प का संचलन अधिक वाष्प दाब वाले क्षेत्र से .... दाब वाले क्षेत्र की ओर होता है।

3. जल की वह मात्रा जो मुरझान गुणाँक और क्षेत्र क्षमता के बीच में पाया जाता है और पौधों को प्राप्य होता है ....कहलाता हैं।
4. टेन्सियोमीटर .... बार की सीमा में काम करता हैं।
5. मृदा में नमी की वह प्रतिशतता जिस पर मृदा और पानी का लेप किसी दूसरे पदार्थ से चिपकना बन्द कर देता है, ... कहलाता हैं।
6. एक बार ....किलो पास्कल के बराबर होता है।

सत्य या असत्य कथन पर (√) का निशान लगाये

1. प्रकृति में जल चक्र के अध्ययन को जल विज्ञान (Hydrology) कहते हैं। (सत्य/असत्य)
2. पौधों की जडों का चूषण बल (suction force) मृदा के धारित बल की तुलना मे अधिक होने पर ही पौधे मृदा ज़ल को शोषित कर सकते हैं। (सत्य/असत्य)
3. मृदा में जल आसंजन एवं ससंजन बलो के द्वारा धारित रहता है। (सत्य/असत्य)
4. जल अणुओं के प्रति ठोस कणों/मृदा सतह का आकर्षण होना आसंजन बल (force of adhesion) कहलाता है। (सत्य/असत्य)
5. ठोस सतह पर अधिशोषित जल के अणु समान आकार के अन्य जल के अणुओं को अपनी ओर आकर्षित करते हैं उसे ससंजन बल (force of cohesion) कहते हैं। (सत्य/असत्य)
6. संतृप्त प्रवाह पर मृदा जल का तनाव (Tension) शून्य होता है। (सत्य/असत्य)
7. जल का वाष्प अवस्था से द्रव अवस्था में परिवर्तन संघनन कहलाता है। (सत्य/असत्य)
8. 15 बार दाब के समतुल्य पी०एफ० मान 4.18 है। (सत्य/असत्य)
9. मृदा जल का मापन केवल भारात्मक, विद्युतीय चालकता एवं न्यूट्रॉन प्रकीर्णन विधि के द्वारा ही किया जाता है। (सत्य/असत्य)
10. पौधों के जड़ क्षेत्र से अतिरिक्त पानी को प्राकृतिक या कृत्रिम रूप से हटाना जल निकास कहलाता है। (सत्य/असत्य)

लघु एवं विस्तृत उत्तरीय प्रश्न

1. मृदा जल कितने प्रकार का होता है?
2. मुरझान गुणाँक क्या है?
3. आर्द्रता ग्राही जल को समझाइये।
4. जल धारण क्षमता क्या है?
5. मृदा जल एवं इसके महत्व और संरचना को समझाइए।
6. जल धारण एवं इसके बल के बारे में लिखिए।
7. मृदा जल के वर्गीकरण को विस्तार से समझाइए।

8. मृदा जल का भौतिक एवं जैविक वर्गीकरण का उल्लेख करें? मृद नमी मूल्यांकन की विधियों को सूचीबद्ध करे एवं किन्हीं दो का विस्तार से वर्णन कीजिए।

उत्तरमाला

वस्तुनिष्ठ प्रश्न	1. (A)	2. (C)	3. (C)	4. (C)	5. (B)
	6. (C)	7. (B)	8. (C)	9. (D)	10. (C)
रिक्त स्थानों की पूर्ति	1. 2.5	2. कम	3. प्राप्य जल	4. 0-0.85	5. असलांग बिन्दु
	6. 100				
सत्य या असत्य	1. सत्य	2. सत्य	3. सत्य	4. सत्य	5. सत्य
	5. सत्य	6. सत्य	7. सत्य	9. असत्य	10. सत्य

अध्याय – 15

सिंचाई जल की गुणवत्ता
(QUALITY OF IRRIGATION WATER)

जल गुणवत्ता से तात्पर्य जल की शुद्धता अथवा अनावश्यक बाहरी पदार्थों से रहित जल से हैं। कृषि के विकास में सिंचाई जल का महत्त्वपूर्ण योगदान है। पौधों के जीवन एवं बढ़ोत्तरी के लिये सिंचाई जल बहुत आवश्यक है। बीज के अंकुरण से लेकर बढ़ोत्तरी तक की सभी रासायनिक क्रियायें जल की उपस्थिति में ही होती हैं। कृषि उत्पादन में वृद्धि, अच्छे किस्म के बीज, उर्वरकों का पूर्ण लाभ, उचित भूमि एवं जल प्रबन्धन के साथ–साथ अच्छी गुणवत्ता के जल से सिंचाई करने पर ही सम्भव हैं।

सिंचाईं जल की गुणवत्ता उसमें विलये लवणों की मात्रा एवं प्रकृति पर निर्भर करती है। सिंचाई के लिए उपयोग किये जाने वाले जल में प्रायः कुछ लवण निश्चित मात्रा में घुले होते हैं, लेकिन लवणों की मात्रा एवं प्रकृति विविध होती हैं। लवणों की अत्यधिक मात्रा से फसल पर प्रतिकूल प्रभाव पड़ता है। लवणता या खारापन विशेष रूप से शुष्क एवं अर्द्धशुष्क क्षेत्र में सिंचाई जल की गुणवत्ता का आंकलन करने के लिए सबसे महत्वपूर्ण मापदंड में से एक है।

सिंचाई जल की गुणवत्ता को प्रभावित करने वाले कारक

1. सिंचाई जल में Ca^{2+}, Mg^{2+}, Na^{+}, Cl^{-}, CO_3^{2-}, HCO_3^{-}, F^{-}, Fe^{2+} एवं बोरॉन आदि लवणों की मात्रा का अधिक होना।
2. भूमी जल स्तर में बढोत्तरी।
3. कमजोर निकास (Poor drainage) से लवणों के निक्षालन (leaching) में कमी।
4. सिंचाई जल का पी. एच. मान।
5. सिंचाई जल की विद्युत चालकता।

खराब गुणवत्ता सिंचाई जल के हानिकारक प्रभाव

1. सिंचाई जल में विलय लवणों कैल्शियम, मैग्नीशियम, सोडियम, क्लोराइड, कार्बोनेट, बाइकार्बोनेट, फ्लोराइड, आयरन एवं बोरॉन आदि की अधिक मात्रा होना एवं उसके लगातार उपयोग से मृदा का लवणीय एवं क्षारीय बनना।
2. खराब गुणवत्ता सिंचाई जल से मृदा विलयन का परासरणी दाब (Osmotic pressure) बढ़ जाता है, फलस्वरूप मृदा से जल एवं पोषक तत्वों का अधिग्रहण (Uptake) निषेध हो जाता हैं।

3. सिंचाई जल की खराब गुणवत्ता मृदा संरचना को प्रभावित करती है।
4. खराब गुणवत्ता सिंचाई जल मृदा के भौतिक, रासायनिक एवं जैविक गुणों पर प्रतिकुल प्रभाव डालता है।
5. सिंचाई जल की उच्च विद्युत चालकता फसलों के अंकुरण एवं जड़ विकास को बाधित करती है तथा पैदावार भी कम होती है।
6. Na^+ की मात्रा सिंचाई जल में अधिक होने से पोटेशियम, कैल्शियम एवं मैग्नीशियम का पौधे अधिग्रहण मृदा से कम करते हैं।
7. सिंचाई जल में बोरॉन की अधिक मात्रा होने से पौधों में ऊतकक्षय (Necrosis) हो जाता है।
8. लवणीय पानी से सिंचाई करने से मिट्टी में लवण एकत्रित हो जाते हैं, जिसके कारण पौधों में पानी की कमी, धीमी वृद्धि, मुरझाने तथा सूखने की समस्या उत्पन्न हो जाती है।
9. क्षारीय पानी के प्रयोग से भूमि की ऊपरी सतह पर एक बारीक पपड़ी बन जाती है जिससे पौधों को समुचित पानी नहीं मिल पाता है।
10. क्षारीय पानी के कारण मिट्टी में क्षारीयता उत्पन्न होने के कारण पी.एच. मान बढ़ जाता है तथा इससे कई पोषक तत्व, जैसे–नाइट्रोजन, जिंक, आयरन आदि पौधों को नहीं मिल पाते हैं। इस स्थिति में कैल्शियम तथा मैग्नीशियम की उपलब्धता घट जाती है और सोडियम की आविषालुता बढ़ जाती है।
11. कई बार बोरॉन, मॉलिब्डेनम, क्लोरीन, लिथियम एवं सेलिनियम आदि तत्वों की मात्रा बढ़ने से भी आविषालुता बढ़ जाती है।

सिंचाई हेतु जल की गुणवत्ता निर्धारण करने में निम्नलिखित प्राचालों (Parameters) के बारे में जानकारी आवश्यक है। लवणों की सांद्रता प्रायः पानी की विद्युत चालकता अथवा ई.सी. द्वारा मापी जाती है और डेसीसाइमन/मीटर में या मिली मोहज प्रति सें.मी. में प्रदर्शित किया जाता है। सामान्यतः जल में पाये जाने वाले धनायन – सोडियम, पोटेशियम, कैल्शियम मैग्नीशियम तथा ऋणायन–कार्बोनेट, बाईकार्बोनेट, क्लोराइड, सल्फेट, नाइट्रेट और फ्लोराइड होते हैं। इसके अतिरिक्त अल्प मात्रा में सिलिका तथा बोरॉन आदि आयन भी विद्यमान होते हैं तथा सोडियम अवरोध या समस्या को अवशिष्ट सोडियम कार्बोनेट (RSC) और सोडियम अवशोषण अनुपात (SAR) के द्वारा दर्शाया जाता है।

सिंचाई जल का वर्गीकरण (Classification of Irrigation Water)

संयुक्त राज्य अमेरिका की लवणता प्रयोगशाला, 1954 ने विद्युत चालकता एवं सोडियम अधिशोषण अनुपात (Sodium absorption ratio) के आधार पर सिंचाई जल को वर्गीकृत किया हैं।

1. **विद्युत चालकता के आधार पर वर्गीकरण (Classification based on Electrical Conductivity)** – सिंचाई जल में उपस्थित विलये कुछ लवणों का सान्द्रण विद्युत चालकता (EC) के रूप में व्यक्त किया जाता है। संयुक्त राज्य अमेरिका की लवणता प्रयोगशाला ने विद्युत चालकता के आधार पर सिंचाईं जल को चार वर्गों में विभाजित किया है। वर्ग C_1 एवं C_2 को सिंचाईं के लिए उपयुक्त माना गया है जबकी C_3 एवं C_4 वर्ग जल को सिंचाई के लिए उपयुक्त नही माना गया है।

जल वर्ग	EC (µmho/cm)	लवण सान्द्रता (g/l)	रिमार्क
C_1– निम्न लवणीय जल (Low salinity water)	0–250	< 0.16	यह पानी सिंचाई में इस्तेमाल किया जा सकता है।
C_2– मध्यम लवणीय जल (Medium salinity water)	250–750	0.16–0.50	मध्यम निक्षालन (leaching) के साथ प्रयोग किया जा सकता है।
C_3– उच्च लवणीय जल (High salinity water)	750–2250	0.50–1.50	सिंचाई के लिए उपयुक्त नहीं है।
C_4– अत्यधिक लवणीय जल (Very high salinity water)	2250–5000	1.50–3.0	सिंचाई के लिए उपयुक्त नहीं है।

Note: micromhos x 0.10 = milliSiemens per meter, micromhos x 0.001 = dS/m, 1 dS/m = 0.1, S/m = 1000 µS/cm, 1 mmhos/cm = 1000 µmhos/cm

2. **सोडियम अधिशोषण अनुपात के आधार पर वर्गीकरण (Classification based on Sodium Absorption Ratio)** – जल में लवणों एवं सोडियम की उच्च सान्द्रता क्रमशः लवणीय एवं क्षारीय मृदाओं का विकास करती है। सिंचाई जल में सोडियम अथवा क्षारीय भार की गणना ऋणायनों की निरपेक्ष सान्द्रता द्वारा की जाती है। इसको सोडियम अधिशोषण अनुपात (SAR) के रूप में व्यक्त किया जाता है। यदि सिंचाई जल में सोडियम एवं कैल्शियम कम मात्रा में है तो ऋणायन विनिमय कॉम्पलैक्स सोडियम से संतृप्त हो जाता है तथा यह मृदा संरचना को अस्त–व्यस्त कर देता है। सिंचाई जल में सोडियम एवं सोडियम प्लस मैग्नीशियम की सान्द्रता के अनुपात को सोडियम अधिशोषण अनुपात कहते हैं। संयुक्त राज्य अमेरिका की लवणता प्रयोगशाला, स्टाफ (रिचर्ड, 1954) ने सोडियम अधिशोषण अनुपात के आधार पर सिंचाई जल को चार वर्गों में वर्गीकृत किया।

$$\text{Sodium absorption ratio} = \frac{Na^{+}}{\sqrt{(Ca^{++} + Mg^{++})/2}}$$

जल वर्ग	सोडियम अधिशोषण अनुपात मान	रिमार्क
S_1 – न्यून सोडियम जल (Low sodium water)	0–10	यह जल फसलों में इस्तेमाल किया जा सकता है।
S_2 – मध्यम सोडियम जल (Medium sodium water)	10–18	उचित प्रबन्ध के साथ उपयोग किया जा सकता है।
S_3 – उच्च सोडियम जल (High sodium water)	18–26	सिंचाई के लिए सन्तोषजनक नहीं है।
S_4 – अत्यधिक सोडियम जल (Very high sodium water)	> 26.0	सिंचाई के लिए सन्तोषजनक नहीं है।

3. **अवशिष्ट सोडियम कार्बोनेट के आधार पर वर्गीकरण (Classification based on Residual Sodium Carbonate)** – अवशिष्ट सोडियम कार्बोनेट का उपयोग सिंचाई जल की गुणवत्ता मुल्यांकन के लिए किया जाता है। अच्छी गुणवत्ता की सिंचाई जल में बाइकार्बोनेट (HCO_3^-) की मात्रा, कैल्शियम एवं मैग्नीशियम से अधिक नही होनी चाहिये। वैज्ञानिक ईटन (1950) ने अवशिष्ट सोडियम कार्बोनेट (RSC) को इस प्रकार प्रस्तुत किया:

$$RSC\ (mel^{-1}) = (CO_3^{2-}) + (HCO_3^-) - (Ca^{2+} + Mg^{2+})$$

अवशिष्ट सोडियम कार्बोनेट (RSC) के आधार पर सिंचाई जल को तीन वर्गो में वर्गीकृत किया गया है।

वर्ग	RSC की सीमायें (me l^{-1})	जल गुणवत्ता
I	< 1.25	यह जल सुरक्षित रूप से फसलों में इस्तेमाल किया जा सकता है।
II	1.25–2.5	यह जल निश्चित प्रबंधन के साथ प्रयोग किया जा सकता है।
III	> 2.5	सिंचाई के लिए अनुपयुक्त।

4. **बोरॉन सान्द्रता (Boron concentration)** – बोरॉन बोरेट के रूप में कई सिंचाई जल स्रोतों में पाया जाता है। बोरॉन पौधों की सामान्य वृद्धि के लिए आवश्यक होता है, लेकिन इसकी सिंचाई जल में आवश्यकता से अधिक मात्रा पौधों के ऊपर विपरीत प्रभाव डालती हैं। बोरॉन की सान्द्रता के आधार पर सिंचाई जल को पाँच वर्गो में वर्गीकृत किया गया है:

सिंचाई के पानी में बोरॉन की अनुमेय स्तर हैं

बोरॉन वर्ग	बोरॉन सान्द्रता (ppm)			टिप्पणी
	संवेदनशील फसलें (Sensitive crops)	अर्द्ध सहिष्णु फसलें (Semi Tolerant crops)	सहिष्णु फसलें (Tolerant crops)	
बहुत कम	< 0.33	< 0.67	< 1.0	सिंचाई के लिए उपयुक्त
कम	0.33 – 0.67	0.67 – 1.33	1.00 – 2.00	कुछ प्रबंधन के साथ उपयोग किया जा सकता है
मध्यम	0.67 – 1.0	1.33 – 2.0	2.0 – 3.0	सिंचाई के लिए अनुपयुक्त
अधिक	1.0 – 1.25	2.0 – 2.5	3.0 – 3.75	सिंचाई के लिए अनुपयुक्त
बहुत अधिक	> 1.25	> 2.5	> 3.75	सिंचाई के लिए अनुपयुक्त

5. **क्लोराइड सान्द्रता (Chloride concentration)** – सिंचाई जल में क्लोराइड एक आम आयन है। यद्यपि क्लोराइड की बहुत कम मात्रा पौधों के लिए आवश्यक होती है, इसकी अधिक सांद्रता संवेदनशील फसलों के लिए विषाक्तता पैदा कर सकती है। सोडियम की तरह सिंचाई जल में क्लोराइड की अधिक सांद्रता पौधों के लिए अधिक समस्याओं का कारण हो सकती है। क्लोराइड सान्द्रता को निम्न प्रकार से प्रकट किया जा सकता हैं।

$$Cl^- \text{ (me/l)} = \frac{Cl^-}{CO_3^{2-} + HCO_3^- + SO_4^{2-} + Cl^- + NO_3^-}$$

क्लोराइड की सान्द्रता के आधार पर सिंचाई जल को पाँच वर्गो में वर्गीकृत किया गया है, जो निम्नलिखित हैः

वर्ग	क्लोराइड सान्द्रता (me/l)	रिमार्क
I	4	उत्कृष्ट जल, सिंचाई के लिए उपयुक्त।
II	4-7	मध्यम अच्छा जल, सिंचाई के लिए उपयुक्त।
III	7-12	थोड़ा प्रयोग करने योग्य।
IV	12-20	सिंचाई प्रयोजन के लिए उपयुक्त नहीं।
V	> 20	सिंचाई प्रयोजन के लिए उपयुक्त नहीं।

6. **पी.एच. (pH)** – pH किसी भी जल में उपस्थित हाइड्रोजन आयन (H^+) की सान्द्रता का माप है जो उसकी अम्लता एवं क्षारीयता बताता है। जब कोई पदार्थ जल में घुलता है तो मिश्रण विधुत चार्ज हाइड्रोजन (H^+) तथा हाइड्रोक्सिल (OH^-) आयनों में वियोजित हो जाता है। जिस जल का पी. एच. मान 7 से कम है वह अम्लीय तथा 7 से अधिक है तो जल क्षारीय होता है। सिंचाई के पानी के लिए सामान्य पी.एच. रेंज 6.5–8.4 है। 8.5 से अधिक पी. एच. पर बाइकार्बोनेट (HCO_3^-) और कार्बोनेट (CO_3^{2-}) की सांद्रता अधिक होती है। अधिक कार्बोनेट के कारण कैल्शियम और मैग्नीशियम आयन अघुलनशील रूप में बदल जाते है तथा सोडियम प्रमुख आयन के रूप में मृदा विलय मे रह जाता है। पी. एच. के आधार पर सिंचाई जल को तीन वर्गो में वर्गीकृत किया गया है।

वर्ग	पी. एच. मान	रिमार्क
I	6.5-8.4	सिंचाई के लिए उपयुक्त
II	8.4-9.5	कुछ प्रबंधन के साथ उपयोग किया जा सकता है
III	> 9.5	सिंचाई के लिए अनुपयुक्त

7. **समायोजित सोडियम अधिशोषण अनुपात (Adjusted Sodium Absorption Ratio)** – अवशिष्ट सोडियम कार्बोनेट तथा सोडियम अधिशोषण अनुपात से जल की गुणवत्ता ज्ञात की जाती हैं। समायोजित सोडियम अधिशोषण अनुपात (Adjusted SAR) के आधार पर सिंचाई जल को पाँच वर्गो में वर्गीकृत किया गया है –

वर्ग	क्षमता	समायोजित सोडियम अधिशोषण अनुपात
I	कम	< 10
II	मध्यम	10-20
III	अधिक	20-30
IV	बहुत अधिक	30-40
V	अत्यधिक	> 40

8. **सोडियम विलेय प्रतिशतता (Soluble Sodium Percentage)** – लगभग सभी प्राकृतिक जल में सोडियम उपलब्ध होता है। इसका स्तर 1 मिलोग्राम प्रति लीटर से लेकर 500 मिलीग्राम प्रति लीटर से अधिक तक हो सकता है। सिंचाई जल में सोडियम की मात्रा 60 मिलीग्राम प्रति लीटर या इससे अधिक पौधों के लिए उपयुक्त नही है। सोडियम विलेय प्रतिशतता को निम्न प्रकार से प्रकट कर सकते हैं।

$$\text{Soluble sodium percentage} = \frac{Na}{Ca + Mg + Na} \times 100$$

सिंचाई के लिए जल की गुणवत्ता की व्याख्या के लिए दिशा निर्देश

Parameters	Suitable	Moderately suitable	Not suitable
EC (dSm^{-1})	25	25-75	>75.0
SAR	<10	10-18	>18.0
Sodium (as adjusted SAR)	3.0	3.0-9.0	>9.0
RSC (me/l)	<1.25	1.25-2.5	>2.5
HCO_3 (me/l)	<1.5	1.5-8.5	>8.5
NO_3-N (me/l)	<5.0	5.0-30.0	>30.0
B (me/l)	<0.75	0.75-2.0	>2.0
Cl (me/l)	<4.0	4.0-10.0	>10.0
F (me/L)	<1.0	1.0-15.0	>15.0
pH	6.5-8.4	8.4 -9.5	>9.5

स्त्रोत : खाद्य एवं कृषि संगठन (1994)

प्रश्न कोष

वस्तुनिष्ठ प्रश्न

1. सिंचाई के पानी में बोरॉन की न्यून मात्रा फसलों के लिए होती है?

   (A) हानिकारक (B) विषैला

   (C) लाभदायक (D) ये सभी

2. विद्युत चालकता के आधार पर सिंचाई जल को कितने वर्गों में विभाजित किया है?

   (A) छः (B) पाँच

   (C) चार (D) तीन

3. सिंचाई के लिए उपयुक्त एवं उत्कृष्ट जल में क्लोराइड की सान्द्रता (मिली. ई./ली.) होती है?

   (A) 4 (B) 4-7

   (C) 7-12 (D) > 20

4. केन्द्रीय मृदा लवणता अनुसंधान संस्थान स्थित है?

   (A) दिल्ली (B) वाराणासी

   (C) कानपुर (D) करनाल

5. सिंचाई जल में अवशिष्ट सोडियम कार्बोनेट की मात्रा >2.5 (me l^{-1}) है तो जल होगा?
   (A) जल निश्चित प्रबंधन के साथ प्रयोग किया जा सकता है।
   (B) सिंचाई के लिए अनुपयुक्त।
   (C) पानी सुरक्षित रूप से इस्तेमाल किया जा सकता है।
   (D) उपरोक्त में से कोई नही।

रिक्त स्थानों की पूर्ति कीजिए

1. क्लोराइड की सान्द्रता के आधार पर सिंचाई जल को .... वर्गों में वर्गीकृत किया गया है।
2. सिंचाई जल में सोडियम की मात्रा .... होने पर पौधों के लिए उपयुक्त नही है।
3. एफ. ए. ओं. का पूरा नाम है ....
4. सिंचाई के पानी के लिए सामान्य पीएच रेंज ....होती है।
5. अवशिष्ट सोडियम कार्बोनेट के आधार पर सिंचाई जल को .... वर्गों में वर्गीकृत किया गया है।

सत्य या असत्य कथन पर (√) का निशान लगाये

1. खराब गुणवत्ता सिंचाई जल से मृदा विलयन का परासरणी दाब (Osmotic pressure) बढ जाता है। (सत्य/असत्य)
2. सिंचाई जल में बोरॉन लवण की अधिक मात्रा सिंचाई जल की गुणवत्ता को प्रभावित करती है। (सत्य/असत्य)
3. संयुक्त राज्य अमेरिका की लवणता प्रयोगशाला ने विद्युत चालकता के आधार पर सिंचाई जल को चार वर्गों में विभाजित किया है। (सत्य/असत्य)
4. सोडियम अधिशोषण अनुपात के आधार पर सिंचाई जल को 6 वर्गों में वर्गीकृत किया। (सत्य/असत्य)
5. सिंचाई जल में क्लोराइड लवण की अधिक मात्रा सिंचाई जल की गुणवत्ता को प्रभावित करती है। (सत्य/असत्य)

लघु एवं विस्तृत उत्तरीय प्रश्न

1. खराब गुणवता सिंचाई जल के हानिकारक प्रभाव के बारे में लिखिए।
2. सिंचाई जल की गुणवता के बारे में विस्तार से लिखिए।
3. सिंचाई जल का वर्गीकरण विस्तृत में लिखिए।
4. खाद्य एवं कृषि संगठन के अनुसार सिंचाई के लिए जल की गुणवत्ता की व्याख्या के लिए दिशा निर्देश लिखिए।

उत्तरमाला

वस्तुनिष्ठ प्रश्न	1. (C)	2. (C)	3. (A)	4. (D)	5. (B)
रिक्त स्थानों की पूर्ति	1. पाँच	2. 60 मिलीग्राम प्रति लीटर	3. खाद्य एवं कृषि संगठन	4. 6.5–8.4	5. तीन
सत्य या असत्य	1. सत्य	2. सत्य	3. सत्य	4. असत्य	5. सत्य

■■■■

अध्याय – 16

मृदा कोलॉइड्स (SOIL COLLOIDS)

थॉमस ग्राहम (Thomas Graham) कोलाइड रसायन के जन्मदाता (Father of colloidal chemistry) माने जाते हैं। इन्होने 1861 में जल विलेय पदार्थों को उनके वनस्पति या जन्तु झिल्ली में से विसरण के आधार पर क्रिस्टलाभ (Crystalloid) तथा कोलाइड में विभाजित किया था। जो पदार्थ इन झिल्लियों में से सरलतापूर्वक विसरित हो जाते हैं, उन्हें क्रिस्टलाभ कहते हैं। उदाहरण – नमक, शर्करा, यूरिया, क्षार, अम्ल एवं अनेक प्रकार के लवण आदि। दूसरी श्रेणी के पदार्थ जो अधिकतर ठोस अवस्था में अक्रिस्टलीय होते हैं और जिनके विलयन जन्तु अथवा वनस्पति झिल्लीयों से सरलतापूर्वक विसरित नही होते हैं, कोलाइड कहलाते है। उदाहरण – स्टार्च, गोंद, जिलेटिन, एल्बुमिन, सैलिसिक अम्ल इत्यादि।

मृदा कोलॉइड्स

मृदा कोलॉइड्स शब्द थॉमस ग्राहम ने 1861 में दिया तथा यह ग्रीक भाषा का एक शब्द है जिसका अर्थ [Kolla = गोंद (glue), Eidos = समान (like), गोंद के समान है। 0.001 मी.मी. आकार से छोटे कण जो कोलॉइड्ल विशेषता रखते है, मृदा कोलॉइड्स (Soil colloids) कहलाते है। स्टार्च, जिलेटिन, कोहरा, रबड़ आदि कोलाइडी पदार्थ है।

मृदा कोलॉइड्स के सामान्य गुण (General properties of soil colloids)

1. कोलॉइड्स वास्तविक विलयन नहीं बनाते और इनका विलयन विषमाँगी होता है।
2. ये अर्द्ध पारगम्य झिल्ली में होकर विसरित (diffuse) नहीं होते हैं।
3. **ब्राउनियन गति (Brownian movement)** – कोलाइडी कणों के निलम्बन को एक सूक्ष्मदर्शी से देखने पर कण तेजी से टेढ़े–मेढ़े ढंग से निरन्तर गति करते हुये दिखाई देते हैं। इसको ब्राउनियन गति कहते हैं। कणों का आकार जितना छोटा होगा, उनकी गति उतनी ही अधिक होती है। कणों के आकार में वद्धि होने पर इनकी गति कम हो जाती है और जब इनका आकार 0.001 मिमी से अधिक होता है तो इनकी गति रुक जाती है। ब्राउनियन गति मुख्य रूप से कोलाइडी कणों के स्कन्दन के लिये उत्तरदायी होती है।
4. **आकार एवं रूप (Size and shape)** – अकार्बनिक एवं कार्बनिक कोलॉइड्स अति सूक्ष्म आकार (1 माइक्रॉन) के होते है। मृदा कोलॉइड्स कणों को साधारण सूक्ष्मदर्शी में नही देख सकते लेकिन इलेक्ट्रोन सूक्ष्मदर्शी से देख सकते है। मृदा कोलॉइड्स कणों का आकार

तथा रूप उसके खनिज संगठन एवं उसके विकसित होने की दशाओं पर निर्भर करता है। मृदा कोलॉइड्स का रूप ज्ञात करने के लिए कई विधियाँ विकसित की गई हैं जो प्रकाशीय गुणों पर आधारित है। क्ले कोलॉइडी कण स्तरकीय (laminated) आकार के होते है, जो पट्टियों (plates) की तहों से बने होते हैं। ये षट्भुजी (hexagonal), अनियमित प्लेट या परत (flake), दण्डाकार (rod shape) होते हैं। इन सभी दशाओं में प्रत्येक कणों के क्षैतिज अक्ष (horizontal axis) उर्ध्वाधर अक्ष (vertical axis) की तुलना में अधिक विकसित होते है। कुछ सिलिकेट क्लें एवं उनकी आकृति को तालिका 16.1 में दर्शाया गया है।

तालिका 16.1: सलिकेट क्लें एवं उनकी आकृति

क्रमांक	सिलिकेट क्लें		रूप / आकृति (Shape)
1.	केओलिनाइट	(Kaolinite)	षट्भुजी क्रिस्टल (hexagonal crystal)
2.	गिब्बसाइट	(Gibsite)	षट्भुजी क्रिस्टल (hexagonal crystal)
3.	मॉन्टमोरिलोनाइट	(Montmorillonite)	अनियमित प्लेट या परत (flakes)
4.	ह्यूमस	(Humus)	अनियमित / परिवर्तनशील
5.	हेलोसाइट	(Halloysite)	दण्डाकार (rod shape)
6.	स्मेक्टाइट	(Smectite)	परत (Flakes)
7.	वर्मीकुलाइट	(Vermiculite)	प्लेट (plates), परत (flakes)
8.	महीन माइका	(Fine mica)	परत (flakes)
9.	क्लोराइट	(Chlorite)	अनियमित (variable)
10.	ग्योथाइट	(Goethite)	अनियमित (variable)

5. **विद्युत आवेश (Electric charge)** – कोलाइडी कण प्रायः विद्युत आवेशित होते हैं। जल में निलम्बित करने पर मृदा कोलॉइड्स पर ऋण आवेश रहता है। आवेश के परिमाण (magnitude), जिसे जीटा पोटेन्शियल (Zeta potential) भी कहते हैं, पर निर्भर होता है कि कण या तो निलम्बन में रहते है या कई कण आपस में मिलकर बड़ा कण बनाकर नीचे बैठ जाते हैं। जब आवेश अधिक होता है तो कण एक–दूसरे को ढकेलकर (repel) निलम्बन में बने रहते हैं। जब आवेश कम हो जाता है या शून्य पर लाया जाता है तो कण आपस में एक–दूसरे को आकर्षित करके बड़ा कण (flocs) बनाकर अवसाद (Sediment) के रूप में नीचे बैठ जाते हैं।

6. **क्लेदन ऊष्मा (Heat of Wetting)** – मृदा कोलाइडी पदार्थ जल सोखने पर ऊष्मा की एक निश्चित मात्रा बाहर निकालते है, जिसे क्लेदन ऊष्मा कहते हैं। क्ले को अन्य द्रवों, जैसे ऐल्कोहल, बेंजीन आदि से गीला करने पर भी ऊष्मा निकलती है, लेकिन यह जल से गीला होने पर निकली ऊष्मा की अपेक्षा कम होती है। निकली हुई ऊष्मा की मात्रा कोलाइडी पदार्थों की मात्रा एवं प्रकृति तथा अधिशोषित धनायनों के प्रकार के साथ परिवर्तनीय होती है।

मृदा में क्ले की मात्रा अधिक होने पर ऊष्मा अधिक मात्रा में निकलती है। द्वि–संयोजी धनायन एक संयोजी धनायनों की अपेक्षा अधिक क्लेदन ऊष्मा के लिये उत्तरदायी होते हैं। मॉन्टमोरिलोनाइट क्ले, केओलिनाइट क्ले की अपेक्षा अधिक ऊष्मा निष्कासित करती है। सूखी मिट्टी, गीली मिट्टी की अपेक्षा अधिक ऊष्मा निकालती है।

7. **ऊर्णीपिंडन तथा प्रकीर्णन (Flocculation and Dispersion)** – जब तक कणों पर आवेश रहता है वे निलम्बन में रहते हैं तथा आवेश कम या समाप्त होने पर कण आपस में मिलकर ढीला समुच्चय (Loose aggregates of flocs) बनाते हैं जिसे ऊर्णीपिंडन कहते हैं। इसके विपरीत वह प्रक्रम जिसमें समुच्चय फिर कणों में टूट जाते हैं, विऊर्णीपिंडन या विक्षेपण (deflocculation) कहते हैं। कोलाइडी विलयनों में यदि कोई इलेक्ट्रोलाइट मिला दिया जाता है तो कण बहुत जल्दी ही एकत्रित होकर नीचे बैठ जाते हैं।

8. **अधिशोषण (Adsorption)** – कोलाइडी कणों का तलीय क्षेत्र अधिक होने के कारण इनकी अधिशोषण क्षमता अधिक होती है। ये गैसे, द्रवों तथा ठोसों को अपने तल पर अधिशोषित करते हैं। मृदा कोलॉइड्स सभी आयन्स का समान मात्रा में अधिशोषण नहीं करते। कुछ आयन्स आसानी से अधिशोषित हो जाते हैं जैसे अमोनियम, पोटेशियम, मैग्नीशियम तथा फॉस्फेट आयन्स। कुछ आयन्स जैसे कैल्शियम, सोडियम एवं सल्फेट कम आसानी से तथा नाइट्रेट, क्लोराइड एवं बाइकार्बोनेट आयन्स अल्प मात्रा में अधिशोषित होते हैं। अधिकांशतः अधिशोषण आयन्स के विनिमय से होता है।

9. **सुघट्यता (Plasticity)** – सुघट्यता वह गुण है जिसमें क्ले पर जब बल लगाया जाता है तो वह बिना टूटे हुये अपना रूप बदल लेती है। इस परिभाषा के अनुसार सुघट्यता क्ले की एक विशेषता है, जिसमें क्ले पानी लेकर ऐसी संहति बना ले जो एक इच्छित रूप में बदली जा सके और बल हटाने पर उसी रूप में बनी रहे, पानी के अलग होने पर या क्ले सूख जाने पर भी उसके रूप में कोई परिवर्तन नहीं आता है। सुघट्यता कणों के रूप में और आकार के साथ परिवर्तनीय होती है, क्योंकि वह जल पटल के साथ संगुणित एक तलीय घटना है। बड़े कण सुघट्यता नहीं दर्शाते हैं। प्लेट के आकार के कण सबसे ज्यादा सुघट्य होते हैं। छोटे–छोटे कणों के होने से भी सुघट्यता अधिक हो जाती है। कार्बनिक पदार्थ भी मृदा में सुघट्यता लाते हैं। कोलाइडी पदार्थों की मात्रा तथा प्रकृति सुघट्यता को बहुत अधिक प्रभावित करते हैं। कोलाइडी पदार्थ बड़े–बड़े कणों के बीच में स्नेहक (lubricant) का कार्य करते हैं और उनके घर्षण को कम करते हैं।

10. **ससंजन और आसंजन (Cohesion and Adhesion)** – द्रव प्रावस्था का ठोस प्रावस्था की सतह पर आकर्षण को आसंजन कहते हैं। इस प्रकार जल के अणु मृदा कणों की सतह पर या जो पदार्थ इनके सम्पर्क में हों, की सतह पर चिपक जाते हैं। समान प्रकार के गुण वाले पदार्थों, जैसे जल के अणुओं के बीच आकर्षण बल ससंजन कहलाता है। यह मुख्य रूप से पृष्ठ घटना है। आसंजन और ससंजन कोलाइडी कणों की तलीय सक्रियता के गुण हैं। ये कोलाइडी कणों की प्रकृति, आकृति तथा कोलाइड–जल में उपस्थित जल की मात्रा के साथ परिवर्तनीय होते हैं। मॉन्टमोरिलोनाइट क्ले, केओलिनाइट क्ले की अपेक्षा अधिक आसंजन तथा ससंजन गुण दर्शाते हैं। प्लेट के आकार के कणों में गोल कणों की अपेक्षा अधिक ससंजन बल होता है। अधिकांश कोलाइडी कण प्लेट के समान होते हैं, इसलिये इनमें आसंजन तथ ससंजन बल अधिक होता है। जल की मात्रा अधिक होने से ससंजन कम हो जाता है।

11. **फूलना एवं संकुचन (Swelling and Shrinkage)** – कोलाइडी पदार्थ जल के सम्पर्क में आने पर जल सोखकर फूलता है तथा फूलने से आयतन में वृद्धि होती है। कोलॉइड्स द्वारा शोषित जल की मात्रा तथा आयतन में वृद्धि कोलाइडों के प्रकार एवं अधिशोषित आयनों की प्रकृति पर निर्भर होती है। मॉन्टमोरिलोनाइट क्ले, केओलिनाइट क्ले की अपेक्षा अधिक जल शोषित करके अधिक फूलती है। सामान्य रूप से कोलॉइड्स सोडियम आयन्स के कारण कैल्शियम एवं हाइड्रोजन आयन्स की अपेक्षा अधिक फूलते हैं। ध्रुवीय (Polar) द्रवों जैसे जल के कारण अध्रुवीय (Non-polar) द्रवों जैसे बैंजीन की अपेक्षा अधिक फूलता है। कोलॉइड्स लवणीय जल से शुद्ध जल की अपेक्षा कम फूलते हैं।

12. **सतह क्षेत्र (Surface area)** – क्ले कणों के अधिक बारीक होने से इनकी बाह्य सतह (external surface) बहुत अधिक होती है। प्रत्येक क्रिस्टल कणों में उपस्थित प्लेट के समान इकाइयों के बीच आन्तरिक सतह होती है और जब रचनात्मक इकाइयों के बीच फैलाव होता है तो इनमें आन्तरिक सतह बन जाती है। इस प्रकार बाह्य एवं आन्तरिक सतह मिलकर कुल सतह के क्षेत्रफल को ओर अधिक कर देते हैं। एक ग्राम कोलाइडी क्ले का बाह्य सतह क्षेत्रफल एक ग्राम मोटी बालू के बाह्य सतह क्षेत्रफल की अपेक्षा कम से कम 1000 गुना अधिक होता है। कुछ क्ले खनिजों की विशिष्ट पृष्ठ क्षेत्रफल (Specific surface area) तालिका 16.2 में दिया गया है।

तालिका 16.2: क्ले खनिजों की विशिष्ट पृष्ठ क्षेत्रफल (Specific surface area)

क्ले खनिज	**पृष्ठ क्षेत्रफल की सीमा (range) m^2/kg**		
	आन्तरिक ($X10^3$)	**बाह्य ($X10^3$)**	**कुल ($X10^3$)**
केओलिनाइट	7–10	30–35	37–45
इलाइट	70–100	50–70	120–170
मॉन्टमोरिलोनाइट	500–600	80–150	580–750
क्लोराइट	60–80	70–100	130–180
वर्मीकुलाइट	700–800	80–100	780–900

मृदा कोलॉइड्स का वर्गीकरण – मृदा कोलॉइड्स को मुख्यतः कार्बनिक तथा अकार्बनिक कोलॉइड्स में विभक्त किया गया है।

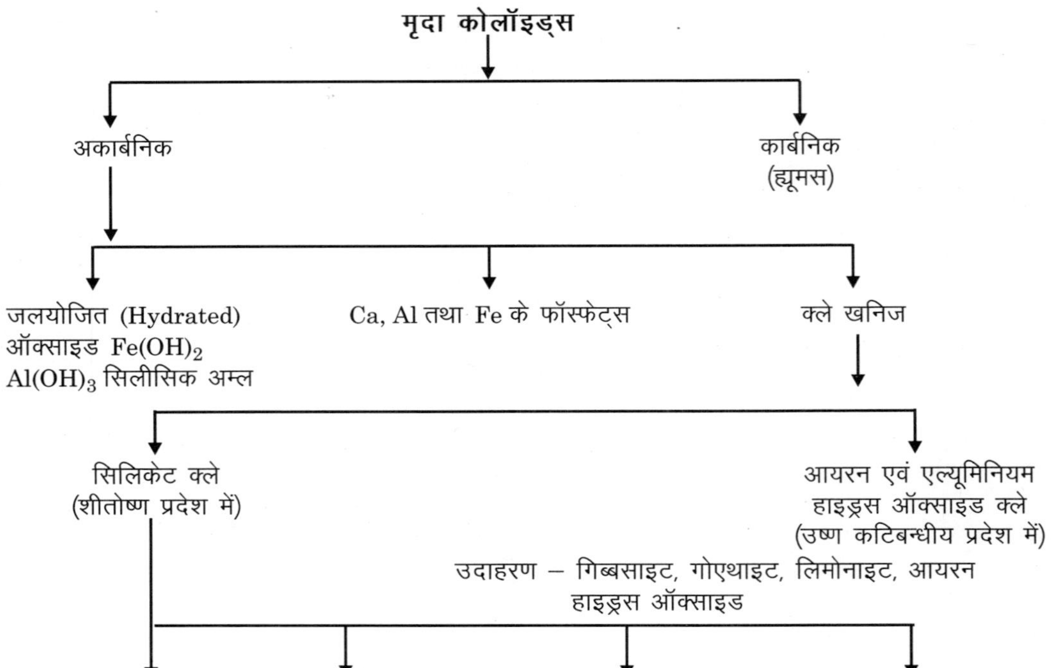

1 : 1 (सिलिका : एल्यूमिना) क्ले	2 : 1 (2 सिलिका : एल्यूमिना) क्ले – प्रसारित होने वाली	2 : 1 (2 सिलिका : एल्यूमिना) क्ले – अप्रसारित होने वाली	2 : 2 (2 सिलिका : चतुष्फलक : 2 मैग्नीशियम अष्टफलक) क्ले
केओलिनाइट हेलोसाइट ऐनोक्साइट डिकाइट	मॉन्टमोरिलोनाइट बीडेलाइट नोन्ट्रोनाइट सेपोनाइट	इलाइट मसकोवाइट बायोटाइट हाइड्स माइका	क्लोराइट

कार्बनिक मृदा कोलॉइड्स – कार्बनिक मृदा कोलॉइड्स में ह्यूमस मुख्य है। यह क्ले की तरह कोलाइड़ी होते है। ह्यूमस पौधों तथा जन्तु अवशेष पदार्थों के विच्छेदन से बना हुआ गहरे रंग का एक बहुत जटिल पदार्थ एवं संकीर्ण रासायनिक प्रकृति का कोलाइडी पदार्थ है। यह गतिशील अवस्था (dynamic state) में मृदा में रहता है लेकिन कोलाइडी क्ले की अपेक्षा कम स्थायी होता है। यह मृदा में जेल (gel) के रूप में अकार्बनिक कणों के साथ पाया जाता है। ह्यूमस मिसिल अक्रिस्टलीय तथा कार्बनिक प्रकृति की होती है। इसकी धनायन विनिमय क्षमता लगभग 200 सेन्टीमोल प्रति कि०ग्रा० होती है। ह्यूमस का ऋणात्मक आवेश आंशिक रूप से वियोजित, इनोलिक, कार्बोलिक एवं फिनोलिक समूह में संलग्न है।

अकार्बनिक मृदा कोलॉइड्स – इन्हें खनिज मृदा कोलॉइड्स भी कहते हैं। मृदा कोलॉइड्स के अकार्बनिक भाग में मुख्य रूप से आयरन, एल्यूमिनियम तथा सिलिकॉन के ऑक्साइडस तथा आयरन, एल्यूमिनियम एवं कैल्शियम के फास्फेट्स तथा क्ले खनिज आते हैं। इनका आकार 0.001 – 0.0001

मिमी होता है। ये कोलॉइड्स चट्टानों के अपक्षय से मिलकर बने है इसलिए इन्हें क्ले कोलॉइड्स भी कहते हैं, यद्यपि सम्पूर्ण क्ले अंश कोलॉइड्स नहीं होते। क्ले दो समूहों में बाँटी जाती है – (i) सिलिकेट क्ले जो शीतोष्ण प्रदेशों में पायी जाती है। (ii) आयरन एल्यूमिनियम हाइड्रेटिड ऑक्साइड क्ले जो प्रायः उष्ण कटिबन्धीय प्रदेशों में पायी जाती है।

आयरन एवं एल्यूमिनियम हाइड्रॉक्साइड क्ले – ये क्ले सिलिकेट क्ले के साथ मिली हुई पायी जाती है और अर्द्ध उष्ण कटिबन्ध व उष्ण कटिबन्ध क्षेत्रों में अधिक मिलती है। लाल और पीली मृदाओं में भी बहुत मिलती है। इन क्ले में आयरन व एल्यूमिनियम ऑक्साइड के साथ पानी के अणु जुड़े रहते हैं जैसे कि $Fe_2O_3.H_2O$ व $Al_2O_3.3H_2$ आदि। मृदाओं में गिब्बसाइट (gibbsite, $Al_2O_3.3H_2$) एल्यूमिनियम ऑक्साइड प्रधान खनिज, गोएथाइट (goethite, $Fe_2O_3.H_2O$) तथा लिमोनाइट (limonite, $Fe_2O_3.H_2O$) आयरन हाइड्रस ऑक्साइड प्रधान खनिज होते हैं। इन क्ले की निश्चित रवेदार रचना होती है। छोटे कणों पर ऋणात्मक आवेश होता है जिन पर धनायन आकार इकट्ठे हो जाते हैं। इनकी रचना सिलिकेट क्ले की तरह होती है। इन क्ले पर धनायन सिलिकेट क्ले की अपेक्षा कम होते हैं और इसके साथ–साथ ये चिपकने वाले व सुघट्य भी नहीं होते। अतः इनकी उपस्थिति में मृदा की भौतिक दशा अच्छी होती है।

सिलिकेट क्ले एवं संरचना – सिलिकेट क्ले कण क्रिस्टलीय होते हैं। प्रत्येक प्रकार की क्ले की एक विशिष्ट क्रिस्टल संरचना होती है, हालांकि क्ले का रासायनिक संगठन परिवर्तनीय होता है। एल्यूमिनो सिलिकेट क्ले क्रिस्टल सिलिकॉन ऑक्साइड के चतुष्फलकीय (tertahedral) परतों तथा एल्यूमिनियम के ऑक्साइड तथा हाइड्रॉक्साइड की अष्ठफलकीय (octahedral) परतों का बना होता है। इसका अर्थ है कि परतें क्रमानुसार चतुर्भुजीय (four Sided) तथा अष्ठभुजीय (eight Sided) आणविक रचना ब्लॉक (molecular building blocks) से बनी होती हैं। जब सिलिकॉन के समान एक छोटा अणु चार ऑक्सीजन द्वारा चारों ओर से घिरा होता है तो चतुष्फलकीय रूप बनता है तथा छः ऑक्सीजन या OH समूह एल्यूमिनियम के समान एक बड़े अणु को चारों ओर से घेरते है तो अष्टफलकीय रूप बनता है।

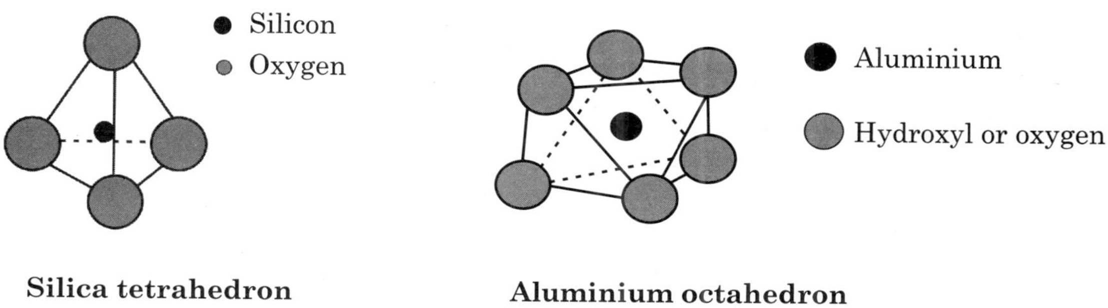

चित्र 16.1. सिलिका चतुष्फलकीय एवं एल्यूमिनियम अष्टफलकीय

सिलिकेट क्ले के प्रकार

क्रिस्टल इकाइयों में उपस्थित चतुष्फलकीय (सिलिका) तथा अष्ठफलकीय (एल्यूमिना) परतों की संख्या तथा व्यवस्था के आधार पर सिलिकेट क्ले विभिन्न चार वर्गों में विभाजित की जा सकती है। मृदा कोलॉइड्स का वर्गीकरण इस प्रकार है –

(i) 1 : 1 (सिलिका : एल्यूमिना) टाइप खनिज।

(ii) 2 : 1 (2 सिलिका : एल्यूमिना) टाइप फूलने वाले खनिज।

(iii) 2 : 1 (2 सिलिका : 1 एल्यूमिना) टाइप न फूलने (non expanding) वाले खनिज।

(iv) 2 : 2 (2 सिलिका : 2 एल्यूमिना) टाइप खनिज।

(i) 1 : 1 टाइप खनिज (1:1 type minerals)

1 : 1 टाइप खनिज कोलाइड एक सिलिका चतुष्फलकीय परत तथा एक एल्यूमिना अष्ठफलकीय परत से बने होते है इसलिये इस वर्ग की क्ले 1 : 1 टाइप क्रिस्टल जालक वाली क्ले कही जाती है। केओलिनाइट की क्रिस्टल संरचना चित्र 16.2 में दर्शायी गई है। 1 : 1 टाइप खनिज कोलाइड में केओलिनाइट सबसे महत्त्वपूर्ण है। इसके अतिरिक्त हैलोसाइट (halloysite), ऐनोक्साइट (anauxite), डिकाइट (dickite) खनिज भी इस समुदाय के सदस्य है। केओलिनाइट क्रिस्टल षट्भुज (hexagonal) के समान होते हैं। केओलिनाइट के प्रत्येक क्रिस्टल इकाई की दो परतें परस्पर ऑक्सीजन परमाणुओं से जुड़ी होती है। ऑक्सीजन परमाणुओं में सिलिकॉन तथा एल्यूमिनियम परमाणु परस्पर सम्मिलित रहते हैं, जिसके फलस्वरूप ये इकाइयाँ ऑक्सीजन हाइड्रॉक्सिल (O—OH) सहलग्नता (linkage) द्वारा अधिक मजबूती से परस्पर जुड़ी रहती है। परिणामस्वरूप क्ले के आर्द्र होने पर भी क्रिस्टल एककों में विस्तार नहीं होता है एवं क्रिस्टल लैटिस स्थिर रूप में होता है अर्थात मिसिल की संरचनात्मक इकाइयों के बीच धनायन और जल प्रवेश नहीं करते है। दोनों परतों का परिमाप 7.2 Å होता है। केओलिनाइट का प्रभावी पृष्ठ इसके बाहरी फलकों तक सीमित रहता है, फलतः इनकी धनायनों के लिये अधिशोषण क्षमता कम होती है। केओलिनाइट क्रिस्टल प्रायः स्पष्ट कटे हुये किनारों के साथ षट्कोणीय होते हैं। इसके क्रिस्टल मॉन्टमोरिलोनाइट की तुलना में आकार में बड़े होते हैं। केओलिनाइट कण अत्यन्त पतली परतों में आसानी से नहीं टूटते क्योंकि इनकी संरचनात्मक इकाइयाँ मजबूती से परस्पर जुड़ी होती हैं। अन्य सिलिकेट समूहों की तुलना में केओलिनाइट में सुघट्यता, ससंजन, संकुचन तथा फैलाव के गुण बहुत कम होते हैं। केओलिनाइट की कोलाइडी प्रकृति कम होती है। केओलिनाइट के सामान्य गुण तालिका 16.4 में दिया गया है।

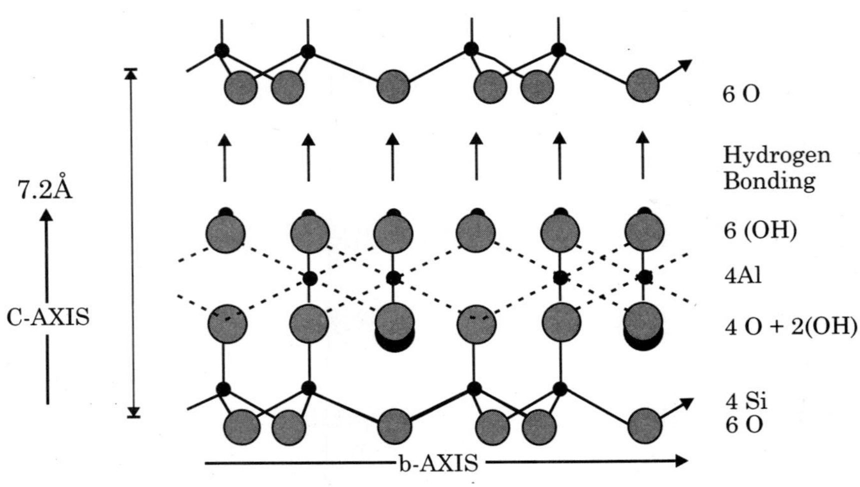

चित्र 16.2: केओलिनाइट की क्रिस्टल संरचना

(ii) 2 : 1 टाइप फूलने वाले खनिज (2 : 1 Type expanding minerals)

मॉन्टमोरिलोनाइट

2 : 1 टाइप फूलने वाले खनिज की क्रिस्टल इकाई में दो चतुष्फलकीय सिलिका परतों के मध्य एक अष्टफलकीय एल्युमिना परत होती है। इस प्रकार की लैटिस संरचना मुख्य रूप से दो खनिजों, मॉन्टमोरिलोनाइट एवं वर्मीकुलाइट मे होती है। मॉन्टमोरिलोनाइट में परतदार क्रिस्टल होते हैं, जो क्रिस्टल इकाइयों में संरचित होते हैं तथा ये इकाइयाँ दो चतुष्फलकीय सिलिका परतों से, जिनके बीच में लगिष्णुता (tenaciously) से एक अष्टफलकीय एल्यूमिना परत संलग्न होती है जो ऑक्सीजन परमाणुओं द्वारा परस्पर जुड़ी होती हैं। इस प्रकार इसका क्रिस्टल जालक 2 : 1 प्रकार का होता है। मॉन्टमोरिलोनाइट की क्रिस्टल संरचना चित्र 16.3 में दर्शायी गई है। मॉन्टमोरिलोनाइट के अतिरिक्त इसमे बीडेलाइट (beidellite), नॉन्ट्रोनाइट (nontronite) तथा सेपोनाइट (saponite) आदि आते है। मॉन्टमोरिलोनाइट की आकृति प्रायः अनियमित प्लेट या परत (flake) के समान होती है। इस जालक की संरचनात्मक इकाइयाँ आपस में बहुत कमजोर ऑक्सीजन सहलग्नताओं द्वारा इतनी ढीली बँधी होती है कि क्रिस्टल जालक आसानी से फैल जाता है, इसलिये मॉन्टमोरिलोनाइट क्रिस्टल को सुगमतापूर्वक एकल संरचनात्मक इकाइयों के परिमाण वाले समान कणों में तोड़ा जा सकता है। मॉन्टमोरिलोनाइट अधिक सुघट्यता, ससंजन, सूखने पर संकुचन अन्य क्ले की तुलना में बहुत अधिक होते है। मॉन्टमोरिलोनाइट की धनायन अधिशोषण क्षमता केओलिनाइट क्ले की अपेक्षा लगभग 10 से 15 गुना अधिक होती है। इसके अतिरिक्त क्रिस्टल इकाइयों के बीच में जल संचलन के कारण मॉन्टमोरिलोनाइट का फैलाव केओलिनाइट की अपेक्षा बहुत अधिक बढ़ जाता है। मॉन्टमोरिलोनाइट के सामान्य गुण तालिका 16.4 में दिया गया है।

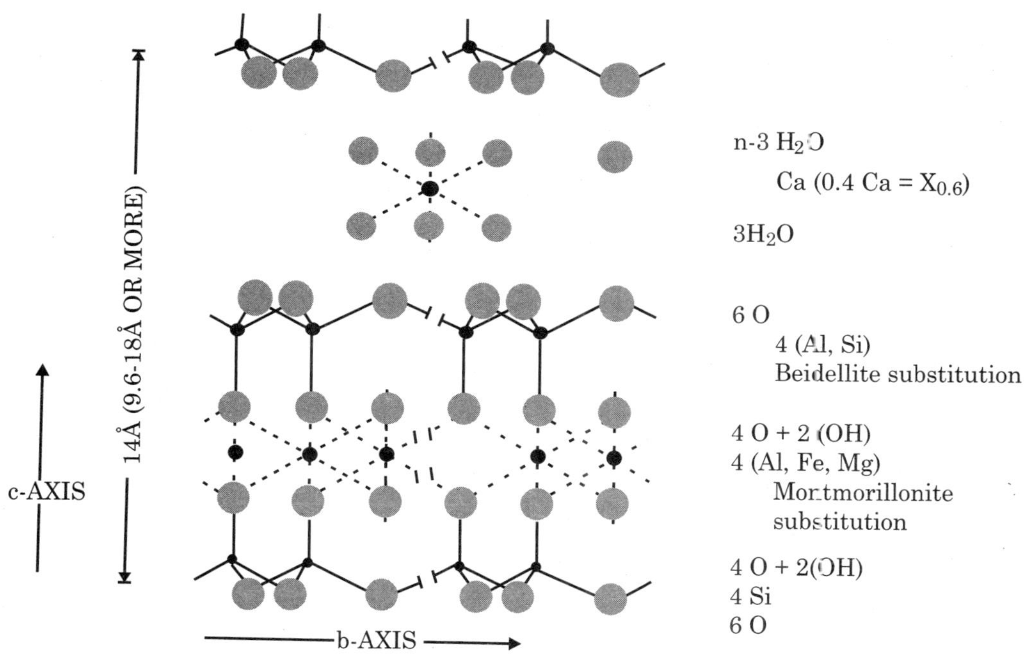

चित्र 16.3: मॉन्टमोरिलोनाइट की क्रिस्टल संरचना

वर्मीकुलाइट (Vermiculite)

इसकी संरचनात्मक विशेषतायें मॉन्टमोरिलोनाइट के समान होती है अर्थात् इसकी संरचना में भी दो सिलिका चतुष्फलकीय परतों के बीच में एक अष्टफलकीय परत होती है जो एक क्रिस्टल इकाई का निर्माण करती है। वर्मीकुलाइट में परतदार क्रिस्टल होते हैं, जो क्रिस्टल इकाइयों में संरचित होते हैं तथा ये इकाइयाँ दो चतुष्फलकीय सिलिका परतों से, जिनके बीच में लगिष्णुता (tenaciously) से एक अष्टफलकीय एल्यूमिना परत संलग्न होती है जो ऑक्सीजन परमाणुओं द्वारा परस्पर जुड़ी होती हैं। इस प्रकार इसका क्रिस्टल जालक 2 : 1 प्रकार का होता है। दोनों परतों का परिमाप 10–14 Å होता है। वर्मीकुलाइट की क्रिस्टल संरचना चित्र 16.4 में दर्शायी गई है। इसकी आकृति प्रायः अनियमित प्लेट (plates) या परत (flake) के समान होती है। क्रिस्टल इकाइयों के बीच में जल अणु मैग्नीशियम आयनों के साथ मजबूती से अधिशोषित रहते हैं। इस क्ले में मॉन्टमोरिलोनाइट की अपेक्षा कम फैलाव होता है। इसके चतुष्फलकीय परत में ऋण आवेश अत्यधिक होने के कारण इसकी धनायन अधिशोषण क्षमता प्रायः मॉन्टमोरिलोनाइट सहित अन्य सभी सिलिकेट क्ले की अपेक्षा अधिक होती है। वर्मीकुलाइट के क्रिस्टल मॉन्टमोरिलोनाइट से बड़े परन्तु केओलिनाइट से काफी छोटे होते हैं।

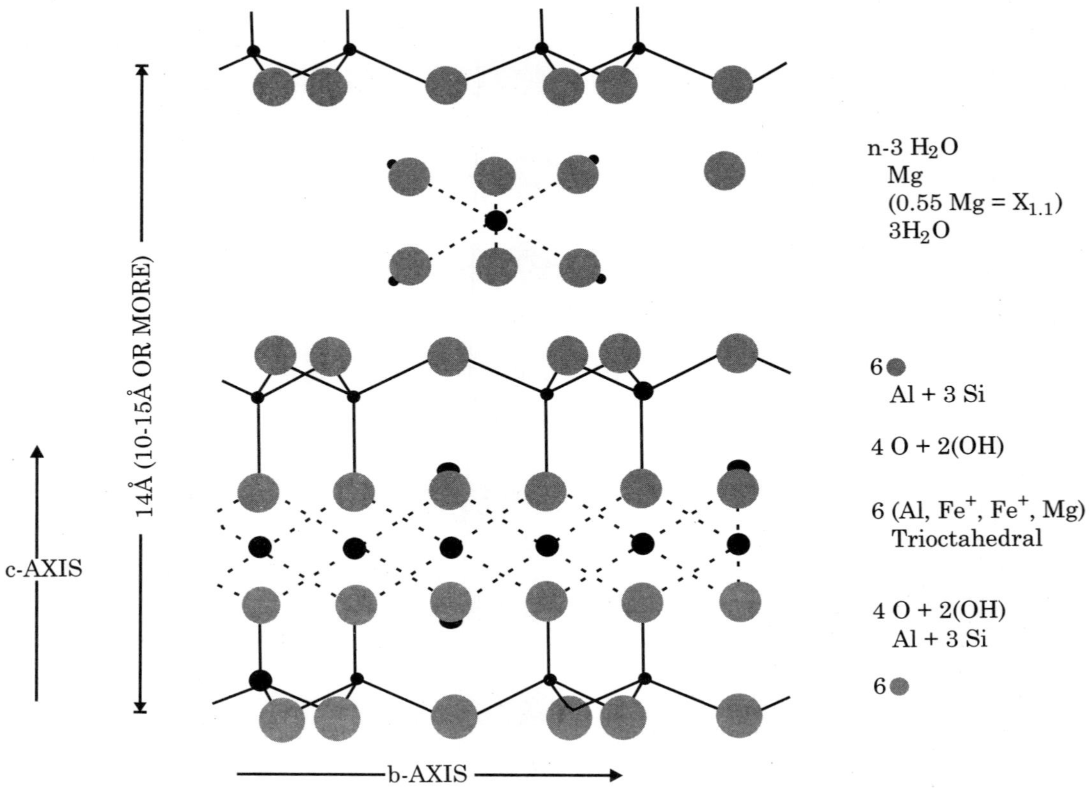

चित्र 16.4: वर्मीकुलाइट की क्रिस्टल संरचना

(iii) 2 : 1 (2 सिलिका : 1 एल्यूमिना) टाइप न फूलने (non expanding) वाले खनिज

इस प्रकार की मृत्तिकाओं को जलयोजित अभ्रक (mica) भी कहते हैं जिनका सबसे महत्त्वपूर्ण सदस्य इलाइट है जो मृदा में बहुतायत में पाया जाता है। इसके अतिरिक्त मसकोवाइट (muscovite), बायोटाइट (biotite) खनिज भी इस समुदाय के सदस्य हैं। इसके लैटिस की सामान्य संरचना मॉन्टमोरिलोनाइट की तरह 2 : 1 प्रकार की होती है लेकिन इसके कण मॉन्टमोरिलोनाइट की अपेक्षा अधिक बड़े होते हैं एवं केओलिनाइट की अपेक्षा छोटे होते हैं। चतुष्फलक में उपस्थित सिलिकॉन की लगभग 15% मात्रा एल्यूमीनियम आयनों द्वारा प्रतिस्थापित कर दी जाती है जिससे चतुष्फलक में ऋणावेश की बाहुल्यता हो जाती है। इलाइट की क्रिस्टल संरचना चित्र 16.5 में दर्शायी गई है। इस अधिक आवेश को संतुष्ट कने के लिए केलास एककों के मध्य पोटेशियम आयन्स बहुत अधिक आकर्षित होते हैं। पोटेशियम के ये परमाणु संरचनात्मक इकाइयों के बीच स्थित होकर क्रिस्टल जालक पर एक निश्चित टिकाऊ प्रभाव डालते है अर्थात पोटेशियम आयन्स बंधक कारक का कार्य करते हैं जो केलास के प्रसार को रोकते हैं अतः इलाइट क्रिस्टल मॉन्टमोरिलोनाइट क्रिस्टल की अपेक्षा कम फैलने वाले होते है। इलाइट मृत्तिका की फैलाव, संकुचन, सुघट्यता, ससंजन, जलयोजन और धनायन विनिमय क्षमता मॉन्टमोरिलोनाइट मृत्तिका की अपेक्षा बहुत कम होती है लेकिन केओलिनाइट की अपेक्षा अधिक होती है।

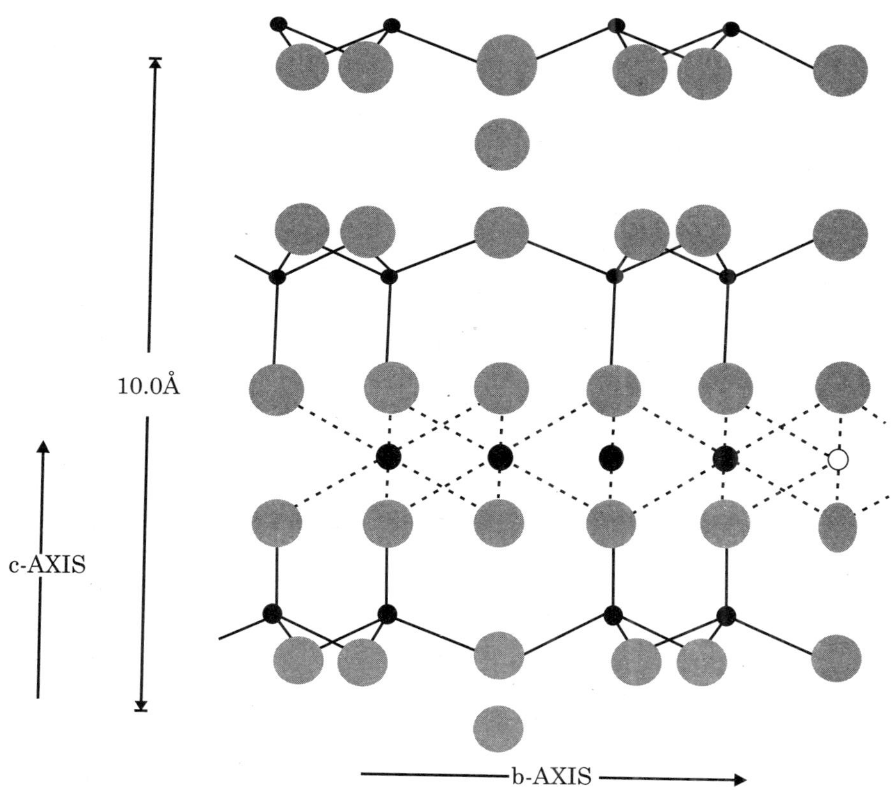

चित्र 16.5: इलाइट की क्रिस्टल संरचना

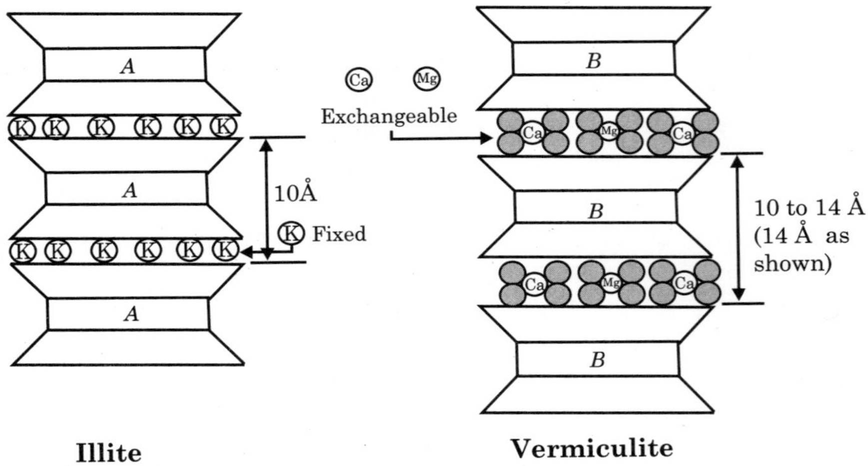

(iv) 2 : 2 टाइप खनिज (2:2 Type mineral)

कुछ मृदाओं में ही क्लोराइट (chlorite) खनिज पाया जाता है। क्लोराइट मैग्नीशियम के सिलिकेट हैं जिनमें कुछ एल्यूमीनियम और आयरन उपस्थित होते हैं। एक प्रारूप क्लोराइट क्रिस्टल इकाई टॉल्क (talc) तथा ब्रूसाइट [brucite Mg(OH)2] की एकान्तर परतों से संरचित होती है। टॉल्क परत में अष्टफलकीय परतें स्थिति पर मैग्नीशियम (Mg^{++}) की प्रधानता होती है। इस प्रकार क्रिस्टल इकाई में दो सिलिका चतुष्फलकीय परतें और दो मैग्नीशियम अष्टफलकीय परतें होती हैं इसलिये इस प्रकार की मृत्तिकाओं को 2 : 2 प्रकार खनिज भी कहते हैं। इन मृत्तिकाओं की धनायन विनिमय क्षमता वर्मीकुलाइट और मॉन्टमोरिलोनाइट की अपेक्षा कम और इलाइट के लगभग बराबर होती है। इसके कण का आकार एवं सतही क्षेत्रफल भी लगभग इलाइट के बराबर होता है। इस प्रकार की मृत्तिकायें प्रायः अप्रसारित होने वाली हैं।

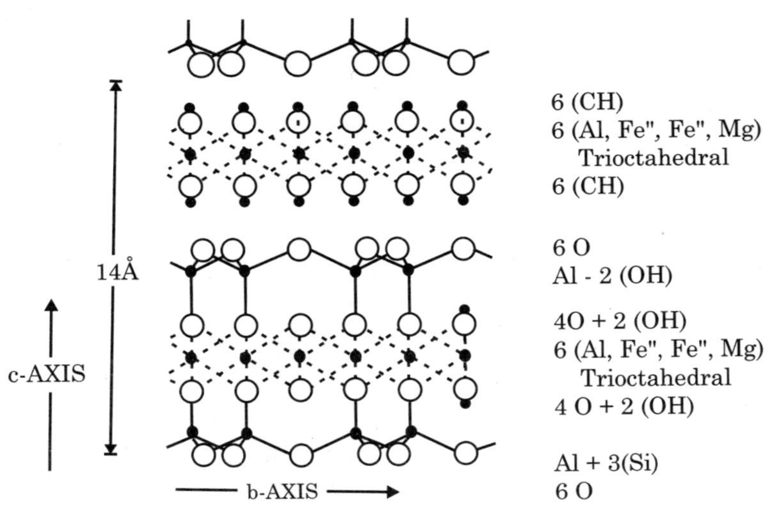

चित्र 16.6: क्लोराइट की क्रिस्टल संरचना

सिलिकेट क्ले पर ऋण आवेश का स्रोत (Source of the negative charge on silicate clays)

सिलिकेट क्ले के कणों पर ऋण आवेश के मुख्य दो स्रोत हैं।

(i) खुले क्रिस्टलीय किनारे (Expossed crystal edges) – सिलिका एवं एल्यूमिना परतो के टूटे किनारों पर असंतुष्ट संयोजकतायें होती हैं तथा खनिजों जैसे केओलिनाइट के चपटे बाहरी सतहों पर ऑक्सीजन एवं हाइड्रॉक्सिल समूह होते हैं जो ऋण आवेशित स्थान के रूप में कार्य करते हैं। ये समूह सिलिकॉन एवं एल्यूमिना परमाणुओं से चिपके रहते हैं। उच्च पी–एच पर इन OH मूलकों का H विघटन प्रक्रम के द्वारा अलग हो जाता है और इस प्रकार कोलाइडी सतह पर ऋण आवेश रह जाता है। इस ऋण आवेश का वाहक ऑक्सीजन आयन है। ढीले रूप से धारित हाइड्रोजन आयन आसानी से विनिमय होता है। इसे निम्न प्रकार समझा जा सकता है ।

$$\backslash \qquad\qquad\qquad \backslash$$
$$Al - OH \qquad Al - O^- + H^+$$
$$/ \qquad\qquad\qquad /$$

$$\backslash \qquad\qquad\qquad \backslash$$
$$Al - OH + H^+ \qquad Al - OH_2^+$$
$$/ \qquad\qquad\qquad /$$

pH dependent charges

(ii) आयनिक प्रतिस्थापन (Ionic substitution) : क्रिस्टल में एक परमाणु से दूसरे परमाणु के स्थानान्तरण के कारण भी क्ले पर ऋण आवेश पैदा होता है, उदाहरणार्थ मॉन्टमोरिलोनाइट क्ले की एल्यूमिना में Al^{+++} का Mg^{++} अथवा किसी द्वि–संयोजक अथवा एक संयोजक तत्त्व से प्रतिस्थापन हो जाता है। Al^{+++} के स्थान पर Mg^{++} के प्रतिस्थापन के कारण एक असंतुष्ट ऋणात्मक संयोजकता पैदा होती है क्योंकि एल्यूमीनियम की संयोजकता तीन और मैग्नीशियम की दो होती है। इस प्रकार के प्रत्येक प्रतिस्थापन क्रिया होने पर एक असंतृप्त ऋण विद्युत मात्रा स्वतन्त्र हो जाती है। इसे निम्न प्रकार समझा जा सकता है।

Tetrahedral sheet	Al substituted for Si
Si_2O_4	$SiAlO4^-$
Octahedral sheet	**Mg substituted for Al**
$Al_2O_2\ (OH)_2$	$MgAlO_2\ (OH)_2$
No substitution	substitution resulted in negative charge

समाकृतिक प्रतिस्थापन (Isomorphous substitution) – चतुष्फलकीय परत में सिलिकॉन तथा अष्ठफलकीय परत में एल्युमीनियम का प्रतिस्थापन तुलनात्मक आकार के अन्य आयनों से होता है।

क्ले में पाये जाने वाले विभिन्न आयनों का परमाणु त्रिज्या (atomic radii) तालिका 16.3 में दिये गये हैं।

तालिका 16.3: सिलिकेट क्ले के सामान्य आयनों का परमाणु त्रिज्या आयन त्रिज्या

आयन	त्रिज्या (Å)*	उपस्थिति
Si^{4+}	0.41	सिलिका चतुष्फल (Silica tetrahedra)
Al^{3+}	0.50	
Fe^{3+}	0.64	
Mg^{2+}	0.65	एल्यूमिना अष्टफल (Alumina octahedra)
Zn^{2+}	0.70	
Fe^{2+}	0.75	
Ca^{2+}	0.94	
Na^{+}	0.98	विनिमय स्थिति (Exchange sites) दोनों परतों में
K^{+}	1.33	
O^{2-}	1.45	
OH^{-}	1.55	

*एन्ग्रस्ट्रम (Angstrom) इकाई (Å) = 10^{-8} सेन्टीमीटर

उपरोक्त तालिका से स्पष्ट है कि एल्यूमीनियम सिलिकॉन से लेशमात्र ही बड़ा है, अतः एल्यूमीनियम, चतुष्फलकीय के केन्द्र में सिलिकॉन की जगह फिट हो सकता है। प्रायः एक आयन से दूसरे आयन में प्रतिस्थापन तभी हो सकता है जबकि दोनों की आयनिक त्रिज्या (ionic radii) में अन्तर 15% से कम हो।

तालिका 16.4: क्ले कोलॉइड्स के सामान्य गुण (General characteristics of clay colloids)

गुण	केओलिनाइट	मॉन्टमोरिलोनाइट	इलाइट
रासायनिक सूत्र	$Si_4Al_4O_{10}(OH)_8$	$Si_8Al_4O_{20}(OH)_4$	$Si_4Al_2O_{10}(OH)_2K$
संरचना	1 : 1	2 : 1	2 : 1
विशिष्ट पृष्ठ (मी^{2}/ग्रा)	5 – 20	700 – 800	100 – 150
आकार	षट्कोणीय क्रिस्टल	अनियमित पत्रक	अनियमित पत्रक
साइज (माइक्रॉन)	0.1–5.5	0.01–1.0	0.12–2.0
सुघट्यता	कम	अधिक	मध्यम
ससंजन	कम	अधिक	मध्यम
फुल्लन क्षमता	कम	अधिक	मध्यम

गुण	केओलिनाइट	मॉन्टमोरिलोनाइट	इलाइट
बाह्य सतह	कम	अधिक	मध्यम
आन्तरिक सतह	बहुत कम	बहुत अधिक	मध्यम
धनायन विनिमय क्षमता (सेन्टीमोल / क्रिग्रा)	2–15	80–100	15–40
विस्थापन	कोई नहीं	ऐल्युमिना परत में Fe या Mg द्वारा	सिलिका परत में Al द्वारा
अविनिमयी धनायन	कोई नहीं	Mg	K
ऋणायन विनिमय क्षमता	अधिक	कम	मध्यम
पारगम्यता सरंध्रता	उच्च	निम्न	मध्यम

प्रश्न कोष

वस्तुनिष्ठ प्रश्न

1. निम्न क्ले में से कौन केओलिनाइट समूह का नहीं है?

   (A) हैलोसाइट (B) सेपोनाइट

   (C) ऐनोक्साइट (D) डिकाइट

2. सिलिकेट मृदाओं में सर्वाधिक पृष्ठ क्षेत्र होता है?

   (A) मॉन्टमोरिलोनाइट

   (B) केओलिनाइट

   (C) इलाइट

   (D) इनमें से कोई नही

3. मृदा कोलॉइड्स शब्द किसने दिया था?

   (A) जेनी (B) बकमेन और ब्रैडी

   (C) जोफे (D) थॉमस ग्राहम

4. अकार्बनिक कोलाइड होता है?

   (A) ह्यूमस (B) एलोफेन्स

   (C) सिलिकेट क्ले (D) इनमें से कोई नही

5. हेलोसाइट क्रिस्टल की आकृति होती है?

   (A) षट्भुजी

   (B) अनियमित प्लेट या परत

   (C) दण्डाकार

   (D) परिवर्तनशील

6. ह्यूमस एक उदाहरण है?

   (A) कार्बनिक कोलॉइड्स

   (B) रासायनिक उर्वरक

   (C) क्रिस्टलीय

   (D) मृदा संरचना के अव्यव

7. मॉन्टमोरिलोनाइट क्ले का प्रकार होता है?

   (A) 1:1

   (B) 2:1 न फुलने वाले

   (C) 2:1 फुलने वाले

   (D) 2:2

8. किस आकार के क्ले कण सबसे ज्यादा सुघट्य होते है?

   (A) परत (B) प्लेट

   (C) षट्भुजी (D) अनियमित

रिक्त स्थानों की पूर्ति कीजिए

1. क्ले कोलॉइड के कण ....होते हैं।
2. मॉन्टमोरिलोनाइट की धनायन विनिमय क्षमता............................होती है।
3. द्रव प्रावस्था का ठोस प्रावस्था की सतह पर आकर्षण को .... कहते हैं।
4. गिब्साइट के क्रिस्टल की ....आकृति होती है।
5. इलाइट एक...टाइप क्ले है।
6. केओलिनाइट के प्रत्येक क्रिस्टल इकाई की दो परतें परस्पर ....परमाणुओं से जुड़ी रहती हैं।
7. समान प्रकार के गुण वाले पदार्थों के अणुओं के बीच आकर्षण बल को .... कहते हैं।
8. अक्रिस्टलीय मृदा कलिल .... है।
9. केओलिनाइट के क्रिस्टल की ....आकृति होती है।
10. मॉन्टमोरिलोनाइट की विशिष्ट पृष्ट ....मी^{3}/ग्राम होती है।

सत्य या असत्य कथन पर (√) का निशान लगाये

1. केओलिनाइट का सूत्र $Si_4Al_4O_{10}(OH)_8$ है। (सत्य/असत्य)
2. मॉन्टमोरिलोनाइट का सूत्र $Si_8Al_4O_{20}(OH)_4$ है। (सत्य/असत्य)
3. इलाइट का सूत्र $Si_4Al_2O_{10}(OH)_2K$ है। (सत्य/असत्य)
4. 2 : 2 टाइप खनिज समूह में क्लोराइट आता है। (सत्य/असत्य)
5. मॉन्टमोरिलोनाइट की क्रिस्टल संरचना में दो सीट सिलिका तथा एक सीट एल्यूमिना की होती है। (सत्य/असत्य)
6. इलाइट क्रिस्टल में पोटेशियम का समावेश होता है। (सत्य/असत्य)
7. मॉन्टमोरिलोनाइट क्ले केओलिनाइट क्ले की अपेक्षा अधिक जल शोषित करके अधिक फूलती है। (सत्य/असत्य)
8. क्ले मिसेल पर ऋण आवेश होते हैं। (सत्य/असत्य)
9. केओलिनाइट की क्रिस्टल संरचना में सिलिका सीट एल्यूमिना सीट से ऑक्सीजन – ऑक्सीजन बँध से जुड़ी होती है। (सत्य/असत्य)

लघु एवं विस्तृत उत्तरीय प्रश्न

1. मृदा कोलॉइड से आप क्या समझते हैं?
2. मृदा कोलॉइड के वर्गीकरण तथा सामान्य गुणों का वर्णन कीजिये।
3. सिलिकेट क्ले की सामान्य संरचना का वर्णन कीजिये।
4. मॉन्टमोरिलोनाइट क्ले की विशेषतायें लिखिये।
5. इलाइट क्ले की विशेषताओं को लिखिए।

6. केओलिनाइट तथा मॉन्टमोरिलोनाइट में अन्तर कीजिये।
7. सिलिकेट क्ले के विभिन्न प्रकारों का वर्णन कीजिये और स्पष्ट करे कि ये किस प्रकार कार्बनिक कोलॉइड्स से भिन्न है।
8. इलाइट, मॉन्टमोरिलोनाइट एवं केओलिनाइट क्ले की विशेषताओं को तालिका रूप में लिखिए।
9. मृदा कोलॉइड्स क्या हैं? इसके गुणों एवं 1 : 1 टाइप खनिज का विस्तार से वर्णन कीजिए।

उत्तरमाला

वस्तुनिष्ठ प्रश्न	1. (B)	2. (A)	3. (D)	4. (C)	5. (C)
	6. (A)	7. (C)	8. (B)		
रिक्त स्थानों की पूर्ति	1. ऋणात्मक	2. 80–100	3. आसंजन	4. षट्भुजी	5. 2:1
	6. ऑक्सीजन	7. ससंजन	8. एलोफेन्स	9. षट्भुजी	10. 700–800
सत्य या असत्य	1. सत्य	2. सत्य	3. सत्य	4. सत्य	5. सत्य
	6. सत्य	7. सत्य	8. सत्य	9. असत्य	

■■■■

अध्याय – 17

अम्लीय मृदा
(ACID SOIL)

लगातार जनसंख्या में तेजी से वृद्धि, शहरीकरण एवं औद्योगीकरण के कारण कृषि योग्य उपजाऊ भूमि कम हो रही है। एक अनुमान के अनुसार हमारे देश में वर्ष 2050 तक प्रतिवर्ष 350 मिलियन टन खाद्यान्न (वर्तमान में लगभग 281 मिलियन टन) पैदावार की आवश्यकता होगी अर्थात् खाद्यान्न उत्पादन में लगभग 2 से 3 मिलियन टन प्रतिवर्ष बढोत्तरी की आवश्यकता है। इसके लिए कम उपजाऊ एवं समस्याग्रस्त भूमि का सही प्रबंधन कर कृषि उपज बढ़ाने की जरूरत है। अम्लीय भूमि भी एक ऐसी समस्याग्रस्त भूमि है, जिसका सही प्रबंधन कर पैदावार में उचित वृद्धि की जा सकती है। भारत वर्ष में लगभग 490 लाख हेक्टेयर कृषि योग्य भूमि अम्लीय है, जिसमें लगभग 259 लाख हेक्टेयर भूमि का पी. एच. मान 5.5 से भी कम है। अम्लीय मृदाऐं अधिकतर नम जलवायु वाले क्षेत्रों में पायी जाती है। क्योंकि नम जलवायु के क्षेत्रों की मृदाओं के कोलाइडी सम्मिश्रण पर अधिशोषित भस्मों (Ca, Mg, K, Na) की मात्रा वर्षा के पानी के साथ निक्षालित (Leaching) होकर मृदा की निचली परतों में चली जाती है। जिससे क्ले कोलॉइड़ के सम्मिश्रण पर भस्मों के स्थान पर हाइड्रोजन आयन्स का सान्द्रण बढ़ जाता है एवं मृदा अम्लीय हो जाती है। प्रायः इन मृदाओं का पी. एच. 7 से कम होता है। अम्लीय मृदाओं में प्रायः जीवांश पदार्थ (organic matter) का आधिक्य पाया जाता है। भारत में अम्लीय मृदायें पूर्वोतर भागों तथा केरल में पायी जाती है। ये मृदायें अधिकतर उड़ीसा, आसाम, मणिपुर, त्रिपुरा, पश्चिम बंगाल, नागालैंड, अरुणाचल प्रदेश, सिक्किम, मेघालय, मिजोरम, झारखंड, कर्नाटक, हिमाचल प्रदेश तथा जम्मू कश्मीर के कुछ भाग में पाई जाती है। शुष्क क्षेत्रों में प्रायः अम्लीय मृदायें नही पायी जाती है।

परिभाषा

मृदायें जिनके मृदा संकीर्ण पर हाइड्रोजन (H^+) आयनों की सान्द्रता हाइड्रोक्सिल (OH^-) आयनों की अपेक्षा अधिक होती है तथा जिनका पी. एच. मान 7.0 से कम होता है, अम्लीय मृदायें कहलाती है।

अम्लीय मृदा के प्रकार (Types of soil acidity)

1. **सक्रीय अम्लीयता (Active acidity)** – मृदा विलयन में हाइड्रोजन एवं एल्यूमीनियम आयनों की सान्द्रता से उत्पन्न अम्लीयता को सक्रिय अम्लीयता कहते हैं। इस अम्लता का परिमाण (Magnitude) सीमित है।
2. **संचित अम्लीयता (Reserve acidity)** – मृदा कोलाइड पर अधिशोषित (adsorbed) हाइड्रोजन (H^+) और एल्यूमीनियम (Al^{3+}) आयनों के कारण विकसित अम्लता, संचित

अम्लीयता कहलाती है। इस संचित अम्लता का परिमाण बहुत अधिक है। इसे विनिमय अम्लता (Exchange acidity) भी कहते हैं।

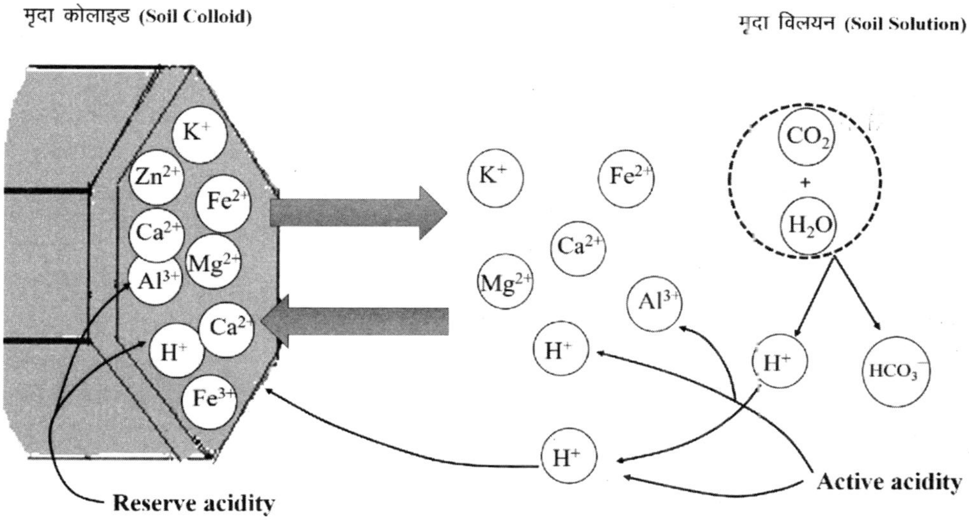

चित्र 17.1: अधिशोषित अम्लीय आयनः H^+, Al^{3+}, Fe^{3+}

अम्लीय मृदाओं की सामान्य समस्याएँ

1. अम्लीय मृदाओं की धनायन विनिमय क्षमता (CEC) कम होती है।
2. अम्लीयता के कारण फॉस्फोरस व मॉलिब्डेनम की घुलनशीलता कम हो जाती है, जिससे पौधों को इनकी उपलब्धता कम हो जाती है।
3. अम्लीय मृदाओं की भस्म संतृप्तिकरण (Base saturation) अधिक होती है।
4. अम्लीय मृदाओं में हाइड्रोजन व एल्यूमीनियम की अधिकता से पौधों की जड़ों की सामान्य वृद्धि रूक जाती है एवं विभिन्न दैहिक प्रक्रियाओं (Physiological process) को बाधित करती है।
5. अम्लीय मृदाओं में मैंगनीज और आयरन की मात्रा बढ़ जाती है, जिससे पौधों में कई प्रकार की बीमारियाँ हो जाती हैं।
6. मैंगनीज की विषाक्तता के कारण पौधों में ऊतकक्षय की समस्या बढ़ जाती है।
7. अम्लीय मृदाओं में केल्शियम, मैग्नीशियम, पोटाश व बोरोन की कमी हो जाती है।
8. पौधों के लिए आवश्यक पोषक तत्वों में असंतुलन आ जाता है, जिससे पैदावार कम हो जाती है।
9. अम्लीयता के कारण सूक्ष्म जीवाणुओं की संख्या व कार्यकुशलता में कमी आ जाती है, जिसके परिणाम स्वरूप नाइट्रोजन की स्थिरीकरण व कार्बनिक पदार्थों का विघटन कम हो जाता है।

10. अम्लीय मृदाओं में केल्शियम एवं मॉलिब्डेनम की कमी होने से पौधों की जड़ो में ग्रन्थियों (Nodules) के बनने को प्रभावित करते हैं।

अम्लीय मृदा बनने के कारण (Source of soil acidity)

1. अम्लीय पैतृक पदार्थ (Acidic parent material)
2. भारी वर्षा से निक्षालन (Leaching due to heavy rainfall)
3. अम्लीय उर्वरकों का उपयोग (Use of acid forming fertilizer)
4. कार्बनिक पदार्थों की मात्रा (Amount of organic material)
5. एल्यूमिनोसिलिकेट खनिज (Aluminosilicate minerals)
6. सूक्ष्म जीवों की क्रिया (Microbiological action)

1. **अम्लीय पैतृक पदार्थ (Acidic parent material)** – पैतृक पदार्थो या चट्टानों की प्रकृति का मृदा पर बहुत अधिक प्रभाव पड़ता है। अम्लीय चट्टानों या पैतृक पदार्थो से बनने वाली मृदा अम्लीय होगी, ऐसी चट्टानों में ग्रेनाइट, चूना–पत्थर (sandstone), रायोलाइट (rhyolite) एवं पिचस्टोन (pitchstone) मुख्य है जिसमें सिलिका तथा क्वार्ट्ज पदार्थों की मात्रा अधिक होती है जो अम्लीय मृदा बनाने में मुख्य योगदान देते हैं। इन पैतृक पदार्थो या चट्टानों में उपस्थित सिलिका जल के साथ संयोग करके सिलिसिक अम्ल बनाता है जो कुछ हद तक मृदा को अम्लीय बनाते हैं।

2. **भारी वर्षा से निक्षालन (Leaching due to heavy rainfall)** – अधिक वर्षा वाले क्षेत्रों में मृदा कोलाइडी संकीर्ण (Colloidal complex) पर अधिशोषित भस्मों (कैल्शियम, मैग्नीशियम, पोटेशियम, सोडियम) की मात्रा वर्षा के पानी के साथ निक्षालित होकर मृदा की निचली परतों में चली जाती है एवं अघुलनशील यौगिक (Al, Fe) मृदा में रह जाते हैं। इन यौगिकों (एल्यूमीनियम एवं आयरन) की प्रकृति अम्लीय होती है और इसके ऑक्साइड एवं हाइड्रॉक्साइड जल के साथ प्रतिक्रिया करके मृदा में हाइड्रोजन मुक्त करते हैं जिससे मृदा अम्लीय हो जाती है। इसके अतिरिक्त मृदा में जल, कार्बन डाइऑक्साइड के साथ क्रिया करके कार्बोनिक अम्ल बनाते है जो मृदा कोलाइडी सम्मिश्रण से भस्म धनायन (कैल्शियम) को घोलकर निक्षालन कर मृदा को अम्लीय बना देते हैं।

$$CO_2 + H_2O = H_2CO_3$$

$$H_2CO_3 + CaCO_3 = Ca(HCO_3)_2 \downarrow \text{leachable}$$

3. **अम्लीय उर्वरकों का उपयोग (Use of acid forming fertilizer)** – अम्लीय उर्वरक जैसे अमोनिमय सल्फेट [$(NH_4)_2SO_4$], अमोनियम नाइट्रेट (NH_4NO_3) के लगातार प्रयोग करने से मृदा में अम्लता बढ़ती है। इस क्रिया में अमोनियम आयन मृदा संकीर्ण पर अधिशोषित होकर कैल्शियम आयन्स को विस्थापित करते हैं। ये कैल्शियम आयन्स सल्फेट आयन्स के साथ मिलकर कैल्शियम सल्फेट ($CaSO_4$) बनाते है जो जल में विलेय हाने के कारण लीचिंग द्वारा नष्ट हो जाते हैं। इससे कोलाइडी संकीर्ण पर कैल्शियम की कमी हो

जाती है। मृदा संकीर्ण पर अधिशोषित अमोनियम आयन जैविक रूपान्तरण (नाइट्रीकरण) के द्वारा अम्ल बनने वाले नाइट्रेट (NO_3^-) आयन का निर्माण करते हैं।

$$(NH_4)_2SO_4 \rightleftharpoons 2NH_4^+ + SO_4^{2-}$$

$2NH_4^+$ + Ca [**कोलाइडी सम्मिश्रण** (Colloid complex)] ⟶ $CaSO_4$ (↓ निक्षालित) + NH_4 NH_4 [**कोलाइडी सम्मिश्रण** (Colloid complex)]

NH_4 NH_4 [**कोलाइडी सम्मिश्रण** (Colloid complex)] + $3O_2$ —नाइट्रीकरण⟶ H H [**कोलाइडी सम्मिश्रण** (Colloid complex)] + $2HNO_3$

4. **कार्बनिक पदार्थों की मात्रा (Amount of organic material)** – कार्बनिक पदार्थों के विघटन से कार्बन डाइऑक्साइड (CO_2) निकलती है जो पानी के साथ मिलकर कार्बनिक अम्ल बनाते हैं। इन कार्बनिक अम्लों के विघटन से हाइड्रोजन आयन्स उत्पन्न होते हैं। जो मृदा संकीर्ण पर उपस्थित कैल्शियम, मैग्नीशियन एवं पोटेशियम आदि को विस्थापित करके वहाँ अधिशोषित हो जाते हैं। ये सभी विस्थापित भस्म निक्षालन द्वारा नष्ट हो जाते हैं। इस प्रकार कोलाइडी संकीर्ण पर हाइड्रोजन आयन अधिक होने से मृदा अम्लीय हो जाती है।

$$\text{कार्बनिक पदार्थ} \xrightarrow{\text{विघटन}} CO_2$$

$$CO_2 + H_2O \rightleftharpoons H_2CO_3$$

Ca [**कोलाइडी संकीर्ण** (Colloidal complex)] + H_2CO_3 = [**कोलाइडी संकीर्ण** (Colloidal complex)] + $CaCO_3$

$$CaCO_3 + H_2CO_3 \longrightarrow Ca(HCO_3)_2 \downarrow$$

निक्षालन

5. **एल्यूमिनोसिलिकेट खनिज (Aluminosilicate minerals)** – एल्यूमीनियम कम पी.एच. मान वाली मृदाओं में अधिकांश हाइड्रेटेड एल्यूमीनियम आयनों (Al^{3+}) के रूप में मौजूद होता है जो जल विश्लेषण (Hydrolysis) से मृदा विलयन में हाइड्रोजन (H^+) आयनों को छोड़ देता है। फलस्वरूप मृदा अम्लता बढ़ जाती है।

जल विश्लेषण
(Hydrolysis)

$$Al^{3+} + H_2O \rightleftharpoons Al(OH)^{2+} + H^+$$

$$Al(OH)^{2+} + H_2O \rightleftharpoons Al(OH)_2^+ + H^+$$

$$Al(OH)_2^+ + H_2O \rightleftharpoons Al(OH)_3^0 + H^+$$

$$Al(OH)_3^+ + H_2O \rightleftharpoons Al(OH)_4^- + H^+$$

6. **सूक्ष्म जीवों की क्रिया (Microbiological action)** – मृदा में विभिन्न प्रकार के सूक्ष्मजीव सक्रिय रहते हैं जो कार्बनिक पदार्थों का विचछेदन एवं नाइट्रीकरण की क्रिया करते हैं जिनके फलस्वरूप मृदा में कार्बनिक व अकार्बनिक अम्ल पैदा होता है और मृदा अम्लीय बन जाती हैं।

मृदा अम्लता का प्रभाव (Effect of soil acidity) – पौधों पर मृदा अम्लता के विभिन्न प्रत्यक्ष या अप्रत्यक्ष प्रभाव होते हैं।

(1) प्रत्यक्ष प्रभाव (Direct influence) – मृदा अम्लता का पौधों पर प्रत्यक्ष प्रभाव निम्नलिखित हैंः–

- सामान्य अम्लीय मृदा जिनका पी.एच. मान 6.5 से 7.0 के मध्य होता है, पौधों पर कोई नकारात्मक प्रभाव नहीं डालती परन्तु कम अम्लीयता (पी.एच. 6.5 से कम) पर कई नकारात्मक प्रभाव पडते हैं।
- पादप झिल्लियों (Membrane) द्वारा धनायनों के प्रवेश पर अम्लता का विपरीत प्रभाव पड़ता है।
- अम्लीय दशा में पौधों की जड़े जल एवं पौषक तत्वों का अवशोषण कम करती है।
- मृदा अम्लता पौधों के एन्जाइम परिवर्तनों को प्रभावित करके पौधों पर नकारात्मक प्रभाव डालती है।

(2) अप्रत्यक्ष प्रभाव (Indirect influence) – अम्लता का पौधों पर अप्रत्यक्ष प्रभाव निम्न प्रकार होता हैः–

- अम्लीय मृदा में लौह, एल्यूमिनियम की सान्द्रता बढने के कारण पौधों पर हानिकारक प्रभाव पड़ता है।
- फॉस्फोरस का एल्यूमिनियम एवं लौह के साथ अप्राप्य अवस्था में स्थिरीकरण हो जाता है जिससे पौधों के लिए फॉस्फोरस की कमी हो जाती है।
- कैल्शियम व मैग्नीशियम निक्षालन होने से इनकी मृदा में कमी हो जाती है।
- मृदा में सूक्ष्म जीवाणुओं की सक्रियता कम पड़ जाती है जिससे नाइट्रीकरण या नाइट्रोजन यौगिकरण जैसी लाभप्रद क्रियाओं पर विपरीत प्रभाव पड़ता है।

- हाइड्रोजन आयनों का पादप जड़ों के ऊतकों पर हानिकारक प्रभाव पड़ता है तथा पादप श्लेष्मा पर कुप्रभाव पड़ता है।
- मृदा अम्लयता पौधों के एन्जाइमों की क्रिया पर भी विपरीत प्रभाव डालती है जिससे पौधें बुरी तरह प्रभावित होते हैं और उनमें अनेक रोग हो जाते हैं।
- दलहनी फसलों की जड़ो में ग्रन्थियों (Nodules) का कम बनना।

अम्लीय मृदाओं का सुधार (Reclamation of acid soils)

1. **चूने के प्रयोग द्वारा सुधार** – बिना बुझा चूना, बुझा हुआ चूना तथा लाइमस्टोन एवं डोलोमाइट का उपयोग कर अम्लीय मृदाओं को सुधारा जा सकता है। चूना मिलाने पर हाइड्रोजन (H^+) आयन मृदा कणों पर से केल्शियम आयनों द्वारा विस्थापित कर दिये जाते हैं और इस प्रकार कैल्शियम मृदा कणों पर पुनः अधिशोषित हो जाता है।

    - चूने के पत्थर को जलाने पर कार्बन डाइऑक्साइड निकल जाती है और CaO बच जाता है। जब जले हुए चूने को अम्लीय मृदाओं में मिलाते है तो यह पानी के साथ क्रिया करके कैल्शियम हाइड्रोक्साइड बनाता है जो कोलाइडी संकीर्ण पर से हाइड्रोजन (H^+) आयनों को विस्थापित कर अम्लता को कम करता है।

$$\underset{\text{बुझा हुआ चूना}}{CaO + H_2O} \longrightarrow \underset{\text{कैल्शियम हाइड्रोक्साइड}}{Ca(OH)_2}$$

$$Ca(OH)_2 + H\boxed{\begin{matrix}\text{कोलाइडी संकीर्ण}\\ \text{(Colloidal complex)}\end{matrix}} \longrightarrow Ca\boxed{\begin{matrix}\text{कोलाइडी संकीर्ण}\\ \text{(Colloidal complex)}\end{matrix}} + 2H_2O$$

- कैल्शियम कार्बोनेट (कैल्शियम चूना पत्थर) अम्लीय मृदा में मिलाने से कोलाइडी संकीर्ण पर से हाइड्रोजन (H^+) एवं एल्यूमिनियम (Al^{3+}) आयनों को विस्थापित कर अम्लता को कम करता है। इसे निम्न अभिक्रिया द्वारा प्रदर्शित किया गया है –

$$\boxed{\begin{matrix}\text{कोलाइडी संकीर्ण}\\ \text{(Colloidal complex)}\end{matrix}}\begin{matrix}H\\ H\end{matrix} + CaCO_3 \longrightarrow \boxed{\begin{matrix}\text{कोलाइडी संकीर्ण}\\ \text{(Colloidal complex)}\end{matrix}}\,Ca^{++} + H_2O + CO_2$$

$$\boxed{\begin{matrix}\text{कोलाइडी संकीर्ण}\\ \text{(Colloidal complex)}\end{matrix}}\begin{matrix}H\\ H\end{matrix} + Ca(OH)_2 \longrightarrow \boxed{\begin{matrix}\text{कोलाइडी संकीर्ण}\\ \text{(Colloidal complex)}\end{matrix}}\,Ca^{++} + 2H_2O$$

$$\boxed{\begin{matrix}\text{कोलाइडी संकीर्ण}\\ \text{(Colloidal complex)}\end{matrix}}\begin{matrix}Al\\ Al\end{matrix} + 3Ca(OH)_2 \longrightarrow \boxed{\begin{matrix}\text{कोलाइडी संकीर्ण}\\ \text{(Colloidal complex)}\end{matrix}}\begin{matrix}Ca^{++}\\ Ca^{++}\\ Ca^{++}\end{matrix} + 2Al(OH)_3 \downarrow$$

2. **समुचित जल निकास का प्रबन्ध** – अनावश्यक एवं अतिरिक्त जल को खेत से निकालते रहने पर क्षार पदार्थ भूमि के अन्दर अपक्षालित नहीं होते है एवं साथ ही वायु का संचार बढ़ता है जिससे अधिकांश कार्बन डाइऑक्साइड जल के साथ संयोग न करके वायुमण्डल में चली जाती है।

3. **अम्लीय मृदाओं में चूने के अलावा और कुछ उपाय कर सकते हैं** –
   1. बेसिक उर्वरकों का प्रयोग – सोड़ियम नाइट्रेट, कैल्शियम सायनाइड, बेसिक स्लेग, कैल्शियम अमोनियम नाइट्रेट आदि का प्रयोग करेके भी मृदा अम्लता को कम किया जा सक़ता है।
   2. अम्लीय रोधक फसलें उगाना – अम्ल अवरोधी विभिन्न फसलों को उगाकर अधिक पैदावार लिया जा सकता है।

   - अवरोधी – बरसीम, चुकन्दर, फूलगोभी, सेम, पत्तागोभी, खरबूजा, लूर्सन।
   - अधिक अवरोधी – राई, बकव्हीट।
   - औसत अवरोधी – मक्का, जई, जौ, सोयाबीन, गेहूँ।

चूने का अम्लीय मृदाओं पर प्रभाव

चूना मृदा की रासायनिक, भौतिक एवं जैविक गुणों में सुधार कर मृदा स्वास्थ्य में वृद्धि करता है तथा कृषि उत्पादन बढ़ाने में सहायता करता है। चूना का मृदा पर प्रभाव निम्नांकित है।

भौतिक प्रभाव

1. चूना मृदा संरचना को अच्छा करता है।
2. चूने के प्रयोग से मृदा में वायु एवं जल संचार बढ जाता है।
3. पौधों की जड़ों की वृद्धि में योगदान देता है।
4. चूना मृदा के स्थूल घनत्व को कम करके मृदा की अन्तःस्पंदन एवं अन्तःस्त्रवण क्षमता को बढ़ाता है।

रासायनिक प्रभाव

1. हाइड्रोजन की मात्रा कम कर मृदा के पी.एच. मान में वृद्धि करता है।
2. फॉस्फोरस एवं मॉलिब्डेनम की उपलब्धता में वृद्धि करता है।
3. एल्यूमिनियम, मैंगनीज व लोहा की घुलनशीलता को कम करता है।
4. कैल्शियम, मैग्नीशियम एवं पोटेशियम की मात्रा को बढाता है।

जैविक प्रभाव

1. चूना डालने से सभी प्रकार के जीवाणुओं में वृद्धि होती है, जो नाइट्रोजन का स्थरीकरण करते हैं।

2. सूक्ष्म जीवाणुओं की कार्य क्षमता में बढ़ोत्तरी होने से नाइट्रेट और सल्फेट बनने की क्रिया में वृद्धि होती है।

चुना द्रव्यों का कैल्शियम कार्बोनेट तुल्यांक या उदासीनीकरण मान – किसी चुना द्रव्य का मुल्यांकन उसके एक इकाई भार द्वारा उदासीन की गई अम्लता के आधार पर किया जाता है। इसके लिए कैल्शियम कार्बोनेट (शुद्ध) को मानक माना जाता है। जिसका उदासीनीकरण मान 100 प्रतिशत होता है। विभिन्न चूना द्रव्यों का उदासीनीकरण मान निम्न प्रकार है:–

क्र. स.	चूना द्रव्य	रासायनिक सुत्र	उदासीनीकरण मान (%)
1.	कैल्शियम ऑक्साइड	CaO	179
2.	कैल्शियम हाइड्रोक्साइड	$Ca(OH)_2$	136
3.	मैग्नीशियम कार्बोनेट	$MgCO_3$	119
4.	डोलामाइट	$CaMg(CO_3)_2$	109
5.	केल्साइट	$CaCO_3$	100
6.	बेसिक स्लेग	$CaSiO_3$	86
7.	चिकनी मिट्टी/खड़िया	-	40-70
8.	लकड़ी की भस्म	-	40

तालिका 17.1: भारत के विभिन्न राज्यों में अम्लीय मृदा का विस्तार (क्षेत्र '000 हेक्टेयर)

क्र.सं.	राज्य	अम्लीयता			कुल (000 हेक्टेयर)
		अत्यधिक अम्लीय (पीएच < 4.5)	मध्यम अम्लीय (पीएच 4.5–5.5)	थोड़ा अम्लीय (पीएच 5.5–6.5)	
1.	आंध्र प्रदेश	0.0	0.0	2827.5	2827.5
2.	अरूणाचल प्रदेश	4775.9	1742.7	268.8	6787.4
3.	असम	23.5	2331.2	2332.7	4687.5
4.	बिहार	0.0	36.7	2324.9	2361.6
5.	छत्तीसगढ़	156.4	5930.1	4386.6	10473.0
6.	गोवा	3.6	113.7	191.1	308.3
7.	हिमाचल प्रदेश	0.0	157.0	1620.6	1777.6
8.	जम्मू और कश्मीर	0.0	93.3	1480.1	1573.4
9.	झारखंड	0.0	999.6	5772.1	6771.7
10.	कर्नाटक	0.0	61.4	3254.7	3316.1
11.	केरल	138.0	2789.6	753.2	3680.7
12.	मध्य प्रदेश	0.0	1124.7	10601.8	11726.5

क्र.सं.	राज्य	अम्लीयता			कुल (000 हेक्टेयर)
		अत्यधिक अम्लीय (पीएच < 4.5)	मध्यम अम्लीय (पीएच 4.5–5.5)	थोड़ा अम्लीय (पीएच 5.5–6.5)	
13.	महाराष्ट्र	0.0	240.0	4332.6	4572.6
14.	मणीपुर	426.9	1437.2	325.1	2189.2
15.	मेघालय	0.0	1186.3	1054.4	2240.7
16.	मिजोरम	0.0	1267.6	777.3	2044.9
17.	नागालैंड	118.9	1483.3	55.7	1657.9
18.	ओडिशा	0.0	261.6	8409.7	8671.3
19.	सिक्किम	278.9	323.4	2.8	605.0
20.	तमिलनाडु	264.0	347.3	4294.5	4905.8
21.	त्रिपुरा	56.6	749.0	237.2	1042.8
22.	उत्तर प्रदेश	0.0	0.0	337.5	337.5
23.	उत्तराखंड	0.0	1183.6	2300.6	3484.2
24.	पश्चिम बंगाल	0.0	555.6	4199.7	4755.3
25.	अन्य	0.0	0.0	0.0	0.0
	कुल	**6242.6**	**24414.6**	**62141.2**	**92798.4**

स्त्रोतः माजी एवं साथी (2012), राष्ट्रीय मृदा सर्वेक्षण और भूमि उपयोग नियोजन ब्यूरो, नागपुर प्रकाशन संख्या 145

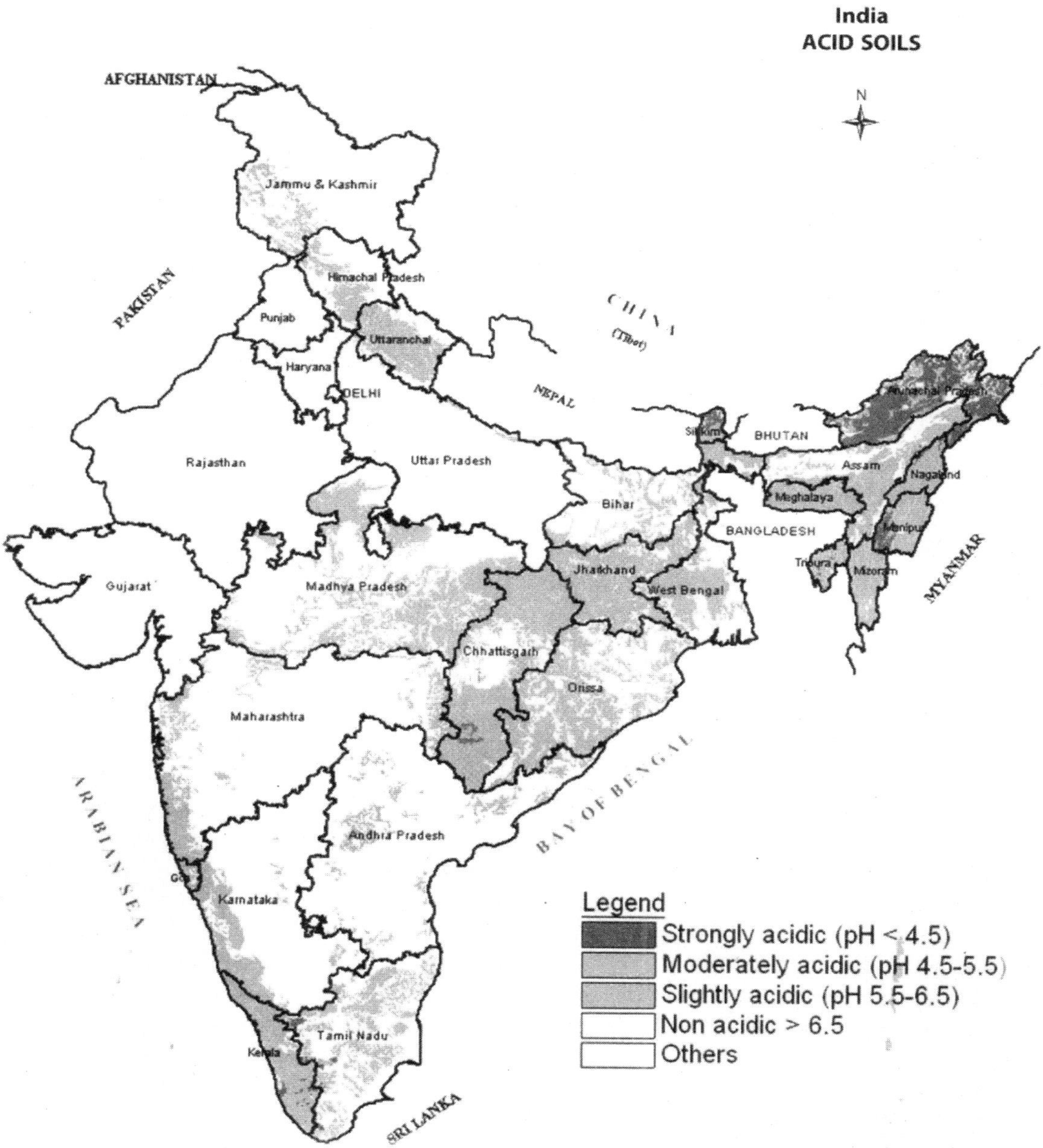

चित्र 17.2: भारत की अम्लीय मृदा का नक्शा
स्त्रोत: माजी एवं साथी (2012), राष्ट्रीय मृदा सर्वेक्षण और भूमि उपयोग नियोजन ब्यूरो, नागपुर प्रकाशन संख्या 145

प्रश्न कोष

वस्तुनिष्ठ प्रश्न

1. पौधों पर मृदा अम्लता के प्रभाव होते हैं?
   (A) केवल प्रत्यक्ष
   (B) केवल अप्रत्यक्ष
   (C) प्रत्यक्ष एवं अप्रत्यक्ष
   (D) इनमें से कोई नही
2. डोलामाइट का रासायनिक सूत्र है?
   (A) $CaMg(CO_3)_2$
   (B) $MgCO_3$
   (C) $CaCO_3$
   (D) इनमें से कोई नही
3. मृदा कोलाइड पर अधिशोषित हाइड्रोजन (H^+) और एल्यूमीनियम (Al^{3+}) आयनों के कारण विकसित अम्लता, कहलाती है?
   (A) सक्रिय अम्लीयता
   (B) विनिमय अम्लीयता
   (C) संचित अम्लीयता
   (D) B एवं C दोनों
4. बेसिक स्लेग का रासायनिक सूत्र है?
   (A) $CaCO_3$ (B) $CaMg(CO_3)_2$
   (C) $CaSiO_3$ (D) $Ca(OH)_2$
5. निम्नलिखित में से अम्लीय मृदा बनने का कारण है?
   (A) अम्लीय पैतृक पदार्थ
   (B) भारी वर्षा से निक्षालन
   (C) अम्लीय उर्वरकों का उपयोग
   (D) ये सभी
6. अम्लीय मृदा में किस तत्व की सांद्रता अधिक हाती है?
   (A) फॉस्फोरस (B) नत्रजन
   (C) पोटैशियम (D) ऐल्यूमीनियम
7. निम्नलिखित में से सर्वाधिक उदासीनीकरण मान होता है?
   (A) $CaCO_3$ (B) $CaSiO_3$
   (C) CaO (D) $CaMg(CO_3)_2$

रिक्त स्थानों की पूर्ति कीजिए

1. मृदायें जिनके मृदा संकीर्ण पर हाइड्रोजन (H^+) आयनों की सान्द्रता हाइड्रोक्सिल (OH^-) आयनों की अपेक्षा अधिक होती है तथा जिनका पी. एच. मान 7.0 से कम होता है, ... कहलाती है।
2. मृदा विलयन में हाइड्रोजन एवं एल्यूमीनियम आयनों की सान्द्रता से उत्पन्न अम्लयता को .... कहते हैं।
3. अम्लीय मृदाओं में प्रायः जीवांश पदार्थ (organic matter) का .... पाया जाता है।
4. कैल्शियम कार्बोनेट अम्लीय मृदा में कोलाइडी संकीर्ण पर से हाइड्रोजन (H^+) एवं एल्यूमीनियम (Al^{3+}) आयनों को विस्थापित कर अम्लता को .... करता है।
5. चूना डालने से मृदा में वायु एवं जल संचार ....जाता है।
6. अम्लीय सल्फेट मृदा का पी. एच. मान ....से कम होता है।
7. केल्साइट का उदासीनीकरण मान .... है

सत्य या असत्य कथन पर (√) का निशान लगाये

1. डोलामाइट का उदासीनीकरण मान 109 प्रतिशत होता है। (सत्य/असत्य)
2. बेसिक स्लेग का उदासीनीकरण मान 100 प्रतिशत होता है। (सत्य/असत्य)
3. अम्लीय मृदाऐं अधिकतर नम जलवायु वाले क्षेत्रों में पायी जाती है। (सत्य/असत्य)
4. भारत में अम्लीय मृदायें पूर्वोतर भागों तथा केरल में पायी जाती है। (सत्य/असत्य)
5. सक्रिय अम्लीयता को विनिमय अम्लता भी कहते हैं। (सत्य/असत्य)
6. मृदा कोलाइड पर अधिशोषित (adsorbed) हाइड्रोजन (H^+) और एल्यूमीनियम (Al^{3+}) आयनों के कारण विकसित अम्लता, संचित अम्लीयता कहलाती है। (सत्य/असत्य)
7. अम्लीय मृदा में लौह, एल्यूमिनियम की सान्द्रता बढने के कारण पौधों पर हानिकारक प्रभाव पड़ता है। (सत्य/असत्य)
8. बिना बुझा चूना, बुझा हुआ चूना तथा लाइमस्टोन एवं डोलोमाइट का उपयोग कर अम्लीय मृदाओं को सुधारा जा सकता है। (सत्य/असत्य)
9. अम्लीय मृदायें कम वर्षा वाले क्षेत्रों में पायी जाती है। (सत्य/असत्य)
10. केट क्ले सामान्यतः अम्लीय सल्फेट मृदा के लिए उपयोग होता है। (सत्य/असत्य)

लघु एवं विस्तृत उत्तरीय प्रश्न

1. अम्लीय मृदा क्या है? अम्लीय मृदा के प्रकार लिखिए।
2. मृदा अम्लता का पौधों पर प्रत्यक्ष एवं अप्रत्यक्ष प्रभावों को लिखिए।
3. अम्लीय मृदा किसे कहते है? अम्लीय मृदा के प्रकार एवं मृदा अम्लता के कारणों को विस्तृत में वर्णन करे।
4. अम्लीय मृदा किसे कहते है? अम्लीय मृदा के प्रकार, मृदा अम्लता के कारणों एवं अम्लीय मृदाओं के सुधार के बारे में विस्तृत में वर्णन करे।

उत्तरमाला

वस्तुनिष्ठ प्रश्न	1. (C)	2. (A)	3. (D)	4. (C)	5. (D)
	6. (D)	7. (C)			
रिक्त स्थानों की पूर्ति	1. अम्लीय मृदायें	2. सक्रिय अम्लयता	3. आधिक्य	4. कम	5. बढ़
	6. 4.5	7. 100			
सत्य या असत्य	1. सत्य	2. असत्य	3. सत्य	4. सत्य	5. असत्य
	6. सत्य	7. सत्य	8. सत्य	9. असत्य	10. सत्य

अध्याय – 18

मृदा जीव
(SOIL ORGANISM)

परिचय

मृदा एक जीवित पिण्ड है। मृदा में असंख्य जीव रहते हैं तथा इनकी अधिक संख्या पौधों के जीवन से सम्बन्धित होती है। मृदा में कार्बनिक पदार्थ के विच्छेदन सम्बन्धी समस्त प्रतिक्रियाये इन्हीं जीवाणुओं द्वारा संचालित होती हैं। अधिकांश जीवाणु इतने सूक्ष्म होते हैं कि उन्हें नग्न आँखों से देखना सम्भव नही है अर्थात् इन्हें केवल सूक्ष्मदर्शी यन्त्र (Mircroscope) से ही देखा जा सकता हैं, इन्हें सूक्ष्म जीव (Microorganism) कहते हैं। इनकी संख्या मृदा में बहुत अधिक होती हैं। यहाँ तक कि एक ग्राम मृदा में करोड़ों सूक्ष्मजीवाणु पाये जाते हैं। पृष्ट मृदा (15 से.मी.) में मृदा जीवों की संख्या एवं भार तालिका 18.1 में दी गई है। ये जीवाणु मृदा के कार्बनिक पदार्थ पर जीवित रहते हैं। अनुकूल परिस्थितियों में मृदा जीवों की वृद्धि अत्यधिक द्रुत गति से होती है किन्तु प्रतिकूल दशा में ये शीघ्रता से नष्ट भी हो जाते हैं।

तालिका 18.1: पृष्ट मृदा (15 से.मी.) में मृदा जीवों की संख्या एवं भार

क्रमांक	मृदा जीव	संख्या (प्रति ग्राम)	भार (किलोग्राम/हैक्टेयर)
1.	प्रोटोजोआ (Protozoa)	10^4-10^5	20-200
2.	सूत्रकृमि (Nematode)	10-10^2	100-150
3.	माइट्स (Mites)	1-10	5-150
4.	केंचुआ (Earthworms)	<1	100-1500
5.	बैक्टीरिया (Bacteria)	10^8-10^9	400-5000
6.	एक्टीनोमाइसिटीज (Actinomycetes)	10^7-10^8	400-5000
7.	कवक (Fungi)	10^5-10^6	1000-15000
8.	एल्गी (Algae)	10^4-10^5	10-500

स्त्रोतः ब्रैडी एवं वेल (2014)

सामान्य मृदा जीवों के समूह – मृदा जीवों के समूह को तालिका रूप में नीचे दर्शाया गया है। सर्वप्रथम अरस्तू ने जीव जगत को दो समूहों अर्थात् वनस्पति एवं जन्तु जगत में बाँटा था। इसके बाद लीनियस ने अपनी पुस्तक "Systema Nature" में सभी जीवधारियों को पादप एवं जन्तु जगत में वर्गीकृत किया। लीनियस को आधुनिक वर्गीकरण प्रणाली का पिता कहा जाता है।

मृदा जीव वर्ग		आकार	मुख्य विशिष्ट वर्ग	उदाहरण
मृदा प्राणी (Soil fauna)	बड़े प्राणी (Macro fauna)	> 2 mm	रीढ़दार प्राणी (Vertebrate)	छछूँदर (moles), चूहा (mice), खरगोश (rabbit)
			आर्थोपोड (Anthropod)	दीमक (temites) चींटियां (ants), सहस्रवाद (millipedes), ग्रब्स (grubs), शतपदी (centipeds), भृंग (beetles)
			एनेलिड (Annelid)	केंचुआ (earthworm)
			मॉलस्क (Mollusks)	सिलुओं (snails), घोंघा (slugs)
	मध्य प्राणी (Mesofauna) सभी परपोषी, अधिकांशतः	0.1-2 mm	आर्थोपोड (Arthropod), एनेलिड (Annelid)	मकड़ी (spider), प्रोटूरा (protura), कोल्लेमबोला (collembola)
	सूक्ष्म प्राणी (Microfauna)	< 0.1 mm		सूत्रकृमि (Nematode) प्रोटोजोआ (Protozoa), रोटीफर्स (Rotifers), अमीबा (Amoeba)
मृदा पादक (Soil fauna)	दीर्घ पादक (Macroflora) मुख्यतः स्वपोषी	> 2 mm	छालेदार पौधे (Vesicular plants), ब्रायोफाइट्स (Bryophytes)	उच्च पौधों की जड़े, मौस (mosses) तथा ट्रेकियोफाइट्स (Tracheophytes)
	सूक्ष्म पादक (Microflora)	< 0.1 mm	छालेदार पौधे (Vesicular plants)	मूल रोम (root hair)
			शैवाल (Algae)	हरी शैवाल एवं डायटम्स (diatoms)
			कवक (Fungi)	यीस्ट्स (yeasts), मोल्ड्स (molds), मशरूम (mushrooms)
			एक्टीनोमाइसिटीज (Actinomycetes)	विभिन्न प्रकार के एक्टीनोमाइसिटीज (फ्रेन्कीया, स्ट्रेप्टोमाइसीन)
			बैक्टीरिया (Bacteria)	स्वपोषित (autotrophic), परपोषित (heterotrophic) बैक्टीरिया, वायुजीवी (aerobic) एवं अवायुजीवी (anaerobic)
			साइनोबैक्टीरिया (Cynobacteria)	नील हरित शैवाल

आर. एच, व्हिटकर (R.H. Whittaker) ने 1969 में पाँच जगत (5 kingdom system) वाले वर्गीकरण को सुझाया। ये जगत निम्न हैं –

1. **मोनेरा (Monera)** – मृदा जीव जैसे बैक्टीरिया, सायनोबैक्टीरिया (नीली हरी शैवाल) तथा ऐक्टीनोमाइसिटीज मोनेरा जगत के अन्तर्गत आते हैं।

2. **प्रोटिस्टा (Protista)** – इस जगत में प्रोटोजोआ एवं एल्गी आते हैं। इनमें पूर्ण विकसित केन्द्रक पाया जाता है।

3. **कवक (Fungi)** – इस जगत के सदस्य बहुकोशीय एवं परजीवी (heterotrophs) हैं इनमें माइसीलियम होता है। इनकी कोशाभिति काइटिन की बनी होती है तथा इनमें प्रकाश संश्लेषण नहीं होता है। जैसे राइजोपस एवं पेनीसिलियम आदि।

4. **पादप (Plantae)** – ये बहुकोशीय होते हैं इनकी कोशा भित्ति सेल्युलोस की बनी होती है। इनमें प्रकाश संश्लेषण होता है, इनकी कोशाये यूकैरियोटिक होती है जैसे एल्गी, फर्न, मौस, बीज वाले पौधे आदि।

5. **जन्तु (Animalia)** – ये बहुकोशीय जन्तु होते हैं इनमें कोशाभित्ति नहीं होती है, प्रकाश संश्लेषण भी नहीं होता है। ये यूकैरियोटिक एवं परपोषी होते हैं। इसे मेटाजोआ भी कहा जाता है।

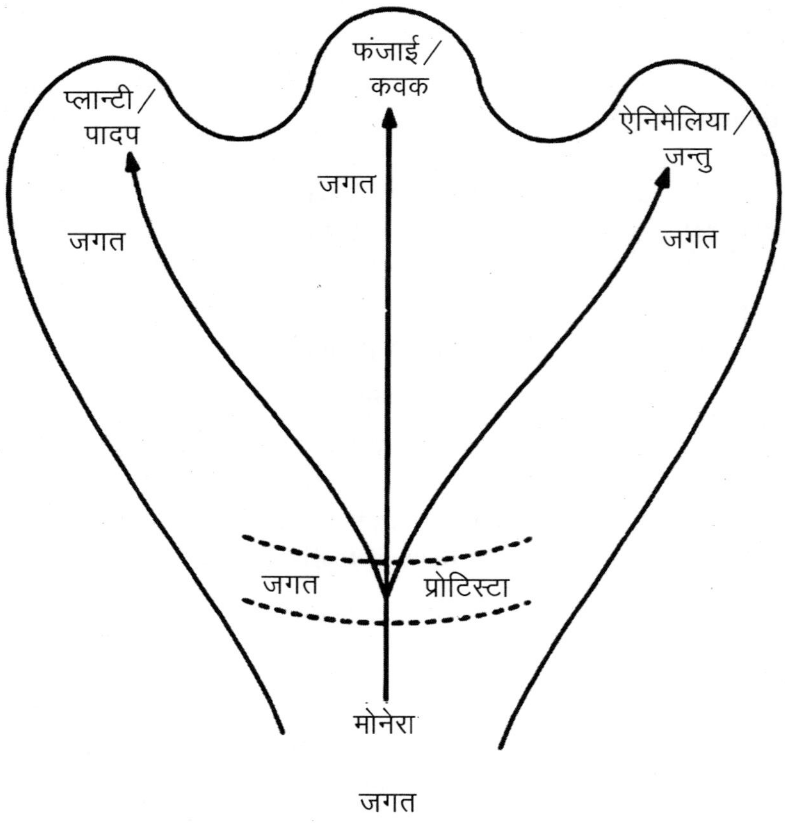

चित्र 18.1: व्हिटकर की सरलीकृत योजनाबद्ध पाँच जगत प्रणाली

मृदा जीवों का वर्गीकरण

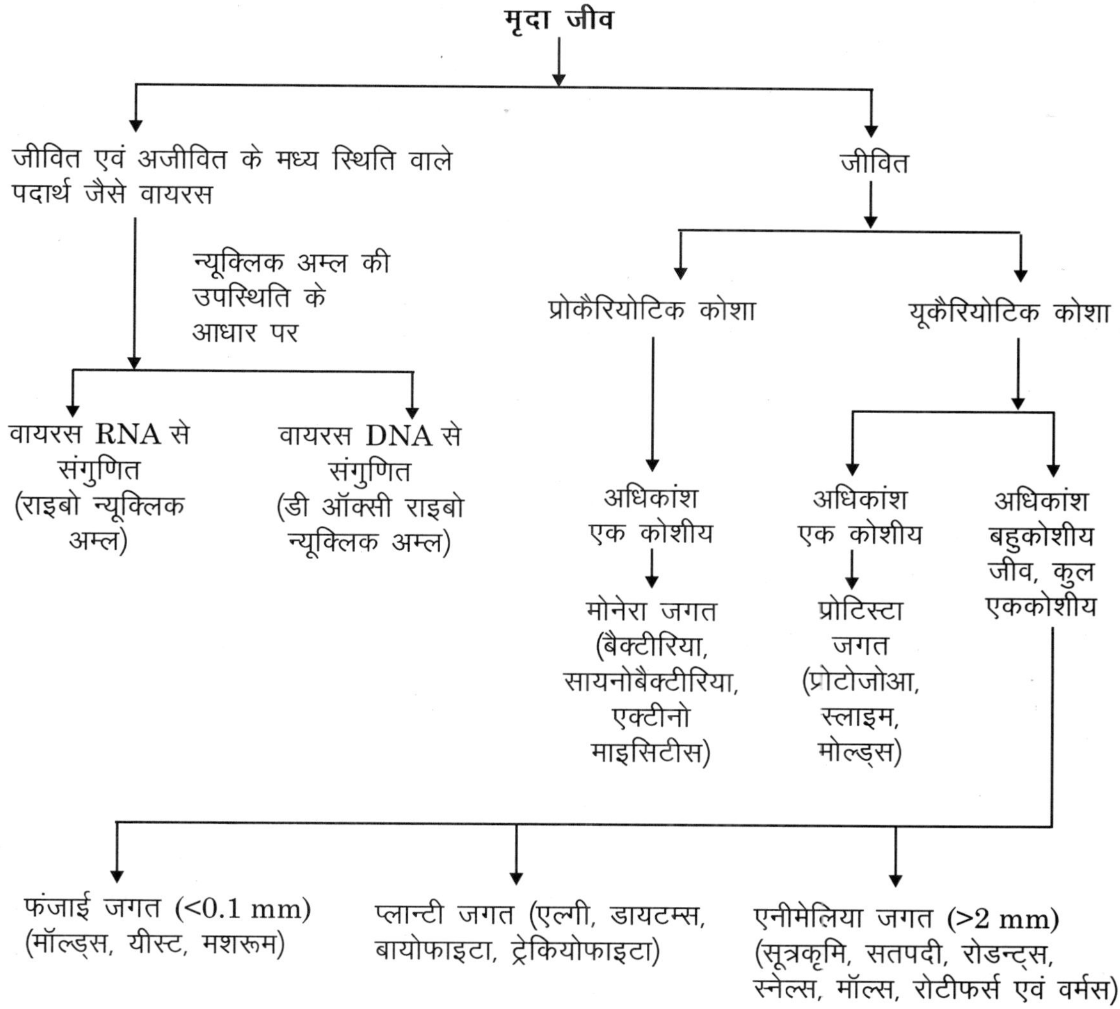

1. **मोनेरा जगत (Monera kingdom)** – मृदा जीव जैसे बैक्टीरिया, सायनोबैक्टीरिया (नीली हरी शैवाल) तथा ऐक्टीनोमाइसिटीज मोनेरा जगत के अन्तर्गत आते हैं।

बैक्टीरिया (Bacteria)

जीवाणु की खोज सर्वप्रथम हॉलैण्ड निवासी एण्टोनी वॉन ल्यूवेनहॉक ने की थी। इनको जीवाणु विज्ञान का जनक भी कहते हैं। मृदा में बैक्टीरिया सबसे अधिक संख्या में पाये जाते हैं। ये एककोशीय (Unicellular) एवं अतिसूक्ष्म जीव है जिनका आकार तथा रूप भिन्न–भिन्न होता हैं। इनकी कोशिका प्रोकेरियोटिक होती हैं। अनेकों बैक्टीरिया (Bacteria) गोलाकार कुंतला (Spiral Shaped) तथा छड़ के आकार (Rod shaped) के होते हैं। सामान्यतः इनका आकार 0.004–0.005 मि.मी. तक होता है।

जीवाणु कोशिका में नीले हरे शैवालों की तरह वास्तविक केन्द्रक नहीं मिलते हैं बैक्टीरिया को उनकी विभिन्न आकृतियों के आधार पर निम्न वर्गों में बाँटा गया है–

1. **गोलाकार या कोकाई (Spherical or Cocci)** – इनकी आकृति सामान्यतः गोलाकार होती है। परन्तु कभी–कभी अण्डाकार भी होते हैं। ये निम्न प्रकार के होते हैं – माइक्रोकोकाई (Micrococci), डिप्लोकोकाई (Diplococci), स्ट्रेप्टोकोकाई (Streptococci), टेट्राकोकाई (Tetracocci) एवं सासनी (Sarcinae)
2. **दंडाणु या बैसिलस (Bacillus)** – ये बैक्टीरिया छड़ या डंडे के आकार के होते हैं ये तीन प्रकार के होते हैं – मोनोबैसिलस (Mono bacillus), डिप्लोबैसिलस (Diplo bacillus) एवं स्ट्रेप्टो बैसिलस (Strepto bacillus)
3. **सर्पिल/स्पाइरिलाई (Spirilli)** – सर्पिल या हेलिकल आकार के बैक्टीरिया होते हैं ।

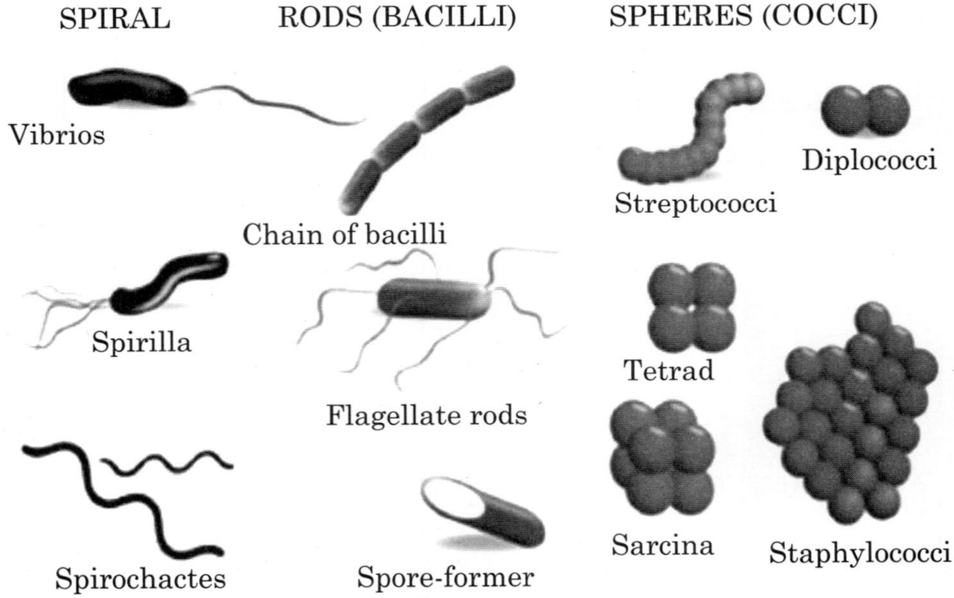

चित्र 18.2: विभिन्न आकृति के बैक्टीरिया

बैक्टीरिया का पोषण के आधार पर वर्गीकरण

बैक्टीरिया को पोषण के आधार पर निम्न प्रकार बाँटा गया है–

1. **स्वपोषित बैक्टीरिया (Autotrophic bacteria)** – शब्द 'ओटो' (auto) का अर्थ है 'स्वयं' (self) एवं 'ट्रॉफ' (trophe) का अर्थ है 'पोषण' (nutrition)। अतः ऑटोट्रॉफिक (autotrophic) का अर्थ होता है 'स्वयं पोषण' (selfnutrition)। स्वपोषित बैक्टीरिया सौर ऊर्जा का उपयोग करके पर्यावरण में उपस्थित अकार्बनिक पदार्थों जैसे कार्बन–डाइऑक्साइड एवं जल से अपना भेजन स्वयं बनाते हैं। अर्थात् ये अपना कार्य मुख्य रूप से वायुमण्डल की CO_2 से तथा ऊर्जा अकार्बनिक पदार्थों या कार्बन के सरल यौगिकों के ऑक्सीकरण से प्राप्त करते हैं। इन्हें दो वर्गों में विभाजित करते हैं।

(i) **प्रकाश स्वपोषी (Photoautotrophs)** : यह जीवाणु सूर्य के प्रकाश की उपस्थिति में कार्बन–डाइऑक्साइड के कार्बन को कार्बोहाइड्रेट के रूप में बदल लेते है तथा अपनी ऊर्जा सूर्य के प्रकाश से प्राप्त करते हैं। अर्थात् ये जीवाणु सूर्य की प्रकाश ऊर्जा को अवशोषित कर रासायनिक ऊर्जा में परिवर्तित कर देते हैं जो कोशिका की उपापचयी क्रियाओं में प्रयोग होती है। प्रकाश स्वपोषी की अभिक्रिया निम्नानुसार है–

$$CO_2 + H_2O \xrightarrow[\text{क्लोरोफिल}]{\text{सूर्य प्रकाश}} (CH_2O)_n + O_2$$

$$CO_2 + H_2S \xrightarrow[\text{बैक्टीरियोक्लोरोफिल}]{\text{सूर्य प्रकाश}} (CH_2O)_n + S + HO_2$$

(ii) **रसायन स्वपोषी (Chemoautotrophs)** : ये अपनी वृद्धि एवं जीव संश्लेषित (biosynthetic) प्रतिक्रियाओं के लिये आवश्यक ऊर्जा अकार्बनिक पदार्थों के ऑक्सीकरण से प्राप्त करते हैं।

2. **परपोषित बैक्टीरिया (Heterotrophic bacteria)** – शब्द 'हेटरोस' (heteros) का अर्थ है 'पर' या 'दूसरे' (others) एवं 'ट्रॉफ' (trophe) का अर्थ है 'पोषण' (nutrition)। अतः हेटरोट्रॉफिक (heterotrophic) का अर्थ होता है 'दूसरों से प्राप्त पोषण'। मृदा में अधिकांश बैक्टीरिया इसी श्रेणी में आते हैं। स्वपोषित जीवाणु की भाँति यह जीवाणु अकार्बनिक यौगिको के ऑक्सीकरण द्वारा अपना भोजन स्वयं नहीं बना सकते हैं। अपितु इस वर्ग के जीवाणु अपनी कार्बन और ऊर्जा की आवश्यकता की पूर्ति जटिल कार्बनिक यौगिकों से करते हैं। ये जीवाणु सैल्युलोज, हैमीसैल्युलोज, प्रोटीन, वसा, कार्बोहाइड्रेट एवं अन्य कार्बनिक पदार्थों का विच्छेदन या ऑक्सीकरण करके ऊर्जा प्राप्त करते हैं। इनमें कुछ वायुजीवी तथा अन्य अवायुजीवी होते हैं। यह निम्न तीन प्रकार के होते हैं।

(i) **मृतजीवी बैक्टीरिया (Saprophytic bacteria)** – इस प्रकार के जीवाणु सड़े हुए मृत कार्बनिक पदार्थों से अपना भोजन प्राप्त करते हैं। यह जीवाणु अपने शरीर से कुछ विशेष प्रकार के एन्जाइम स्त्रावित करते हैं, जो जटिल कार्बनिक पदार्थों जैसे–प्रोटीन, कार्बोहाइड्रेट एवं वसा इत्यादि को सरल एवं विलयशील पदार्थों में बदल देते हैं। सैलुलोज अपघटक जीवाणु (cellulose decomposing bacteria) जैसे–सैलफालिक्यूला (Cellfalicula) इत्यादि तथा प्रोटीन ऊपघटक जीवाणु (protein decomposing bacteria) जैसे – क्लोस्ट्रीडियम (*Closrridium*) एवं स्यूडोमोनास (*Pseudomonas*) इत्यादि ।

(ii) **सहजीवी बैक्टीरिया (Symbiotic bacteria)** – कुछ जीवाणु ऐसे भी होते हैं, जो दूसरे जीव (organism) के साथ मिलकर जीवन यापन करते हैं। यह दोनों जीव एक दूसरे के लिए हानिकारक न होकर अपितु एक दूसरे के विकास में सहायक होते हैं जीवन यापन की यह क्रिया सहजीवन (Symbiosis) तथा भाग लेने वाले जीव सहजीवी (Symbioints) कहलाते हैं। इस प्रकार के बैक्टीरिया स्वतन्त्र रूप से जीवित नहीं रह सकते हैं। ये केवल सहजीवन में ही वायुमण्डलीय नाइट्रोजन का उपभोग तथा स्थिरीकरण करते हैं। राइजोबियम इसी वर्ग का बैक्टीरिया है। यह दलहनी पौधों की

जड़ ग्रन्थियों में नाइट्रोजन स्थिर करते हैं और इन्हीं पौधों के कोषा रस से ऊर्जा प्राप्त करते हैं।

क्र.सं.	राइजोबियम प्रजातियाँ	फसलें
1.	*राइजोबियम लेग्यूमिनोसेरम*	मटर, मसूर
2.	*राइजोबियम ट्राइफोली*	बरसीम
3.	*राइजोबियम फैजियोलाई*	सेम, राजमा, मोठ
4.	*राइजोबियम मेलीलोटाई*	रिजका, मैथी, सैंजी
5.	*राइजोबियम जेपोनिकम*	सोयाबीन
6.	*राइजोबियम स्पेसिज*	मूंगफली, उड़द, चना, अरहर लोबिया आदि।
7.	*राइजोबियम ल्यूपिनी*	ल्यूपिनस

कुछ जैव उर्वरक जैसे–राइजोबियम (*Rhizobiunn*) इत्यादि फलीदार पौधों जैसे–मटर, मेथी, सेम, चना इत्यादि की जड़ों में ग्रंथियाँ (nodules) बनाकर रहते हैं। प्रत्येक ग्रंथि में इन जीवों की संख्या लाखों में होती है। यह जीवाणु फलीदार पौधों की जड़ों के सम्पर्क में रहते हुए वायुमंडल में उपस्थित स्वतन्त्र नाइट्रोजन को ग्रहण करके उसे नाइट्रोजन यौगिकों (नाइट्रेट्स) में बदल देते हैं। जिनका उपयोग न केवल जीवाणु करते हैं अपितु परपोषी पौधों द्वारा भी किया जाता है। इसके बदले में जीवाणु फलीदार पौधों से कार्बोहाइड्रेट प्राप्त कर लेते हैं।

(iii) परजीवी जीवाणु (Parasitie Bacteria) – यह जीवाणु अन्य जीवित पौधों एवं जन्तुओं के शरीर पर अथवा उनके अन्दर रहते हैं तथा उनसे अपना भोजन प्राप्त करते हैं। ये अपना कार्बनिक भोजन अपने परपोषी (host) से ही प्राप्त करते हैं।

तालिका 18.2: ऊर्जा एवं कार्बन स्त्रोत के आधार पर बैक्टीरिया के प्रकार

क्र. स.	बैक्टीरिया का प्रकार	ऊर्जा का स्त्रोत	कार्बन का स्त्रोत	उदाहरण
1.	प्रकाश स्वपोषी (Photoautotrophic bacteria)	सूर्य का प्रकाश	कार्बन–डाइऑक्साइड	साइनोबैक्टीरिया, नॉस्टाक, एनाबीना, क्लोरोबियम
2.	रसायन स्वपोषी (Chemoautotrophic bacteria)	अकार्बनिक पदार्थ (हाइड्रोजन, अमोनिया, हाइड्रोजन सल्फाइड)	कार्बन–डाइऑक्साइड	नाइट्रोसोमोनास, नाइट्रोबेक्टर, हाइड्रोजीमोनास, थायोबेसिलस, फेरोबेसिलस, मीथेनोमोनास
3.	प्रकाश परपोषित बैक्टीरिया (Photoheterotrophic bacteria)	प्रकाश	कार्बनिक पदार्थ	हरे गैर सल्फर जीवाणु, बैंगनी गैर सल्फर जीवाणु
4.	रसायन परपोषित बैक्टीरिया (Chemoheterotrophic bacteria)	कार्बनिक पदार्थ	कार्बनिक पदार्थ	राइजोबियम, फ्रेंकिया, बेसिलस, एग्रोबैक्टेरियम, डिसल्फोविब्रियो, स्ट्रेप्टोमाइसिज

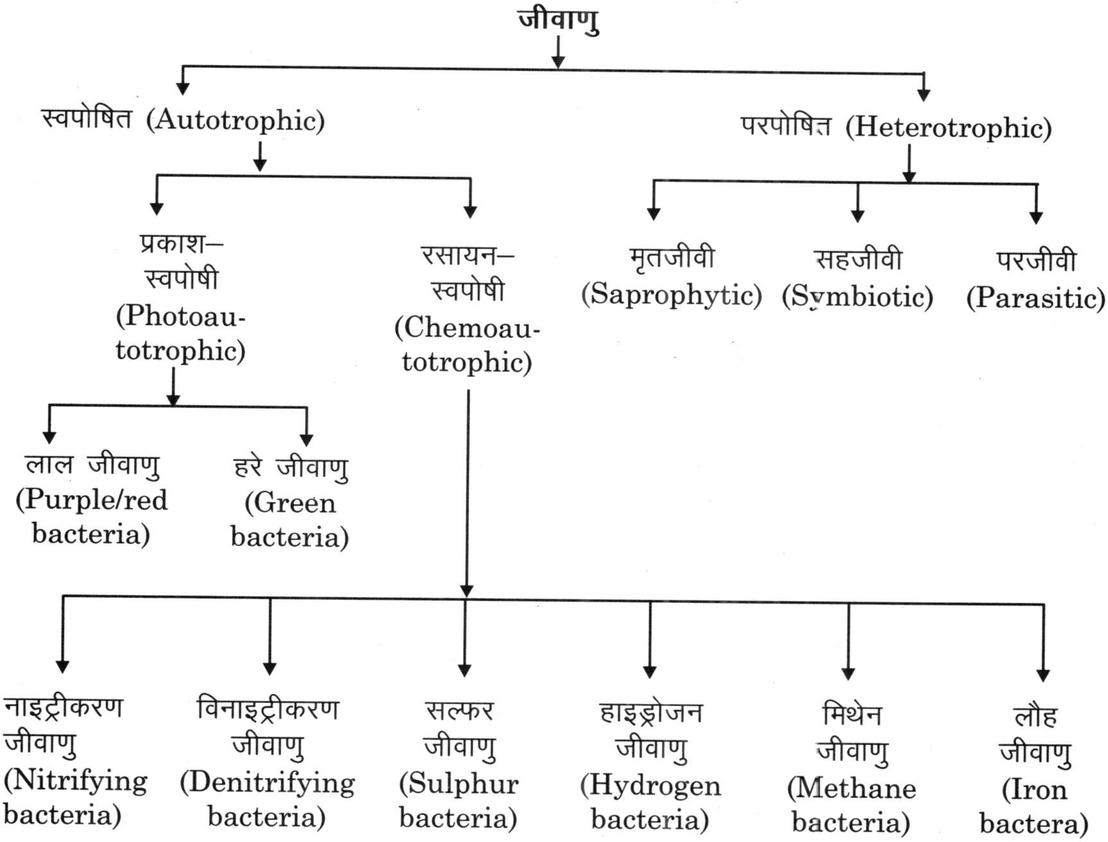

बैक्टीरिया के कार्य

1. बैक्टीरिया (एजोटोबैक्टर एवं राइजोबियम) एजोटोबैक्टर स्वतंत्र रूप से तथा राइजोबियम दलहनी फसलों की जड़ों की गाँठों में रहकर वायुमण्डल की स्वतंत्र नाइट्रोजन को स्थिर करते हैं।
2. नाइट्रोसोमोनास बैक्टीरिया अमोनिया को नाइट्राइट में तथा नाइट्रोबैक्टर नाइट्राइट को नाइट्रेट में बदल देते हैं। इस प्रकार नाइट्रीकारक बैक्टीरिया मृदा में नाइट्रेट यौगिकों की प्राप्यता बनाये रखते हैं।
3. सल्फर बैक्टीरिया–सल्फर बैक्टीरिया जैसे थायोबैसीलस प्रोटीन के सड़ने से उत्पन्न H_2S को H_2SO_4 में बदल देते हैं। पौधे इन सल्फेट लवणों का अवशोषण करते हैं।
4. विभिन्न प्रोटिन्स, प्रोटिन्स के संजात यौगिकों एवं अन्य कार्बनिक नाइट्रोजनीत पदार्थों के विच्छेदन से अमोनिया का निष्कासन।
5. कुछ बैक्टीरिया जैसे बेसीलस वुल्गेरिस (*Bacillus vulgaris*) बेसीलस रेमोसस (*B. ramosus*) आदि पौधों एवं जन्तुओं के मृत शरीर को सड़ाकर उनके जटिल यौगिकों को

सरल पदार्थों जैसे जल, कार्बन डाइऑक्साइड तथा अन्य पोषक तत्वों आदि में बदल देते हैं जिससे मृदा की उर्वरता में वृद्धि होती है।

6. हाइड्रोजन, आयरन एवं सल्फर के अपूर्ण ऑक्सीकृत यौगिकों तथा अन्य सरल अकार्बनिक एवं जटिल कार्बनिक पदार्थों के ऑक्सीकरण में भी बैक्टीरिया का महत्वपूर्ण योगदान होता है।

नील हरित शैवाल (साइनोबैक्टीरिया): साइनोबैक्टीरिया में शब्द साइन (cyan) नीले रंग का द्योतक है। साइनोबैक्टीरिया में कुछ अतिरिक्त वर्णक जैसे कि फाइकोसायनिन (phycocyanin) तथा फाइकोइरिथ्रिन (phycoerythrin) होते हैं। यह वर्णक एवं क्लोरोफिल मिलकर इन जीवों को विशिष्ट रंग देते हैं। यही कारण है कि साइनोबैक्टीरिया सामान्य तौर पर नील हरित शैवाल के नाम से जाने जाते हैं। एक कोशिकीय सूक्ष्म नील हरित शैवाल नम मिट्टी तथा स्थिर पानी में स्वतन्त्र रूप से रहते हैं। इन्हें नीली हरी काई भी कहते हैं। नील हरित शैवाल द्वारा नाइट्रोजन का स्थिरीकरण एक विशिष्ट कोशिका द्वारा किया जाता है। यह वायुमण्डल से लगभग 20–30 कि.ग्रा. नाइट्रोजन/हैक्टेयर प्रतिवर्ष स्थिरीकरण करते हैं। जिन फसलों को पानी की अधिक आवश्यकता होती है वहाँ ये बहुत उपयोगी पायी जाती है। इस जीवाणु को धान की फसल के लिए वायुमण्डलीय नाइट्रोजन को भूमि में संस्थापित कराने के उद्देश्य से उपयोग में लाया जाता है। नील हरित शैवाल प्रकाश संश्लेषण से ऊर्जा ग्रहण करके वायुमण्डलीय नाइट्रोजन का भूमि में स्थिरीकरण करता है। यह एक स्वतंत्र रूप से जीवन यापन करने वाला जीवाणु होता है, जिसे दलहनी फसलों की भाँति ऊर्जा के लिए धान के पौधे पर निर्भर नहीं रहना पड़ता है। इसकी वृद्धि के लिए आवश्यक तापमान, प्रकाश, नमी एवं पोषक तत्वों की आवश्यक मात्रा धान के खेत में विद्यमान रहती है। मृदा में कार्बनिक पदार्थों तथा अन्य पौध – विकासवर्द्धक रसायनों जैसे ऑक्सीन, जिब्रेलीन, फाइरीडोक्सीन, इण्डोल एसिटिक एसिड इत्यादि की मात्रा में वृद्धि हो जाती है। फसल के उत्पादन में वृद्धि होती है। अम्लीय और क्षारीय–भूमियों का सुधार होता है। इसकी प्रमुख प्रजातियां नॉस्टाक, टोलीपोथिरिक्स एवं एनाबीना इत्यादि हैं।

एक्टीनोमाइसिटीज (Actinomycetes) – एक्टीनोमाइसिटीज कवक से आकार में छोटे जबकि बैक्टीरिया से बड़े होते हैं। इनका शारीरिक संगठन, रूप और आकार कवक से कुछ मिलते–जुलते हैं। ये एककोशीय होते हैं तथा इन्हें कभी–कभी सूत्र बैक्टीरिया (Thread bacteria) भी कहते हैं। एक्टीनोमाइसिटीज के तन्तु प्रायः 0.5 से 1.5μ व्यास के होते हैं जो कि बैक्टीरिया के सैल के बराबर होता है। ये प्रायः मृदा, कम्पोस्ट तथा झीलों की सतह पर मिलते हैं। ये मृदा की सतह पर तथा निम्न संस्तरों में भी पाये जाते हैं। इनकी मृदा में संख्या कार्बनिक पदार्थ की मात्रा, पी–एच और ताप आदि पर निर्भर करती है। प्रचुर कार्बनिक पदार्थ वाली मृदाओं में एक्टीनोमाइसिटीज की संख्या अधिक होती है। इनकी सक्रियता पी–एच 6.5–8.0 पर अधिकतम होती है। इनकी वृद्धि के लिये अनुकूलतम ताप 28° से 37° सेंटीग्रेड होता है। राष्ट्रीय कृषि उपयोगी सूक्ष्मजीव ब्यूरो के एक अनुसंधान के अनुसार पौधों की विभिन्न जातियों में इण्डोफिटिक एक्टीनोमाइसिटीज पाये जाते हैं। गेहूँ एवं सरसों की जड़ों एवं तनों से प्राप्त एक्टीनोमाइसिटीज विशेष प्रकार के बायोएक्टिव रसायन उत्पन्न करते हैं जिसका प्रयोग रोगकारक सूक्ष्मजीवों की रोकथाम में किया जा सकता है।

एक्टीनोमाइसिटीज के कार्य

- एक्टीनोमाइसिटीज मृदा में कार्बनिक पदार्थों का विच्छेदन करते हैं।
- नाइट्रोजन का परिसंचारण (Circulation) करके एक्टीनोमाइसिटीज मृदा की उर्वरता को अधिक समय तक स्थायी रखते हैं।

- उच्च ताप पर एक्टीनोमाइसिटीज हरी खाद, कम्पोस्ट तथा गोबर की खाद को विच्छेदित करते हैं।
- एक्टीनोमाइसिटीज अनेक रोगाणुनाशी पदार्थों (Antibiotics) की उत्पत्ति करते हैं।
- एक्टीनोमाइसिटीज सबसे महत्वपूर्ण सूक्ष्मजीवों में से एक हैं जो विभिन्न प्रकार के उपयोगी द्वितियक मेटाबोलाइट्स का उत्पादन करते हैं।

2. प्रोटिस्टा जगत (Protista kingdom) – इस जगत में प्रोटोजोआ एवं एल्गी आते हैं। इनमें पूर्ण विकसित केन्द्रक पाया जाता है।

प्रोटोजोआ (Protozoa)

प्रोटोजोआ का प्रथम अध्ययन ल्यूवेन्हॉक (Leeuwenhoek, 1677) ने सूक्ष्मदर्शी की सहायता से किया था। ई.जे. रूसेल (E.J. Russel) तथा एच.बी. हचकिनसन (H.B. Hutchinson) ने सर्वप्रथम, मृदा जीवाणुओं में प्रोटोजोआ की सक्रियता का अध्ययन किया था। जी.ऐ. गोल्डफस (G.A. Goldfuss) ने प्रोटोजोआ नाम दिया। इस शब्द का उद्भव ग्रीक भाषा के प्रोटोस (Protos = first) तथा (Zoa = animal) अर्थात् प्रथम जन्तु से हुआ है। प्रोटोजोआ के अध्ययन को प्रोटोजोआ विज्ञान (Protozoology) कहते हैं। प्रोटोजोआ प्राणी जगत का सबसे सरलतम जन्तु है। ये अत्यन्त सूक्ष्म तथा साधारण अवयव वाले एक कोशीय जीव हैं। सभी प्रोटोजोआ परपोषी होते हैं, जो परभक्षी अथवा परजीवी के रूप में रहते हैं। ये प्राणियों के पुरातन संबंधी हैं। इनमें प्रकाश संश्लेषण नही होता है। गमन के लिये इनमें पादाभ (pseudopodia), कशाभिकाएँ (flagella) या रोमाभ (cilia) होते हैं। प्रोटोजोआ तीन प्रकार के होते है : अमीबा (amoeba), कशाभिका (flagellates) एवं सिलियेट्स (cillates)। प्रोटोजोआ को गतियों के आधार पर चार प्रमुख समूहों में बाँटा जा सकता है।

1. **अमीबीय प्रोटोजोआः** ये जीवधारी स्वच्छ जल, समुद्री जल तथा नम मृदा में पाए जाते हैं। ये अपने कूटपादों की सहायता से अपने शिकार को पकड़ते हैं। ये पादाभ (pseudopodia) की सहायता से गति करते हैं। उदाहरणः एंटअमीबी।
2. **कशाभी प्रोटोजोआः** इस समूह के सदस्य स्वच्छंद अथवा परजीवी होते हैं, इनके शरीर पर एक या अधिक कशाभिका (flagella) पाई जाती है। उदाहरणः ट्रिपैनोसोमा।
3. **पक्ष्माभी प्रोटोजोआः** ये जलीय तथा अत्यंत सक्रिय गति करने वाले जीवधारी है। ये रोमों (cilias) की सहायता से गति करने वाले जीवधारी हैं, क्योंकि इनके शरीर पर हजारों की संख्या में पक्ष्माभ पाए जाते हैं। इनमें एक गुहा (ग्रसिका) होती है जो कोशिका की सतह के बाहर की तरफ खुलती है। पक्ष्माभों की गति के कारण जल से पूरित भोजन गलेट की तरफ भेज दिया जाता है। उदाहरण – पैरामीसियम।
4. **स्पोरोजोआः** इस समूह में विविध जीवधारी आते हैं जिनके जीवन चक्र में संक्रमण करने योग्य बीजाणु जैसी अवस्था पाई जाती है। इसमें सबसे कुख्यात प्लाज्मोडियम (मलेरिया परजीवी) प्रजाति है।

प्रोटोजोआ के कार्य

1. प्रोटोजोआ मृदा में बैक्टीरिया की संख्या को नियंत्रण करता है।
2. ये बैक्टीरिया के किये गये रूपान्तरण को उत्प्रेरित करता है।

3. अमोनिकरण की प्रक्रिया प्रोटोजोआ की उपस्थिति में बढ़ जाती है।
4. बैक्टीरिया द्वारा नाइट्रोजन स्थिरीकरण तथा फॉस्फोरस युक्त कार्बनिक पदार्थ के विघटन को प्रोटोजोआ उत्प्रेरित करता है।

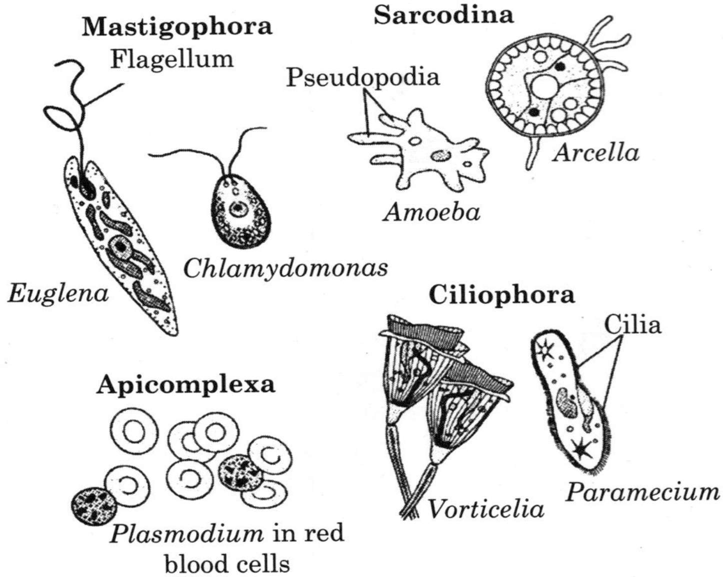

चित्र 18.3: प्रोटोजोआ के मुख्य समूह

मृदा एल्गी (Soil Algae)

मृदा एल्गी सूक्ष्मदर्शी क्लोरोफिलयुक्त, संवहन ऊतक रहित (non vascular) तथा इनका शरीर सुकायक (Thalloid) प्रकार का होता हैं। ये एककोशीय फिलामेन्ट्स (Filaments) के रूप में या कॉलोनी (Colonies) में पाये जाते हैं। इनमें जननांग प्रायः एककोशीय होते हैं परन्तु कुछ भूरी एल्गी में बहुकोशीय भी होते हैं।

''वनस्पति विज्ञान की वह शाखा जिसमें एल्गी का अध्ययन किया जाता है, फाइकोलोजी या एल्गोलॉजी (Algology) कहलाती है''।

एल्गी का मृदा में वितरण प्रायः ऊपरी सतह पर ही होता है। अधिक उर्वर मृदाओं में एल्गी उत्तम विकसित होती है। अधिकांश एल्गी स्वपोषी (autotrophic) होती हैं। ये नाइट्रोजन स्थिरीकरण करती हैं। नाइट्रोजन स्थिर करने में इन्हें मॉलिब्डेनम की आवश्यकता पड़ती है तथा इनके लिये उपयुक्त पी–एच 7 से 8.5 तक होता है। ये सरल अकार्बनिक यौगिकों का संश्लेषण स्वतः ही कर लेते हैं। ये वायु की CO_2 को उपयोग करके कार्बन प्राप्त करते हैं तथा ऊर्जा सूर्य–प्रकाश से लेते हैं। निम्न सतहों में रहने पर एल्गी अपना कार्बन कार्बनिक पदार्थ से प्राप्त करते हैं। कुछ प्रमुख एल्गी के उदाहरण – नोस्टॉक (Nostoc), एन्थोसीरोस (Anthoceros), ऐनाबीना (Anabaena), ऐजोलाएल्गी है। लाइकेन (Lichen) सहजीवन का एक उत्तम उदाहरण है, इसमें एल्गी तथा फंजाई घनिष्ठ रूप में साथ–साथ रहते हैं। एल्गी द्वारा निर्मित भोजन फंजाई को मिलता रहता है और इसके बदले में फंजाई से खनिज लवण, स्थान व

रक्षा प्राप्त करता है। मृदा में इनकी संख्या सूर्य प्रकाश, नमी तथा पी–एच आदि पर निर्भर करती है। सूर्य के तीव्र प्रकाश में तथा नमी की अनुपस्थिति में ये निष्क्रिय हो जाते हैं। अधिक पी–एच पर ये सक्रिय रहती हैं।

एल्गी के कार्य

- एल्गी अकार्बनिक पदार्थों से कार्बनिक पदार्थ पैदा करके मृदा में कार्बनिक पदार्थ बढ़ाती हैं।
- ये धान के पौधों को ऑक्सीजन प्रदान करके उनकी वृद्धि में सहायता करती हैं।
- मृदा सतह पर रहने वाली एल्गी CO_2 को सूर्य प्रकाश की उपस्थिति में कार्बनिक यौगिकों में बदल देती
- मृदा कणों को बाँधकर मृदा कटाव को कम करती है।
- नोस्टॉक, ऐनाबीना आदि वायुमण्डलीय नाइट्रोजन का पौधों में स्थिरीकरण (Nitrogen fixation) करते हैं। कुछ एल्गी खाद के रूप में भी प्रयोग की जाती है।
- नीली हरी एल्गी भी नाइट्रोजन स्थिरीकरण करती हैं तथा ऊसर मृदा को सुधारने में भी सहायक होती हैं।

3. कवक जगत (Fungi kingdom) – इस जगत के सदस्य बहुकोशीय एवं परजीवी (heterotrophs) हैं। इनमें माइसीलियम होता है। इनकी कोशाभिति काइटिन की बनी होती है तथा इनमें प्रकाश संश्लेषण नहीं होता है। जैसे राइजोपस एवं पेनीसिलियम आदि।

कवक (Fungi)

कवक प्रायः सर्वव्यापी है। यें संवहन ऊतक रहित (non vascular) एवं क्लोरोफिल रहित होने के कारण अपना भोजन स्वयं नहीं बना पाते है, इसलिए दूसरे पौधों या पदार्थो पर परजीवी (parasitic), सहजीवी (symbiotic) या मृतोपजीवी (Saprophytic) के रूप में मिलते हैं। कवक मृतजीवी के रूप में कार्बनिक पदार्थ के अपघटन से अपनी ऊर्जा प्राप्त करती हैं तथा परजीवी के रूप में पौधों तथा जन्तुओं की जीवित कोशाओं को हानि पहुंचाते हैं। मृदा में अधिकांश कवक मृतजीवी होते हैं। इनका बीजाणुओं (Spores) द्वारा जनन करते हैं। ये इतनी सूक्ष्म होती हैं कि इन्हें नग्न आँखों से नहीं देखा जा सकता। ये अम्लीय मृदाओं में अधिक होती हैं। इनके लिए अनुकूल पी–एच 4.5 से 5.5 होता है। कार्बनिक पदार्थ अधिक होने पर इनकी संख्या मृदा में बढ़ जाती है। **"जीवविज्ञान की वह शाखा जिसमें कवक (fungi) का अध्ययन किया जाता है, कवक विज्ञान/माइकोलॉजी (mycology) कहलाती है"**।

कवक के कार्य

- ये मृदा में कार्बनिक यौगिकों तथा नाइट्रोजन युक्त एवं नाइट्रोजन रहित यौगिकों का विच्छेदन करती हैं।
- कवक कार्बनिक पदार्थों का विच्छेदन करके सरल पदार्थों में परिवर्तित करती है जो मृदा में पौधों के लिये आवश्यक पोषक तत्वों की मात्रा बढ़ाती हैं।
- इनकी वसा, वसीय अम्लों को विच्छेदन करने एवं प्रोटीन को विच्छेदित करके ऐमीनो अम्ल तथा अमोनिया बनाने की क्षमता बैक्टीरिया की तुलना में अधिक होती है।
- कुछ कवक अधिक प्रतिरोधी पदार्थ; जैसे लिग्निन, टेनिन्स, रेजिन्स आदि को भी विच्छेदित करते हैं।

- कवक अकार्बनिक पदार्थों का स्थानान्तरण करने में भाग लेती हैं तथा ये स्थायी समुच्चयों का निर्माण, कणों के यान्त्रिक बन्धन अपने कवक तन्तुओं (Hyphae) से करते हैं।
- कुछ कवक जैसे छत्रक (Agaricus), गुच्छी लाइकोपरडोन (Lycoperdon) आदि भोजन के रूप में प्रयोग किये जाते हैं।
- कई कवकों का उपयोग कुछ प्रतिजैविक (antibiotic) औषधियों के निर्माण में किया जाता है जैसे पेनिसिलिन (Penicillin) का निर्माण पेनिसिलियम नोटेटम (*Penicillium notatum*) कवक द्वारा होता है।

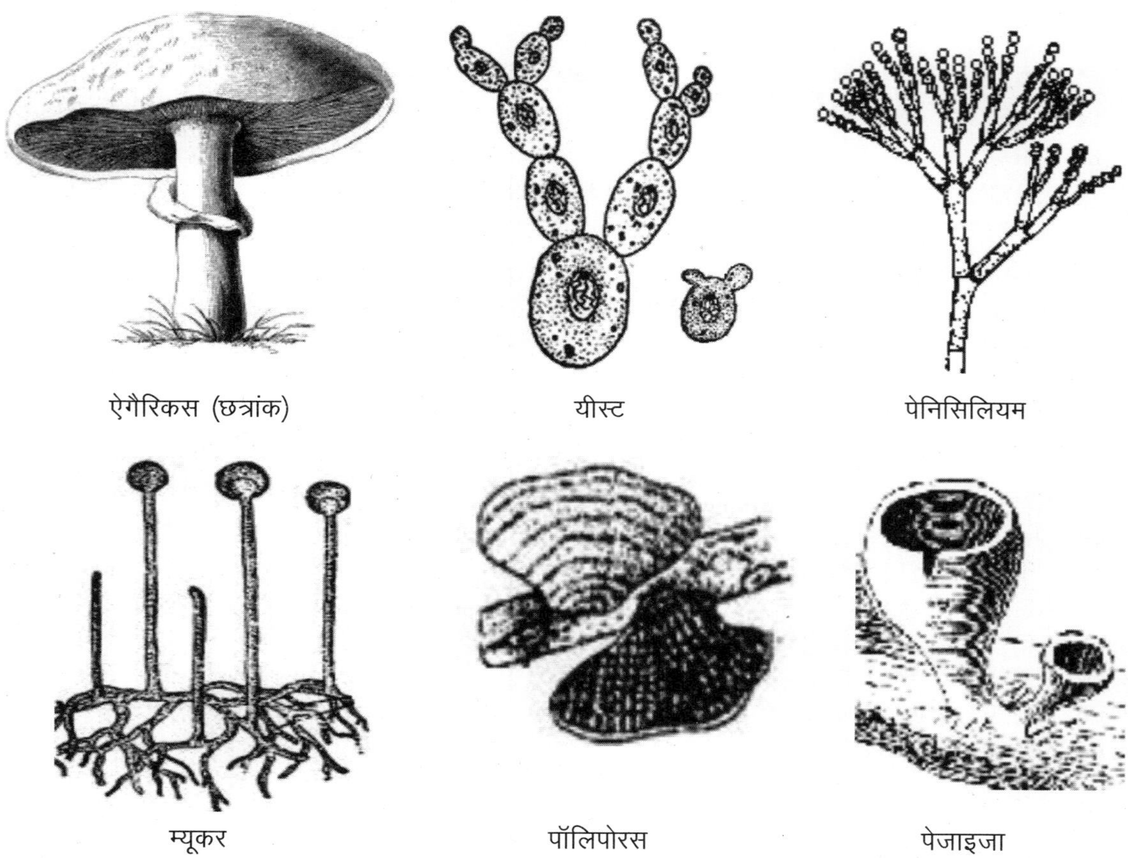

चित्र 18.4: विभिन्न प्रकार के कवक

माइकोराइजा (Mycorrhiza)

माइकोराइजा शब्द ए.बी. फ्रैंक (A.B. Frank) ने सर्वप्रथम 1885 में दिया था। यह ग्रीक भाषा के दो शब्दों माइको (Myco = fungus) एवं राइजा (rhiza = root) अर्थात् कवक जड़ से मिलकर बना है। वेसीकुलर अर्बुसकुलर माइकोराइजा एक फफूंद है, यह भी जैव उर्वरकों की श्रेणी में आता है।

माइकोराइजा एक ऐसा कवक है जो प्रजाति विशेष के पौधों की जडों के साथ मृदा में पनपता है और पौधें के साथ सहजीवी सम्बन्ध स्थापित करके पौधे की जडों के सुदूर क्षेत्रों से भी मृदा के पोषक तत्व ग्रहण करके उससे पौधों को लाभान्वित करता है। मृदा की निचली सतहों से पौषक तत्वों को पौधों तक पहुंचाने के लिए माइकोराइजा बहुत उपयोगी है। इसके प्रयोग से सुदूर स्थानों से फॉस्फोरस व जिंक जैसे पौषक तत्व पौधों को आसानी से मिल जाते हैं। ये पौधों द्वारा पानी के अवशोषण को भी बढ़ाते हैं। माइकोराइजा के बारे मे विस्तृत जानकारी अध्याय संख्या 20 में देखे।

4. पादप जगत (Plantae kingdom) – ये बहुकोशीय होते हैं इनकी कोशा भित्ति सेल्युलोस की बनी होती है। इनमें प्रकाश संश्लेषण होता है, इनकी कोशाये यूकैरियोटिक होती है। इस वर्ग के जीव अपने जीवन के लिये ऊर्जा सूर्य से प्राप्त करते हैं। एल्गी एवं डायटम्स (diatoms) सूक्ष्म प्लान्टी (microplantae) के उदाहरण हैं। बड़ी प्लान्टी (macroplantae) वर्ग में मौस (mosses) तथा ट्रेकियोफाइट्स (Tracheophytes) आते हैं।

5. जन्तु जगत (Animalia kingdom) – ऐसे मृदा जीव जिनका आकार 2 मि.मी. से अधिक होता है बड़े प्राणीजात (Macro fauna) कहलाते हैं। ये बहुकोशीय जन्तु होते हैं इनमें कोशाभित्ति नहीं होती है, प्रकाश संश्लेषण भी नहीं होता है। ये यूकैरियोटिक एवं परपोषी होते हैं। इस जगत में मृदा में रहने वाले वे जीव आते हैं जो मृदा को खोदते हैं जैसे छछूँदर (moles), चूहा, खरगोश (rabbit) तथा अन्य। केंचुएँ (Earth worms) अत्यधिक महत्व के बड़े जन्तु (macro animal) हैं। घुन (mites), शतपदी (centicfeds), कीड़े (insects), सहस्रवाद (Millipedes) तथा दीमक (temites) चींटियां (ants) भी एनीमेलिया जगत के सदस्य हैं। सिलुओं (Snails), घोंघा (slugs) तथा नेमेटोड (nematodes) भी इसी जगत में आते हैं।

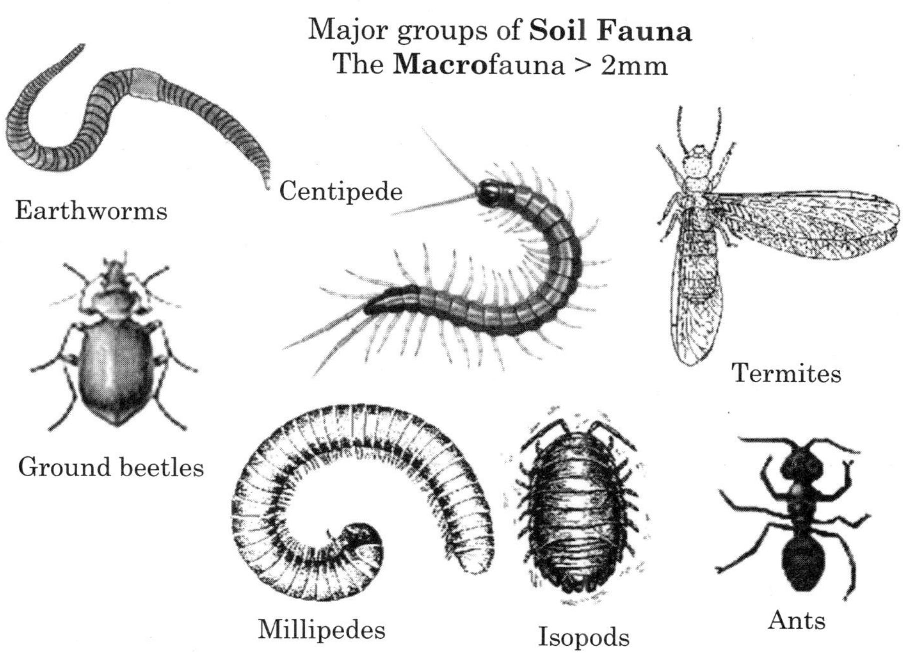

चित्र 18.5: मृदा बड़े प्राणीजात (Macro fauna)

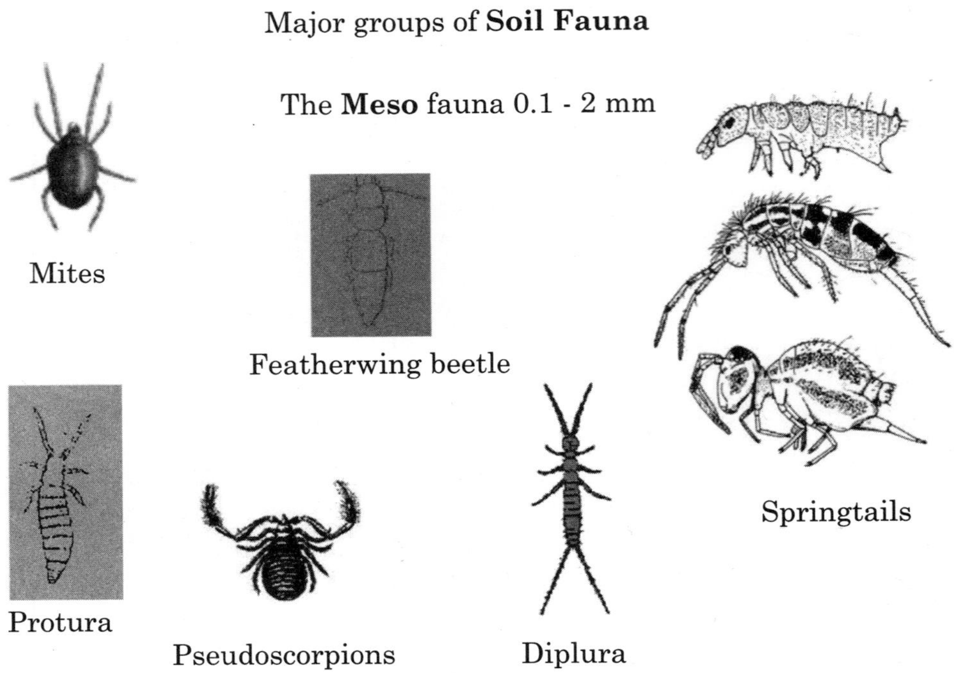

चित्र 18.6: मृदा मध्यम प्राणीजात (Mesofauna)

सूत्रकृमि (Nematodes)

सूत्रकृमि शब्द की उत्पत्ति ग्रीक भाषा के शब्द नेमाटोस (nematos) जिसका अर्थ धागा और आइडॉस (eidos) जिसका अर्थ है रूप से हुई है अर्थात् धागे के आकार का जीव। ये जीवाणु सभी प्रकार की मृदाओं में रहते हैं। इनका शरीर गोलाकार अथवा बेलनाकार (Cylindrical) या कुंतलाकार (Spindle shaped) होता हैं तथा इनका पश्च (Posterior) भाग नुकीला होता है। इनके शरीर की लम्बाई 0.5 से 1.5 मि. मी. तक होती है जो शरीर की चौड़ाई से लगभग 40–50 गुना अधिक होती है। ये मृदा में असंख्य रूप में पाये जाते हैं तथा सूक्ष्मदर्शी यन्त्र द्वारा ही देखे जा सकते हैं। अब तक सूत्रकृमियों की लगभग 1000 से अधिक प्रजातियाँ ज्ञात हो चुकी हैं। भोजन की आवश्यकतानुसार, इन्हें तीन वर्गो में विभाजित किया जा सकता है :

(i) इस वर्ग के सूत्रकृमि सड़े हुये कार्बनिक पदार्थ, सूक्ष्मपादक (Microflora) तथा प्रोटोजोआ (Protozoa) पर अपना जीवन निर्वाह करते हैं। मृदा में इनकी संख्या अत्यधिक होती है। ये सेप्रोफाइट्स कहलाते हैं। ये सर्वभक्षी (Omnivorous) होते हैं।

(ii) इस वर्ग के सूत्रकृमि, हिंसा जीवी (Predaceous) होते हैं जो मृदा प्राणि जात (soil microfauna), अन्य सूत्रकृमिओं, केंचुओं तथा अन्य सूक्ष्म जीवाणुओं को खाते हैं। इन्हें प्रीडेथ्री कहते हैं।

(iii) इस प्रकार के सूत्रकृमि पौधों पर परजीवी (Parasite) होते हैं। ये पौधों की जड़ों में प्रवेश करके उन्हें खाते हैं।

कभी–कभी परजीवी सूत्रकृमिओं की सक्रियता (Activity) लाभप्रद होती है, क्योंकि ये कार्बनिक पदार्थों और खनिज पदार्थों का घनिष्ठ मिश्रण बनाते हैं तथा कार्बनिक पदार्थों का विच्छेदन भी करते हैं। इनकी क्रियाओं से मृदा वातन (Soil aeration) की दशा में सुधार हो जाता है। हिंसाजीवी कृमि, परजीवी सूत्रकृमि वर्ग पर नियन्त्रण करने में सहायता करते हैं।

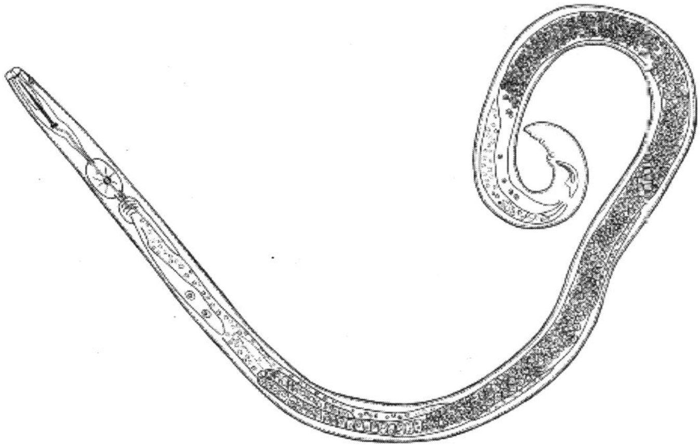

चित्र 18.7: सूत्रकृमि

रोटीफर्स (Rotifers) – "रोटीफर" नाम लैटिन शब्द से लिया गया है जिसका अर्थ है "व्हील–बेयरर"। इस वर्ग के सूक्ष्मजीव दलदली एवं अधिक नम मृदाओं में अधिक संख्या में पाये जाते है तथा इनकी वृद्धि भी नम क्षेत्रों में अधिक होती हैं। ये सिलियायुक्त तश्तरी (Disc) जैसी आकृति के होते हैं तथा गतिशील चक्र की भाँति दिखते हैं। अधिकांश रोटीफर्स लगभग 0.1 से 0.5 मि.मी. के होते हैं। ये अपने रोमों द्वारा जन्तुओं से भोजन लेते हैं तथा पूर्णतः पैरासाइट्स होते हैं। ये पीट बॉग्स (peat bogs) मृदाओं में अधिक सक्रिय होते हैं। अब तक 100 से अधिक प्रजातियाँ रोटीफर्स की ज्ञात हो चुकी हैं किन्तु मृदा में इनके महत्व के बारे में जानकारी कम उपलब्ध है।

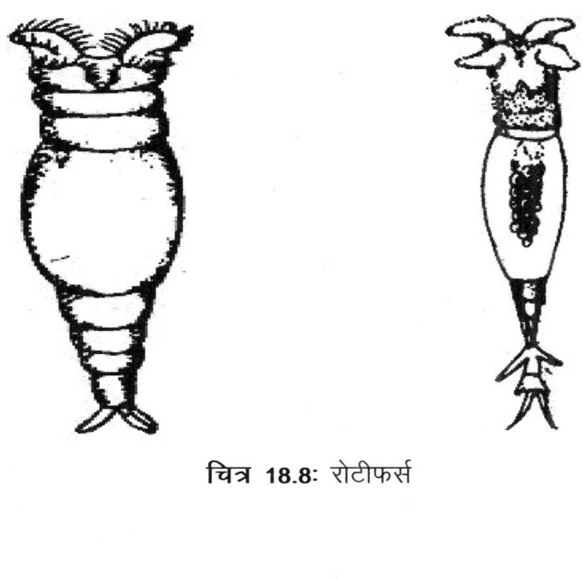

चित्र 18.8: रोटीफर्स

केंचुए (Earthworms) – कृषि की दृष्टि से केंचुओं का मृदा में अद्वितीय स्थान है। मृदा में कृमि–जीवाणुओं तथा इनके कार्य की महत्ता का अध्ययन सर्वप्रथम चार्ल्स डारविन (Charles Darwin) तथा Henson ने किया था। C.H. Bornebusch तथा H.M. Morris ने बताया था कि भार की दृष्टि से, मृदा जीवाणुओं में केंचुओं की प्रतिशतता 50–75 तक होती है। ये द्विलिगीं (Hermaphodite) होते है अर्थात् एक ही शरीर में नर एवं मादा जननांग पाये जाते हैं। इसका भूरा रंग एक विशेष पिगमेंट **''पोरफाइरिन''** के कारण होता है। केंचुए की दो प्रजातियाँ सबसे उपयोगी पायी गई है जिनका नाम आइसीनिया फोटिडा (लाल केंचुआ) तथा युड्रिलस युजैनी (भूरा गुलाबी केंचुआ) है। केंचुए तीन प्रकार के होते हैं (1) एपीजीइक – यह भूमि की ऊपरी सतह पर रहते हैं। (2) एण्डोजीइक – भूमि की मध्य सतह पर पाये जाते है अथवा रहते है एवं (3) एनीसिक – यह जमीन की गहरी सतह पर रहते हैं।

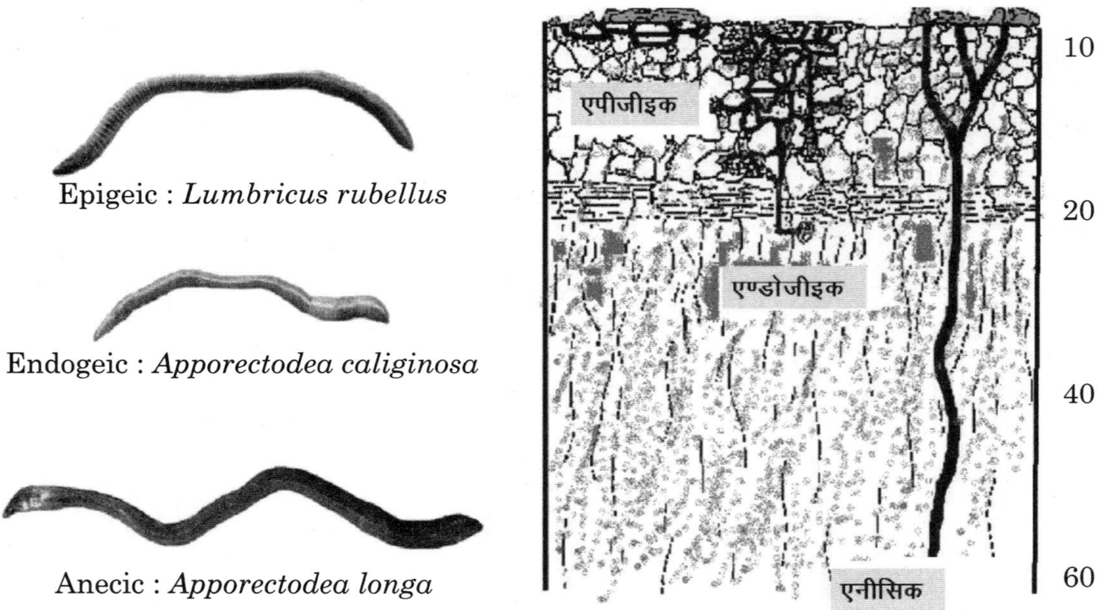

चित्र 18.9: विभिन्न प्रकार के केंचुऐं एवं मृदा में निवास

केंचुओं का वर्गीकरण (Classification of Earthworms)– भोजन की प्रकृति के आधार पर केंचुओं को दो प्रकार में बाँटा गया हैं :

1. **कार्बनिक पदार्थ खाने वाले (Phytophagous)** : इस वर्ग के केंचुए केवल सड़े–गले कार्बनिक पदार्थों (90%) को खाते हैं । इन्हें खाद बनाने वाले केंचुए (Humus or Manure Farmer) भी कहते हैं। सामान्यतः इस वर्ग के केंचुए वर्मीकम्पोस्ट बनाने के काम में लाये जाते हैं। इस वर्ग में मुख्य रूप से आइसीनिया फोटिडा (*Eisenia foetida*) एवं यूड्रिलस यूजैनी (*Eudrilus eugeniae*) प्रजातियां मुख्य हैं।
2. **मिट्टी खाने वाले (Geophagous)** : इस वर्ग के केंचुए मुख्यतः मृदा (90%) और कार्बनिक पदार्थ को कम (10%) खाते हैं, इन्हें ह्यूमस फीडर (Humus Feeder) एवं हलवाहे (Ploughman) कहते हैं। अधिकांशतः इस वर्ग के केंचुए मिट्टी में गहरी सुरंग बनाकर रहते

हैं। ये वर्मीकम्पोस्ट बनाने के लिए उपयुक्त नहीं होते किन्तु खेत की जुताई करने में इनकी महत्वपूर्ण भूमिका होती है।

बाऊचे (1977) ने परिस्थितिकीय या मिट्टी में रहने की प्रवृत्ति के अनुसार केंचुओं को तीन वर्गों में बाँटा था जिनका संक्षिप्त विवरण तालिका 18.3 में दिया गया है।

तालिका 18.3 : एपीजीइक, एण्डोजीइक एवं एनीसिक में अन्तर

विशेष	एपीजीइक (Epigeic)	एण्डोजीइक (Endogeic)	एनीसिक (Anecic)
आवास	भूमि की ऊपरी सतह 10–15 सेमी. गहराई में रहते हैं।	ऊपर की 30–45 सेमी. गहराई में रहते हैं।	अवमृदा में 2.5–3 मीटर गहराई में रहते हैं।
लम्बाई एवं वजन	इनकी लम्बाई 3 –4 इंच एवं वजन 1/2 –1 ग्राम तक होता है।	इनकी लम्बाई 8–10 इंच और वजन 5 ग्राम तक होता है।	–
जीवन चक्र	लघु	मध्यवर्ती	दीर्घ
गतिशीलता	द्रुत	सामान्य	कम
प्रकाश संवेदनशीलता	दुर्बल	सामान्य	अत्यधिक
वर्मीकम्पोस्ट बनाने के लिए उपयुक्त	अधिक उपयुक्त	कम उपयुक्त	उपयुक्त नहीं
बिल बनाना	यह बिल नही बनाते हैं।	यह क्षैतिज (Horizontal) बिल बनाते हैं।	यह लम्बवत (Vertical) बिल बनाते हैं।
उदाहरण	आइसेनिया फोटिडा, यूड्रिलस यूजैनी, लुम्ब्रीकस रूबेलस, पेरीयोनिक्स एक्सकेवेटस, डाइकोगेस्टर बोलाई	एपोरेक्टोइडिया केलीगीनोसा (*Aporrectodea caliginosa*), लेम्पीटो मारूती (*Lampito mauritii*) मेटाफायर पोस्थूमा (*Metaphire posthuma*) व ऑक्टोकीटोना थर्सटोनी (*Octocheatona thrustonae*)	एपोरेक्टोइडिया लोंगा (*Aporrectodea longa*) लुम्ब्रीकस टेरेस्ट्रीस (*Lumbricus terrestris*)

केंचुए के कार्य

- मृदा में वायु संचार के प्रवाह को बढ़ाने में सहायक है।
- पर्यावरण को सुरक्षित रखने में सहायक होते हैं।
- केंचुए मृदा की जलधारण क्षमता में वृद्धि करते हैं।
- केंचुए मिट्टी की संरचना एवं बनावट को सुधारते हैं।

- भूमि में पाये जाने वाले केंचुए पेड़–पौधों के अवशेषो एवं कार्बनिक पदार्थों को खा कर छोटी–छोटी गोलियों के रूप में परिवर्तित कर देते हैं जो पौधों के लिए देशी खाद का काम करती है।
- केंचुओं द्वारा भूमि की उर्वरता (Fertility), उत्पादकता (Productivity) और भूमि के भौतिक, रासायनिक व जैविक गुणों को लम्बे समय तक अनुकूल बनाये रखने में मदद मिलती है।
- ये मृदा में अनेकों कुल्यिकायें (Channels) बनाकर भी मृदा वातन और जलनिकासी व्यवस्था (Drainage) में सहायता करते हैं।
- केंचुआ खाद, कूड़ा–करकट, गोबर व फसल–अवशेषों से तैयार की जाती है अतः गंदगी में कमी करते हुये पर्यावरण को सुरक्षित रखने में सहायक है।

मृदा जीवों की संख्या को प्रभावित करने वाले कारक

मृदा में जीवाणुओं की संख्या निम्न दशाओं में प्रभावित होती है।

1. **मृदा आर्द्रता (Soil humidity)** – मृदा जीवाणुओं के विकास में मृदा जल की मात्रा का बहुत प्रभाव पड़ता है। कई फंजाई को वृद्धि तथा बीजाणु बनाने के लिये अधिक नमी या आर्द्रता की आवश्यकता होती है। नमी ऊष्मा का सुचालक होने के कारण ताप को भी प्रभावित करती है। वायुजीवी (aerobic) जीवाणु मृदा में अधिक जल की उपस्थिति में अपना कार्य बन्द कर देते हैं क्योंकि जल की अधिकता के कारण ऑक्सीजन की मात्रा कम हो जाती है। सामान्यतः मृदा जीवाणुओं को जल की उतनी ही मात्रा की आवश्यकता होती है जितनी पौधों को होती है। मृदा में निर्जलीकरण (dehydration) के कारण बैक्टीरिया की उपापचयी क्रियाये (metabolic activities) रूक जाती है जिससे उनकी मृत्यु हो जाती है। अधिकांश जीवाणु मृदा की शुष्क अवस्था में जीवित नहीं रह पाते हैं। अधिकांश सूक्ष्म जीवों के लिये उपयुक्त नमी 20 से 60 प्रतिशत होती है। अधिकांश बैक्टीरिया और फंजाई नमी की विभिन्न मात्राओं में अच्छी प्रकार रह सकते हैं।
2. **तापमान (Temperature)** – मृदा जीवों की वृद्धि समस्त रासायनिक क्रियाओं का परिणाम होती है। तथा ये क्रियाये ताप से नियंत्रित रहती हैं। अधिकांश सूक्ष्म जीवों की वृद्धि के लिये उपयुक्त ताप 30–40°C होता है। इस ताप परिसर में अधिक या कम ताप पर सूक्ष्म जीवों की सक्रियता कम हो जाती है। विभिन्न सूक्ष्म जीवों के ताप के आधार पर निम्न वर्गों में बाँटा गया है।

   (i) शीतरागी (Psychrophile) – ये सूक्ष्मजीव 20°C से कम ताप पर अत्यधिक वृद्धि करते हैं। इनकी वृद्धि के लिये अनुकूलतम ताप 15 से 20°C होता है। न्यूनतम एवं उच्चतम ताप क्रमशः 0°C तथा 30°C होता है।

   (ii) मध्यरागी (Mesophile) – ये सूक्ष्मजीव 25 से 40°C ताप के मध्य अच्छी वृद्धि करते हैं। इन सूक्ष्म जीवो के लिये न्यूनतम तथा उच्चतम ताप क्रमशः 15 से 25°C तथा 50°C होता है।

(iii) तापरागी (Thermophile) – ये सूक्ष्मजीव 45 से 60°C ताप पर अत्यधिक वृद्धि करते हैं। इनकी वृद्धि के लिये न्यूनतम ताप 25 से 45°C तथा उच्चतम 55 से 85°C तक होता है।

3. **मृदा–वातन (Soil aeration)** – मृदा सूक्ष्म जीवाणुओं की वृद्धि, क्रियाशीलता एवं सक्रियता वायु में निश्चित गैसों (खासकर O_2, CO_2 और नाइट्रोजन) की सान्द्रता एवं प्रदाय की दर पर निर्भर करती है। मृदा में होने वाले अनेकों रासायनिक परिवर्तन ऑक्सीजन द्वारा होते हैं। ऑक्सीजन की आवश्यकता ऑक्सीकरण प्रक्रमों में, CO_2 स्वपोषित जीवों के लिये कार्बन के स्रोत के रूप में तथा नाइट्रोजन स्थिर करने वाले सूक्ष्म जीवों के लिये नाइट्रोजन की आवश्यकता होती है। नाइट्रोजन–स्थिरक–जीवाणु (Nitrogen fixing bacteria) तथा अनेकों–मृदा कवकों (Soil fungi) को ऑक्सीजन की उपयुक्त मात्रा की आवश्यकता होती है। मृदा–वायु की अनुपस्थिति में अवायुजीवी (anaerobic) जीवाणुओं की सक्रियता अधिक हो जाती है। कार्बनिक पदार्थ के विच्छेदन की क्रिया, एक ऑक्सीकरण प्रतिक्रिया है, वायु के अभाव में ऑक्सीकरण के स्थान पर अवकरण होने लगता है। ऑक्सीजन की अधिक प्रदाय नाइट्राइट एवं नाइट्रेट बनाने वाले बैक्टीरिया, नाइट्रोजन स्थिरक फंजाई, एक्टीनोमाइसिटीज और कार्बनिक पदार्थों को ऑक्सीकृत करने वाले अन्य सूक्ष्मजीवों की सक्रियता को बढ़ाती है। मृदा वायु की अनुपस्थिति में अवायुजीवों की सक्रियता अधिक होती है।

4. **आहार प्रदाय (Food supply)** – सामान्यतः मृदा के समस्त जीवाणु अपने पोषण के लिये कार्बन तथा ऊर्जा की प्राप्ति कार्बनिक पदार्थों से ही करते हैं। इसलिए अधिक कार्बनिक पदार्थ युक्त मृदाओं में जीवाणुओं की संख्या अधिक होती है। मृदा में कार्बनिक पदार्थ के मिलाने से जीवाणुओं की संख्या में द्रुत गति से वृद्धि होती हैं तथा कार्बनिक पदार्थ के विच्छेदन के पश्चात् इनकी संख्या कम हो जाती है।

5. **मृदा–प्रक्रिया अथवा पी.एच. (Soil reaction or pH)** – जीवाणुओं का विकास एवं वृद्धि अधिकांश मृदा पी.एच. पर निर्भर होती है। अधिक अम्लीय अवस्था में, सामान्यतः समस्त जीवाणु निष्क्रिय हो जाते हैं, किन्तु इस अवस्था में कवकों (fungi) का विकास एवं वृद्धि शीघ्रता के साथ होती है। बैक्टीरिया और एक्टीनोमाइसिटीज की अपेक्षा फंजाई अम्लीय मृदाओं में अधिक पायी जाती है। इस प्रकार अम्लीय मृदा फंजाई के विकास के लिये उपयुक्त होती है परन्तु दूसरे समूहों के सूक्ष्म जीवों के लिये अम्लीय मृदायें अनुपयुक्त होती हैं। नाइट्रोजन के स्थिरक –जीवाणु, अम्लीय मृदाओं की अपेक्षा मामूली क्षारीय मृदा में (pH 6.3–8.0) अधिक क्रियाशील होते हैं। विभिन्न सूक्ष्म जीवों के लिये उपयुक्त पी–एच इस प्रकार हैं : एक्टीनोमाइसिटीज 7.0–7.5, बैक्टीरिया तथा प्रोटोजोआ 6–8, फंजाई 4–5 और एजोटोबैक्टर पी–एच 6 से अधिक पर सक्रिय होते हैं।

6. **खनिज पदार्थ (Mineral substances)** – जीवाणुओं के अपनी वृद्धि के लिये कुछ खनिज पदार्थों की आवश्यकता होती है। मृदा में उपलब्ध अवस्था (available form) में पाये जाने वाले खनिज पदार्थ, जीवाणुओं की संख्या एवं उनकी सक्रियता में वृद्धि करते हैं। सहजीवी जीवाणुओं (Symbiotic bacteria) के उत्तम रूप में कार्य करने के लिये मॉलिब्डेनम, कैल्शियम, फॉस्फोरस आदि तत्त्वों का उपलब्ध अवस्था में होना आवश्यक है। मॉलिब्डेनम के प्रभाव से ये जीवाणु प्रायः निष्क्रिय हो जाते हैं।

7. **प्रतिजैविक पदार्थों का प्रभाव (Effect of antibiotics)** – प्रतिजैविक पदार्थ सूक्ष्म जीवों से प्राप्त होते हैं और इनमें सूक्ष्म जीवों की वृद्धि को रोकने या नष्ट करने की क्षमता

होती हैं। एक्टीनोमाइसिटीज से अनेकों प्रतिजैविक पदार्थ जैसे स्ट्रेप्टोमाइसिन (streptomycin), टेरामाइसिन (Terramycin), ओरियोमाइसिन (Aureomycin) प्राप्त होते हैं। पेनिसिलीन (Penicillin) फंजाई से प्राप्त होता है। प्रतिजैविक पदार्थों का प्रभाव कुछ मुख्य रोग उत्पन्न करने वाले बैक्टीरिया पर शीघ्र प्राप्त होता है।

8. **पृष्ठ तनाव (Surface tension)** – सूक्ष्म जीवों की वृद्धि पर पृष्ठ तनाव का प्रभाव होता हैं। यह प्रभाव सूक्ष्म जीवों की आकारिकी (morphology), अभिरंजित गुणों (staining properties) आदि पर होता है। जिस माध्यम में सूक्ष्मजीव वृद्धि करते हैं उसका पृष्ठ तनाव कम करने पर सूक्ष्म जीव नष्ट हो जाते हैं।

मृदा जीवों के लाभ

1. मृदा जीव कार्बनिक पदार्थ के अपघटन में महत्वपूर्ण योगदान देते हैं।
2. मृदा जीव मृदा निर्माण एवं विकास में योगदान देते हैं।
3. मृदा जीव, प्रदूषकों के विषैले प्रभाव को कम करते हैं।
4. लाभकारी मृदा जीवों की गतिविधियों में वृद्धि करते हैं।
5. मृदा संरचना एवं समूच्चयों (Aggregates) की स्थिरता में वृद्धि करते हैं।
6. मृदा परजीवी और रोगजनकों के आक्रमण से पौधे की जड़ो की रक्षा करते हैं।
7. मृदा जीव वायुमण्डलीय नत्रजन का स्थिरीकरण करते हैं एवं अन्य अघुलनशील पोषक तत्वों (फॉस्फोरस, पोटाश एवं सूक्ष्म पोषक तत्व) को घुलनशील अवस्था में परिवर्तित कर पौधों के लिये उपलब्धता बढ़ाते हैं।
8. अजोला और नील हरित शैवाल मृदा मे कार्बनिक पदार्थ बढ़ाते हैं।
9. जल धारण क्षमता, कणाकार एवं स्वास्थ्य पर इनके अनुकूल प्रभाव के कारण उर्वरा शक्ति में वृद्धि होती है।
10. मृदा जीव वृद्धिकारक हारमोन्स (इंडोल एसीटिक एसिड, साइटोकाइनिन, जिब्रेलिन आदि) उत्पन्न करते हैं। जिनसे पौधों की बढ़वार पर अच्छा प्रभाव पड़ता है।
11. ये अनवीकरणीय (non-renewable) पोषक तत्वों के स्त्रोतों पर पडने वाले दबाव को कम करते है अर्थात् अनवीकरणीय पोषक स्त्रोतों को संरक्षण मे सहायता करते हैं।

मृदा जीवों के हानिकारक प्रभाव

1. मुख्य रूप से कवक, लेकिन बैक्टीरिया और एक्टीनोमाइसिटीज पौधों में कई मृदा जनित बीमारियों के लिए ज़िम्मेदार हैं।
2. अनेक मृदा जीव पौधों में रोग के कारक हैं। रोग के कारण फसल की उपज में कमी आ जाती है।
3. कुछ मृदा जीव एंटीबॉडी एवं अन्य जहरीले पदार्थों का उत्पादन करते हैं।
4. मृदा जीव मृदा में उपस्थित नत्रजन का ह्रास करते हैं।

प्रश्न कोष

वस्तुनिष्ठ प्रश्न

1. सूत्रकृमि (Nematode) शब्द की उत्पत्ति किस भाषा से हुई है।
   (A) लेटिन (B) इंग्लिश
   (C) ग्रीक (D) इनमें से कोई नही
2. खेतो में प्रयोग की जाने वाली एल्गी की वे जातियाँ कौनसी हैं जो मृदा में नत्रजन का स्थिरीकरण करती है ?
   (A) नोस्टॉक (B) ऐनाबीना
   (C) एन्थोसीरोस (D) ये सभी
3. सूत्रकृमि उदाहरण है
   (A) बड़े प्राणी (B) सूक्ष्म पादक
   (C) सूक्ष्म प्राणी (D) मध्य प्राणी
4. किस वर्ग के सूक्ष्म जीव दलदली एवं अधिक नम मृदाओं में अधिक संख्या में पाये जाते है?
   (A) बैक्टीरिया (B) कवक
   (C) शैवाल (D) रोटीफ़र
5. नाइट्रीकारक (nitrifying) बैक्टीरिया हैं।
   (A) परजीवी (B) स्वपोषी
   (C) मृतोपजीवी (D) रसायन स्वपोषी
6. जीवविज्ञान की वह शाखा जिसमें कवक का अध्ययन किया जाता है, कहलाती है।
   (A) फाइकोलोजी (B) माइकोलॉजी
   (C) सेप्रोफाइट्स (D) इनमें से कोई नही
7. ऐसे मृदा जीव जिनका आकार 2 मि. मी. से अधिक होता है कहलाते हैं।
   (A) सूक्ष्म प्राणी (B) मध्य प्राणी
   (C) बड़े प्राणी (D) इनमें से कोई नही
8. प्लान्टी जगत में निम्न में से आते हैं।
   (A) बैक्टीरिया (B) प्रोटोजोआ
   (C) पेनीसिलियम (D) फर्न
9. वनस्पति विज्ञान की वह शाखा जिसमें एल्गी का अध्ययन किया जाता है, कहलाती है।
   (A) वाइरोलोजी (B) माइकोलॉजी
   (C) जीवाणु विज्ञान (D) एल्गोलॉजी
10. भोजन की आवश्यकतानुसार सूत्रकृमि को कितने वर्गो में विभाजित किया जा सकता है।
   (A) एक (B) दो
   (C) तीन (D) चार

रिक्त स्थानों की पूर्ति कीजिए

1. केंचुए का भूरा रंग एक विशेष पिगमेंट .... के कारण होता है।
2. शीतरागी (Psychrophils) सूक्ष्मजीव .... से कम ताप पर अत्यधिक वृद्धि करते हैं।
3. माइकोराइजा की उत्पत्ति ....शब्द से हुई है।
4. मृदा एल्गी का शरीर .... प्रकार का होता हैं।
5. प्रोटोजोआ प्राणी जगत का सबसे ....जन्तु है।

सत्य या असत्य कथन पर (√) का निशान लगाये

1. मृदा में बैक्टीरिया सबसे अधिक संख्या में पाये जाते है (सत्य/असत्य)
2. अधिकांश सूक्ष्म जीवों की वृद्धि के लिये उपयुक्त ताप 30–40°C होता है। (सत्य/असत्य)
3. सभी बैक्टीरिया प्रकाश–संश्लेषी होते हैं। (सत्य/असत्य)
4. बैक्टीरिया मोनेरा जगत में आते हैं। (सत्य/असत्य)
5. कोशा–भित्ति का अभाव अधिकांश प्रोटिस्टा में होता है। (सत्य/असत्य)

लघु एवं विस्तृत उत्तरीय प्रश्न

1. व्हिटलर द्वारा प्रस्तावित जीवों का पाँच–जगत वर्गीकरण दीजिये।
2. मृदाजीवों की वृद्धि को प्रभावित करने वाले कारकों का विस्तृत में वर्णन कीजिये।
3. बैक्टीरिया की विशेषताओं एवं वर्गीकरण का संक्षिप्त वर्णन कीजिये।
4. बैक्टीरिया के महत्त्व का वर्णन कीजिये।
5. बैक्टीरिया में विभिन्न प्रकार की पोषण विधियों का वर्णन कीजिये।
6. ऊर्जा एवं कार्बन स्त्रोत के आधार पर बैक्टीरिया के प्रकार को तालिका रूप में लिखिए।
7. माइकोराइजा के बारे मे संक्षिप्त में वर्णन करे
8. निम्न पर संक्षिप्त में टिप्पणी लिखिए।

   (1) बैक्टीरिया (2) माइकोराइजा (3) एक्टीनोमाइसिटीज (4) कवक

उत्तरमाला

वस्तुनिष्ठ प्रश्न	1. (C)	2. (D)	3. (C)	4. (D)	5. (D)
	6. (B)	7. (C)	8. (D)	9. (D)	10. (C)
रिक्त स्थानों की पूर्ति	1. पोरफाइरिन	2. 20°C	3. ग्रीक	4. सुकायक	5. सरलतम
सत्य या असत्य	1. सत्य	2. सत्य	3. असत्य	4. सत्य	5. सत्य

■■■■

अध्याय – 19

मृदा प्रदूषण (SOIL POLLUTION)

मृदा भूमि की ऊपरी परत है जो चट्टानों के विखण्डन क्रिया में बारिक कणों से बनती है। जब इस उपजाऊ मृदा में मानवीय एवं प्राकृतिक क्रियाओं के द्वारा अवांछनिय तत्व मिल जाते हैं तो मृदा के भौतिक, रासायनिक एवं जैविक गुणों मे कमी होने लगती है उसे मृदा प्रदूषण कहते हैं।

मृदा प्रदूषण के मुख्य स्त्रोत

मृदा प्रदूषण से मृदा की उर्वरा शक्ति प्रभावित होती हैं। मृदा प्रदूषण के मुख्य स्त्रोतों को चित्र क्रमांक 19.1 में भी दिखाया गया है जिसका वर्गीकरण निम्न प्रकार है –

1. **प्राकृतिक स्त्रोत** – अपरदन, ज्वालामुखी क्रिया, भूस्खलन, समुद्री तुफान, बाढ़, मरुस्थलीय पवनें, पर्वतीय क्षेत्रों में प्रवाहित जल आदि।
2. **मानवीय स्त्रोत** – औद्योगिक अपशिष्ट, घरेलू अपशिष्ट, खनन अपशिष्ट, कृषि अपशिष्ट, अपरदन, वन विनाश, सिंचाई पद्धति, गहन कृषि, रेडियोधर्मी पदार्थ, जीव जन्तु, स्वायत्तशासी संस्थाओं का अपशिष्ट आदि।
   - **घरेलू एवं नगरपालिका अपशिष्ट (Domestic and Municipal Waste)** – घरेलू अपशिष्ट की बढ़ती मात्रा के कारण मृदा प्रदूषण बढ़ रहा है। घरेलू अपशिष्ट में खाद्य स्क्रैप, पुराने समाचार पत्र और प्लास्टिक के सामान, बोतलें, लकड़ी, चश्मा, डिब्बे, पुराने उपकरण, टायर, फर्नीचर, टूटे हुए खिलौने और कई अन्य पदार्थ शामिल हैं। शहरों में घरेलू और नगरपालिका अपशिष्ट का डंपिंग एक गंभीर समस्या है। मनुष्यों में रोग जैसे डाइसेंटरी (पेचिश), दस्त (अतिसार), प्लेग, मलेरिया और कई अन्य बीमारियाँ कचरे के अंधाधुंध डंपिंग का परिणाम हैं।
   - **रेडियोधर्मी पदार्थ** – परमाणु परीक्षणों में विस्फोट के समय होने वाले "फाल आउट" में रेडियोधर्मी तत्व जब पृथ्वी पर गिरते हैं तो मृदा को प्रदूषित करते हैं।
   - **वन विनाश** – वनों के विनाश का दुष्प्रभाव मृदा पर पड़ता है। वनस्पति आवरण नहीं होने से मृदा का अपरदन भी अधिक होता है। मृदा अपरदन (Soil erosion) के कारण मृदा की गुणवत्ता में भारी कमी होती है जिसके प्रमुख कारण वर्षा की मात्रा एवं तीव्रता, तापमान तथा हवा, जैविक कारक एवं मृदा खनन इत्यादि है।

- **खनन अपशिष्ट** – विभिन्न धातुओं के अयस्क, अभ्रक आदि के उत्खनन से निकला मलबा तथा सूक्ष्म कण, वायु तथा पानी के साथ प्रवाहित होकर निकटवर्ती भूमि में पहुँचकर उस क्षेत्र की मृदा उर्वरता को समाप्त कर देते हैं। साथ ही खनन और गलाने की गतिविधियां मृदा के प्रदूषण के घातक कारण हैं। खनिज अयस्कों का निष्कर्षण और प्रसंस्करण पृष्ठ परत को नुकसान पहुंचाता है।
- **दोषपूर्ण कृषि पद्धतियाँ (Flawed Agricultural Practices)** – खेतों में प्रयुक्त उर्वरकों, कीटनाशकों और शाकनाशकों के कारण मृदा प्रदूषण होता है। अक्सर, कार्बनिक यौगिकों वाले सीसा (lead), पारा और आर्सेनिक जैसे रासायनिक उर्वरकों का उपयोग फसलों में किया जाता है। वे अपनी भौतिक और रासायनिक गुणों को बदलकर मिट्टी को दूषित करते हैं। मिट्टी में इस तरह के प्रदूषण के परिणामस्वरूप, फसलों और पौधों की वृद्धि में कमी आती है।
- **अपशिष्ट पदार्थ (Solid Waste)** – कृषि अपशिष्ट, कीटनाशक, घरेलू कचरा, लौह अपशिष्ट, औद्योगिक इकाइयों के अपशिष्ट आदि भूमि को प्रदूषित करते हैं। इन अपशिष्टों में जहरीले अकार्बनिक एवं कार्बनिक रसायनों के अवशेष पाए जाते हैं, जो हानिकारक होते हैं। इनमें रेडियो–विकिरण तत्व जैसे कैडमियम, यूरेनियम, स्ट्रॉन्शियम, लैड आदि पाए जाते हैं, जो भूमि की जीवंतता एवं उर्वरता को प्रभावित करते हैं। चिमनियों से निकलने वाला पदार्थ (फ्लाई एश) औद्योगिक क्षेत्र के आस–पास प्रदूषण का मुख्य स्रोत है। बहुत से अपशिष्ट, जिनका जैविक अपघटन (Biological degradation) नहीं होता जैसे– पॉलीथिन बैग, प्लास्टिक आदि बहुत समय तक मृदा में अवरुद्ध रहकर मृदा की भौतिक संरचना को प्रभावित करते हैं।
- **कृषि रसायन** – व्यावसायिक कृषि में खरपतवारनाशी, कीटनाशी आदि का असन्तुलित मात्रा में प्रयोग किया जा रहा है साथ में मृदा जाँच के बिना ही रासायनिक उर्वरकों (Chemical fertilizers) का भी प्रयोग दिनों–दिन बढ़ रहा है जिससे भूमिगत जल संसाधन प्रदूषित हो रहे हैं। असंतुलित रासायनिक उर्वरकों के प्रयोग से फसलों में कीटों एवं रोगो का प्रकोप बढ जाता है। अतः इनके नियंत्रण हेतु अधिक कीटनाशकों का उपयोग किया जाता है जिससे मृदा के सूक्ष्म जीव नष्ट हो रहे हैं फलस्वरूप मिट्टी की गुणवत्ता में कमी हो रही है।
- **औद्योगिक अपशिष्ट (Industrial Waste)** – औद्योगिक प्रदूषक मुख्य रूप से लुगदी, पेपर मिलों, रासायनिक उर्वरकों, तेल रिफाइनरियों, चीनी कारखानों, कपड़ा, स्टील, डिस्टिलरीज, उर्वरक, कीटनाशक, कोयले, खनिज खनन उद्योग, दवाओं, कांच, सीमेंट, पेट्रोलियम और इंजीनियरिंग उद्योगों से मृदा या पानी में छोड़ा जाता हैं जिससे मृदा प्रदूषित हो रही है।
- **अम्लीय वर्षा (Acid Rain)** – विभिन्न उद्योगों की विविध उत्पादन प्रक्रियाओं से उत्पन्न CO_2, SO_2 एवं NO_2 गैसें जब चिमनियों से निकलकर वायुमण्डल में जाती हैं, तो वहाँ वह जलवाष्प से मिलकर क्रमशः कार्बोनिक अम्ल, सल्फ्यूरिक अम्ल तथा नाइट्रिक अम्ल बनाती हैं। यह गैसें परम्परागत ईंधन के दहन के कारण एवं वाहनों से निकलने वाले धुएँ से भी निकलकर वायुमण्डल में जाकर मिलती हैं। वर्षा के साथ यह अम्ल पृथ्वी पर आ जाते हैं, इसे ही अम्लीय वर्षा कहते हैं। इस वर्षा से मिट्टी में अम्लीयता बढ़ जाती है तथा पीएच मान में कमी होने के कारण मिट्टी के उपजाऊपन

पर इस का प्रभाव पड़ता है। इससे जंगल नष्ट हो जाते हैं, बड़े–बड़े भवन, इमारतें, स्मारक आदि का क्षय होने लगता है। पानी के दूषित होने पर जलीय जानवर एवं वहाँ की वनस्पति को भी नुकसान पहुंचता है।

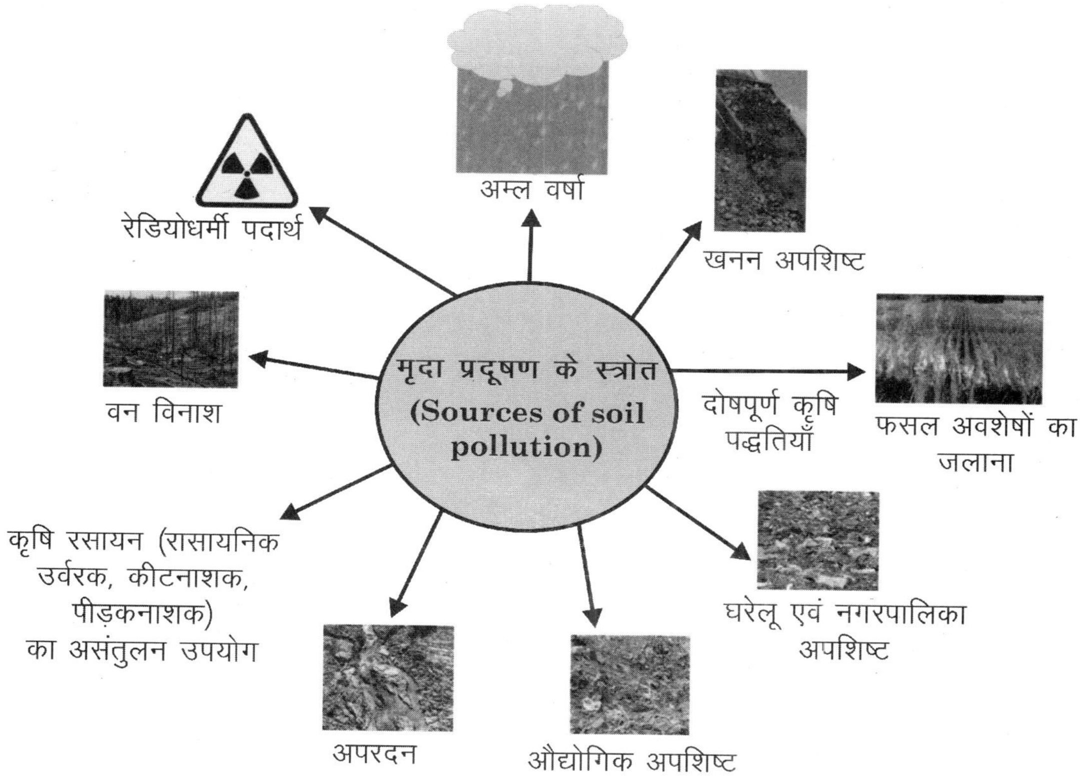

चित्र 19.1: मृदा प्रदूषण के मुख्य स्त्रोत

मृदा प्रदूषण के प्रभाव (Effect of soil pollution)

मृदा प्रदूषण का दुष्प्रभाव न केवल मृदा की गुणवता पर पड़ता है अपितु जीव–जन्तु और मानव जीवन पर भी पडता है। मृदा प्रदूषण जल एवं वायु प्रदूषण का कारण भी बनता है। मृदा प्रदूषण के दुष्प्रभाव इस प्रकार है:–

1. **कृषि पर प्रभाव** – प्रदूषित जल से लगातार सिंचाई करने से मृदा रन्ध्र अवरुद्ध हो जाते हैं जिससे मृदा में अवायुवीय स्थिती उत्पन्न हो जाती है फलस्वरूप मृदा जीव निष्क्रिय हो जाते है या मर जाते हैं। साथ ही मृदा प्रदूषण के कारण मृदा की उर्वरता में ह्रास होने से उनकी उर्वरता घट जाती है जिसके कारण कृषि उत्पादन में भारी कमी आती है।

2. **जीव–जन्तुओं पर प्रभाव** – प्रदूषित मृदा से हानिकारक रसायन (Chemical) खाद्य श्रृंखला द्वारा जीव–जन्तुओं के शरीर में पहुँचकर नुकसान पहुँचाते हैं तथा पक्षियों में अणुघनन की क्रिया को विलम्बित करते हैं।

3. **मानव पर प्रभाव** – प्रदूषित मृदा में कोबाल्ट, निकल, ताँबा, पारा, सीसा आदि विषैली धातुएँ पायी जाती हैं जो मानव के स्वास्थ्य को प्रभावित करती है। सीसा व आर्सेनिक संचयी विष होने के कारण एनीमिया जैसे रोग हो जाते हैं।

4. **वनस्पति पर प्रभाव** – सल्फर–डाइऑक्साइड या सल्फर के यौगिक जल से क्रिया करके अम्ल बनाते हैं। जो मृदा पर आकर उसे अम्लीय बना देते हैं एवं वनस्पति के लिए हानिकारक हैं।

5. **भवन निर्माण पर प्रभाव** – मृदा अपरदन के कारण प्रवाहित जल के साथ बहकर आने वाले लवणीय पदार्थ जल स्त्रोतों जैसे तालाब व झीलों में एकत्रित होते रहते हैं एवं जलीय जीव–जन्तुओं पर प्रभाव दूष्प्रभाव डालते हैं। सल्फर–डाइऑक्साइड या सल्फर के यौगिक जल से क्रिया करके अम्ल बनाते हैं। अम्ल वर्षा के कारण भवनों की स्थिति प्रभावित होती है।

मृदा प्रदूषण नियंत्रण के उपाय

मृदा की गुणवता को बनाये रखने के लिए निम्न उपाय काम में लाये जा सकते हैं –

1. वन कटाव पर प्रतिबंध लगाकर मृदा अपरदन तथा इसके पोषक तत्वों को सुरक्षित रखने के लिए मृदा संरक्षण प्रणालियों को अपनाया जाए।
2. वृक्षारोपण द्वारा भी मृदा को प्रदूषित होने से बचाया जा सकता है।
3. जीवनाशी रसायनों के प्रयोग को परिसीमित कर समन्वित कीट प्रबंधन (Integrated Pest Management) प्रणाली को अपनाकर मृदा को प्रदूषित होने से बचाया जा सकता है।
4. लवणता की अधिकता वाली मृदा के सुधार के लिए वैज्ञानिकों के सुझाव के अनुसार जिप्सम (Gypsum) तथा पाइराइट्स (Pyrite) जैसे रासायनिक मृदा सुधारकों का प्रयोग किया जाये।
5. झूमिंग कृषि पर प्रतिबंध के द्वारा भू–क्षरण की समस्या को कम किया जा सकता है।
6. कूड़े – करकट में विद्यमान व्यर्थ कागज, अपशिष्ट आदि को पुनर्चक्रण प्रक्रिया (Recycle process) द्वारा उपयोगी स्वरूपों (लाभदायक जैविक खाद) में परिवर्तित कर मृदा को प्रदूषित होने से बचाया जा सकता है।
7. ऊर्जा उत्पादन – अपशिष्ट पदार्थों से ऊर्जा उत्पादन कर सदुपयोग किया जा सकता है। धातु रहित अपशिष्ट पदार्थों से अनेक तकनीकों द्वारा ऊर्जा उत्पादित की जाती है।
8. जैविक खेती को अपनाकर मृदा को प्रदूषित होने से बचाया जा सकता
9. रासायनिक उर्वरकों का नियंत्रित उपयोग – कृषि कार्यों में रासायनिक उर्वरकों का उपयोग नियंत्रित एवं संतुलित होना चाहिए। समन्वित पादप पोषण प्रबंधन (Integrated plant nutrient management) का उपयोग करके भी मृदा को प्रदूषित होने से बचाया जा सकता है।
10. रेडियोधर्मी पदार्थों का कम से कम उपयोग करके भी मृदा को प्रदूषित होने से बचाया जा सकता है।

11. कृषि कार्यों में कीटनाशकों का प्रयोग आवश्यकतानुसार करके मृदा को प्रदूषित होने से बचाया जा सकता है। उर्वरक उपयोग से जुड़े पर्यावरण संबंधी समस्याएँ और न्यूनीकरण रणनीतियों को तालिका 19.1 में दिया गया है।

तालिका 19.1: उर्वरक उपयोग से जुड़े पर्यावरण संबंधी समस्याएँ और न्यूनीकरण रणनीतियाँ (Environmental problems associated with fertilizer use and the mitigation strategies)

पर्यावरण संबंधी समस्याएं (Environmental problem)	**कारण तंत्र (Causative mechanism)**	**न्यूनीकरण रणनीतियाँ (Mitigation strategies)**
भूजल प्रदूषण	नाइट्रेट लीचिंग	■ उर्वरकों का न्यायसंगत उपयोग करके ■ उर्वरक उपयोग क्षमता में वृद्धि करके ■ नाइट्रीकरण अवरोधक एवं लेपित उर्वरकों का उपयोग करके
युट्रोफिकेशन	अपरदन और सतह के प्रवाह	■ जल अपवाह नियत्रण करके ■ जल संचयन करके ■ नियंत्रित सिंचाई करके ■ अपरदन नियंत्रित करके
मेथेमोग्लोबिनेमिया	पेयजल और भोजन के माध्यम से अतिरिक्त नाइट्रेट की खपत	■ नाइट्रोजन की लीचिंग हानि को कम करके
अम्ल वर्षा और अमोनियम पुनः जमावट	वायुमंडल में नमी के साथ नाइट्रिक अम्ल नाइट्रोजन ऑक्साइड की प्रतिक्रिया से उत्पन्न	■ अमोनिया वाष्पीकरण को कम करके ■ मृदा के पीएच को कम करके ■ धनायन विनिमय क्षमता को बढ़ा करके ■ उर्वरक फॉर्मूलेशन और अवरोधक का उपयोग करके
समताप मण्डल ओजोन रिक्तीकरण और ग्लोबल वार्मिंग	मृदा से नाइट्रस ऑक्साइड उत्सर्जन	■ नाइट्रीकरण अवरोधक एवं यूरियज अवरोधक का उपयोग करके ■ नाइट्रोजन उपयोग दक्षता में वृद्धि करके

स्त्रोतः पाठक एवं साथी (2016)

प्रश्न कोष

वस्तुनिष्ठ प्रश्न

1. मृदा प्रदूषण का कारण है:
   (A) ऐरोसोल (B) ओजोन
   (C) अम्ल वर्षा (D) उपरोक्त सभी
2. प्रदूषक जो मानव गतिविधियों द्वारा पर्यावरण में पेश किए जाते है, कहलाते है:
   (A) गुणात्मक प्रदूषक
   (B) मात्रात्मक प्रदूषक
   (C) मानवजनित प्रदूषक
   (D) उपरोक्त सभी
3. रूट जोन प्रक्रिया का क्या अर्थ है ?
   (A) एक प्रक्रिया जिसके द्वारा पौधों की जड़ें जमीन में फैली होती है।
   (B) जल प्रदूषण को रोकने के लिए एक नियंत्रण उपाय।
   (C) मृदा को रोकने के लिए एक नियंत्रण उपाय।
   (D) इनमें से कोई नहीं।
4. मृदा प्रदूषण के स्त्रोत है:
   (A) दोषपूर्ण कृषि पद्धतियाँ
   (B) रेडियोधर्मी पदार्थ
   (C) खनन अपशिष्ट
   (D) उपरोक्त सभी
5. मृदा प्रदूषण पर नियंत्रण के उपाय है:
   (A) वृक्षारोपण
   (B) वन कटाव पर प्रतिबंध लगाकर
   (C) रासायनिक उर्वरकों एवं कीटनाशकों का नियंत्रित उपयोग
   (D) उपरोक्त सभी

लघु एवं विस्तृत उत्तरीय प्रश्न

1. मृदा प्रदूषण को परिभाषित करे एवं मृदा प्रदूषण के विभिन्न स्त्रोत लिखिए।
2. मृदा प्रदूषण के प्रभावों के बारे में लिखिए।
3. मृदा प्रदूषण नियंत्रण के उपाय को विस्तृत में लिखिए।
4. उर्वरक उपयोग से जुड़े पर्यावरण संबंधी समस्याएं और न्यूनीकरण रणनीतियों को तालिका रूप में प्रदर्शित करे।

उत्तरमाला

वस्तुनिष्ठ प्रश्न	1. (C)	2. (A)	3. (B)	4. (D)	5. (D)

■■■■

अध्याय – 20

जैव उर्वरक (BIOFERTILIZER)

भारत एक कृषि प्रधान देश है जहाँ आज भी कुल जनसंख्या का 55 प्रतिशत भाग कृषि पर निर्भर है। हरित क्रान्ति के फलस्वरुप देश के कृषि क्षेत्र में महत्वपूर्ण प्रगति हुई जो कृषि की आधुनिक तकनीक, रासायनिक उर्वरक, उन्नत बीजों के उपयोग से ही सार्थक हो सकी। पौधो को अपना जीवन चक्र पूरा करने के लिये उचित मात्रा मे विभिन्न पोषक तत्वों की आवश्यकता होती है। वर्तमान में कुल 17 पोषक तत्व (कार्बन, हाइड्रोजन, ऑक्सीजन, नत्रजन, फॉस्फोरस, पोटाश, कैल्शियम, मैग्नीशियम, गंधक, लोहा, जस्ता, ताँबा, मैगनीज, मोलिब्डेनम, बोरॉन, क्लोरिन एवं निकिल) पौधो के लिए अनिवार्य माने गये हैं।

रासायनिक उर्वरकों का बिना मृदा परीक्षण उपयोग, सघन खेती, कार्बनिक खादो एवं जैव उर्वरकों के नही के बराबर उपयोग से लाभदायक सूक्ष्मजीवाणुओ की कार्य क्षमता पर प्रतिकूल प्रभाव पडा है जिससे मृदा स्वास्थ्य, कृषि उत्पादो की गुणवता एवं उत्पादकता पर प्रतिकूल प्रभाव हुआ है।

वर्तमान मे एक तरफ जहाँ हमारे देश में खाद्यान्न की माँग लगातार बढ़ रही है वही दूसरी ओर घटती कृषि योग्य भूमि की उपलब्धता, उत्पादकता में स्थराव (Stagnation) एवं मृदा उर्वरता मे ह्रास चिंता का विषय है। अधिकांश किसान संतृप्त मात्रा में रासायनिक उर्वरकों के उपयोग के बावजूद आदर्श (Optimum) उत्पादन नही ले पा रहे है फलस्वरुप रासायनिक उर्वरकों के उपयोग से होने वाला लाभ घट रहा है। अतः वर्तमान परिदृश्य में मृदा स्वास्थ्य को सन्तुलित रखते हुए सीमित भूमि से कृषि उत्पादन को बढ़ाना कृषि वैज्ञानिको एवं किसानो के सामने मुख्य चुनौती है जिसमें जैव–उर्वरक कारगर साबित हो सकते हैं। हालांकि जैव–उर्वरकों में किसी भी प्रकार के पोषक तत्व उपस्थित नही होते हैं। बल्कि इसमें जीवाणुओं का संग्रह होता है। जो पौधों को विभिन्न पोषक तत्व (मुख्यतः नाईट्रोजन व फॉस्फोरस, पोटाश एवं सूक्ष्म तत्व) की आपूर्ति करने में सहायक होते हैं।

कई अनुसंधानों से ज्ञात हुआ है कि रासायनिक उर्वरकों के माध्यम से जो नाइट्रोजन, फॉस्फोरस एवं पोटाश दिया जाता है, उसका लगभग 30–50, 15–20 एवं 70–80 प्रतिशत भाग ही फसलीय पौधों को उपलब्ध हो पाता है। शेष भाग या तो मृदा में अनुपलब्ध रूप में परिवर्तित हो जाता है या विभिन्न रासायनिक क्रियाओं द्वारा उसका ह्रास हो जाता है। अतः सतत् कृषि उत्पादन में मृदा उर्वरता को बनाए रखने, उत्पादन लागत कम करने तथा पर्यावरण एवं स्वास्थ्य के दृष्टिकोण को ध्यान में रखते हुए आधुनिक कृषि में जैव–उर्वरकों का महत्वपूर्ण योगदान है।

जैव उर्वरक

जैव उर्वरक लाभकारी सूक्ष्म–जीवाणुओं का ऐसा जीवन्त मिश्रण है, जिन्हे उचित माध्यम में बीज, जड़, पौध (seedling) या मृदा में आवेदन करने पर, पौधो को अधिक मात्रा में पोषक तत्व मिलने लगते है तथा साथ ही साथ मृदा की जीवाणु क्रियाशीलता, मृदा स्वास्थ्य एवं कृषि उत्पादन मे वृद्धि करते हैं। ये जीव पौधों को प्रत्यक्ष या अप्रत्यक्ष रुप से लाभ पहुचाते हैं। अनेक प्रकार के सूक्ष्मजीव विशेषकर जीवाणु पौधों की जड़ों के आस–पास के क्षेत्र में निवास कर सहजीवी सम्बन्ध स्थापित करते है तथा वायुमण्डल में पहले से विद्यमान नाईट्रोजन को स्थिरीकरण कर दलहनी फसलो को उपलब्ध कराते हैं। कुछ सूक्ष्मजीव मिट्टी में मौजूद अघुलनशील फॉस्फोरस, पोटेशियम एवं सूक्ष्म पोषक तत्वों को घुलनशील अवस्था में परिवर्तित करके पौधों को उपलब्ध कराते हैं।

जैव उर्वरकों का वर्गीकरण

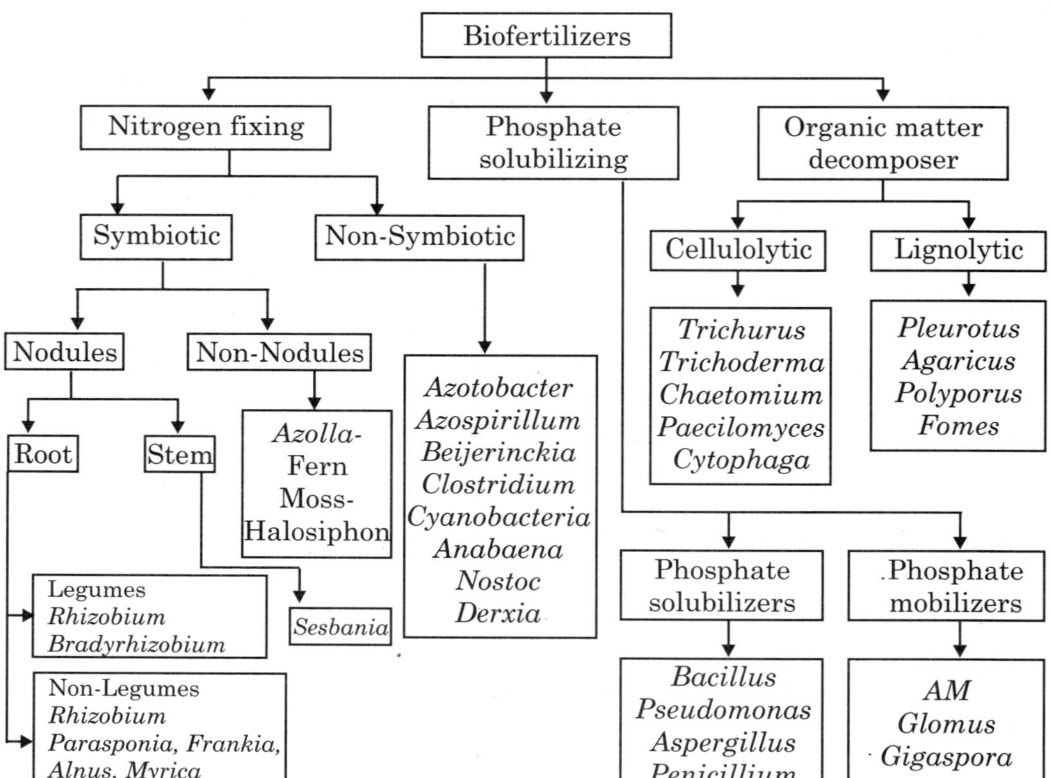

चित्र 20.1: जैव उर्वरक का विस्तृत वर्गीकरण (Narayanasamy *et al.*, 2009)

जैव उर्वरक आवश्यक क्यो ?

विगत कुछ दशकों से खाद्यान्न फसलों के उत्पादन में कृषि रसायनों की प्रभावकारी भूमिका होने के कारण इनके प्रयोग एवं उत्पादन दोनों में पर्याप्त वृद्धि हुई है, वहीं दूसरी ओर इनके प्रयोग से मृदा–उर्वरता, पर्यावरण एवं पारिस्थितिकी से सम्बन्धित कई समस्याएँ भी उभर कर सामने आई हैं। साथ ही वर्तमान में रासायनिक उर्वरको की अनुपलब्धता, दिनो–दिन बढती माँग एवं बढती कीमते भी समस्या है। जैव–उर्वरकों की तुलना में रासायनिक–उर्वरक न केवल मंहगे होते हैं, बल्कि इनसे उपलब्ध पोषक तत्व नश्वर प्रकृति के होते हैं, जिनकी पौधों को उपलब्धता अधिक आसान नहीं होती। वातावरण में नाइट्रोजन के 78 प्रतिशत पाए जाने तथा फॉस्फोरस मृदा में पर्याप्त मात्रा में पाए जाने के बावजूद भी ये तत्व फसलों के अधिक काम नहीं आ पाते हैं।

जैव उर्वरक में लाभकारी सूक्ष्म जीवाणु वायुमण्डल में पहले से विद्यमान नाइट्रोजन को स्थिरीकरण कर पौधों को उपलब्ध कराते हैं और मिट्टी में मौजूद अघुलनशील फॉस्फोरस एवं सूक्ष्म पोषक तत्वों को पानी में घुलनशील बनाकर पौधों को देते हैं। इस प्रकार जैव उर्वरक रासायनिक उर्वरक उपयोग क्षमता बढाते है साथ ही एक फसल पर उपयोग करने के बाद आने वाली दूसरी फसल पर भी इनका अच्छा प्रभाव रहता है। अतः खेती में पुनः टिकाऊपन लाने और इसे लाभकारी व्यवसाय बनाने के लिए रासायनिक उर्वरकों के साथ जैविक उर्वरकों का उपयोग अतिआवश्यक है।

जैव उर्वरको के लाभ

1. जैव उर्वरक वायुमण्डलीय नत्रजन का स्थिरीकरण कर पौधों के लिये उपलब्धता बढ़ाते हैं।
2. अघुलनशील पोषक तत्वों (फॉस्फोरस, पोटाश एवं सूक्ष्म पोषक तत्व) को घुलनशील अवस्था में परिवर्तित कर पौधों के लिये उपलब्धता बढ़ाते हैं।
3. जैव उर्वरक पर्यावरण के अनुकुल (ecofriendly) होते है अर्थात् इनका मृदा स्वास्थ्य एवं पर्यावरण पर कोई हानिकारक प्रभाव नही पडता है।
4. जैव उर्वरक के प्रयोग से मृदा में लाभदायक सूक्ष्म जीवाणुओं की संख्या में बढोत्तरी होती है।
5. मिट्टी की संरचना, जल धारण क्षमता, कणाकार एवं स्वास्थ्य पर इनके अनुकूल प्रभाव के कारण उर्वरा शक्ति में वृद्धि होती है।
6. जैव उर्वरक रासायनिक उर्वरकों के पूरक तो है लेकिन विकल्प नही है अर्थात् ये 25–30 प्रतिशत रासायनिक उर्वरकों को प्रतिस्थापित करने में सहायता करते हैं।
7. इनके प्रयोग से रासायनिक उर्वरकों की एक तिहाई मात्रा तक बचत की जा सकती है।
8. अजोला और नील हरित शैवाल मृदा मे कार्बनिक पदार्थ की मात्रा बढ़ाते हैं।
9. जैव उर्वरक के प्रयोग से वृद्धिकारक हार्मोन्स (इंडोल एसीटिक एसिड, साइटोकाइनिन, जिबरेलिन आदि) उत्पन्न होते हैं। जिनसे फसलीय पौधों की बढ़वार पर अच्छा प्रभाव पड़ता है।
10. जैव उर्वरकों के उपयोग से कई मृदा जनित रोगों से फसलों की सुरक्षा होती है।
11. ये अनवीकरणीय (non-renewable) पोषक तत्वों के स्त्रोतों पर पडने वाले दबाव को कम करते है अर्थात् अनवीकरणीय पोषक स्त्रोतों को संरक्षण मे सहायता करते हैं।
12. सभी जैव उर्वरक प्रदूषण मुक्त होने के साथ ही पर्यावरण के मित्र होते हैं।

13. इनके प्रयोग से बीजों का अंकुरण शीघ्र एवं जड़ो का विकास अच्छा होता है।
14. जैव उर्वरक सस्ते एवं सुलभ हैं जिनसे कम खर्चें में अधिक उपज आसानी से प्राप्त हो जाती है।

वर्तमान मे जैव उर्वरक निम्न प्रकार के उपलब्ध है

1. **राइजोबियम जैव उर्वरक** – राइजोबियम सर्वाधिक प्रयोग में आने वाला जैव उर्वरक है। यह केवल दलहनी फसलों में ही प्रयोग किया जा सकता है। विभिन्न दलहनी फसलों को वायुमण्डल से नत्रजन उपलब्ध कराने के लिए अलग–अलग प्रकार के राइजोबियम जैव उर्वरक की आवश्यकता होती है। दलहनी फसलों में बिजोपचार के बाद राइजोबियम जैव उर्वरक अंकुरण के समय जड़ की मूलरोम द्वारा पौधों की जड़ों में प्रवेश कर जड़ों पर ग्रन्थियों का निर्माण करते हैं (चित्र 20.2)। इन ग्रन्थियों में राइजोबियम जीवाणु निवास करते हैं एवं वायुमण्डल में उपस्थित स्वतंत्र नाइट्रोजन को ग्रहण करके दलहनी फसलों को उपलब्ध कराते हैं। ये जीवाणु सामान्यतः 20–25 कि.ग्रा. नाइट्रोजन/हे. मृदा में एकत्रित करते हैं। इस प्रकार दलहनी फसलों की नाइट्रोजन मांग को पूरा करने के बाद शेष बची हुई नाईट्रोजन अगली अदलहनी फसलों को प्राप्त करने में महत्वपूर्ण योगदान करते हैं।

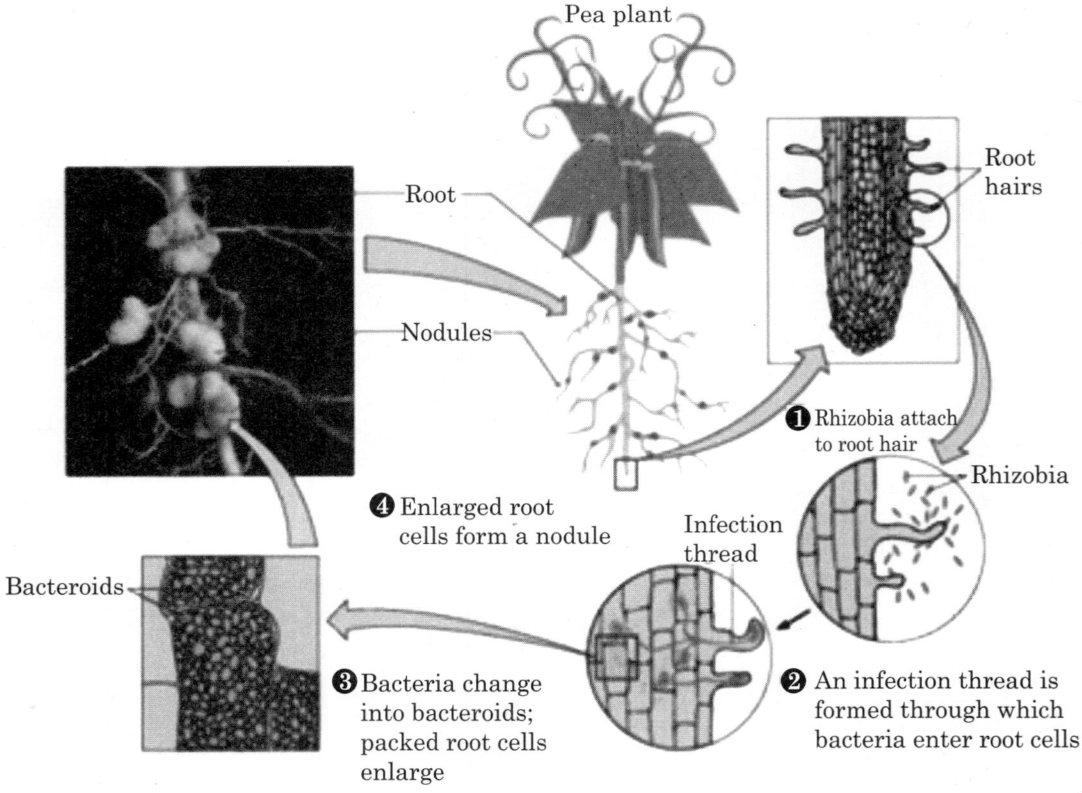

चित्र 20.2: पौधे की जड़ों में राइजोबियम ग्रन्थियों का निर्माण (Source www.eagri.org)

फसल विशेष पर प्रयोग की जाने वाली राइजोबियम जैव उर्वरकः राइजोबियम जैव उर्वरक फसल विशेष के लिये अलग–अलग होते हैं जिसको तालिका 20.1 में दर्शाया गया है।

तालिका 20.1: फसल विशेष के लिये राइजोबियम जैव उर्वरक

क्र.संख्या	**राइजोबियम प्रजातियाँ**	**फसलें**
1.	*राइजोबियम लेग्यूमिनोसेरम*	मटर, मसूर
2.	*राइजोबियम ट्राइफोली*	बरसीम
3.	*राइजोबियम फैजियोलाई*	सेम, राजमा, मोठ
4.	*राइजोबियम मेलीलोटाई*	रिजका, मैथी, सैंजी
5.	*राइजोबियम जेपोनिकम*	सोयाबीन
6.	*राइजोबियम स्पेसिज*	मूंगफली, उड़द, चना, अरहर, लोबिया आदि।
7.	*राइजोबियम ल्यूपिनी*	ल्यूपिनस

2. **एजोटोबैक्टर जैव उर्वरक** – यह जीवाणु खाद पौधों की जड़ क्षेत्र के आस–पास मुक्त रूप से रहने वाले जीवाणुओं का एक नम चूर्ण रूप उत्पाद है जो वायुमण्डलीय नत्रजन का स्थिरीकरण कर पौधों को उपलब्ध कराते हैं। एजोटोबैक्टर जैव उर्वरक दलहनी फसलों को छोड़कर सभी धान्य फसलों में प्रयोग किया जा सकता है। इनके प्रयोग से फसल की पैदावार में 10–20 प्रतिशत तक की वृद्धि होती है। एजोटोबैक्टर जैव उर्वरक कुछ वृद्धि कारक हार्मोन्स (जिब्रेलिक एसिड) तथा विटामिन–बी का उत्सर्जन करते हैं जिससे पौधें के विकास में सहायता मिलती है।

3. **एजोस्पिरिलम जैव उर्वरक** – यह जीवाणु खाद भी मृदा में पौधों के जड़ क्षेत्र में स्वतन्त्र रूप से रहने वाले जीवाणुओं का एक नम चूर्ण रूप उत्पाद है जो वायुमण्डल की नत्रजन का स्थिरीकरण कर पौधों को उपलब्ध कराते हैं। ये जैव उर्वरक उन फसलों के लिए लाभकारी हैं जो गर्म व तर जलवायु में उगायी जाती हैं। इस जैव उर्वरक से पौधों की नाइट्रोजन की आवश्यकता आंशिक रूप से पूरी हो सकती है। ज्वार, बाजरा, मक्का, धान, गन्ना, कपास, केला तथा अन्य फल व सब्जियों वाली फसलों के लिए उपयक्त है। इनके प्रयोग से लगभग 15 से 20 कि.ग्रा. नाइट्रोजन प्रति हेक्टेयर की बचत की जा सकती है। ये जीवाणु एन्टीबायोटिक पदार्थों का भी निर्माण करते है जिससे पौधे की रोग प्रतिरोधी क्षमता बढ़ती है तथा फसल का बीमारियों से बचाव होता है।

4. **एसिटोबेक्टर जैव उर्वरक** – एसिटोबेक्टर जैव उर्वरक मुख्य रूप से गन्ने की फसल ही में प्रयोग की जाती है। एसिटोबेक्टर फसलों व पौधों की जड़ों के आस–पास विखंडित होकर भूमि की नाइट्रोजन को नाइट्रेट में बदलकर पौधों तक पहुंचाते हैं। यह जीवाणु गन्ने के अन्दर रहता है और सभी भागों जैसे जड़, तना, पत्ते में पाया जाता है। यह गन्ने व चुकंदर की फसल में उत्पादन वृद्धि के साथ–साथ उसमें शर्करा की मात्रा को भी बढ़ाता है। यह गन्ने की फसल के लिए लगभग 50–100 किग्रा. नत्रजन की प्राप्ति में सहायक होता है।

5. **नील हरित शैवाल (साइनोबैक्टीरिया)** – एक कोशिकीय सूक्ष्म नील हरित शैवाल नम मिट्टी तथा स्थिर पानी में स्वतन्त्र रूप से रहते हैं। इन्हें नीली हरी काई भी कहते हैं। यह वायुमण्डल से लगभग 20–30 कि.ग्रा. नाइट्रोजन/हे. प्रतिवर्ष स्थिरीकरण करती है। जिन

फसलों को पानी की अधिक आवश्यकता होती है वहां ये बहुत उपयोगी पायी जाती है। इसका प्रयोग धान की फसल में किया जाता है। इसकी वृद्धि के लिए आवश्यक तापमान, प्रकाश, नमी एवं पोषक तत्वों की आवश्यक मात्रा धान के खेत में विद्यमान रहती है। इसकी प्रमुख प्रजातियां नॉस्टाक, टोलीपोथिरिक्स एवं एनाबीना इत्यादि हैं। विभिन्न फसलों में प्रयोग होने वाले जैव उर्वरकों की प्रयोग विधि, उपयोगिता, उपयकुत मात्रा व उपयोगित फसलें को तालिका सख्या 20.2 में दर्शाया गया है।

तालिका 20.2: जैव उर्वरकों की प्रयोग विधि, उपयोगिता, उपयकुत्त मात्रा व उपयोगित फसलें

जैव उर्वरक का नाम	प्रयोग विधि	उपयोगिता	उपयोगित फसलें	[1]आवश्यक मात्रा
अ– नाइट्रोजन स्थिर करने वाले				
राइजोबियम	बीज उपचार	20–25 किग्रा. प्रति है. नत्रजन (दालें) 50–80 किग्रा. प्रति है. नत्रजन की वृद्धि (चारे वाली फसलें)	सभी दलहनी फसलें लेकिन प्रजाति विशेष के अनुरूप अलग–अलग	200 ग्राम प्रति 10 किग्रा. बीज (बीज उपचार)
एजोटोबैक्टर	बीज, पौध एवं मृदा उपचार	20–25 किग्रा. प्रति है. नत्रजन की वृद्धि	गैर दलहनी फसलों एवं सब्जियों के लिये	200 ग्राम प्रति 10 किग्रा. बीज (बीज उपचार)
एजोस्पिरिलम	बीज, पौध एवं मृदा उपचार	15–20 किग्रा. प्रति है. नत्रजन की वृद्धि	ज्वार, बाजरा, मक्का, रागी एवं धान आदि फसलों के लिए	200 ग्राम प्रति 10 किग्रा. बीज (बीज उपचार)
नील हरित शैवाल	पौध रोपण के बाद पानी में छिड़ककर	20–30 किग्रा. प्रति है. नत्रजन की वृद्धि	केवल धान की फसल के लिए	10 किग्रा. प्रति हैक्टेयर (मृदा उपचार)
अजोला	मृदा उपचार	20–30 किग्रा. प्रति है. नत्रजन की वृद्धि	केवल धान की फसल के लिए	1 टन सुखा पदार्थ प्रति हैक्टेयर (मृदा उपचार)
ब– फॉस्फोरस घोलने वाले				
फॉस्फोबैक्टीरिया	बीज, पौध एवं मृदा उपचार	20–30 किग्रा. प्रति है. फॉस्फोरस की वृद्धि	सभी फसलों के लिये उपयुक्त	200 ग्राम प्रति 10 किग्रा. बीज (बीज उपचार)
मइकोराइजा	मृदा उपचार	20–30 किग्रा. प्रति है. फॉस्फोरस की वृद्धि	सभी फसलों, फूलों, बागवानी एवं वानिकी के लिये उपयुक्त	

[1]आवश्यक मात्रा – According to Narayanasamy *et al.* (2009)

6. अजोला जैव उर्वरक – अजोला स्थिर पानी के ऊपर तैरने वाला जलीय फर्न है। इसकी पत्तियां बहुत छोटी तथा मोटी होती हैं। इन पत्तियों के नीचे छिद्रो में सहजीवी साइनोबैक्टीरिया (एनावीना एजोली) पाया जाता है, जो वातावरणीय नाइट्रोजन का स्थिरीकरण

करता है। यह पानी के ऊपर हरी चादर बनाती है जो बाद में लाल धूसर रंग की हो जाती है। भारत में मुख्यतः एनाबीना पीन्नाटा नामक फर्न पाया जाता है। इसके प्रयोग से धान की फसल में खरपतवार कम पनपते हैं तथा 20–30 कि.ग्रा. नाइट्रोजन प्रति हैक्टेयर की बचत की जा सकती है। अजोला द्वारा मृदा में सर्वाधिक कार्बनिक पदार्थ दिया जाता है। अजोला के प्रभावी उपयोग के लिए धान के खेतों में लगभग 5–8 से.मी. पानी हमेशा भरा रहना चाहिए। इसका प्रयोग 0.8–1.0 टन प्रति हैक्टेयर की दर से उपयुक्त माना जाता है।

7. **फॉस्फोरस विलयकारी जैव उर्वरक (फॉस्फेटिका कल्चर)** – यह जीवाणु खाद भी स्वतन्त्र जीवी जीवाणुओं का पीट, लिग्नाइट या कोयले के चूर्ण में मिश्रण है। कुछ जीवाणु तथा कवक मृदा में उपस्थित अघुलनशील फॉस्फोरस को घुलनशील बनाकर फसलों में इसकी उपलब्धता को बढ़ाते हैं। इन्हें फॉस्फोरस विलयकारी जैव उर्वरक कहते हैं। नत्रजन के बाद दूसरा महत्वपूर्ण पोषक तत्व फॉस्फोरस ही है जिसे पौधे सर्वाधिक उपयोग में लाते है। फॉस्फेटिक उर्वरकों का लगभग एक तिहाई भाग ही पौधे अपने उपयोग में ला पाते हैं। शेष अघुलनशील अवस्था में ही जमीन में पड़ा रह जाता है जिसे पौधे स्वयं घुलनशील नहीं बना पाते। जब हम यह जीवाणु युक्त खाद प्रयोग करते है तो मृदा में उपस्थित अघुलनशील फॉस्फोरस को जीवाणुओं द्वारा घुलनशील अवस्था में बदल दिया जाता हैं। फॉस्फोबैक्टीरिया कार्बनिक अम्ल बनाते हैं जिससे अघुलनशील फॉस्फेट (ट्राईकैल्शियम फॉस्फेट, मैग्नीशियम फॉस्फेट, रॉक फॉस्फेट एवं बोनमील) घुलनशील होकर पौधों को उपलब्ध हो जाता है। यह सभी फसलों में प्रयोग किया जा सकता है। यह फॉस्फोरस की कमी को पूरा करता है। इनके प्रयोग से फसलों में फॉस्फोरस की उपलब्धता 10–25 प्रतिशत तक बढ़ जाती है।

8. **माइकोराइजा (Mycorrhiza)** – माइकोराइजा शब्द ऐ.बी. फ्रेंक (A.B. Frank) ने सर्वप्रथम 1885 मे दिया था। यह ग्रीक भाषा के दो शब्दों माइको (Myco = fungus) एवं राइजा (rhiza = root) अर्थात् कवक जड़ से मिलकर बना है। माइकोराइजा (कवक मूल) कवक जालीय, कवक तन्तु होते हैं, जो उच्च वर्गीय पौंधो की जड़ों के साथ सहवास में या तो उनकी परिधि पर अथवा वल्कुट (कॉर्टेक्स) की कुछ निश्चित परतों की कोशिकाओं में रहते हैं। प्रकृति में पौधों की अधिकांश जातियाँ अपनी जड़ों में कवकमुलीय तन्त्र को किसी न किसी रूप में रखती हैं। कवक की विभिन्न जातियाँ पौधों के साथ प्रकृति सहजीवी सहोपकारिक, अरोगजनक के रूप में पायी जाती हैं। लगभग 95 प्रतिशत पौधों की प्रजातियों में यह संबंध पाया जाता है। प्रायः ऐसा प्रमाणित हैं कि ये कवक मूल पौधों की जड़ों में सहवास के समय पौधों से कार्बोहाइड्रेट लेते हैं और इसके बदले पौधों को जल एवं खनिज लवण उपलब्ध कराते हैं। माइकोराइजा दो प्रकार के होते हैं, एंडो माइकोराइजा और एक्टो माइकोराइजा। एंडोमाइकोराइजा में कवक जड़ के कोर्टीकल कोशिका तक प्रवेश कर जाता है, जबकि एक्टो माइकोराइजा में कवक जड़ के मूलग्र के ऊपर और कोर्टीकल कोशिका के ऊपर एक प्रकार का आवरण बना लेता है। कभी–कभी यह कवक जड़ की कोर्टीकल कोशिका के अंदर प्रवेश कर जाते हैं, तब इन्हें एक्ट–एंडो माइकोराइजा कहते हैं। इनका संगठन किसी भी विशिष्ट पौधे के लिए नहीं होता है। अतः ये किसी भी पौधे के साथ अपना संगठन स्थापित कर सकते हैं। इसके अलावा एंडो माइकोराइजा सामान्यतः ऑर्किड्स, कोनिफर्न्स में पाए जाते हैं और यह सामान्यतः कवक के बेसीडी ओमायसीटीस नामक वर्ग से संबंधित है। एंडोमाइकोराइजा में आर्बस्कल्स और वेसीकल्स नामक संरचनाएं पाई जाती हैं। अतः इन्हें वेसिकुलर–आर्बसकुलर माइकोराइजा (vesicular arbuscular mycorrhiza) कहा जाता है।

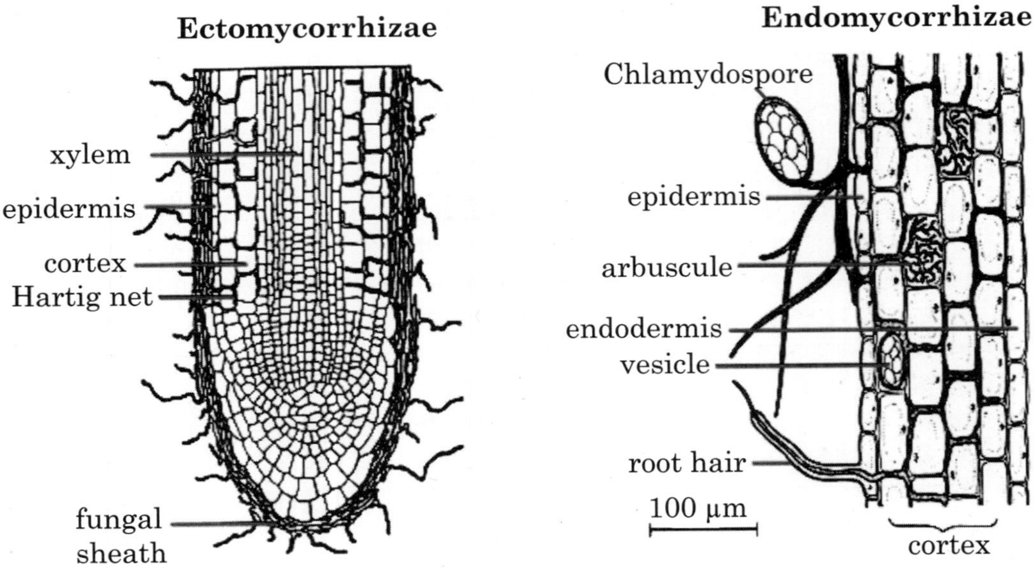

चित्र 20.3: एक्टो माइकोराइजा और एंडो माइकोराइजा

माइकोराइजा के कार्य

1. माइकोराइजा मृदा जैविकी और मृदा रसायन में महत्त्वपूर्ण भूमिका निभाते हैं।
2. फसलों के पैदावार को बढ़ने में महत्वपूर्ण भूमिका निभाते हैं।
3. माइकोराइजा पौधों के लिए मृदा से विभिन्न प्रकार के पोषक तत्व जैसे फॉस्फोरस और अन्य सूक्ष्म पोषक तत्वों (जिंक) को अवशोषित करने में मदद करते हैं।
4. माइकोराइजा पौधों के द्वारा जल के अंतरग्रहण की क्रिया दर को बढ़ाते हुए उन्हें सूखे की परिस्थिति में प्रतिरोधी बनाते हैं। इस कारण इन्हें प्राकृतिक जैव उर्वरक के नाम से भी जाना जाता है।
5. माइकोराइजा रोग उत्पन्न करने वाले सूक्ष्म जीवों से पौधों को सुरक्षा प्रदान करते हैं।
6. माइकोराइजा पौधों की जड़ों को भौतिक रूप से घेरे रखता है। जिससे मृदोपजीवी रोगकारक जीव जैसे फ्यूजेरियम, राइजोक्टोनिया इत्यादि के संक्रमण के लिए खाली सतह नहीं मिल पाती है और इस तरह पौधा संक्रमित होने से बच जाता है।
7. मृदा की निचली सतहों से पोषक तत्वों को पौधों तक पहुंचाने के लिए माइकोराइजा बहुत उपयोगी है।
8. माइकोराइजा मृदा समुच्चय बढ़ाने में महत्त्वपूर्ण योगदान देता है।

जैव उर्वरकों की प्रयोग विधियाँ

1. **बीज उपचार विधिः** जैव उर्वरकों की यह विधि सबसे सुगम और आसान है। सर्वप्रथम फसल की आवश्यकतानुसार जैव उर्वरक का चुनाव कर लें। अब पानी की आवश्यक मात्रा (बीज की मात्रा के अनुसार) को गर्म करें। इसमें 100 ग्राम गुड़ प्रति लीटर पानी की दर से घोलें। जब घोल ठण्डा हो जाये, तब इसमें जैव उर्वरक की उचित मात्रा मिला ले। फिर इस घोल को बीजों पर अच्छी तरह से छिड़क कर हाथ से उलटते पलटते जाए जब तक की सभी बीजो पर जीवाणु खाद की समान परत न बन जाये। इस प्रक्रिया में यह ध्यान रखें कि बीजों पर लेप करते समय बीज के छिलके का नुकसान न होने पाये। उपचारित बीज को छाया में आधे घंटे तक सुखा ले। बीजों की बुवाई सूखने के तुरन्त बाद कर देनी चाहिए। बीज उपचार विधि का सरलतम रूप चित्र 20.4 में दर्शाया गया है।

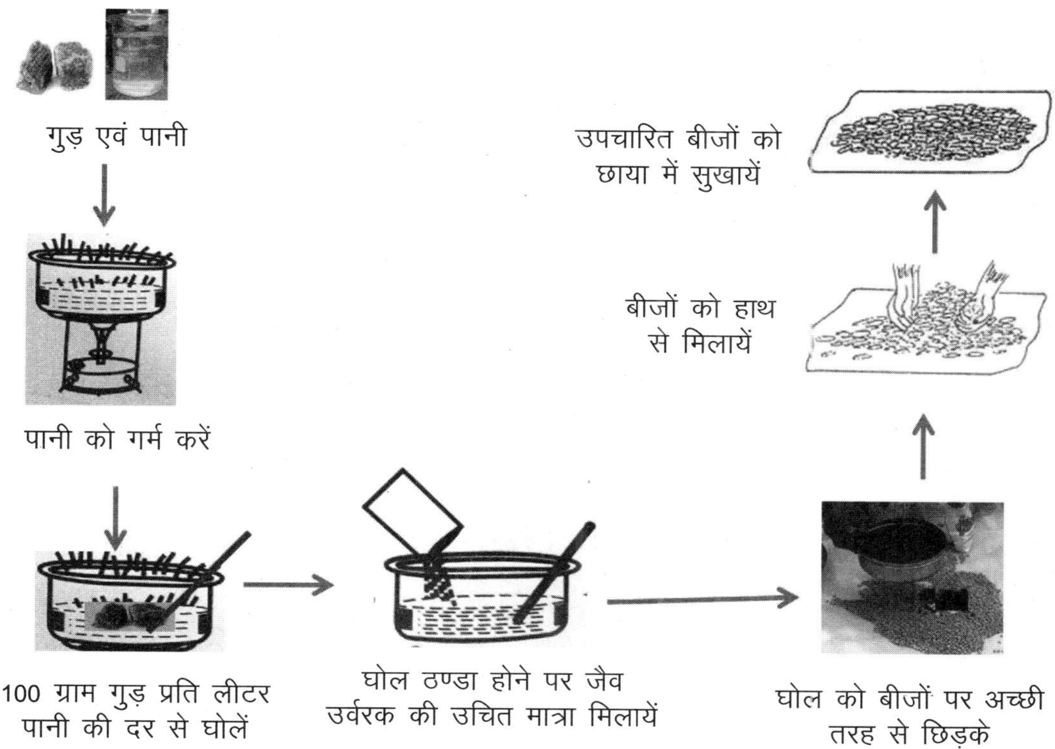

चित्र 20.4: बीज उपचार विधि

2. **पौध जड़ उपचार विधिः** धान तथा सब्जी वाली फसलें, जिनके पौधों की रोपाई की जाती है जैसे, टमाटर, फूलगोभी, पत्तागोभी, प्याज इत्यादि फसलों लिए यह विधि उपयुक्त है। इस विधि में 200 ग्राम जैव उर्वरक को एक बड़े मुँह वाले बर्तन या बाल्टी में घोल बना लेते हैं। इसके बाद नर्सरी से पौधों को उखाड़ कर तथा जड़ो से मिट्टी साफ करने के पश्चात 50–100 पौधों को बंडल में बांधकर 20–30 मिनट के लिए पौधों की जड़ों को उस घोल में डुबाएं। इसके तुरन्त बाद रोपाई कर दें। यह सारी प्रक्रिया छाया में ही करनी चाहिए।

3. **कन्द उपचार विधि :** इस विधि में गन्ना, अदरक एवं आलू जैसी फसलों में जैव उर्वरकों के प्रयोग हेतु कन्दों को बुवाई पूर्व उपचारित किया जाता है। इसके लिए एक कि.ग्रा. जैव उर्वरक को 20–30 लीटर पानी में घोल ले। इसके बाद कन्दों को 20–30 मिनट तक घोल में डूबोकर रखने के पश्चात बुवाई कर देनी चाहिए।
4. **मृदा उपचार विधि :** उपरोक्त विधियों से प्रयोग न कर पाने की स्थिति में मृदा उपचार विधि से जैव उर्वरकों का प्रयोग किया जाता है। 5–10 कि.ग्रा. जैव उर्वरक (एजोटोबैक्टर एवं पी. एस. बी. आधा आधा) 50–100 कि.ग्रा. अच्छी सड़ी हुई गोबर की खाद/कम्पोस्ट/मिटट्री का मिश्रण तैयार करके रात भर छोड़ दें। इस मिश्रण को फसल की बुवाई के समय या अन्तिम जुताई के समय खेत में समान रूप से छिड़क दें।

जैव उर्वरकों का चयन

जैव उर्वरकों का पूरा लाभ उठाने के लिये यह अतिआवश्यक है कि फसल के लिये सही जैव उर्वरकों का चयन किया जायें और नत्रजन एवं फॉस्फोरस दोनो पौषक तत्वों की उपलब्धता सुनिश्चित करने के लिये नत्रजनीय एवं फॉस्फेटिक जैव उर्वरक समान मात्रा में एक साथ प्रयोग किये जायें।

जैव उर्वरकों के प्रयोग में सावधानियाँ

1. जैव उर्वरकों को धूप व गर्म हवा से बचाकर रखना चाहिए।
2. फसलों की किस्म के अनुसार ही जैव उर्वरकों का चयन करें।
3. जैव उर्वरकों के पैकेट हमेशा प्रयोग के समय ही खोलना चाहिए।
4. रासायनिक उर्वरकों, शाकनाशियों व कीटनाशी दवाओं के साथ जैव उर्वरकों का कभी भी प्रयोग नही करना चाहिए।
5. बीजों को पहले फफूंदनाशक फिर कीटनाशक तथा अन्त में जैव उर्वरक से उपचारित करें।
6. जैव उर्वरक प्रयोग करते समय पैकेट के ऊपर उत्पादन तिथि, उपयोग की अन्तिम तिथि व जैव उर्वरक का नाम अवश्य देख ले।
7. जैव उर्वरको से उपचारित बीजों को छाया में आधे घंटे तक सुखाने के तुरन्त बाद बुवाई कर देनी चाहिए।
8. प्रयोग से पहले जैव उर्वरको के पैकेट पर लिखे दिशा व निर्देश अवश्य पढ़ लेना चाहिए

जैव उर्वरक के प्रभावहीन होने के प्रमुख कारण

1. फसलों के अनुरूप जैव उर्वरकों का प्रयोग नही करना।
2. प्रभावहीन जीवाणु खाद का उपयोग करना।
3. जैव उर्वरकों में जीवाणुओं की संख्या का कम होना।
4. जीवाणु खाद को ऊच्च तापमान एवं सूर्य की किरणों में भण्डारित करना।
5. प्रयोग विधि का सही से प्रयोग ना करना।
6. जीवाणु खाद को रसायनों के साथ प्रयोग करना।

7. प्रयोग के समय मृदा का अधिक तापमान एवं कम पानी का होना।
8. मृदा का अति क्षारीय और अम्लीय होना।
9. मृदा में फॉस्फोरस और मॉलिब्डेनम की अनुपलब्धता।

जैव उर्वरको के क्षेत्र मे कुछ प्रमुख उपलब्धियाँ

क्र.स.	सन्	वैज्ञानिक	उपलब्धि / विवरण
1	1834	जे. बी. बासिनगाल्ट (फ्रांसीसी वैज्ञानिक)	दलहनी फसलो द्वारा जैविक नाइट्रोजन स्थिरीकरण की आदर्श अवधारणा दी।
2	1885	ऐ. बी. फ्रेन्क	माइकोराइजा शब्द दिया
3	1886	हेलरी गेल एवं विलफार्थ	सहजीविय नाइट्रोजन स्थिरीकरण की अवधारणा दी।
4	1888	मार्टिंस बेजरनिक (डच सूक्ष्मजीव वैज्ञानिक एवं वनस्पतिशास्त्र)	दलहनी पौधों की जड़ ग्रन्थियों में उपस्थित जीवाणु नाइट्रोजन यौगिकीकरण में सहायक है तथा राइजोबियम को दलहनी पौधों की जड़ से पृथक्करण किया।
5	1895	नोब एवं हिल्टनर	अमेरिका में नाइट्रोजन राइजोबियम कल्चर नामक जैव उर्वरक का व्यावसायिक निर्माण एवं 1896 मे पेटेन्ट किया।
6	1901	मार्टिंस बेजरनिक	एजोटोबेक्टर जीवाणु की खोज एवं वर्णन किया।
7	1901	चेस्टर	स्यूडोमोनास जीवाणु की खोज।
8	1920	एन. वी. जोशी	भारत में सर्वप्रथम दलहनी पौधों में राइजोबियम सहजीविता का अधययन किया।
9	1925	मार्टिंस बेजरनिक	एजोस्प्रिलम जीवाणु की खोज।
10	1927	मेटेसेले	किण्वक में राइजोबियम का कल्चर तैयार किया।
11	1932	फ्रेड	राइजोबियम के लिए यिस्ट अप्राकृतिक संवर्धन माध्यम का अनुमोदन किया।
12	1934	एम. आर. माधोक	राइजोबियम टीके का निर्माण किया।
13	1939	पी. के. डी.	नील हरित शैवाल की नाइट्रोजन यौगिकीकरण में महत्ता बताई।
14	1948		जीवाणुओं द्वारा जैव उर्वरक निर्माण मे पीट की संवाहक पदार्थ (carrier material) के रुप मे खोज।
15	1951		भारत में चारकोल की संवाहक पदार्थ (carrier material) के रुप मे खोज।
16	1956		भारत में सर्वप्रथम जैव उर्वरको का व्यावसायिक उत्पादन।
17	1957	सेन एवं पाल	सूक्ष्मजीवों द्वारा फॉस्फोरस को घुलनशील बनाने की प्रक्रिया का अध्ययन किया गया।

क्र.स.	सन्	वैज्ञानिक	उपलब्धि / विवरण
18	1969	वी. ईश्वरन	भारतीय पीट को संवाहक के रुप मे स्थापित किया।
19	1977		राइजोबियम के लिये आई. एस. आई. मानक स्तर प्रदान किया गया।
20	1979		एजोटोबेक्टर के लिये आई. एस. आई. मानक स्तर प्रदान किया गया।
21	1983		राष्ट्रीय जैव उर्वरक परियोजना की स्थापना।
22	1988		भारतीय कृषि अनुसंधान संस्थान (IARI) में नील हरित शैवाल हेतु राष्ट्रीय शोध केन्द्र की स्थापना।

भारत में जैव उर्वरक उत्पादन (2008–09 से 2011–12)

क्र. स.	राज्य	वास्तविक जैव उर्वरकों का उत्पादन (मिलियन टन)			
		2008–09	2009–10	2010–11	2011–12
1	आंध्र प्रदेश	168.136	1345.28	999.60	1126.35
2	अरुणाचल प्रदेश	–	–	–	–
3	असम	129.35	121.04	130.00	68.33
4	बिहार	–	–	136.26	75.00
5	छत्तीसगढ	–	–	–	276.34
6	दिल्ली	1165.1	1021.85	1205.00	1617.00
7	गुजरात	1149.70	1309 .19	6318.00	2037.35
8	गोवा	–	0	443.40	0
9	हरियाणा	14.25	6.20	6.53	914.41
10	हिमाचल प्रदेश	–	8.5	9.00	1.29
11	झारखंड	15.0	15.0	0.00	8.38
12	कर्नाटक	11921.06	3695.5	6930.00	5760.32
13	केरल	1187.00	1936.45	3257.00	904.17
14	मध्य प्रदेश	848.45	1587.68	2455.57	2309.06
15	महाराष्ट्र	1249.87	1861.33	2924.00	8743.69
16	मणिपुर	–	–	–	–
17	मिजोरम	2.00	2.5	2.0	–
18	मेघालय	–	–	0.00	–
19	नागालैंड	16.01	18.25	21.50	13.00

क्र. स.	राज्य	वास्तविक जैव उर्वरकों का उत्पादन (मिलियन टन)			
		2008–09	2009–10	2010–11	2011–12
20	उड़ीसा	405.03	289.87	357.66	590.12
21	पंजाब	1.14	301.23	2.50	692.22
22	पांडिचेरी	561.79	452.79	783.00	509.45
23	राजस्थान	353.67	805.57	819.75	199.78
24	सिक्किम	–	–	–	–
25	तमिलनाडु	4687.82	3732.59	8691.00	3373.81
26	त्रिपुरा	14.68	278.40	850.00	1542.85
27	उत्तर प्रदेश	885.52	962.64	1217.45	8695.08
28	उत्तराखंड	48.23	32.00	45.00	263.01
29	पश्चिम बंगाल	241.24	256.5	393.39	603.20

स्रोतः एनसीओएफ (राष्ट्रीय जैविक खेती केन्द्र) द्वारा संकलित

प्रश्न कोष

वस्तुनिष्ठ प्रश्न

1. माइकोराइजा शब्द की उत्पत्ति हुई है
   (A) लेटिन (B) इंग्लिश
   (C) ग्रीक (D) इनमें से कोई नही
2. निम्न में से नत्रजन स्थिरिकारक नही है।
   (A) एजोटोबेक्टर (B) राइजोबियम
   (C) एजोस्प्रिलम (D) स्यूडोमोनास
3. एजोस्प्रिलम जीवाणु की खोज किस वैज्ञानिक ने की थी।
   (A) मार्टिंस बेजरनिक
   (B) एन. वी. जोशी
   (C) ऐ. बी. फ्रेन्क
   (D) जे.बी. बासिनगाल्ट
4. जैव उर्वरक की कन्द उपचार विधि निम्न में से किस फसल के लिए उपयुक्त नही है।
   (A) गन्ना (B) अदरक
   (C) आलू (D) गेंहूँ
5. दलहनी फसलो द्वारा जैविक नाईट्रोजन स्थिरीकरण की आर्दश अवधारणा किसने दी।
   (A) एन. वी. जोशी
   (B) वी. ईश्वरन
   (C) हेलरी गेल
   (D) मार्टिंस बेजरनिक

रिक्त स्थानों की पूर्ति कीजिए

1. VAM का पूरा रूप .... है।
2. स्यूडोमोनास जीवाणु की खोज ....सन् में हुई

3. माइकोराइजा की उत्पत्ति ....शब्द से हुई है।
4. भारत में सर्वप्रथम दलहनी पौधों में राइजोबियम सहजीविता का अधययन .... किया।
5. अजोला द्वारा मृदा में सर्वाधिक ....दिया जाता है।

सत्य या असत्य कथन पर (√) का निशान लगाये

1. फसलों की किस्म के अनुसार ही जैव उर्वरकों का चयन करना चाहिए। (सत्य / असत्य)
2. माइकोराइजा दो प्रकार के होते हैं। (सत्य / असत्य)
3. वातावरण में नाइट्रोजन लगभग 78 प्रतिशत होती है। (सत्य / असत्य)
4. जैव उर्वरक रासायनिक उर्वरकों के पूरक तो है लेकिन विकल्प नही है। (सत्य / असत्य)
5. बीजों को पहले फफूंदनाशक फिर कीटनाशक तथा अन्त में जैव उर्वरक से उपचारित करना चाहिए। (सत्य / असत्य)

लघु एवं विस्तृत उत्तरीय प्रश्न

1. जैव उर्वरक क्या है ? जैव उर्वरक का वर्गीकरण एवं उपयोग विधियों को विस्तार में लिखिए।
2. जैव उर्वरक क्या है ? जैव उर्वरक आवश्यक क्यो है तथा जैव उर्वरकों के लाभ को विस्तार में लिखिए।
3. जैव उर्वरकों के प्रयोग में क्या – क्या सावधानियाँ रखनी चाहिए।
4. माइकोराइजा के बारे मे संक्षिप्त में वर्णन करें।
5. जैव उर्वरकों की प्रयोग विधि, उपयोगिता, उपयकुत मात्रा व उपयोगित फसलों को तालिका रूप में दर्शायें।
6. निम्न पर संक्षिप्त में टिप्पणी लिखिए।

   (1) राइजोबियम (2) एजोटोबैक्टर

   (3) एजोस्पिरिलम (4) एसिटोबेक्टर

उत्तरमाला

वस्तुनिष्ठ प्रश्न	1. (C)	2. (D)	3. (A)	4. (D)	5. (D)
रिक्त स्थानों की पूर्ति	1. वेसिकुलर–आर्बसकुलर माइकोराइजा	2. 1901	3. ग्रीक	4. एन.वी. जोशी	5. कार्बनिक पदार्थ
सत्य या असत्य	1. सत्य	2. सत्य	3. सत्य	4. सत्य	5. सत्य

■■■■

शब्दसंग्रह
(GLOSSARY)

1. **रूपान्तरित चट्टानें (Metamorphic Rocks)** – आग्नेय एवं अवसादी चट्टानों के मूल रूप में परिवर्तन (metamorphosis) होने से जो चट्टानें बनती है, रूपान्तरित या कायान्तरित चट्टानें कहलाती है। या पृथ्वी के आन्तरिक ताप एवं दाब या दोनो के संयुक्त प्रभाव से आग्नेय एवं अवसादी चट्टानों के मूल रूप में भौतिक एवं रासायनिक परिवर्तन हो जाने से बनने वाली चट्टानों को रूपान्तरित चट्टानें कहते हैं।

2. **यांत्रिक विश्लेषण (Mechanical Analysis)** – विभिन्न आकार के मृदा के कणों (बालू, सिल्ट एवं क्ले) को अलग करने एवं उनके आनुपातिक वितरण को मापने की प्रक्रिया कण आकार विश्लेषण (particle size analysis) या यांत्रिक विश्लेषण (mechanical analysis) कहलाता है।

3. **खनिज (Minerals)** – प्रकृति में पाये जाने वाले समांग अकार्बनिक पदार्थ, जिनका एक निश्चित रासायनिक संगठन एवं आकृति या रूप होता है खनिज कहलाते हैं।

4. **क्षारीयकरण (Alkalization or Solonization)** – विशिष्ट मृदा निर्माण की वह प्रक्रिया जिसमें मृदा संकीर्ण पर सोडियम के कार्बोनेट एवं बाईकार्बोनेट (Na_2CO_3, $NaHCO_3$) का संचयन होना, क्षारीयकरण कहलाता है।

5. **क्षैत्र क्षमता (Field Capacity)** – मृदा में जल की वह मात्रा है जिसे जल निकास की उचित व्यवस्था होते हुए भी गुरुत्वाकर्षण बल के विरुद्ध कार्य करके नीचे जाने से रोक लेती है। यह जल की वह मात्रा है जिसका तनाब बल 1/3 या 0.33 वायुमण्डलीय दाब से कम होता है और गुरुत्वाकर्षण बल के अधिक हो जाने के कारण स्वतन्त्र रूप से बड़े रन्ध्रों द्वारा नीचे की ओर रिसने लगता है।

6. **ऊर्णीपिंडन (Flocculation)** – जब तक कणों पर आवेश रहता है वे निलम्बन में रहते हैं तथा आवेश कम या समाप्त होने पर कण आपस में मिलकर ढीला समुच्चय (Loose aggregates of flocs) बनाते हैं जिसे ऊर्णीपिंडन कहते हैं।

7. **ह्यूमीकरण (Humification)** – कच्चे कार्बनिक पदार्थों का ह्यूमस नें परिवर्तन की प्रक्रिया को ह्यूमीकरण कहते हैं अर्थात् पादप एवं जन्तु अवशेषों तथा जैव पदार्थों की अपघटन क्रिया द्वारा नए यौगिक के संश्लेषण होने की प्रक्रम को ह्यूमीकरण कहते हैं।

8. **ह्यूमस (Humus)** – ह्यूमस पौधों तथा जन्तु अवशेष पदार्थों के विच्छेदन से बना हुआ गहरे रंग का एक बहुत जटिल पदार्थ एवं संकीर्ण रासायनिक प्रकृति का कोलाइडी पदार्थ है।
9. **प्राथमिक खनिज (Primary Mineral)** – पिघले हुये लावा (molten magma) के ठोस (क्रिस्टलीयकरण) होने से बने खनिज प्राथमिक खनिज कहलाते हैं।
10. **प्राप्य जल (Available Water)** – जल की वह मात्रा जो मुरझांक गुणाँक (wilting coefficient) और क्षैत्र क्षमता (Field capacity) के बीच में पाया जाता है और पौधों को प्राप्य होता है, प्राप्य जल कहलाता हैं।
11. **बलुई/रेतीली मृदा (Sandy Soil)** – ऐसी मृदा जिसमें वजन के आधार पर कम से कम 70% बालू तथा क्ले 15% या इससे कम हो, बलुई/रेतीली मृदा कहलाती है।
12. **ब्राउनियन गति (Brownian Movement)** – कोलाइडी कणों के निलम्बन को एक सूक्ष्मदर्शी से देखने पर कण तेजी से टेढ़े–मेढ़े ढंग से निरन्तर गति करते हुये दिखाई देते हैं इसको ब्राउनियन गति कहते हैं।
13. **कण घनत्व (Particle Density)** – शुष्क मृदा के ठोस भाग के प्रति इकाई आयतन के भार को कण घनत्व कहते हैं।
14. **कार्बोनिकरण (Carbonation)** – कार्बन डाइऑक्साइड का क्षारों से संयुक्त होने की क्रिया कार्बोनिकरण कहलाती हैं।
15. **केशिका जल (Capillary Water)** – केशिका जल वह जल होता है जो आर्द्रताग्राही जल एवं गुरुत्वाकर्षण जल के मध्य पाया जाता है। मृदा में यह जल 31 से 1/3 वायुमण्डल तनाव व 2.54–4.5 पी॰एफ॰ पर धारित होता है।
16. **केल्सीकरण (Calcification)** – मृदा प्रोफाइल में केल्शियम कार्बोनेट के संकलन अथवा संचयन की प्रक्रिया केल्सीकरण कहलाती है।
17. **क्ले मृदा (Clayey Soil)** – ऐसी मृदा जिसमें कम से कम 35% क्ले एवं अधिकांश मामलों मे कम से कम 40% क्ले वर्गकण हो, क्ले मृदा कहलाती है।
18. **घनत्व (Density)**– किसी पदार्थ के एक इकाई आयतन की संहति को उस पदार्थ का घनत्व कहते हैं।
19. **मृदा (Soil)** – मृदा एक प्राकृतिक पिंड है जो प्राकृतिक पदार्थों पर प्राकृतिक बलों के प्रभाव से विकसित हुई हैं। सामान्यतः यह भिन्न गहराइयों के खनिज एवं कार्बनिक अवयवों के संस्तरों के अनुसार पृथक किये जाते हैं, जो अपने से नीचे पैतृक पदार्थों से आकृति, भौतिक गुणों और बनावट, रासायनिक गुणों एवं संगठन तथा जैविक लक्षणों में भिन्न होती हैं।
20. **मृदा प्रौद्योगिकी (Soil Technology)** – इसके अन्तर्गत मृदा प्रबंधन (भू–परिष्करण, सिंचाई, मृदा एवं जल संरक्षण) के सम्बन्ध में क्रिया–कलापों का अध्ययन किया जाता है।
21. **मृदा प्रदूषण (Soil Pollution)** – मृदा के भौतिक, रासायनिक एवं जैविक गुणों मे अवांछनिय परिवर्तन होना, मृदा प्रदूषण कहलाता हैं।
22. **मृदा कणाकार (Soil Texture)** – विभिन्न मृदा वर्ग कणों के सापेक्षित अनुपात (Relative proportion) को मृदा कणाकार कहते हैं।

23. **मृदा कणाकार वर्ग (Soil Textural Classes)** – मृदा वर्गकण समूहों के सापेक्षित अनुपात को मृदा कणाकार वर्ग कहते हैं।

24. **मृदा कोलॉइड्स (Soil Colloids)** – यह ग्रीक भाषा का एक शब्द है जिसका अर्थ [Kolla = गोंद (glue), Eidos = समान (like), गोंद के समान है। 0.001 मी.मी. आकार से छोटे कण जो कोलॉइड्ल विशेषता रखते है, मृदा कोलॉइड्स कहलाते हैं।

25. **मृदा मोनोलिथ (Soil Monolith)** – मृदा प्रोफाइल का ऊर्ध्वाधर भाग खेत से निकाल कर अध्ययन/प्रदर्शन के लिए रखना मृदा मोनोलिथ कहलाता है।

26. **मृदा विज्ञान (Soil Science)** – विज्ञान की वह शाखा जिसके अर्न्तगत मृदा के विषय का अध्ययन किया जाता है, मृदा विज्ञान (Soil Science) कहलाती है या विज्ञान की वह शाखा जिसके अर्न्तगत मृदा निर्माण, वर्गीकरण, मृदा के भौतिक, रासायनिक एवं जैविक गुणों के साथ–साथ उर्वरकता का अध्ययन किया जाता है।

27. **मृदा भौतिकी/यांत्रिकी (Soil Physics or Mechanics)** – इसके अन्तर्गत मृदा के विभिन्न भौतिक नियमो, भौतिक अथवा यांत्रिक गुणों का अध्ययन किया जाता है।

28. **मृदा भू–गर्भ विज्ञान (Soil Geology)** – इसके अन्तर्गत भू–पटल की उत्पत्ति, मृदा निर्माण, विस्तार एवं वितरण इत्यादि के दृष्टिकोण से मृदा के बाह्य एवं आन्तरिक गुणों का अध्ययन किया जाता है।

29. **मृदा भूगोल (Soil Geography)** – इसके अन्तर्गत मृदा का क्षेत्रीय वितरण तथा उसके सर्वेक्षण का अध्ययन किया जाता है।

30. **मृदा परिच्छेदिका (Soil Profile)** – मृदा में पायी जाने वाली समान्तर सतहें जब एक निश्चित गहराई (पैतृक पदार्थ) तक खोदी जाती है तो ये सतहें मिलकर जो इकाई बनाती हैं, मृदा परिच्छेदिका कहलाती है।

31. **मृदा रसायन (Soil Chemistry)** – मृदा विज्ञान की वह शाखा जिसके अन्तर्गत रासायनिक घटको, रासायनिक गुणों और फसल आवश्यकताओं के संबंध में मिट्टी की रासायनिक अभिक्रियाओं का अध्ययन किया जाता है, मृदा रसायन कहलाता है।

32. **मृदा रन्ध्रावकाश (Soil Pore Space)** – मृदा में वह रिक्त स्थान जो कार्बनिक एवं खनिज पदार्थों के द्वारा अधिकृत/भरा (occupied) न होकर, वायु तथा जल से भरा होता है, रन्ध्रावकाश कहलाता है।

33. **मृदा संरक्षण (Soil Conservation)** – मृदा संरक्षण से अभिप्राय मृदा के भौतिक अपघटन तथा मृदा संरचना में आने वाले किसी भी प्रतिकुल परिवर्तन को रोकने से हैं।

34. **मृदा संरचना (Soil Structure)** – मृदा कणों और उनके समुच्चय को एक निश्चित रूप में व्यवस्थित करना, मृदा संरचना कहलाता है या व्यक्तिगत मृदा कणों और उनके समुच्चयों (Aggregates) की किसी निश्चित प्रतिरूप (Pattern) व्यवस्था को मृदा संरचना (soil structure) कहते हैं।

35. **मृदा संस्तर (Soil Horizon)** – "मृदा पार्श्व दृश्य में उपस्थित विभिन्न परते जो एक दूसरे से स्पष्टतया गुणों एवं लक्षणों में भिन्न होती है संस्तर कहलाती है"।

36. **मृदा सर्वेक्षण (Soil Survey)** – किसी क्षेत्र की मृदाओं का व्यवस्थित ढंग से परीक्षण (systematic examination), वर्णन (description), वर्गीकरण (classification) और मानचित्र (mapping) बनाने को मृदा सर्वेक्षण कहते हैं।

37. **मृदा सूक्ष्मजीव विज्ञान (Soil Microbiology)** – मृदा विज्ञान की वह शाखा जिसके अन्तर्गत सूक्ष्म जीवों एवं उनकी अभिक्रियाओं का मृदा, पौध पौषण और फसलोत्पादन के सन्दर्भ में अध्ययन करना मृदा सूक्ष्मजीव विज्ञान कहलाता है।

38. **मृदा उर्वरता (Soil Fertility)** – मृदा की वह पैतृक क्षमता जो पौधों की वृद्धि के लिए आवश्यक पौषक तत्व प्रदान करती है, मृदा उर्वरता कहलाती है।

39. **मृदा वातन (Soil aeration)** – मृदा एवं वायुमण्डल के मध्य परस्पर कार्बन डाइऑक्साइड तथा ऑक्सीजन के आदान–प्रदान की क्रिया को मृदा वातन (soil aeration) कहते हैं।

40. **मृदा वर्ग कण (Soil Separates)** – खनिज मृदा के कण जिनका आकार 2 मिमी या उससे कम हो, मृदा वर्ग कण कहलाते हैं।

41. **मृदा जीव रसायन (Soil Biochemistry)** – मृदा विज्ञान की वह शाखा जिसके अन्तर्गत कार्बनिक पदार्थ के गठन, अपघटन तथा मृदा में कार्बन, नाइट्रोजन, फॉस्फोरस, सल्फर आदि की जैव रासायनिक प्रतिक्रियाओं का अध्ययन किया जाता है।

42. **मृदा अभियन्त्रण (Soil Engineering)** – इसके अन्तर्गत मृदा पर सभी प्रकार के बलों के प्रभावों एवं समस्याओं से सम्बन्धित अभियन्त्रण का अध्ययन किया जाता है।

43. **मृदा अपरदन (Soil Erosion)** – मृदा कणों का अपरदनकारी करको (erosive agents) के द्वारा पृथक्करण (detachment) एवं परिवहन (transportation) तथा अन्यत्र जमा करने को मृदा अपरदन कहते हैं।

44. **मृदा आकारिकी (Soil Morphology)** – इसके अन्तर्गत मृदा के भौतिक संगठन एवं मृदा प्रोफाइल का अध्ययन किया जाता है।

45. **मृदा गाढ़ता (Soil Consistency)** – मृदा गाढ़ता भिन्न–भिन्न आर्द्रताओं (moisture) में मृदा पदार्थों के संसजन (cohesion) तथा आसंजन (adhesion) की मात्रा (degree) तथा प्रकार या मृदा पदार्थ को विघटन (Rupture) या विरूपित (deformation) करने की ओर लगे बलों की प्रतिरोधिता (Resistance) को प्रदर्शित करते हैं।

46. **पेडोलॉजी (Pedology)** – मृदा विज्ञान की वह शाखा जिसके अन्तर्गत मृदा का सर्वेक्षण, उत्पत्ति एवं वर्गीकरण भूमि उपयोग योजना के लिए किया जाता है।

47. **मृदाशास्त्र (Edaphology)** – मृदा विज्ञान की वह शाखा जिसमें मृदा का अध्ययन उच्च पादप समुदाय के दृष्टिकोण से किया जाता है।

48. **मुरझान गुणाँक (Wilting Coefficient)** – पौधों को स्थाई रूप से मुरझा जाने के समय अथवा पौधों के सूख जाने के समय मृदा में नमी की जितनी प्रतिशत मात्रा उपस्थित रहती है, उसे मुरझान गुणाँक (wilting coefficient) या क्रांतिक नमी बिन्दु (critical moisture point) कहते हैं। इसका मान 15 वायुमण्डलीय दाब एवं समतुल्य पी. एफ. 4.2 होता है।

49. **द्वितीयक खनिज (Secondary Mineral)** – मूल प्राथमिक खनिजों के अपघटन या परिवर्तन से बने खनिज द्वितीयक खनिज कहलाते हैं।

50. **पिडोटर्बेशन (Pedoturbation)** – वे क्रियाएँ जिससे मृदा के विभिन्न विकसित संस्तर आपस में मिश्रित होकर मृदा का निर्माण करते हैं पिडोटर्बेशन कहलाती हैं।

51. **सिलिका चतुष्फलक (Silica Tetrahedron)** – जब सिलिकॉन के समान एक छोटा अणु चार ऑक्सीजन द्वारा चारों ओर से घिरा होता है तो चतुष्फलकीय रूप बनता है।

52. **सिल्ट मृदा (Silty Soil)** – ऐसी मृदा जिसमें कम से कम 80% सिल्ट तथा क्ले 12% या इससे कम हो, सिल्ट मृदा कहलाती है।

53. **विऊर्णीपिंडन या विक्षेपण (Deflocculation)** – मृदा समुच्चय का फिर कणों में टूट जाने की प्रक्रम को विऊर्णीपिंडन या विक्षेपण (deflocculation) कहते हैं।

54. **विकेल्सीकरण (Decalcification)** – वह क्रिया जिसमें मृदा प्रोफाइल के संस्तरों से कैल्शियम कार्बोनेट का पूर्ण निष्कासन हो जाता है, विकेल्सीकरण कहलाता है।

55. **क्रिस्टलाभ (Crystalloid)** – ऐसे पदार्थ जो वनस्पति या जन्तु झिल्लियों में से सरलतापूर्वक विसरित हो जाते हैं, उन्हें क्रिस्टलाभ कहते हैं।

56. **निक्षारीयकरण (Dealkalization or Solodization)** – मृदा संकीर्ण पर उपस्थित सोड़ियम के निष्कासन होने की प्रक्रिया निक्षारीयकरण कहलाती है।

57. **निक्षालन (Eluviation)** – Eluviation का अर्थ Washing out अर्थात् धुलना है। मृदा निर्माण की वह प्रक्रिया जिसमें मृदा के ऊपरी संस्तरों में उपस्थित अवयवों का अन्तःस्राव (percolation) द्वारा नीचे की संस्तरों में जाने की क्रिया को निक्षालन कहते हैं।

58. **परिच्यवन/लिचिंग (Leaching)** – वह प्रक्रिया जिसके द्वारा मृदा में विद्यमान घुलनशील संघटक जल में घुल जाते हैं एवं पौधे के जड़ क्षेत्र से रिसते हुए जल के साथ मृदा में से होकर नीचे के स्तरों में पहुँच जाते हैं लिचिंग कहलाता है।

59. **निक्षेपण (Illuviation)** – Illuviation का अर्थ Wash in अर्थात् धुला हुआ। वह प्रक्रिया जिसमें ऊपरी संस्तरों से अनेक प्रकार के कार्बनिक एवं अकार्बनिक अवयव जल के साथ बहकर निचले संस्तरों में आकर संचय होते हैं, निक्षेपण कहलाता हैं।

60. **निर्लवणीकरण (Desalinization)** – वह प्रक्रिया जिसमें अत्यधिक विलयशील लवणों का मृदा परिच्छेदिका से निक्षालन द्वारा निष्कासित होना, निर्लवणीकरण कहलाता है।

61. **होराइजोनेसन (Horizonation)** – मृदा में सभी संस्तरों के विकास को होराइजोनेसन कहते हैं।

62. **हल्के खनिज (Light Mineral)** – ऐसे खनिज जिनका आपेक्षिक घनत्व 2.85 से कम होता है, हल्के खनिज कहलाते हैं।

63. **भास्मिक चट्टानें (Basic Rocks)** – ऐसी चट्टानें जिनमें सिलिका की मात्रा 45–55 प्रतिशत होती है, वे भास्मिक चट्टानें कहलाती है।

64. **भारी खनिज (Heavy Mineral)** – ऐसे खनिज जिनका आपेक्षिक घनत्व 2.85 से अधिक होता है, भारी खनिज कहलाते हैं।

65. **भूमि क्षमता वर्गीकरण (Land Capability Classification)** – भूमि को उसकी प्रयोगात्मक उपयोग क्षमता के अनुसार वर्गीकृत करने को भूमि क्षमता वर्गीकरण कहते हैं।

66. **पोडजोलीकरण (Podzolization)** – ह्यूमस तथा सेस्क्वी ऑक्साइड का ऊपरी संस्तरों से निक्षालित होकर निचले संस्तरो में आकर जमा होने की प्रक्रिया पोडजोलीकरण कहलाती है।

67. **पैतृक पदार्थ (Parent Material)** – वह पदार्थ जो असंगठित (Unconsolidated) और जैव–रासायनिक रूप से अपक्षित हो, जिससे मृदा विकसीत हुई है पैतृक पदार्थ कहलाता हैं।

68. **पेट्रोजेनेसिस (Petrogenesis)** – चट्टानों की उत्पत्ति के अध्ययन को पेट्रोजेनेसिस कहते हैं।

69. **पेट्रोग्राफी (Petrography)** – चट्टानों के चित्रण/वर्णन के अध्ययन को पेट्रोग्राफी कहते हैं।

70. **शैल–विज्ञान (Petrology)** – चट्टानों के अध्ययन को शैल–विज्ञान (Petrology) कहते हैं।

71. **संचित अम्लीयता (Reserve Acidity)** – मृदा कोलाइड पर अधिशोषित (adsorbed) हाइड्रोजन (H^+) और एल्यूमीनियम (Al^{3+}) आयनों के कारण विकसित अम्लता, संचित अम्लीयता कहलाती है।

72. **समुच्चय (Aggregate)** – मृदा के कई प्राथमिक कणों का जैविक पदार्थों, आइरन ऑक्साइड, कार्बोनेट एवं क्ले इत्यादि के पारस्परिक संयोग से एक इकाई का बनना, समुच्चय (Aggregate) कहलाता है।

73. **स्थूल घनत्व (Bulk Density)** – शुष्क मृदा के एक इकाई आयतन के भार को मृदा का स्थूल घनत्व कहते हैं।

74. **सीपेज (Seepage)** – वह प्रक्रिया जिसके परिणामस्वरूप मृदा में जल का क्षैतिज दिशा (horizontal direction) में प्रवाह होता है, सीपेज कहलाता है।

75. **सोडियम अधिशोषण अनुपात (Sodium Absorption Ratio)** – सोडियम एवं सोडियम प्लस मैग्नीशियम की सान्द्रता के अनुपात को सोडियम अधिशोषण अनुपात कहते हैं।

76. **ससंजन (Cohesion)** – एक ही प्रकार के अणुओं के बीच जो परस्पर आकर्षण बल पाया जाता है उसे ससंजन (Cohesion) कहते हैं। उदाहरण – समान प्रकार के गुण वाले पदार्थों, जैसे जल के अणुओं के बीच आकर्षण बल ससंजन कहलाता है।

77. **सक्रीय अम्लीयता (Active Acidity)** – मृदा विलयन में हाइड्रोजन एवं एल्यूमीनियम आयनों की सान्द्रता से उत्पन्न अम्लीयता को सक्रिय अम्लीयता कहते हैं।

78. **सुदूर संवेदन (Remote Sensing)** – किसी वस्तु के भौतिक संपर्क में आए बिना उसके बारे में जानकारी का अधिग्रहण करना सुदूर संवेदन (रिमोर्ट सेंसिंग) कहलाता है।

79. **सतह अपवाह (Surface Runoff)** – मृदा में किसी खास सीमा तक प्रवेश किये बिना मृदा सतह पर बढ़ रहे जल को 'सतह अपवाह' कहते हैं।

80. **उदासीन/मध्यवर्ती चट्टानें (Neutral/Intermediate Rocks)** – ऐसी चट्टानें जिनमें सिलिका की मात्रा 55–65 प्रतिशत होती है, वे मध्यवर्ती चट्टानें कहलाती है।

81. **दोमट मृदा (Loamy Soil)** – ऐसी मृदा जिसमें बालू, सिल्ट एवं क्ले वर्गकणों की मात्रा लगभग बराबर होती है, दोमट मृदा कहलाती है।

82. **चट्टान (Rock)** – चट्टान दो या दो से अधिक खनिजों के मिश्रण से बनी होती हैं।

83. **जल निकास (Drainage)** – वह प्रक्रिया जिसके द्वारा मृदा सतह या पौधों के जड़ क्षेत्र के अतिरिक्त पानी को प्राकृतिक या कृत्रिम रूप से हटाना जल निकास कहलाता है।

84. **जलयोजन (Hydration)** – जल और खनिजों के रासायनिक संयोग (chemical combination) को जलयोजन कहते हैं।

85. **नमी तुल्याँक (Moisture Equivalent)** – मृदा की क्षेत्र क्षमता के निर्धारण के लिये यह लाभप्रद स्थिरांक है। गुरुत्व (gravity) की एक हजार गुनी शक्ति के विपरीत किसी मृदा द्वारा धारण किये हुये जल की प्रतिशत मात्रा को भूमि विशेष की नमी तुल्यांक कहते हैं। इस जल मात्रा पर उस समय तनाव 1/3 या 0.33 वायुमण्डलीय दाब तथा 2.7 पी. एफ. के बराबर होता है।

86. **ऑक्सीकरण (Oxidation)** – खनिजों के साथ ऑक्सीजन के रासायनिक संयोग की क्रिया को ऑक्सीकरण कहते हैं।

87. **अप्राप्य जल (Unavailable Water)** – वह जल जो मृदा में स्थायी मुरझान बिन्दु (permanenet wilting point) पर उपस्थित रहता है और पौधों को अप्राप्य होता है।

88. **अम्लीय मृदायें (Acid Soils)** – मृदायें जिनके मृदा संकीर्ण पर हाइड्रोजन (H^+) आयनों की सान्द्रता हाइड्रोक्सिल (OH^-) आयनों की अपेक्षा अधिक होती है तथा इनका पी. एच. मान 7.0 से कम होता है, अम्लीय मृदायें कहलाती है।

89. **अपक्षय (Weathering)** – चट्टानों एवं खनिजों का भौतिक, रासायनिक तथा जैविक कारकों के द्वारा टूटना अपक्षय कहलाता हैं।

90. **अपचयन (Reduction)** – खनिजों में से ऑक्सीजन के अलग होने अथवा हाइड्रोजन एवं इलेक्ट्रॉन के जुड़ने की क्रिया को अपचयन या अवकरण कहते हैं।

91. **आद्रताग्राही जल (Hygroscopic Water)** – वह जल जो मृदा कणों द्वारा जल के अणुओं के द्विध्रुवीय विन्यास (Dipole orientation) के कारण धारित होता है, आद्रताग्राही जल कहलाता है। ठोस–द्रव अन्तःसीमा पर जल की निचली परत 10,000 वायुमण्डल या पी॰एफ॰ 7 पर तथा बाहरी सतह 31 वायुमण्डल या पी॰एफ॰ 4.5 पर आधारित होती है।

92. **आर्द्रताग्राही गुणाँक (Hygroscopic Coefficient)** – शुष्क मृदा को जब जल संतृप्त वायुमण्डल में रखा जाता है तो मृदा वायुमण्डल की जल वाष्प से कुछ नमी ग्रहण कर लेती है उस अधिकतम जल को जिसे मृदा जल संतृप्त वायुमण्डल से किसी तापक्रम पर अधिशोषित कर लेती है, आर्द्रताग्राही गुणाँक कहलाता है। इस पर मृदा धारिता जल का तनाव दाब लगभग 31 वायुमण्डलीय दाब (4.5 पी॰ एफ॰) होता है।

93. **अम्लीय चट्टानें (Acid Rocks)** – ऐसी चट्टानें जिनमें सिलिका की मात्रा 67–75 प्रतिशत होती है, वे अम्लीय चट्टानें कहलाती है।

94. **आपेक्षिक घनत्व (Specific Gravity)** – किसी वस्तु का आपेक्षिक घनत्व वस्तु के कुल आयतन की संहति तथा समान आयतन वाले जल की संहित के अनुपात को कहते हैं।

95. **आसंजन (Adhesion)** – भिन्न–भिन्न प्रकार के अणुओं के मध्य जो परस्पर आकर्षण बल होता है उसे आसंजन कहते हैं। उदाहरण – द्रव प्रावस्था का ठोस प्रावस्था को सतह पर आकर्षण।

96. **आवश्यकता से अधिक जल (Superfluous Water)** – मृदा में क्षेत्र क्षमता के ऊपर पाये जाने वाले जल को आवश्यकता से अधिक जल कहते हैं।

97. **आग्नेय चट्टान (Igneous Rocks)** – पिघले हुये लावा का भू–पृष्ठ एवं भू–पृष्ठ के निचे ठंडे तथा जमने से बनी चट्टानों को आग्नेय चट्टानें कहते हैं।

98. **असलांग बिन्दु (Sticky Point)** – मृदा में नमी की वह प्रतिशतता जिस पर मृदा और पानी का लेप (paste) किसी दूसरे पदार्थ से चिपकना बन्द कर देता है।

99. **अवसादी चट्टानें (Sedimentary Rocks)** – पूर्व अस्तित्व (pre–existing) या मूल चट्टानों के अपक्षय से प्राप्त अवसाद (sediment) एक स्थान से दुसरे स्थान पर जाकर जमा होने से बनी चट्टानें, अवसादी चट्टानें कहलाती है।

100. **अन्तःस्पंदन (Infitration)** – मृदा के अन्दर पानी के प्रवेश को अन्तःस्पंदन कहते हैं।

101. **अन्तःस्पंदन दर (Infitration Rate)** – अन्तःस्पंदन दर (मिली मीटर प्रति घंटा) मृदा के अन्दर पानी के प्रवेश करने की दर को कहते हैं।

102. **अन्तःस्रवण (Percolation)** – मृदा कॉलम से होकर पानी का संचलन अन्तःस्रवण कहलाता है।

103. **गुरुत्वाकर्षण जल (Gravitational Water)** – मृदा में जल की वह मात्रा है जिसका तनाव बल 1/3 वायुमण्डलीय तनाव या इससे भी कम होता है तथा मृदा के रन्ध्रावकाश में पृथ्वी के गुरुत्वाकर्षण बल के कारण नीचे की ओर बहने अथवा गति करने लगता है एवं पौधों को प्राप्य नही होता है, गुरुत्वाकर्षण जल कहलाता है।

104. **ग्लाइकरण (Gleization)** – मृदा निर्माण की वह प्रक्रिया जिसमें कमजोर जल निकास या जलक्रांत (weaterlogged) अवस्था के कारण पैतृक पदार्थ के ऊपर प्रोफाइल के निचले संस्तरों में ग्लाई संस्तरों का विकास (Glei horizon) होता है, ग्लाइकरण कहलाता है।

105. **लवणीकरण (Salinization)** – वह प्रक्रम है जिसमें मृदा के ऊपरी संस्तर में घुलनशील लवण विशेष रूप से सोडियम, कैल्शियम, मैग्नीशियम एवं पोटेशियम के क्लोराइड एवं सल्फेट एकत्रित हो जाते हैं लवणीकरण कहलाती है।

106. **लेटराइजेसन (Laterization)** – मृदा संस्तरों में सिलिका का निष्कासन निचले संस्तरों में तथा सेस्क्वी ऑक्साइड (आइरन एवं एल्यूमिनियम ऑक्साइड) की साद्रंता बढ़ना लेटराइट्स कहलाता है तथा मृदा निर्माण की इस प्रक्रम को लेटराइजेसन कहते हैं।

107. **पारगम्यता (Permeability)** – मृदा की वह क्षमता जो जल और वायु को संचारित (transmit) करे, पारगम्यता कहलाती है। या वह सुगमता जिससे गैसें, द्रव या पौधों की जड़ें मृदा द्रव्यमान या मृदा स्तर में प्रवेश करती हैं या उससे गुजरती हैं, पारगम्यता कहलाती हैं।

■■■■

परिशिष्ट (APPENDIX)

संस्थान, समतुल्य विश्वविद्यालय, राष्ट्रीय अनुसंधान केन्द्र, राष्ट्रीय ब्यूरो एवं निदेशालय/परियोजना निदेशालय

समतुल्य विश्वविद्यालय – 4

क्र. संख्या	समतुल्य विश्वविद्यालय
1.	भारतीय कृषि अनुसंधान संस्थान, पुसा, नई दिल्ली Indian Agricultural Research Institute, Pusa, New Delhi
2.	राष्ट्रीय डेरी अनुसंधान संस्थान, करनाल, हरियाणा National Dairy Research Institute, Karnal, Haryana
3.	भारतीय पशु चिकित्सा अनुसंधान संस्थान, इज्जतनगर, उत्तर प्रदेश Indian Veterinary Research Institute, Izatnagar, Uttar Pradesh
4.	केन्द्रीय मत्स्यिकी शिक्षा संस्थान, मुंबई, महाराष्ट्र Central Institute of Fisheries Education, Mumbai, Maharashtra

कृषि संकाय सहित केन्द्रीय विश्वविद्यालय – 4

क्र. संख्या	कृषि संकाय सहित केन्द्रिय विश्वविद्यालय
1.	बनारस हिन्दू विश्वविद्यालय, वाराणसी, उत्तर प्रदेश Banaras Hindu University, Varanasi, Uttar Pradesh
2.	अलीगढ़ मुस्लिम विश्वविद्यालय, अलीगढ, उत्तर प्रदेश Aligarh Muslim University, Aligarh, Uttar Pradesh
3.	विश्व भारती, शांति निकेतन, पश्चिम बंगाल Vishwa Bharti, Shantiniketan, West Bengal
4.	नागालैंड विश्वविद्यालय, मेदजीफेमा, नागालैंड Nagaland University, Medziphema, Nagaland

केन्द्रीय कृषि विश्वविद्यालय

क्र.संख्या	केन्द्रीय कृषि विश्वविद्यालय
1.	केन्द्रीय कृषि विश्वविद्यालय, इम्फाल, मणिपुर Central Agricultural University, Imphal, Manipur
2.	रानी लक्ष्मीबाई केन्द्रीय कृषि विश्वविद्यालय, झांसी, उत्तर प्रदेश Rani Laxmi Bai Central Agricultural University, Jhansi, Uttar Pradesh
3.	डॉ. राजेन्द्र प्रसाद केन्द्रीय कृषि विश्वविद्यालय, पुसा (समस्तीपुर) बिहार Dr. Rajendra Prasad Central Agricultural University, Pusa (Samastipur) Bihar

भारतीय कृषि अनुसंधान परिषद – संस्थानः 64

क्र. संख्या	आई. सी. ए. आर. संस्थान
1	केन्द्रीय द्वीपीय कृषि अनुसंधान संस्थान, पोर्ट ब्लेअर Central Island Agricultural Research Institute, Port Blair
2	केन्द्रीय शुष्क क्षेत्र अनुसंधान संस्थान, जोधपुर Central Arid Zone Research Institute, Jodhpur
3	केन्द्रीय पक्षी अनुसंधान संस्थान, इज्जतनगर Central Avian Research Institute, Izatnagar
4	केन्द्रीय अंतः स्थलीय मात्स्यिकी अनुसंधान संस्थान, बैरकपुर Central Inland Fisheries Research Institute, Barrackpore
5	केन्द्रीय खारा जल जीवपालन संस्थान, चैन्नई Central Institute Brackishwater Aquaculture, Chennai
6	केन्द्रीय भैंस अनुसंधान संस्थान, हिसार, हरियाणा Central Institute for Research on Buffaloes, Hisar, Haryana
7	केन्द्रीय बकरी अनुसंधान संस्थान, मखदुम Central Institute for Research on Goats, Makhdoom
8	केन्द्रीय कृषि अभियांत्रिकी संस्थान, भोपाल Central Institute of Agricultural Engineering, Bhopal
9	केन्द्रीय शुष्क बागवानी संस्थान, बीकानेर Central Institute for Arid Horticulture, Bikaner
10	केन्द्रीय कपास अनुसधान सस्थान, नागपुर Central Institute of Cotton Research, Nagpur

क्र. संख्या	आई. सी. ए. आर. संस्थान
11	केन्द्रीय मात्स्यिकी प्रौद्योगिकी संस्थान, कोचिन Central Institute of Fisheries Technology, Cochin
12	केन्द्रीय ताजा जल जीव पालन संस्थान, भुवनेश्वर, ओडीशा Central Institute of Freshwater Aquaculture, Bhubneshwar, Orissa
13	केन्द्रीय कपास प्रौद्योगिकी अनुसंधान संस्थान, मुंबई Central Institute of Research on Cotton Technology, Mumbai
14	केन्द्रीय उपोष्ण बागवानी संस्थान, लखनऊ Central Institute of Subtropical Horticulture, Lucknow
15	केन्द्रीय शीतोष्ण बागवानी संस्थान, श्रीनगर Central Institute of Temperate Horticulture, Srinagar
16	केन्द्रीय कटाई उपरांत अभियांत्रिकी और प्रौद्योगिकी संस्थान, लुधियाना Central Institute on Post harvest Engineering and Technology, Ludhiana
17	केन्द्रीय समुद्री मात्स्यिकी अनुसंधान संस्थान, कोचिन Central Marine Fisheries Research Institute, Kochi
18	केन्द्रीय रोपण फसलें अनुसंधान संस्थान, कासरगोड Central Plantation Crops Research Institute, Kasargod
19	केन्द्रीय आलू अनुसधांन सस्थान, शिमला Central Potato Research Institute, Shimla
20	केन्द्रीय जूट एवं संबद्ध रेशे अनुसंधान संस्थान, बैरकपुर Central Research Institute for Jute and Allied Fibres, Barrackpore
21	केन्द्रीय शुष्क भूमि कृषि अनुसंधान संस्थान, हैदराबाद Central Research Institute of Dryland Agriculture, Hyderabad
22	राष्ट्रीय चावल अनुसधांन सस्थान, कटक, उडीसा National Rice Research Institute, Cuttack, Orissa
23	केन्द्रीय भेड़ एवं ऊन अनुसंधान संस्थान, अविकानगर, राजस्थान Central Sheep and Wool Research Institute, Avikanagar, Rajasthan
24	भारतीय मृदा और जल संरक्षण संस्थान, देहरादून Indian Institute of Soil and Water Conservation, Dehradun
25	केन्द्रीय मृदा लवणता अनुसंधान संस्थान, करनाल Central Soil Salinity Research Institute, Karnal

क्र. संख्या	आई. सी. ए. आर. संस्थान
26	केन्द्रीय तम्बाकू अनुसंधान संस्थान, राजामुंद्री Central Tobacco Research Institute, Rajahmundry
27	केन्द्रीय कंदी फसलें अनुसंधान संस्थान, त्रिवेन्द्रम Central Tuber Crops Research Institute, Trivandrum
28	भारतीय कृषि अनुसंधान परिषद का पूर्वी अनुसंधान परिसर, पटना ICAR Research Complex for Eastern Region, Patna
29	भारतीय कृषि अनुसंधान परिषद, उत्तर पूर्वी पर्वतीय क्षेत्र अनुसंधान परिसर, बारापानी ICAR Research Complex for NEH Region, Barapani
30	केन्द्रीय तटीय कृषि अनुसंधान संस्थान, गोवा Central Coastal Agricultural Research Institute, Goa
31	भारतीय कृषि सांख्यिकी अनुसंधान संस्थान, नई दिल्ली Indian Agricultural Statistics Research Institute, New Delhi
32	भारतीय चरागाह एवं चारा अनुसंधान संस्थान, झांसी Indian Grassland and Fodder Research Institute, Jhansi
33	भारतीय कृषि जैवप्रौद्योगिकी संस्थान, राँची Indian Institute of Agricultural Biotechnology, Ranchi
34	भारतीय बागवानी अनुसंधान संस्थान, बेंगलुरू Indian Institute of Horticultural Research, Bengaluru
35	भारतीय प्राकृतिक रेज़िन और गोंद संस्थान, राँची Indian Institute of Natural Resins and Gums, Ranchi
36	भारतीय दलहन अनुसंधान संस्थान, कानपुर, उत्तर प्रदेश Indian Institute of Pulses Research, Kanpur, Uttar Pradesh
37	भारतीय मृदा विज्ञान संस्थान, भोपाल Indian Institute of Soil Science, Bhopal
38	भारतीय मसाला अनुसंधान संस्थान, कालीकट Indian Institute of Spices Research, Calicut
39	भारतीय गन्ना अनुसधान सस्थान, लखनऊ Indian Institute of Sugarcane Research, Lucknow
40	भारतीय सब्जी अनुसंधान संस्थान, वाराणसी Indian Institute of Vegetable Research, Varanasi

क्र. संख्या	आई. सी. ए. आर. संस्थान
41	राष्ट्रीय कृषि अनुसंधान एवं प्रबन्धन अकादमी, हैदराबाद National Academy of Agricultural Research & Management, Hyderabad
42	राष्ट्रीय जैविक स्ट्रेस प्रबन्धन संस्थान, रायपुर National Institute of Biotic Stresses Management, Raipur
43	राष्ट्रीय अजैविक स्ट्रेस प्रबन्धन संस्थान, मालेगाँव, महाराष्ट्र National Institute of Abiotic Stress Management, Malegaon, Maharashtra
44	राष्ट्रीय पशु पोषण और शरीर क्रिया विज्ञान संस्थान, बेंगलुरू National Institute of Animal Nutrition and Physiology, Bengaluru
45	राष्ट्रीय जूट एवं संबद्ध रेशे प्रौद्योगिकी अनुसंधान संस्थान, कोलकाता National Institute of Research on Jute & Allied Fibre Technology, Kolkata
46	राष्ट्रीय पशुरोग जानपदिक एवं सूचना विज्ञान संस्थान, बेंगलुरू National Institute of Veterinary Epidemiology & Disease Informatics, Bengaluru
47	गन्ना प्रजनन संस्थान, कोयम्बटूर Sugarcane Breeding Institute, Coimbatore
48	विवेकानंद पर्वतीय कृषि अनुसंधान संस्थान, अल्मोड़ा Vivekananda Parvatiya Krishi Anusandhan Sansthan, Almora
49	केन्द्रीय गोवंश अनुसंधान संस्थान, मेरठ, उत्तर प्रदेश Central Institute for Research on Cattle, Meerut, Uttar Pradesh
50	राष्ट्रीय उच्च सुरक्षा पशुरोग संस्थान, भोपाल National Institute of High Security Animal Diseases, Bhopal
51	भारतीय मक्का अनुसंधान संस्थान, नई दिल्ली Indian Institute of Maize Research, New Delhi
52	केन्द्रीय कृषिवानिकी अनुसंधान संस्थान, झांसी Central Agroforestry Research Institute, Jhansi
53	राष्ट्रीय कृषि आर्थिकी एवं नीति अनुसंधान संस्थान, नई दिल्ली National Institute of Agricultural Economics and Policy Research, New Delhi
54	भारतीय गेहूँ एवं जौ अनुसंधान संस्थान, करनाल Indian Institute of Wheat and Barley Research, Karnal
55	भारतीय कृषि प्रणाली अनुसंधान संस्थान, मोदीपुरम, मेरठ Indian Institute of Farming Systems Research, Modipuram, Meerut

क्र. संख्या	आई. सी. ए. आर. संस्थान
56	भारतीय कदन्न अनुसंधान संस्थान, हैदराबाद Indian Institute of Millets Research, Hyderabad
57	भारतीय तिलहन अनुसंधान संस्थान, हैदराबाद Indian Institute of Oilseeds Research, Hyderabad
58	भारतीय तेल ताड़ अनुसंधान संस्थान, पेदवेगी, आन्ध्र प्रदेश Indian Institute of Oil Palm Research, Pedavegi, Andhra Pradesh
59	भारतीय जल प्रबंधन संस्थान, भुवनेश्वर Indian Institute of Water Management, Bhubaneshwar
60	भारतीय धान अनुसंधान संस्थान, हैदराबाद Indian Institute of Rice Research, Hyderabad
61	केन्द्रीय कृषिरत महिला संस्थान, भुवनेश्वर Central Institute for Women in Agriculture, Bhubaneshwar
62	केन्द्रीय नींबूवर्गीय फल अनुसंधान संस्थान, नागपुर Central Citrus Research Institute, Nagpur
63	भारतीय बीज विज्ञान संस्थान, मऊ, उत्तरप्रदेश Indian Institute of Seed Science, Mau, Uttar Pradesh
64	भारतीय कृषि अनुसंधान संस्थान, हजारीबाग, झारखंड Indian Agricultural Research Institute, Hazaribag, Jharkhand

राष्ट्रीय अनुसंधान केन्द्र – 15

क्र. सख्या	राष्ट्रीय अनुसंधान केन्द्र
1.	राष्ट्रीय पादप जैव प्रौद्यौगिकी अनुसंधान केन्द्र, नई दिल्ली National Research Centre on Plant Biotechnology, New Delhi
2.	राष्ट्रीय समन्वित नाशीजीवी प्रबन्धन केन्द्र, नई दिल्ली National Centre for Integrated Pest Management, New Delhi
3.	राष्ट्रीय लीची अनुसंधान केन्द्र, मुजफ्फरपुर National Research Centre for Litchi, Muzaffarpur
4.	राष्ट्रीय अंगूर अनुसंधान केन्द्र, पुणे National Research Centre for Grapes, Pune
5.	राष्ट्रीय केला अनुसंधान केन्द्र, त्रिची National Research Centre for Banana, Trichi

क्र. सख्या	राष्ट्रीय अनुसंधान केन्द्र
6.	राष्ट्रीय आर्किड अनुसंधान केन्द्र, पेकयांग, सिक्किम National Research Centre on Orchids, Pakyong, Sikkim
7.	राष्ट्रीय अश्व अनुसंधान केन्द्र, हिसार National Research Centre on Equines, Hisar
8.	राष्ट्रीय अनार अनुसंधान केन्द्र, शोलापुर National Research Centre for Pomegranate, Solapur
9.	राष्ट्रीय मांस अनुसंधान केन्द्र, हैदराबाद National Research Centre on Meat, Hyderabad
10.	राष्ट्रीय शूकर अनुसंधान केन्द्र, गुवाहाटी, असम National Research Centre on Pig, Guwahati, Assam
11.	राष्ट्रीय ऊंट अनुसंधान केन्द्र, बीकानेर, राजस्थान National Research Centre on Camel, Bikaner, Rajasthan
12.	राष्ट्रीय बीज मसाला अनुसंधान केन्द्र, अजमेर, राजस्थान National Research Centre on Seed Spices, Ajmer, Rajasthan
13.	राष्ट्रीय मिथुन अनुसंधान केन्द्र, मेदजीफेमा, नागालैंड National Research Centre on Mithun, Medziphema, Nagaland
14.	राष्ट्रीय याक अनुसंधान केन्द्र, वेस्ट केमंग National Research Centre on Yak, West Kemang
15.	राष्ट्रीय एकीकृत कृषि अनुसंधान केन्द्र, मोतिहारी National Research Centre on Integrated Farming (ICAR-NRCIF), Motihari

राष्ट्रीय ब्यूरो 6

क्र. सख्या	राष्ट्रीय ब्यूरो
1.	राष्ट्रीय पादप आनुवंशिकी संसाधन ब्यूरो, नई दिल्ली National Bureau of Plant Genetics Resources, New Delhi
2.	राष्ट्रीय कृषि के लिए महत्वपूर्ण सूक्ष्म जीव ब्यूरो, मऊ, उत्तर प्रदेश National Bureau of Agriculturally Important Micro-organisms, Mau, Uttar Pradesh
3.	राष्ट्रीय कृषि के लिए उपयोगी कीट ब्यूरो, बेंगलुरू, कर्नाटक National Bureau of Agriculturally Important Insects, Bangluru, Karanataka

क्र. सख्या	राष्ट्रीय ब्यूरो
4.	राष्ट्रीय मृदा सर्वेक्षण और भूमि उपयोग नियोजन ब्यूरो, नागपुर, महाराष्ट्र National Bureau of Soil Survey and Land Use Planning, Nagpur, Maharastra
5.	राष्ट्रीय मत्स्य आनुवंशिकी संसाधन ब्यूरो, लखनऊ, उत्तर प्रदेश National Bureau of Fish Genetic Resources, Lucknow, Uttar Pradesh
6.	राष्ट्रीय पशु आनुवंशिकी संसाधन ब्यूरो, करनाल, हरियाणा National Bureau of Animal Genetic Resources, Karnal, Haryana

निदेशालय/प्रायोजना निदेशालय– 13

क्र. सख्या	निदेशालय/प्रायोजना निदेशालय
1.	तोरिया और सरसों अनुसंधान निदेशालय, भरतपुर, राजस्थान Directorate of Rapeseed & Mustard Research, Bharatpur, Rajasthan
2.	मशरूम अनुसंधान निदेशालय, सोलन, हिमाचल प्रदेश Directorate of Mushroom Research, Solan, Himachal Pradesh
3.	प्याज एवं लहसुन अनुसंधान निदेशालय, पुणे, महाराष्ट्र Directorate on Onion and Garlic Research, Pune, Maharashtra
4.	मूंगफली अनुसंधान निदेशालय, जूनागढ़, गुजरात Directorate of Groundnut Research, Junagarh, Gujarat
5.	सोयाबीन अनुसंधान निदेशालय, इंदौर, मध्यप्रदेश Directorate of Soybean Research, Indore, Madhya Pradesh
6.	कुक्कुट पालन अनुसंधान निदेशालय, हैदराबाद, आन्ध्रप्रदेश Directorate of Poultry Research, Hyderabad, Andra Pradesh
7.	काजू अनुसंधान निदेशालय, पुत्तुर, कर्नाटक Directorate of Cashew Research, Puttur, Karnataka
8.	औषधीय एवं सुगंधीय पादप अनुसंधान निदेशालय, आनंद, गुजरात Directorate of Medicinal and Aromatic Plants Research, Anand, Gujarat
9.	खरपतवार अनुसंधान निदेशालय, जबलपुर, मध्यप्रदेश Directorate of Weed Research, Jabalpur, Madhya Pradesh
10.	खुर एवं मुंहपका रोग प्रायोजना निदेशालय, मुक्तेश्वर, उत्तराखण्ड़ Project Directorate on Foot & Mouth Disease, Mukteshwar, Uttarakhand
11.	शीत जल मात्स्यिकी अनुसंधान निदेशालय, भीमताल, नैनीताल, उत्तराखण्ड़ Directorate of Cold Water Fisheries Research, Bhimtal, Nainital, Uttarakhand

12.	पुष्पविज्ञान अनुसंधान निदेशालय, पुणे, महाराष्ट्र Directorate of Floricultural Research, Pune, Maharashtra
13.	कृषि ज्ञान प्रबंध निदेशालय (डीकेएमए), नई दिल्ली Directorate of Knowledge Management in Agriculture (DKMA), New Delhi

कुछ मृदा विज्ञान से संबंधित संस्थान/ब्यूरो के बारे में जानकारी

1. **भारतीय मृदा विज्ञान संस्थान, भोपालः** 16 अप्रैल, 1988 के भोपाल में भारतीय मृदा विज्ञान संस्थान की स्थापना "न्यूनतम पर्यावरण गिरावट के साथ मृदा उत्पादकता में वृद्धि" के जनादेश के साथ की गई थी।

2. **केन्द्रीय मृदा लवणता अनुसंधान संस्थान, करनालः** इस संस्थान की स्थापना चौथी पंचवर्षीय योजना अवधि के तहत की गई थी। संस्थान ने 1 मार्च, 1969 को हिसार (हरियाणा) में काम करना शुरू किया तथा बाद में, अक्टूबर 1969 में इसे करनाल (हरियाणा) में स्थानांतरित कर दिया गया। यह देश के विभिन्न कृषि पारिस्थितिकी क्षेत्रों में लवणता प्रबंधन एवं कृषि में निम्न गुणवत्ता वाले जल के प्रयोग पर बहुविषयक अनुसंधान कार्यों के लिए समर्पित है। वर्तमान में इसके अन्तर्गत कुल 3 क्षेत्रीय अनुसंधान केन्द्र क्रमशः लखनऊ, कैनिंग टाउन (पश्चिम बंगाल) एवं भरूच (गुजरात) कार्यरत है।

   i. **केन्द्रीय मृदा लवणता अनुसंधान संस्थान का क्षेत्रीय अनुसंधान केन्द्र, कैनिंग टाउन (पश्चिम बंगाल):** केन्द्रीय चावल अनुसंधान संस्थान, कटक के प्रशासनिक नियंत्रण में 1959 में कैनिंग टाउन में इस स्टेशन को स्थापित किया गया था। बाद में केन्द्रीय मृदा लवणता अनुसंधान संस्थान के तत्वावधान में 1970 में क्षेत्रीय अनुसंधान केन्द्र, कैनिंग टाउन (पश्चिम बंगाल) के रूप में लाया गया था। यह समुद्र तटीय लवणता संबंधी समस्याओं के निदान हेतु कार्यरत है।

   ii. **केन्द्रीय मृदा लवणता अनुसंधान संस्थान का क्षेत्रीय अनुसंधान केन्द्र, भरूच (गुजरात):** देश के पश्चिमी हिस्सों के काली मिट्टी क्षेत्र में प्रचलित अंतर्देशीय लवणता की समस्याओं पर अनुसंधान करने के लिए इस केन्द्र ने फरवरी, 1989 से आनंद (गुजरात) में काम करना शुरू कर दिया। बाद में इस स्टेशन को अप्रैल 2003 में आनंद से भरूच में स्थानांतरित किया गया।

   iii. **केन्द्रीय मृदा लवणता अनुसंधान संस्थान का क्षेत्रीय अनुसंधान केन्द्र, लखनऊः** मध्य और पूर्वी गंगा के मैदानों की क्षारीय मृदा संबंधी समस्याओं और उच्च जल तालिका स्थितियों के प्रबंधन की आवश्यकता को ध्यान में रखते हुए, अक्टूबर 1999 के दौरान लखनऊ में केन्द्रीय मृदा लवणता अनुसंधान संस्थान के एक और क्षेत्रीय अनुसंधान केन्द्र की स्थापना की गई थी।

3. **राष्ट्रीय मृदा सर्वेक्षण और भूमि उपयोग नियोजन ब्यूरो, नागपुरः** राष्ट्रीय मृदा सर्वेक्षण और भूमि उपयोग नियोजन ब्यूरो, नागपुर (महाराष्ट्र) की स्थापना 1976 में हुई थी । वर्तमान में इसके अन्तर्गत कुल 5 क्षेत्रीय केन्द्र कार्यरत है।

i. **क्षेत्रीय केन्द्र दिल्ली**: यह मृदा सर्वेक्षण और भूमि उपयोग योजना के राष्ट्रीय ब्यूरो का सबसे पुराना केन्द्र है और मिट्टी संसाधन मानचित्रण, मिट्टी सहसंबंध और वर्गीकरण और भूमि उपयोग योजना, कृषि पारिस्थितिक मानचित्रण, मिट्टी/भूमि अवक्रमण स्थिति में अनुसंधान उपक्रम में शामिल है। इसमें देश के उत्तरी क्षेत्र में दिल्ली, हरियाणा, हिमाचल प्रदेश, जम्मू–कश्मीर, पंजाब, उत्तर प्रदेश और उत्तराखंड राज्य शामिल हैं।

ii. **क्षेत्रीय केन्द्र बैंगलोर**: बैंगलोर केन्द्र को मिट्टी सहसंबंध केन्द्र के रूप में 1956 में कृषि मंत्रालय (भारत सरकार) के तहत स्थापित किया गया था जिसे 1969 में भारतीय कृषि अनुसंधान परिषद के अधिन लाया गया। राष्ट्रीय मृदा सर्वेक्षण और भूमि उपयोग नियोजन ब्यूरो की स्थापना 1976 के साथ यह क्षेत्रीय केन्द्र बन गया।

iii. **क्षेत्रीय केन्द्र जोरहाट** : क्षेत्रीय केन्द्र जोरहाट को प्रारंभिक रूप से वर्ष 1979 में असम कृषि विश्वविद्यालय परिसर में शुरू किया गया था। अब यह पूर्ण संस्थान जोरहाट में चल रहा है। इस केन्द्र का परिचालन क्षेत्राधिकार उत्तर–पूर्वी क्षेत्र के 8 राज्यों अरुणाचल प्रदेश, असम, मणिपुर, मेघालय, मिजोरम, नागालैंड, सिक्किम और त्रिपुरा पर है।

iv. **क्षेत्रीय केन्द्र कोलकाता** : क्षेत्रीय केन्द्र, कोलकाता पश्चिम बंगाल, बिहार, झारखंड, उड़ीसा, सिक्किम, अंडमान और निकोबार द्वीप समूह के मिट्टी सर्वेक्षण और संसाधन मानचित्रण के संचालन के लिए उत्तरदायी राष्ट्रीय मृदा सर्वेक्षण और भूमि उपयोग नियोजन ब्यूरो के पांच क्षेत्रीय केंद्रों में से एक है।

v. **क्षेत्रीय केन्द्र उदयपुर** : राजस्थान और गुजरात राज्य की जरूरतों को पूरा करने के लिए 1981 में बडोदरा में पाँचवी पंचवर्षीय योजना के दौरान स्वीकृत मृदा सर्वेक्षण और भूमि उपयोग योजना का राष्ट्रीय क्षेत्रीय केन्द्र कार्यान्वित हो गया। जिसे 1990 में राजस्थान के उदयपुर में स्थानांतरित कर दिया गया था।

4. **भारतीय मृदा और जल संरक्षण संस्थान, देहरादून** : यह भारतीय कृषि अनुसंधान परिषद के प्राकृतिक संसाधन प्रबंधन विभाग का एक प्रमुख संस्थान है, जो कि मृदा एवं जल संरक्षण एवं जलागम प्रबंधन के अनुसंधान एवं विकास से संबंधित गतिविधियों में कार्यरत है। भारतीय मृदा और जल संरक्षण संस्थान (पूर्व में केंद्रीय मृदा एवं जल संरक्षण, अनुसंधान और प्रशिक्षण संस्थान) की स्थापना 1 अप्रैल, 1974 को देहरादून में हुई थी। वर्तमान में इसके 8 क्षेत्रीय केन्द्र कोटा, बेल्लारी (कर्नाटक), दतिया (मध्य प्रदेश) उधगममंडलम (ऊटी), कोरापुट (उड़ीसा) वसाद (गुजरात), आगरा और चंडीगढ़ में कार्यरत है।

Few Important International Soil Science Journals

Sl. No.	Name of the Journal
1.	Applied Soil Ecology
2.	Archives of Agronomy and Soil Science
3.	Biology and Fertility of Soils
4.	Canadian Journal of Soil Science
5.	Catena
6.	Communications in Soil Science and Plant Analysis
7.	European Journal of Soil Biology
8.	European Journal of Soil Science
9.	Geoderma
10.	International Journal of Plant & Soil Science
11.	Journal of Plant Nutrition and Soil Science
12.	Journal of Soil Biology and Ecology
13.	Journal of Soil Science and Plant Nutrition
14	Journal of Soils and Sediments
15.	Plant and Soil
16.	Soil and Tillage Research
17.	Soil Biology and Biochemistry
18.	Soil Science and Plant Nutrition
19.	Soil Science Society of America Journal
20.	Ecological Engineering
21.	International Journal of Environment and Pollution

Few Important Indian journals

Sl. No.	Name of the Indian Journal
1.	An Asian Journal of Soil Science
2.	Annals of Plant and Soil Research
3.	Environment and Ecology
4.	Indian Journal of Agricultural Research
5.	Indian Journal of Agricultural Sciences
6.	Indian Journal of Agroforestry

Sl. No.	Name of the Indian Journal
7.	Indian Journal of Agronomy
8.	Indian Journal of Dryland Agricultural Research & Development
9.	Indian Journal of Ecology
10.	Indian Journal of Experimental Biology
11.	Indian Journal of Fertilisers
12.	Indian Journal of Horticulture
13.	Indian Journal of Microbiology
14.	Indian Journal of Plant Physiology
15.	Indian Journal of Plant Protection
16.	Indian Journal of Soil Conservation
17.	Indian Journal of Traditional Knowledge
18.	Indian Journal of Tropical Biodiversity
19.	International Journal of Agriculture, Environment and Biotechnology
20.	International Journal of Bioresource and Stress Management
21.	International Journal of Plant & Soil Science
22.	International Journal of Pure & Applied Bioscience
23.	International Journal of Seed Spices
24.	Journal of Biosciences
25.	Journal of Environmental Biology
26.	Journal of Soil and Water Conservation
27.	Journal of Soils and Crops
28.	Journal of the Indian Society of Remote Sensing
29.	Journal of the Indian Society of Soil Science
30.	The Bioscan

आयोजन दिवस/वर्ष

क्र. सख्या	आयोजन	दिनांक/वर्ष
1.	विश्व मृदा दिवस	5 दिसम्बर
2.	विश्व जल दिवस	22 मार्च
3.	अन्तर्राष्ट्रीय पृथ्वी दिवस	22 अप्रेल
4.	विश्व जैव विविधता दिवस	22 मई

क्र. सख्या	आयोजन	दिनांक / वर्ष
5.	विश्व पर्यावरण दिवस	5 जून
6.	विश्व रेगिस्थान तथा सूखा रोकथाम दिवस	17 जून
7.	विश्व प्रकृति संरक्षण दिवस	28 जुलाई
8.	अन्तर्राष्ट्रीय जैव ईंधन दिवस	10 अगस्त
9.	विश्व ओजोन परत संरक्षण दिवस	16 सितम्बर
10.	अन्तर्राष्ट्रीय कार्बनिक दिवस	22 सितम्बर
11.	वैश्विक उर्वरक दिवस	13 अक्टूबर
12.	अन्तर्राष्ट्रीय मृदा वर्ष	2015
13.	अन्तर्राष्ट्रीय दलहन वर्ष	2016
14.	विकास के लिए स्थायी पर्यटन का अन्तर्राष्ट्रीय वर्ष	2017
15.	मृदा अन्तर्राष्ट्रीय दशक	2015–2024

संस्थान

संस्थान	स्थान	स्थापना वर्ष
भारतीय मृदा विज्ञान संस्थान	भोपाल	1988
राष्ट्रीय मृदा सर्वेक्षण और भूमि उपयोग नियोजन ब्यूरो	नागपुर	1976
अन्तर्राष्ट्रीय मृदा विज्ञान संघ	ऑस्ट्रिया	1924
अन्तर्राष्ट्रीय मृदा संदर्भ और सूचना केन्द्र (ISRIC)	नीदरलैंड्स	1966
उर्वरक संस्थान	वाशिंगटन	1883
भारतीय मृदा और जल संरक्षण संस्थान	देहरादून	1974
केन्द्रीय मृदा लवणता अनुसंधान संस्थान	करनाल	1969
भारतीय उर्वरक संघ	दिल्ली	1955
केन्द्रीय उर्वरक गुण नियन्त्रण एवं प्रशिक्षण संस्थान	फरीदाबाद	1957
राष्ट्रीय पर्यावरण अभियांत्रिकी अनुसंधान संस्थान	नागपुर	1958
केन्द्रीय प्रदूषण नियंत्रण बोर्ड	दिल्ली	1974

■■■■

सन्दर्भ
(REFERENCES)

देबब्रत नाथ एवं विजय सिंह मीणा (2018) माइकोराइजाः एक संभावित सूक्ष्मजीव और कृषि में इसका प्रभाव। इन: वी. एस. मीणा (सं.), मृदा में राइजोस्फेरिक माइक्रोब की भूमिका, स्प्रिंगर नेचर सिंगापुर पीटीई लिमिटेड, 251।

एन. सी. ब्रैडी एवं आर. आर. वेल (2014). नेचर एण्ड प्रॉपर्टीज ऑफ सॉइल। पियर्सन एजुकेशन इंक।, नई दिल्ली।

डी. के. दास (2011) इंट्रोडक्टरी सॉइल साइंस (तीसरा संस्करण)। कल्याणी प्रकाशक, लुधियाना (भारत)।

इंडियन सोसाइटी ऑफ सॉइल साइंस (आईएसएसएस) (2002) फंडामेंटल्स ऑफ सॉइल साइंस। आईएआरआई, नई दिल्ली।

आर. के. मेहरा (2004) टेक्स्ट बुक ऑफ सॉइल साइंस, आईसीएआर, नई दिल्ली।

जे.ए. सहगल (2005) टेक्स्ट बुक ऑफ पेडोलोजीः कॉन्सेप्ट्स एण्ड एप्लिकेशन्स। कल्याणी पब्लिशर्स, नई दिल्ली।

ए. रक्षित, पी. राह एवं पी.बी.एस. भदोरिया (2015) प्रिंसिपल्स ऑफ़ सॉइल साइंस। कल्याणी पब्लिशर्स, लुधियाना।

विनय सिंह एवं संदीप सिंह, मृदा विज्ञान उर्वरक एवं खाद, भारती भण्डार, मेरठ

लेटिसिया एस. सोनन, डेविड ई. किसेल एवं उत्तम साहा (2014), केटाइन एक्सचेंज कैपेसिटी एण्ड बेस सेचुरेसन, यूजीए एक्सटेंशन सर्कुलर 1040, पेज 1–4।

ऐ. के. माजी, जी.पी. ओबी रेड्डी एवं दीपक सरकार (2012) एसीड सॉइल्स ऑफ इण्ड़िया – देयर एक्स्टेंट एण्ड वेरिएबिलिटी। राष्ट्रीय मृदा सर्वेक्षण और भूमि उपयोग नियोजन ब्यूरो, नागपुर प्रकाशन संख्या 145।

ऐ.के. मंडल, जी.पी. ओबी रेड्डी एवं टी. रविशंकर (2011) डिजिटल डेटाबेस ऑफ़ साल्ट अफेक्टेड सॉइल्स ऑफ़ इंडिया युजिंग ज्योग्राफिक इनफार्मेशन सिस्टम। जर्नल ऑफ़ सॉइल सैलिनिटी एंड वाटर क्वालिटी। 3(1), 16–29।

जी. ली, डेविड डब्ल्यू. स्मिथ, स्टीफन जी. फाइटस एवं ढैचाओं शेंग (2003) न्यूमेरिकल एनालिसिस ऑफ़ न्यूट्रॉन मॉइस्चर प्रोब मेजरमेन्ट्स। इंटरनेशनल जर्नल ऑफ़ जियोमैकेनिक्स। 11–20।

एनआरएसए एण्ड एसोसिएट्स (1996) मैपिंग ऑफ़ साल्ट अफेक्टेड सॉइल्स ऑफ़ इंडिया 1:250000 मैप शीट्स, लीजेंड, एनआरएसए हैदराबाद

एचटीटीपीः / /इएचएस.एनसीपब्लिकहेल्थ.कॉम / ओइटी / डॉक्स / सीआईटी / ओसवपमोद / सॉइल्स / एल–सॉइल्स–स्ट्रक्चर.पीडीएफ

एचटीटीपीः / /इकोलोजीब्लॉकग.ब्लॉगस्पॉट.कॉम / पी / कंट्रीब्यूशन.एचटीएमएल

एचटीटीपीः / /ईएग्री.ऑर्ग / ईएग्री50 / एएमबीई101 / लेक्18.एचटीएमएल

एचटीटीपीः / /ईएग्री.ऑर्ग / ईएग्री50 / एसएसएसी121 / लेक्12.पीडीएफ

एचटीटीपीः / /माइक्रोस्कोप–माइक्रोस्कोप.ऑर्ग / पोंड–वाटर–क्रिटर्स–प्रोटोजोआन–गाइड / पोंड–वाटर–एनिमल्स / रोटिफर्स–2 /

एचटीटीपीः / /स्लाइडप्लेयर.कॉम / स्लाइड / 5141008 /

एचटीटीपीः / /डब्ल्यूडब्ल्यूडब्ल्यू.सॉइलउमेनेजमेन्टइंडिया.कॉम / सॉइल–एसिडिटी / सॉइल–एसिडिटी–डेफिनिशन–सोर्सेज–एंड–प्रोब्लेम्स / 2096

एचटीटीपीः / /डब्ल्यूडब्ल्यूडब्ल्यू.सॉइलमेनेजमेन्टइंडिया.कॉम / सॉइल–वाटर / मेजरमेन्ट–ऑफ –सॉइल–मॉइस्चर–4–मेथड्स / 1783

एचटीटीपीः / /डब्ल्यूडब्ल्यूडब्ल्यू.युगुएल्फ.का / जियोलॉजी / जेओलल2250 / ग्लोसरी / एचटीएमएलः20फाइल्स / फेल्डस्पार.एचटीएमएल

एचटीटीपीः / /डब्ल्यूडब्ल्यूडब्ल्यू.बायोलॉजीडिस्कशन.कॉम / फन्जाई / 8–इम्पोर्टेन्ट–कैरेक्टर– ऑफ़–फन्जाई–विथ–डायग्राम / 5602

एचटीटीपीः / /डब्ल्यूडब्ल्यूडब्ल्यू.बायोलॉजीडिस्कशन.कॉम / फन्जाई / लिस्ट–ऑफ़–3–कॉमन–सप्रोफैटिक–फंगस–विथ–डायग्राम / 49007

एचटीटीपीः / /डब्ल्यूडब्ल्यूडब्ल्यू.कालाफरिकासा.सीओ.जेडए / सॉइलऋमॉइस्चरऋमेज़रमेंट.एचटीएम

एचटीटीपीः / /वोल्केनो.ओरगनस्टेट.इडु / बॉक्साइट

एचटीटीपीः / /आईटीसी.जीएसडबल्यू.इडु / फैकल्टी / तवेलैंड / आईजीआरएक्स.एचटीएम

एचटीटीपीएसः / /इएन.विकिपीडिया.ऑर्ग / विकी / एन्थ्रेकाइट

एचटीटीपीएसः / /इएन.विकिपीडिया.ऑर्ग / विकी / मस्कोवाइट

एचटीटीपीएसः / /इएन.विकिपीडिया.ऑर्ग / विकी / मुनसेलऋकलरऋसिस्टम

एचटीटीपीएसः / /इएन.विकिपीडिया.ऑर्ग / विकी / गिब्बसाइट

एचटीटीपीएसः / /इएन.विकिपीडिया.ऑर्ग / विकी / प्युमसि

एचटीटीपीएसः / /इएन.विकिपीडिया.ऑर्ग / विकी / डायोराइटरु / मीडिया / फाइलःडायोराइट.जेपीजी

एचटीटीपीएसः / /इटीसी.युएसएफ.इडु / क्लिपआर्ट / 81500 / 81594 / 81594ऋएग्रीकसऋकोम.एचटीएम

एचटीटीपीएसः / /सिंपल.विकिपीडिया.ऑर्ग / विकी / ग्रेफाइट

एचटीटीपीएसः / /कोलबाईडिग्ससॉइल.कॉम / 2012 / 07 / 09 / सिज़िंग–उप–सॉइल–स्ट्रक्चर /

एचटीटीपीएसः / /सिंपल.विकिपीडिया.ऑर्ग / विकी / ऑब्सीडियन

एचटीटीपीएसः / /जियोलॉजी.कॉम / मिनरल्स / हॉर्नब्लेंड.एसएचटीएमएल

एचटीटीपीएसः / /हंजोरीफा.वर्डप्रेस.कॉम / 2012 / 02 / 02 / सॉइल /

एचटीटीपीएसः / /स्टेडीलिब.नेट / डॉक / 18095631 / चैप्टर–13–:ई2:80:93–इलेक्ट्रिक– डबल–लेयर

एचटीटीपीएसः / /डब्ल्यूडब्ल्यूडब्ल्यू.डब्ल्यू क्लिपार्ट.कॉम / रॉक्सऋमिनरल्स / पी / पाइराइट / पाइराइट क्रिस्टल्स.पीएनजी.एचटीएमएल

एचटीटीपीएसः / /डब्ल्यूडब्ल्यूडब्ल्यू.इंडियामार्ट.कॉम / प्रोडेटाइल / ओलीवाइन–मिनरल्स– 11476625797. एचटीएमएल

एचटीटीपीएसः / /डब्ल्यूडब्ल्यूडब्ल्यू.ब्रटैनिका.कॉम / साइंस / साल्ट / इमेजेज–वीडियोस / मीडिया / 1 / 519712 / 117320

एचटीटीपीएसः / /डब्ल्यूडब्ल्यूडब्ल्यू.क्युएलडी.जीओवी.एयु / एनवायरनमेंट / लैंड / मैनेजमेंट / सॉइल / सॉइल–प्रॉपर्टीज / स्ट्रक्चर

एचटीटीपीएसः / /डब्ल्यूडब्ल्यूडब्ल्यू.मैप्सऑफइंडिया.कॉम / मैप्स / इंडिया / सोइल्सऑफइंडिया.एचटीएम

एचटीटीपीएसः / /डब्ल्यूडब्ल्यूडब्ल्यू.ब्रिटैनिका.कॉम / साइंस / क्वार्ट्जाइट / मीडिया / 1 / 486482 / 122665

एचटीटीपीएसः / /डब्ल्यूडब्ल्यूडब्ल्यू.क्लिफ्सनोट्स.कॉम / स्टडी–गाइड्स / बायोलॉजी / माइक्रोबायोलॉजी / दी–प्रोटोजोआ / क्लासिफिकेशन–ऑफ़–प्रोटोजोआ

एचटीटीपीएसः / /डब्ल्यूडब्ल्यूडब्ल्यू.रोकसेंडमिनरलस्4यु.कॉम / सेडिमेंट्री.एचटीएमएल

एचटीटीपीएसः / /डब्ल्यूडब्ल्यूडब्ल्यू.स्लाइडसैर.नेट / पौरानिएसजीएम / डेटर्मिनेशन–ऑफ़– सॉइल–टेक्सचर

एचटीटीपीएसः / /डब्ल्यूडब्ल्यूडब्ल्यू.चेग्ग.कॉम / होमवर्क–हेल्प / डेफिनिशंस / बैक्टीरियल –मॉर्फोलोजी–14

■■■■